U0199816

运筹与管理科学丛书 40

广义凸性及其应用
（第二版）

杨新民　戎卫东　唐莉萍　著

科学出版社

北京

内 容 简 介

函数的凸性和广义凸性是运筹学和经济学研究中的重要基础理论. 本书系统地介绍数值函数各种类型的广义凸性以及它们在运筹学和经济学中的一些应用. 主要内容包括：凸集与凸函数、拟凸函数、可微函数的广义凸性、广义凸性与最优性条件、不变凸性及其推广、广义单调性与广义凸性、二次函数的广义凸性和几类分式函数的广义凸性.

本书可以作为运筹学、经济学、管理科学和应用数学专业研究生和高年级本科生的教材或参考书, 也可供从事这些专业的教师和科技工作者参考. 本书的内容基本上自成体系, 只需要读者具有高等数学的基础知识就可以阅读.

图书在版编目 (CIP) 数据

广义凸性及其应用 / 杨新民, 戎卫东, 唐莉萍著. -- 2 版. -- 北京：科学出版社, 2024.6. -- (运筹与管理科学丛书). -- ISBN 978-7-03-078665-4

Ⅰ. O174.13

中国国家版本馆 CIP 数据核字第 20244Q7F21 号

责任编辑：李静科　范培培 / 责任校对：彭珍珍
责任印制：张　伟 / 封面设计：陈　敬

科学出版社 出版

北京东黄城根北街 16 号
邮政编码：100717
http://www.sciencep.com

北京建宏印刷有限公司印刷
科学出版社发行　各地新华书店经销

*

2024 年 6 月第 一 版　开本：720 × 1000　1/16
2024 年 6 月第一次印刷　印张：21 1/2
字数：421 000
定价：138.00 元
(如有印装质量问题, 我社负责调换)

"运筹与管理科学丛书"序

运筹学是运用数学方法来刻画、分析以及求解决策问题的科学. 运筹学的例子在我国古已有之, 春秋战国时期著名军事家孙膑为田忌赛马所设计的排序就是一个很好的代表. 运筹学的重要性同样在很早就被人们所认识, 汉高祖刘邦在称赞张良时就说道: "运筹帷幄之中, 决胜千里之外."

运筹学作为一门学科兴起于第二次世界大战期间, 源于对军事行动的研究. 运筹学的英文名字 Operational Research 诞生于 1937 年. 运筹学发展迅速, 目前已有众多的分支, 如线性规划、非线性规划、整数规划、网络规划、图论、组合优化、非光滑优化、锥优化、多目标规划、动态规划、随机规划、决策分析、排队论、对策论、物流、风险管理等.

我国的运筹学研究始于 20 世纪 50 年代, 经过半个世纪的发展, 运筹学研究队伍已具相当大的规模. 运筹学的理论和方法在国防、经济、金融、工程、管理等许多重要领域有着广泛应用, 运筹学成果的应用也常常能带来巨大的经济和社会效益. 由于在我国经济快速增长的过程中涌现出了大量迫切需要解决的运筹学问题, 因而进一步提高我国运筹学的研究水平、促进运筹学成果的应用和转化、加快运筹学领域优秀青年人才的培养是我们当今面临的十分重要、光荣, 同时也是十分艰巨的任务. 我相信, "运筹与管理科学丛书" 能在这些方面有所作为.

"运筹与管理科学丛书" 可作为运筹学、管理科学、应用数学、系统科学、计算机科学等有关专业的高校师生、科研人员、工程技术人员的参考书, 同时也可作为相关专业的高年级本科生和研究生的教材或教学参考书. 希望该丛书能越办越好, 为我国运筹学和管理科学的发展做出贡献.

袁亚湘

2007 年 9 月

第二版前言

本书是在作者于 2016 年出版同名书的基础上修订而成. 第一版由杨新民和戎卫东撰写, 科学出版社出版. 经过 7 年多的使用, 现在利用再版的机会, 由重庆国家应用数学中心唐莉萍教授对本书作了补充和修订, 增加了若干新的成果和使用较多的基本结果, 调整了一些内容顺序, 对某些定理进行了简化证明等.

本书的撰写和修订得到了国家自然科学基金重大项目 (11991020,11991024) 和重庆市一流学科经费的资助, 作者在此表示衷心感谢. 作者特别感谢科学出版社李静科等编辑人员为本书的出版所付出的辛勤劳动. 由于作者水平有限, 本书的不妥之处在所难免, 我们真诚地希望阅读和使用本书的读者提出宝贵意见和修改建议.

杨新民

2023 年 4 月 12 日于重庆大学城

第一版前言

函数的凸性是一个经典概念, 因其在数学规划论、博弈论、数理经济学、逼近论、变分学、最优控制理论等领域具有基础性的作用, 在 20 世纪 60 年代出现了一个新的数学分支——凸分析. 几乎与此同时, 人们注意到在经济学中大量理论和实际问题所遇到的函数并非是经典的凸函数类, 而是比凸性条件更弱的某些函数类 (如首先由 Arrow K J 和 Enthoven A C 于 1961 年在文献 [14] 中提出的拟凸函数). 此外, 在实际应用中, 许多优化问题的数学模型往往很难满足相关函数的凸性要求, 只能退而求其次, 考虑较弱的广义凸性. 因此, 在过去的大半个世纪里, 在数学和诸如经济学、管理科学以及工程技术这些专业学科中, 推广函数的凸性这一研究课题, 吸引了众多学者的关注并使其产生了极大的兴趣. 近十几年来, 对于广义凸性的研究, 有两种趋势: 一方面, 为适应应用领域的需要, 提出新的、更弱的广义凸性; 另一方面, 寻求某些广义凸性的统一刻画.

在国际上, 自 1980 年以来, 已经召开了 11 次广义凸性国际会议, 出版了多部专著和论文集. 1994 年, 由 Schaible S 发起, 成立了专门从事广义凸性研究和交流的国际学术团体 WGGC (Working Group on Generalized Convexity), 并建立了专业网站 www.genconv.org. 目前, 在国际上影响较大的著作有: 由 Schaible S 和 Ziemba W T 编辑的论文集 *Generalized Concavity in Optimization and Economics* (1980), 由 Avriel M 等撰写的专著 *Generalized Concavity* (1988, 这是广义凸性的奠基性著作), 由 Hadjisavvas N 等编辑的专著 *Handbook of Generalized Convexity and Generalized Monotonicity* (2005, 本书由 16 位国际知名学者撰写, 这是一部 "百科全书" 式的专著, 篇幅长达 672 页), 由 Cambini A 和 Martein L 撰写的专著 *Generalized Convexity and Optimization: Theory and Applications* (2009, 是近期出版的最适合选作教材的专著), 由 Mishra S K 等撰写的专著 *Generalized Convexity and Vector Optimization* (2009) 等.

在国内, 广义凸性的研究起步还是较早的. 许多作者在国内外有影响的期刊发表了大量的论文, 其中的一些研究成果在国内外产生了广泛的影响.

尽管如此, 我们深感遗憾的是, 目前在国内还没有这方面的中文专著出版. 为填补这一不足, 我们尝试撰写本书, 希望本书的出版能够给从事相关领域研究与应用的科技工作者、教师和研究生提供一本比较容易阅读的参考书. 如果本书的出版还能吸引更多的人广泛、深入和系统地开展这方面的研究, 则幸甚.

本书试图以较少的篇幅但又较深入地介绍广义凸性基本理论及应用. 我们编写本书时基本上采用了文献 [2] 的框架, 并大量取材于文献 [2]、文献 [12]、文献 [23] 和国内外同行的研究论文. 我们在本书中只打算介绍数值函数的几种最常见的广义凸性 (拟凸性、伪凸性和不变凸性), 取材并不追求大而全. 因此, 数值函数中其他诸多类型的广义凸性以及向量值函数的广义凸性都未提及. 本书最初是按研究生教材编写的, 为便于读者自学, 我们在材料的选取上力求自成体系, 并且对几乎所有的重要结果都给出较为详细的推导证明.

本书共 8 章: 第 1 章是有关凸集和凸函数理论中本书要用到的一些基本知识. 第 2 章介绍不依赖于可微性假设条件的函数的拟凸性. 其中, 关于连续、半连续函数拟凸性的讨论主要介绍我国学者的部分工作. 第 3 章介绍可微条件下函数的广义凸性, 包括可微拟凸函数、伪凸函数、拟线性性和伪线性性以及二阶可微函数的广义凸性. 在最优化理论中, 最优性条件是一个基础性课题, 因此, 第 4 章中介绍在广义凸性假设条件下一般的数学规划问题的最优性条件和约束品性. 第 5 章介绍函数不变凸性及其推广, 特别是对预 (拟) 不变凸性作较详细的介绍. 由于单调性是凸性研究的自然延伸, 在第 6 章介绍广义单调性和广义凸性. 由于二次规划在实际应用中的重要性, 在第 7 章用较大的篇幅介绍二次函数的广义凸性. 第 8 章简要介绍几类分式函数的广义凸性. 我们认为这些内容基本上可以满足相关专业的科技人员和高校师生从事科研与教学工作的需要.

浙江师范大学仇秋生教授在百忙之中仔细审读了本书书稿, 并提出了许多宝贵的修改意见, 我们在此表示由衷的感谢. 还要感谢我们的学生唐莉萍、杨玉红、赵勇、龙莆均、李飞等, 感谢他们对本书书稿提出的许多意见, 感谢他们为本书的撰写搜集资料、整理文稿. 最后, 作者之一的戎卫东在此要特别感谢重庆师范大学 "运筹学与系统工程重庆市市级重点实验室" 为本书的撰写提供的良好的工作条件和生活上的照顾.

本书得到国家自然科学基金重点项目 (10831009, 11431004) 和面上项目 (10771228, 11271391) 以及重庆市科委重点实验室能力提升项目 (CSTC2011KLOPSE04, CSTC2014PT-SY00001) 的资助, 科学出版社的李静科为本书的出版提供了大量的帮助, 在此一并表示衷心感谢!

由于作者的视野和水平有限, 本书的不妥之处在所难免, 期待读者批评指正!

杨新民　　戎卫东

重庆师范大学　内蒙古大学

2015 年 6 月于重庆大学城

目　　录

第 1 章 凸集与凸函数

关于汉字 "凹" 和 "凸", 史树中教授在文献 [1] 中有一段精彩的解释: "我们知道汉字起初是一种象形文字, 但是今天的汉字绝大多数已无形可象. 即使如 '日月山水' 等几个最 '象' 的字来看, 不看它们的甲骨文原形, 也很难 '象' 出来. '凹凸' 二字似乎是仅有的例外. 按照通常汉语词典中的解释, '凹' 的含义是 '低于周围', 而 '凸' 的含义是 '高于周围', 完全如同这两个字所表现的形状. "

如此一说揭示了本书的主题——"凸性" 和 "广义凸性"——都始于几何. 不过, 就其研究范围和方法而言, 凸性和广义凸性遍及分析、代数和几何等诸多领域.

众所周知, 凸函数和凹函数在经济学和最优化等领域中扮演了重要角色, 有着大量的应用.

本章简要介绍凸集和凸函数的一些基本性质, 有关内容可参见文献 [1]~[12]. 注意到一个函数 f 是凹函数当且仅当 $-f$ 是凸函数, 因而有关凹函数的任何结果都可以转换为凸函数. 鉴于此, 只介绍凸函数的有关结果. 关于函数凹性的较为系统的论述, 可参见文献 [11] 和文献 [12].

1.1 凸 集

1.1.1 基本概念

直观地看, 刚才指出 "凸" 的含义是 "高于周围", 这表明一个集合称为凸集是指其中的任意两点连线都完全在这个集合中; 等价地, 一个集合不是凸集当且仅当存在其上两点, 连接它们的线段上有不属于集合的点 (图 1.1).

图 1.1 凸集和非凸集

定义 1.1.1 称集合 $S \subset \mathbb{R}^n$ 是凸集, 如果

$$\forall x_1, x_2 \in S, \quad \forall \lambda \in [0,1], \quad \lambda x_1 + (1-\lambda)x_2 \in S.$$

定义中的 $\lambda \in [0,1]$ 可以等价地换成 $\lambda \in (0,1)$. 因为在今后的一些推导中, 常常会用到 $\dfrac{1}{\lambda}$ 或 $\dfrac{1}{1-\lambda}$, 这时使用后者会比较方便. 约定空集和单点集都是凸集.

下面是凸集的简单例子:

(i) 全空间 $\mathbb{R}^n$;

(ii) 通过点 $x_0 \in \mathbb{R}^n$, 沿方向 $d \in \mathbb{R}^n$ 的直线 $l = \{x \in \mathbb{R}^n : x = x_0 + td, t \in \mathbb{R}\}$;

(iii) 超平面 $H = \{x \in \mathbb{R}^n : \alpha^{\mathrm{T}} x = \beta\}$, $\alpha \in \mathbb{R}^n \backslash \{0\}$, $\beta \in \mathbb{R}$;

(iv) 与 H 相关的闭半空间

$$H^+ = \{x \in \mathbb{R}^n : \alpha^{\mathrm{T}} x \geqslant \beta\}, \quad H^- = \{x \in \mathbb{R}^n : \alpha^{\mathrm{T}} x \leqslant \beta\}.$$

定理 1.1.1　任意凸集族的交是凸集.

证明　设 $\{S_i\}_{i \in I}$ 是一个凸集族, 记 $S = \bigcap_{i \in I} S_i$. 任取 $x_1, x_2 \in S$, 则 $x_1, x_2 \in S_i, \forall i \in I$. 由 S_i 的凸性知

$$\forall i \in I, \quad \lambda x_1 + (1-\lambda) x_2 \in S_i, \quad \forall \lambda \in [0,1].$$

因此 $\lambda x_1 + (1-\lambda) x_2 \in S$, 即 $S = \bigcap_{i \in I} S_i$ 是凸集.　□

定义 1.1.2　有限多个点 $x_i \in \mathbb{R}^n$ $(i = 1, \cdots, k)$ 的凸组合是指如下形式的点

$$x = \sum_{i=1}^{k} \lambda_i x_i, \quad \sum_{i=1}^{k} \lambda_i = 1, \quad \lambda_i \geqslant 0, \quad i = 1, \cdots, k.$$

用归纳法可以证明, 定义 1.1.1 可以等价地表述为: 称集合 $S \subset \mathbb{R}^n$ 是凸集, 如果 $\forall x_i \in S$, $\forall \lambda_i \geqslant 0, \sum_{i=1}^{k} \lambda_i = 1$, 有 $\sum_{i=1}^{k} \lambda_i x_i \in S$.

定义 1.1.3　$\mathbb{R}^n$ 中包含 S 的所有凸集的交集称为 S 的凸包, 记为 $\mathrm{conv} S$. 包含 S 的所有闭凸集的交集称为 S 的闭凸包, 记为 $\overline{\mathrm{conv}} S$.

1.1.2　凸集的拓扑性质

设集合 $S \subset \mathbb{R}^n$, 用 $\mathrm{int} S$, $\mathrm{cl} S$ 和 ∂S 分别表示 S 的内部、闭包和边界. 这里简要介绍凸集的一些拓扑性质.

定理 1.1.2　设 $S \subset \mathbb{R}^n$ 是凸集, 且 $\mathrm{int} S \neq \varnothing$. 设 $x_1 \in \mathrm{cl} S$ 和 $x_2 \in \mathrm{int} S$, 则

$$\forall \lambda \in [0,1), \quad \lambda x_1 + (1-\lambda) x_2 \in \mathrm{int} S.$$

证明　当 $\lambda = 0$ 时, $\lambda x_1 + (1-\lambda) x_2 = x_2 \in \mathrm{int} S$. 剩下需证:

$$\forall \lambda \in (0,1), \quad y = \lambda x_1 + (1-\lambda) x_2 \in \mathrm{int} S.$$

因条件 $x_2 \in \text{int}S$ 蕴涵

$$\exists \varepsilon > 0, \quad B_\varepsilon(x_2) = \{x : \|x - x_2\| < \varepsilon\} \subset S,$$

如果能证明 $B_{(1-\lambda)\varepsilon}(y) \subset S$, 则有 $y \in \text{int}S$. 现在任取 $z \in B_{(1-\lambda)\varepsilon}(y)$, 令

$$r = \frac{(1-\lambda)\varepsilon - \|z - y\|}{\lambda} > 0.$$

因 $x_1 \in \text{cl}S$, 故 $\exists z_1 \in S$, 使得 $\|z_1 - x_1\| < r$. 令 $z_2 = \dfrac{z - \lambda z_1}{1 - \lambda}$, 则有

$$\|z_2 - x_2\| = \frac{1}{1-\lambda} \|z - \lambda z_1 - (1-\lambda)x_2\| = \frac{1}{1-\lambda} \|z - \lambda z_1 - (y - \lambda x_1)\|$$

$$\leqslant \frac{1}{1-\lambda}(\|z - y\| + \lambda \|z_1 - x_1\|) < \frac{1}{1-\lambda}(\|z - y\| + \lambda r) = \varepsilon.$$

因此 $z_2 \in B_\varepsilon(x_2) \subset S$, 即 $z_2 \in S$. 由 z_2 的定义得到 $z = \lambda z_1 + (1-\lambda)z_2$, 故 $z \in S$. 进而有 $B_{(1-\lambda)\varepsilon}(y) \subset S$. □

定理 1.1.3 设 $S \subset \mathbb{R}^n$ 是凸集, 且 $\text{int}S \neq \varnothing$. 则下列结论成立:

(i) $\text{cl}S$ 是凸集;

(ii) $\text{int}S$ 是凸集;

(iii) $\text{cl}(\text{int}S) = \text{cl}S$;

(iv) $\text{int}(\text{cl}S) = \text{int}S$.

证明 (i) 任取 $x_1, x_2 \in \text{cl}S, z \in \text{int}S$. 由定理 1.1.2 知,

$$\forall \lambda \in [0, 1), \quad \lambda x_1 + (1-\lambda)z \in \text{int}S.$$

因此, $\forall \mu \in [0, 1), \mu x_2 + (1-\mu)(\lambda x_1 + (1-\lambda)z) \in \text{int}S$. 令 $\lambda \to 1$, 得

$$\mu x_2 + (1-\mu)x_1 \in \text{cl}S,$$

因而 $\text{cl}S$ 是凸集.

(ii) 任取 $x_1, x_2 \in \text{int}S$, 需证 $\forall \lambda \in [0, 1], \lambda x_1 + (1-\lambda)x_2 \in \text{int}S$. 显然, $\lambda = 1$ 时有 $\lambda x_1 + (1-\lambda)x_2 = x_1 \in \text{int}S$. 而 $x_1 \in \text{int}S \subset \text{cl}S$, 由定理 1.1.2 可得到

$$\forall \lambda \in [0, 1), \quad \lambda x_1 + (1-\lambda)x_2 \in \text{int}S,$$

因而 $\text{int}S$ 是凸集.

(iii) 因 $\text{cl}(\text{int}S) \subset \text{cl}S$, 故只需证相反的包含关系. 任取 $z \in \text{cl}S, x \in \text{int}S$. 由定理 1.1.2, $\forall \lambda \in (0, 1], z + \lambda(x - z) \in \text{int}S$. 因此,

$$\forall n \in \mathbb{N}, \quad z + \frac{1}{n}(x - z) \in \text{int}S.$$

令 $n \to +\infty$ 得到 $z \in \mathrm{cl}(\mathrm{int}S)$. 因此 $\mathrm{cl}S \subset \mathrm{cl}(\mathrm{int}S)$.

(iv) 因 $\mathrm{int}S \subset \mathrm{int}(\mathrm{cl}S)$, 故只需证相反的包含关系. 设 $z \in \mathrm{int}(\mathrm{cl}S)$, 则

$$\exists \varepsilon > 0, \quad \bar{B}_\varepsilon(z) = \{u : \|u - z\| \leqslant \varepsilon\} \subset \mathrm{cl}S.$$

任取 $x \in \mathrm{int}S \backslash \{z\}$, 记 $y = z + \varepsilon \dfrac{z - x}{\|z - x\|}$, 显然有 $y \in \bar{B}_\varepsilon(z) \subset \mathrm{cl}S$. 记

$$\lambda = \frac{\varepsilon}{\varepsilon + \|z - x\|} \in (0, 1),$$

则 $\varepsilon = \dfrac{\lambda}{1 - \lambda} \|z - x\|$, 代入 y 的定义式, 经简单计算得到 $z = \lambda x + (1 - \lambda)y$. 由定理 1.1.2 得到 $z \in \mathrm{int}S$. 因而有 $\mathrm{int}(\mathrm{cl}S) \subset \mathrm{int}S$. □

注 1.1.1 由定理 1.1.3 的性质 (iii) 知, S 的每个边界点都是其内点序列的极限点.

下面的定理指出, 凸集 S 的每个内点都可表示为它的两个点的凸组合.

定理 1.1.4 设 $S \subset \mathbb{R}^n$ 是凸集, 且 $\mathrm{int}S \neq \varnothing$, 则 $z \in \mathrm{int}S$ 当且仅当

$$\forall x \in S, \quad \exists \mu > 1, \quad x + \mu(z - x) \in S.$$

或者等价地, $\forall x \in S, \exists u \in S, \exists \lambda \in (0, 1), z = \lambda u + (1 - \lambda)x$.

证明 设 $z \in \mathrm{int}S$, 则 $\exists \varepsilon > 0$, 使得 $B_\varepsilon(z) \subset S$. 于是 $\forall x \in S$, 取 $t \in (0, \varepsilon)$, 使得 $z + t(z - x) \in S$. 取 $\mu = 1 + t > 1$, 有 $x + \mu(z - x) = z + t(z - x) \in S$. 反过来, 设 $\forall x \in S, \exists \mu > 1$, 使得 $u = x + \mu(z - x) \in S$. 记 $\lambda = \dfrac{1}{\mu}$, 则有 $\lambda \in (0, 1)$, 且

$$z = \lambda u + (1 - \lambda)x.$$

由定理 1.1.2, 有 $z \in \mathrm{int}S$.

后一个命题与前一个命题的等价性显然. □

定理 1.1.5 设集合 $S \subset \mathbb{R}^n$ 是开集, 则 $convS$ 也是开集.

证明 由于 $S \subset convS$, 且 $S \subset \mathbb{R}^n$ 是开集, 可得 $S \subset \mathrm{int}convS$. 根据定理 1.1.3 可知, $\mathrm{int}convS$ 是凸集, 于是有 $convS \subset \mathrm{int}convS$. 另一方面, $\mathrm{int}convS \subset convS$ 显然成立, 所以 $\mathrm{int}convS = convS$ 成立, 即 $convS$ 也是开集. □

定理 1.1.6 设集合 $S \subset \mathbb{R}^n$, 则 $\overline{convS} = \mathrm{cl}(convS)$.

证明 由于 $S \subset \mathrm{cl}(convS)$ 且 $\overline{convS}$ 是闭集, 则有 $\overline{convS} \subseteq \mathrm{cl}(convS)$. 另一方面, 设 C 是包含 $convS$ 的任一闭凸集, 则有 $\mathrm{cl}(convS) \subset C$. 于是, 可知 $\mathrm{cl}(convS) \cap C = \overline{convS}$, 故有 $\overline{convS} = \mathrm{cl}(convS)$. □

闭集的凸包不一定是闭集的一个例子:

$$S = \{(0,0)\} \cup \{(x_1, 1), x_1 \geqslant 0\}.$$

显然, S 是一个闭集, 但 $convS = \{(x_1, x_2) : x_1 > 0, x_2 > 0\} \cup \{(x_1, 0) : x_1 \geqslant 0\}$ 不是闭集.

定理 1.1.7 设集合 $S \subset \mathbb{R}^n$, 则 $convS$ 中的每一点都可以表示为 S 的不多于 $n+1$ 个点的凸组合, 即对任意一点 $x \in convS$, 存在 $x_1, x_2, \cdots, x_r \in S$, 使得

$$x = \lambda_1 x_1 + \cdots + \lambda_r x_r, \quad \sum_{i=1}^{r} \lambda_i = 1, \quad \lambda_i \geqslant 0, \quad i = 1, 2, \cdots, r \text{ 且 } r \leqslant n+1.$$

证明 显然, 定理的核心是论断 $\sum_{i=1}^{r} \lambda_i = 1$ 且 $r \leqslant n+1$. 假设 $x = \lambda_1 x_1 + \cdots + \lambda_m x_m$, 如果 $m > n+1$, 则由 $m - 1 > n$, 有 $x_2 - x_1, x_3 - x_1, \cdots, x_m - x_1$ 线性相关. 于是存在不全为 0 的一组数 $\alpha_i, i = 1, 2, \cdots, m$, 使得

$$\sum_{i=1}^{m} \alpha_i x_i = 0, \quad \sum_{i=1}^{m} \alpha_i = 0.$$

由 $\sum_{i=1}^{m} \alpha_i = 0$ 可知, α_i 中一定有正数. 令

$$\varepsilon_0 = \min \left\{ \frac{\lambda_i}{\alpha_i} : \alpha_i > 0, i = 1, 2, \cdots, m \right\},$$

则有 $\overline{\lambda_i} = \lambda_i - \varepsilon_0 \alpha_i \geqslant 0, i = 1, 2, \cdots, m$. 又由于

$$\sum_{i=1}^{m} \overline{\lambda_i} x_i = \sum_{i=1}^{m} \lambda_i x_i - \varepsilon_0 \left(\sum_{i=1}^{m} \alpha_i x_i \right) = \sum_{i=1}^{m} \lambda_i x_i = x$$

以及

$$\sum_{i=1}^{m} \overline{\lambda_i} = \sum_{i=1}^{m} \lambda_i - \varepsilon_0 \left(\sum_{i=1}^{m} \alpha_i \right) = 1,$$

且一定存在某个 i_0 使得 $\overline{\lambda_i} = \lambda_i - \varepsilon_0 \alpha_i = 0$, 所以 x 能表示为 $m - 1$ 个元的凸组合. 这个过程可以重复, 一直进行到 $m \leqslant n+1$ 为止. $\square$

对于闭集是否为凸集, 如下的定理表明, 可以有比定义宽松的判断式. 事实上, 若一个闭集不是凸集, 总可以找到它边界上的两点, 使得它们连线上的所有内点都不属于该集合, 这可表述为: 若闭集 S 不是凸集, 则

$$\exists x, y \in S, \quad \forall \alpha \in (0, 1), \quad \alpha x + (1 - \alpha) y \notin S.$$

于是, 有如下关于闭集为凸集的判断定理.

定理 1.1.8　设 $S \subset \mathbb{R}^n$ 是闭集, 如果

$$\forall x_1, x_2 \in S, \quad \exists \alpha \in (0, 1), \quad \alpha x_1 + (1 - \alpha) x_2 \in S,$$

则 S 是凸集.

证明　假设 S 不是凸集, 则

$$\exists x_1, x_2 \in S, \quad \exists \lambda_0 \in (0, 1), \quad z = \lambda_0 x_1 + (1 - \lambda_0) x_2 \notin S.$$

记 $x_\lambda = \lambda x_1 + (1 - \lambda) z, \forall \lambda \in (0, 1]$. 令 $\bar{\lambda} = \inf\{\lambda \in (0, 1] : x_\lambda \in S\}$, 则当 $\lambda < \bar{\lambda}$ 时, $x_\lambda \notin S$. 考虑序列 $\lambda_n > \bar{\lambda}$ 满足 $\lambda_n \to \bar{\lambda}$, 且 $\forall n = 1, 2, \cdots$, 有 $x_{\lambda_n} \in S$. 由于 S 是闭集, 则有 $x_{\bar{\lambda}} \in S$.

同理, 设 $y_\lambda = \lambda z + (1 - \lambda) x_2, \forall \lambda \in [0, 1)$. 令 $\tilde{\lambda} = \sup\{\lambda \in [0, 1) : y_\lambda \in S\}$, 类似地可以证明, 当 $\lambda > \tilde{\lambda}$ 时, $y_\lambda \notin S$ 但 $y_{\tilde{\lambda}} \in S$.

易知 $(x_{\bar{\lambda}}, y_{\tilde{\lambda}}) \cap S = \varnothing$, 即 $\exists x_{\bar{\lambda}}, y_{\tilde{\lambda}} \in S, \forall \alpha \in (0, 1), \alpha x_{\bar{\lambda}} + (1 - \alpha) y_{\tilde{\lambda}} \notin S$. 这与定理的假设条件相矛盾.　□

前面的几个定理所陈述的性质, 都是基于凸集的内部非空这一假设条件. 但是, 很多时候这样的假设条件并不成立. 例如, 平面上的一条线段或者通常空间 $\mathbb{R}^3$ 中的一个三角形, 或者更一般地, 完全位于一个仿射集 (即线性流形) 中的凸集, 它们都没有内点. 为了推广前面的有关结果到所有的凸集, 引进凸集的相对内部的概念是必要的.

定义 1.1.4　设集合 $S \subset \mathbb{R}^n, W$ 是包含 S 的最小仿射集 (线性流形). 则 S 的相对内部 $\mathrm{ri}S$ 是关于 W 上的由 $\mathbb{R}^n$ 诱导的相对拓扑下所有内点的集合; 换言之, x_0 是 S 的相对内点, 即 $x_0 \in \mathrm{ri}S$ 当且仅当 $\exists \varepsilon > 0, B_\varepsilon(x_0) \cap W \subset S$.

显然, $\mathrm{ri}S = \mathrm{int}S$ 当且仅当 $W = \mathbb{R}^n$. 此外, 与 $\mathrm{int}S$ 相比, 相对内部 $\mathrm{ri}S$ 具有重要性质: 对于任意非空凸集 $S \subset \mathbb{R}^n$, 都有 $\mathrm{ri}S \neq \varnothing$. 事实上, 容易验证: 单点集的相对内部就是它自己, 而多于一个点的凸集, 它至少含有一条开线段.

注 1.1.2　因包含 S 的最小仿射集就是它的仿射包 $\mathrm{aff}S$, 因此集合 S 的相对内部还可以表示为

$$\mathrm{ri}S = \{x \in S : \exists \varepsilon > 0, B_\varepsilon(x) \cap \mathrm{aff}S \subset S\}.$$

几乎逐字逐句重复相关定理的证明, 可以大大地推广定理 1.1.2～定理 1.1.4 为下面两个定理.

定理 1.1.9　设 $S \subset \mathbb{R}^n$ 是非空凸集, $x_1 \in \mathrm{cl}S, x_2 \in \mathrm{ri}S$. 则

$$\forall \lambda \in [0, 1), \quad \lambda x_1 + (1 - \lambda) x_2 \in \mathrm{ri}S.$$

定理 1.1.10　设 $S \subset \mathbb{R}^n$ 是非空凸集, 则以下结论成立:

(i) ri$S \neq \varnothing$;

(ii) ri$S$ 是凸集;

(iii) cl(ri$S$) = cl$S$;

(iv) ri(cl$S$) = ri$S$;

(v) $z \in$ ri$S$ 当且仅当 $\forall x \in S, \exists \mu > 1, x + \mu(z - x) \in S$.

1.1.3　极点和极方向

凸集 $S \subset \mathbb{R}^n$ 中的点 x 称为极点, 如果它不能表示为 S 中两个不同点的凸组合. 下面的例子表明, 极点集可以是空集、有限集或无限集.

例 1.1.1　(i) 直线没有极点, 而闭半直线仅有一个极点;

(ii) 矩形的顶点是它的四个极点;

(iii) 球体的每个边界点是它的一个极点.

关于极点的存在性, 有如下的定理 (见 [3]).

定理 1.1.11　紧凸集 S 的极点集非空. 此外, 每个 $x \in S$ 可以表为 S 的有限多个极点的凸组合.

定理 1.1.11 的后一个结论不能推广到无界凸集. 例如, 从 x_0 出发的闭半直线, 其上任一异于 x_0 的点, 不能表示为它的仅有的一个极点 x_0 的凸组合. 这一事实启发我们引入回收方向和极方向的概念. 因此, 先考虑如下的定理.

定理 1.1.12　设 $S \subset \mathbb{R}^n$ 是闭凸集. 则 S 是无界集当且仅当存在包含于 S 的半直线. 此外, 如果半直线 $x = x_0 + td, t \geqslant 0$ 包含于 S, 则 $\forall y \in S$, 半直线 $x = y + kd, k \geqslant 0$ 也包含于 S.

证明　显然, 存在包含于 S 的半直线蕴涵 S 的无界性. 反过来, 若 S 是无界集, 则存在序列 $\{x_n\} \subset S$, 使得 $\lim\limits_{n \to +\infty} \|x_n\| = +\infty$. 设 $x_0 \in S$, 则有界序列 $\left\{ \dfrac{x_n - x_0}{\|x_n - x_0\|} \right\}$ 有收敛子列, 不失一般性, 假设它收敛到点 $d \in \mathbb{R}^n \backslash \{0\}$. 剩下只需证明半直线 $x_0 + td, t \geqslant 0$ 包含于 S. 因 S 是凸集, 故 $\forall \lambda \in [0,1], x_0 + \lambda(x_n - x_0) \in S$. 对任意固定的 $t \geqslant 0$, 记 $\lambda_n = \dfrac{t}{\|x_n - x_0\|} \geqslant 0$. 因 $\lim\limits_{n \to +\infty} \|x_n\| = +\infty$, 故 $\lambda_n \to 0$. 于是, 对于充分大的 $n \in \mathbb{N}$, 还有 $\lambda_n \leqslant 1$, 不妨假设 $\forall n \in \mathbb{N}, 0 < \lambda_n \leqslant 1$. 则序列

$$\{x_0 + \lambda_n(x_n - x_0)\} \subset S, \quad \text{即} \left\{ x_0 + \frac{t}{\|x_n - x_0\|}(x_n - x_0) \right\} \subset S,$$

令 $n \to +\infty$, 有 $x_0 + td \in$ cl$S = S$. 即存在半直线 $x_0 + td, t \geqslant 0$ 包含于 S.

定理的后一个结论可类似地证明. 因为半直线 $x = x_0 + td,\ t \geqslant 0$ 包含于 S, 则有 $x_n = x_0 + nd \in S, \forall n \in \mathbb{N}$. 由 S 的凸性, 有

$$\forall y \in S, \quad y + \lambda nd + \lambda(x_0 - y) = y + \lambda(x_n - y) \in S, \quad \forall \lambda \in [0,1].$$

因此, 对任意固定的 $k \geqslant 0$, 有

$$y + kd + \frac{k}{n}(x_0 - y) = y + \frac{k}{n}nd + \frac{k}{n}(x_0 - y) \in S.$$

令 $n \to +\infty$, 有 $y + kd \in \mathrm{cl}S = S,\ \forall k \geqslant 0$.   □

如果方向 $d \in \mathbb{R}^n$ 使得对于每个 $y \in S$, 半直线 $x = y + kd,\ k \geqslant 0$ 包含于 S, 则称 d 为一个回收方向.

定理 1.1.12 表明, 闭凸集 S 的回收方向集非空当且仅当 S 是无界集.

一个回收方向 d 称为是一个极方向, 如果不能将 d 表示为两个不同的回收方向的凸组合.

关于无界闭凸集的极点和极方向的存在性, 有下面的定理[3].

定理 1.1.13　不含直线的无界闭凸集至少有一个极点和一个极方向.

定理 1.1.14　设 $S \subset \mathbb{R}^n$ 是不含直线的闭凸集. 则 $x \in S$ 当且仅当 x 能表示为 $x = y + d$, 其中 y 是 S 的极点的凸组合, d 是极方向的正线性组合.

一个多面体定义为有限多个闭半空间的交. 它是特殊的凸集, 它的极点和极方向个数是有限的. 多面体的极点还称为多面体的顶点. 有界多面体称为多胞形.

1.1.4　超平面和凸集分离定理

凸集分离定理在最优化中扮演着极重要的角色. 因其应用范围广泛, 它的表述形式有许多种. 这里只列举本书中所需的形式.

设 S 是 $\mathbb{R}^n$ 中的凸子集, 又设 x_0 是 S 的边界点. S 在 x_0 处的支撑半空间是包含 S 的一个闭半空间; S 在 x_0 处的支撑超平面是 S 在 x_0 处的支撑半空间的边界, 换言之, 超平面 $H_{x_0} = \{x \in \mathbb{R}^n : \alpha^{\mathrm{T}}x = \alpha^{\mathrm{T}}x_0\}$ 是 S 在 x_0 处的支撑超平面, 如果

$$S \subset H_{x_0}^+ = \{x \in \mathbb{R}^n : \alpha^{\mathrm{T}}x \geqslant \alpha^{\mathrm{T}}x_0\} \text{ 或者 } S \subset H_{x_0}^- = \{x \in \mathbb{R}^n : \alpha^{\mathrm{T}}x \leqslant \alpha^{\mathrm{T}}x_0\}.$$

不失一般性, 可以假设 $S \subset H_{x_0}^+$, 如果必要的话, 用 $-\alpha$ 替换 α 即可. 其实, 这里的 α 就是超平面 H_{x_0} 的法向量.

定义 1.1.5　设 $S,\ T$ 是 $\mathbb{R}^n$ 中的两个子集. 称超平面 $H = \{x \in \mathbb{R}^n, \alpha^{\mathrm{T}}x = \beta\}$ 分离 S 和 T, 如果 $\alpha^{\mathrm{T}}x \geqslant \beta,\ \forall x \in S$ 且 $\alpha^{\mathrm{T}}x \leqslant \beta,\ \forall x \in T$; 或者等价地, $\alpha^{\mathrm{T}}x \leqslant \alpha^{\mathrm{T}}y,\ \forall x \in T,\ \forall y \in S$.

下面的定理给出了支撑超平面和分离超平面存在性的基本结果, 它们的证明可以在任何凸分析教科书中找到.

定理 1.1.15 (凸集与点的分离) 设 $S \subset \mathbb{R}^n$ 是闭凸集, $y_0 \notin S$. 则

$$\exists \alpha \in \mathbb{R}^n \backslash \{0\}, \quad \exists x_0 \in S, \quad \alpha^{\mathrm{T}} x \geqslant \alpha^{\mathrm{T}} x_0, \quad \forall x \in S \text{ 且 } \alpha^{\mathrm{T}} y_0 < \alpha^{\mathrm{T}} x_0.$$

定理 1.1.16 (支撑超平面在边界点的存在性) 设 $S \subset \mathbb{R}^n$ 是闭凸集, x_0 是 S 的边界点. 则 $\exists \alpha \in \mathbb{R}^n \backslash \{0\}, \ \alpha^{\mathrm{T}} x \geqslant \alpha^{\mathrm{T}} x_0, \ \forall x \in S.$

图 1.2 描绘了支撑超平面和分离超平面.

定理 1.1.17 (两个集合的分离) 设 $S_1, S_2 \subset \mathbb{R}^n$ 是两个非空凸集. 则存在 S_1 和 S_2 的分离超平面当且仅当 $\mathrm{ri} S_1 \cap \mathrm{ri} S_2 = \varnothing$.

利用定理 1.1.15 得到下面的推论表明: 每个闭凸集都可以表示为一族闭半空间的交.

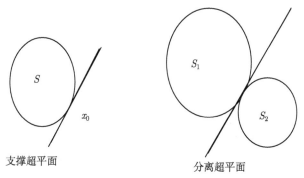

支撑超平面　　　　　　　　　　　　分离超平面

图 1.2　支撑超平面和分离超平面

推论 1.1.1 设 $S \subset \mathbb{R}^n$ 是闭凸集. 则 S 是它的所有支撑半空间的交, 即

$$S = \bigcap_{x \in S} H_x^+.$$

证明 显然, $S \subset \bigcap_{x \in S} H_x^+$, 只需证明相反的包含关系. 反证法: 假设

$$y_0 \in \bigcap_{x \in S} H_x^+, \quad \text{但 } y_0 \notin S.$$

因 $y_0 \notin S$, 由定理 1.1.15, 存在 S 在点 $x_0 \in S$ 处的支撑半空间

$$H_{x_0}^+ = \{x \in \mathbb{R}^n : \alpha^{\mathrm{T}} x \geqslant \alpha^{\mathrm{T}} x_0\},$$

且 $\alpha^{\mathrm{T}} y_0 < \alpha^{\mathrm{T}} x_0$. 这导致 $y_0 \notin H_{x_0}^+$, 与反证假设相矛盾. $\square$

1.1.5　凸锥、极锥和回收锥

集合 $C \subset \mathbb{R}^n$ 称为锥, 如果 $\forall x \in C, \forall k \geqslant 0, kx \in C$. 一个锥称为凸锥, 如果它还是凸集.

过原点的半直线、直线、子空间和半空间都是凸锥的例子. 互不相交的闭凸锥的并集虽然是锥, 但不是凸锥.

显然, 一个锥是凸的当且仅当它对加法运算和非负实数乘法运算是封闭的, 这有如下的定理.

定理 1.1.18　集合 $C \subset \mathbb{R}^n$ 是凸锥当且仅当下列性质成立:

(i) $x \in C, k \geqslant 0 \Rightarrow kx \in C$;

(ii) $x_1, x_2 \in C \Rightarrow x_1 + x_2 \in C$.

当 S 是闭凸锥时, 推论 1.1.1 成为如下推论.

推论 1.1.2　若 $C \subset \mathbb{R}^n$ 是闭凸锥, 则 C 是它的所有过原点的支撑半空间的交.

证明　由 C 是闭凸集, 按推论 1.1.1, C 是它的所有支撑半空间的交. 剩下只需再证过任意边界点 $x_0 \in \partial C$ 的支撑超平面 H_{x_0} 过原点就够了. 由定理 1.1.16,

$$\exists \alpha \in \mathbb{R}^n \backslash \{0\}, \quad \alpha^{\mathrm{T}} x \geqslant \alpha^{\mathrm{T}} x_0, \quad \forall x \in C.$$

据此和 $\forall k > 0, kx_0 \in C$, 有 $k\alpha^{\mathrm{T}} x_0 \geqslant \alpha^{\mathrm{T}} x_0, \forall k > 0$, 即 $(k-1)\alpha^{\mathrm{T}} x_0 \geqslant 0, \forall k > 0$. 这当且仅当 $\alpha^{\mathrm{T}} x_0 = 0$ 成立, 即 $H_{x_0} = \{x \in \mathbb{R}^n : \alpha^{\mathrm{T}} x = 0\}$ 是过原点的. □

下面, 引进极锥的概念.

定义 1.1.6　设 $C \subset \mathbb{R}^n$ 是锥. C 的正极锥 C^+ 定义为

$$C^+ = \{\alpha \in \mathbb{R}^n : \alpha^{\mathrm{T}} c \geqslant 0, \forall c \in C\};$$

C 的负极锥 C^- 定义为

$$C^- = \{\alpha \in \mathbb{R}^n : \alpha^{\mathrm{T}} c \leqslant 0, \forall c \in C\}.$$

注 1.1.3　由定义立刻推出, 极锥的顺序与原来集合的顺序是倒转的, 即若 $C_1 \subset C_2$, 则

$$C_1^+ \supset C_2^+, \quad C_1^- \supset C_2^-.$$

定理 1.1.19　设 $C \subset \mathbb{R}^n$ 是闭凸锥. 则

(i) C^+ 是闭凸锥;

(ii) $c \in C$ 当且仅当 $\alpha^{\mathrm{T}} c \geqslant 0, \forall \alpha \in C^+$;

(iii) $c \in \mathrm{int} C$ 当且仅当 $\alpha^{\mathrm{T}} c > 0, \forall \alpha \in C^+ \backslash \{0\}$;

(iv) $C^{++} = C$, 其中 C^{++} 是 C^+ 的正极锥;

(v) $\alpha \in \text{int} C^+$ 当且仅当 $\alpha^{\text{T}} c > 0, \forall c \in C \backslash \{0\}$.

证明 (i) 设 $\alpha_1, \alpha_2 \in C^+$, 则 $\forall c \in C, \alpha_1^{\text{T}} c \geqslant 0, \alpha_2^{\text{T}} c \geqslant 0$. 因此有 $(\alpha_1 + \alpha_2)^{\text{T}} c \geqslant 0$, 即 $\alpha_1 + \alpha_2 \in C^+$, 还有 $k\alpha_1^{\text{T}} c \geqslant 0, \forall k \geqslant 0$. 据此, 由定理 1.1.18, C^+ 是凸锥. 现在考虑序列 $\{\alpha_n\} \subset C^+, \alpha_n \to \alpha$. 由标量积的连续性并对 $\alpha_n^{\text{T}} c \geqslant 0$ 取极限, 得到 $\alpha^{\text{T}} c \geqslant 0, \forall c \in C$. 所以 C^+ 还是闭的.

(ii) 注意到 C^+ 的定义, 只需再证条件 $\alpha^{\text{T}} c \geqslant 0, \forall \alpha \in C^+$ 蕴涵 $c \in C$. 若不, 由定理 1.1.15 和推论 1.1.2,

$$\exists \alpha \in \mathbb{R}^n \backslash \{0\}, \ \exists c_0 \in \partial C, \ \alpha^{\text{T}} x \geqslant \alpha^{\text{T}} c_0 = 0, \ \forall x \in C \ 且 \ \alpha^{\text{T}} c < \alpha^{\text{T}} c_0 = 0.$$

前者蕴涵 $\alpha \in C^+$, 而后者蕴涵 $\alpha \notin C^+$, 两者矛盾.

(iii) 设 $c \in \text{int} C$, 由 (ii) 有 $\alpha^{\text{T}} c \geqslant 0, \forall \alpha \in C^+$. 假设 $\exists \bar{\alpha} \in C^+ \backslash \{0\}, \bar{\alpha}^{\text{T}} c = 0$. 因 $c \in \text{int} C$, 故

$$\exists \varepsilon > 0, \quad \forall d \in \mathbb{R}^n, \quad \|d\| = 1, \quad c + \varepsilon d \in C,$$

于是有 $\varepsilon \bar{\alpha}^{\text{T}} d = \bar{\alpha}^{\text{T}} (c + \varepsilon d) \geqslant 0$. 取 $d^* = -\dfrac{\bar{\alpha}}{\|\bar{\alpha}\|}$, 则

$$\|d^*\| = 1 \ 且 \ \varepsilon \bar{\alpha}^{\text{T}} d^* = -\varepsilon \frac{\bar{\alpha}^{\text{T}} \bar{\alpha}}{\|\bar{\alpha}\|} = -\varepsilon \|\bar{\alpha}\| < 0,$$

这导致矛盾. 故 $\alpha^{\text{T}} c > 0, \forall c \in C \backslash \{0\}$. 反过来, 假设 $\alpha^{\text{T}} c > 0, \forall \alpha \in C^+ \backslash \{0\}$, 但是 $c \notin \text{int} C$, 据此和 (ii) 有 $c \in \partial C$. 使用定理 1.1.16 知,

$$\exists \alpha_0 \in \mathbb{R}^n \backslash \{0\}, \quad \alpha_0^{\text{T}} x \geqslant \alpha_0^{\text{T}} c, \quad \forall x \in C.$$

取 $x = 0 \in C$ 得到 $\alpha_0^{\text{T}} c \leqslant 0$. 因 $\forall n \in \mathbb{N}, \forall x \in C, nx \in C$, 故 $\alpha_0^{\text{T}} x \geqslant \dfrac{1}{n} \alpha_0^{\text{T}} c$. 于是, 令 $n \to +\infty$ 有 $\alpha_0^{\text{T}} x \geqslant 0, \forall x \in C$, 这表明 $\alpha_0 \in C^+ \backslash \{0\}$, 与假设相矛盾, 故 $c \in \text{int} C$.

(iv) 由定义有: $z \in C^{++}$ 当且仅当 $z^{\text{T}} \alpha \geqslant 0, \forall \alpha \in C^+$. 又由 (ii) 有: $z \in C$ 当且仅当 $\alpha^{\text{T}} z \geqslant 0, \forall \alpha \in C^+$. 注意到 $z^{\text{T}} \alpha = \alpha^{\text{T}} z$, 得到 $C = C^{++}$.

(v) 将 (iii) 中的 C 换成 C^+ 并用 $C^{++} = C$ 即可. $\square$

注 1.1.4 由定理 1.1.19(i) 的证明看出, 即使 C 不闭且 (或) 不凸, C^+ 还是闭凸锥. 由定理 1.1.19(v), C 的经过原点的严格支撑超平面的存在性等价于条件 $\text{int} C^+ \neq \varnothing$. 不含直线的闭锥, 即 $c \in C$ 蕴涵 $-c \notin C$, 称为点锥. 等价地, C 是点锥当且仅当 $C \cap (-C) = \{0\}$.

下面介绍回收锥的概念. 对于刻画凸集的无界性 (相应地, 有界性), 回收锥的概念可以起到重要的作用. 我们知道 $\mathbb{R}^n$ 中的无界集 M 在 "无穷远" 处具有

这样的几何特征: 对于 M 中的任何一点 x, M 必定包含从点 x 出发沿某一方向 $y \in \mathbb{R}^n \setminus \{0\}$ 的半直线 $\{z \in \mathbb{R}^n : z = x + ty, t \geqslant 0\}$. 因此, 有如下定义.

定义 1.1.7 (i) 设 $S \subset \mathbb{R}^n$ 为非空集合, 称向量 $y \in \mathbb{R}^n \setminus \{0\}$ 为 S 的一个回收方向 (direction of recession), 如果对于任何 $x \in S$, 以 x 为始点, 以 y 为方向的半直线都包含于 S, 即 $\forall x \in S, \{z \in \mathbb{R}^n : z = x + ty, t \geqslant 0\} \subset S$.

(ii) 非空集合 $S \subset \mathbb{R}^n$ 的所有回收方向 y 加上零向量构成的集合, 称为 S 的回收锥 (cone of recession). 即设集合 $S \subset \mathbb{R}^n$, 称集合

$$0^+ S = \{y \in \mathbb{R}^n : x + ty \in S, \forall x \in S, t \geqslant 0\}$$

为 S 的回收锥.

引理 1.1.1 设 $S \subset \mathbb{R}^n$ 为非空凸集, $0^+ S$ 为 S 的回收锥. 则

$$y \in 0^+ S \Leftrightarrow S + y \subset S. \tag{1.1}$$

证明 若 $y \in 0^+ S$, 按定义有 $\forall x \in S, x + y \in S$. 这表明 $S + y \subset S$. 反过来, 若 $S + y \subset S$, 则 $S + 2y = (S + y) + y \subset S + y \subset S$. 据此, 用归纳法可以证明, $\forall n \in \mathbb{N}, \forall x \in S, x + ny \in S$. 现在, 任取 $t \geqslant 0$, 则存在 $m \in \mathbb{N}$, 满足 $m \leqslant t < m + 1$. 于是点 $x + ty$ 就是点 $x + my \in S$ 与点 $x + (m+1)y \in S$ 的凸组合, 由 S 的凸性有 $x + ty \in S$. 因此有 $y \in 0^+ S$. □

下面的图 1.3 是 $\mathbb{R}^2$ 中凸集 S 的几个回收方向 $y_1, y_2, y_3 \in \mathbb{R}^2$.

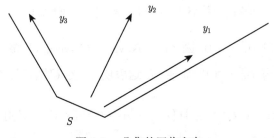

图 1.3　凸集的回收方向

定理 1.1.20 设 $S \subset \mathbb{R}^n$ 是任一非空凸集, 则它的回收锥 $0^+ S$ 是一个凸锥.

证明 $0^+ S$ 是锥: 设 $y \in 0^+ S$, 则

$$\forall x \in S, \quad \forall t \geqslant 0, \quad x + ty \in S.$$

于是,

$$\forall k \geqslant 0, \quad 必有 \ x + t(ky) = x + (tk)y \in S,$$

即 0^+S 是锥. 0^+S 是凸的: 设 $y_1, y_2 \in 0^+S$, 由式 (1.1) 有

$$\forall t_1, t_2 \geqslant 0, \quad t_1 y_1 + S \subset S, \quad t_2 y_2 + S \subset S.$$

据此, 对于任意固定 $\lambda \in [0,1]$ 和 $t \geqslant 0$, 可以将 $t\lambda$ 和 $t(1-\lambda)$ 分别看成 t_1 和 t_2, 再次使用式 (1.1) 得到

$$t(\lambda y_1 + (1-\lambda)y_2) + S = (t\lambda)y_1 + (t(1-\lambda)y_2 + S) \subset (t\lambda y_1) + S \subset S,$$

故 $\lambda y_1 + (1-\lambda)y_2 \in 0^+S$, 即 0^+S 是凸集. □

图 1.4 是 $\mathbb{R}^2$ 中的几个非空凸集与它们的回收锥. 其中

$$S_1 = \{(x,y) \in \mathbb{R}^2 : x > 0, y \geqslant 1/x\}, \quad 0^+S_1 = \{(x,y) \in \mathbb{R}^2 : x \geqslant 0, y \geqslant 0\};$$

$$S_2 = \{(x,y) \in \mathbb{R}^2 : y \geqslant x^2\}, \quad 0^+S_2 = \{(x,y) \in \mathbb{R}^2 : x = 0, y \geqslant 0\};$$

$$S_3 = \{(x,y) \in \mathbb{R}^2 : x^2 + y^2 \leqslant 1\}, \quad 0^+S_3 = \{(0,0) \in \mathbb{R}^2\};$$

$$S_4 = \{(x,y) \in \mathbb{R}^2 : x > 0, y > 0\} \cup \{(0,0)\}, \quad 0^+S_4 = S_4.$$

由定理 1.1.12 知, 有界凸集的回收锥是平凡锥 $\{0\}$.

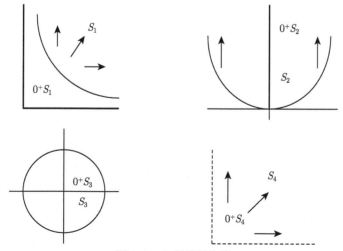

图 1.4　凸集的回收锥

至于回收锥的构造, 定义 1.1.7(ii) 不清晰. 下面的定理 1.1.21 给出了它的一种新的构造形式.

定理 1.1.21 若 $S \subset \mathbb{R}^n$ 是非空闭凸集, 则 0^+S 是闭集, 且由所有形如 $\lambda_1 x_1, \lambda_2 x_2, \cdots$ 的序列极限构成, 其中 $x_i \in S, \lambda_i \downarrow 0 \, (i \to \infty)$; 换言之,

$$0^+S = \{y \in \mathbb{R}^n : y = \lim_{i \to \infty} \lambda_i x_i, x_i \in S, \lambda_i \downarrow 0\}.$$

证明 首先证明 0^+S 是闭集. 任取 $y \in \mathrm{cl}(0^+S)$, 则存在序列 $\{y_i\} \subset 0^+S$, 使得 $y_i \to y$. 由定义有

$$\forall i \in \mathbb{N}, \quad \forall x \in S, \quad \forall t \geqslant 0, \quad x + t y_i \in S.$$

令 $i \to \infty$, 注意到 S 是闭集, 有 $x + t y_i \to x + ty \in \mathrm{cl} S = S$, 从而有 $y \in 0^+S$. 故 0^+S 是闭集.

再证

$$0^+S = \{y \in \mathbb{R}^n : y = \lim_{i \to \infty} \lambda_i x_i, x_i \in S, \lambda_i \downarrow 0\}.$$

设 $y = \lim\limits_{i \to \infty} \lambda_i x_i$, 其中 $x_i \in S, \lambda_i \downarrow 0$. 不妨假设每个 $\lambda_i \in (0, 1)$. 由 S 的凸性, 我们有 $\forall x \in S, x + \lambda_i(x_i - x) \in S$. 令 $i \to \infty$, 得到 $x + \lambda_i(x_i - x) \to x + y \in \mathrm{cl} S = S$, 即 $S + y \subset S$, 使用式 (1.1) 得到 $y \in 0^+S$. 反过来, 设 $y \in 0^+S$, 任取 $x \in S$. 令 $x_i = x + iy, \lambda_i = \dfrac{1}{i} \, (i \in \mathbb{N})$, 则 $x_i \in S, \lambda_i \downarrow 0$, 且

$$\lim_{i \to \infty} \lambda_i x_i = \lim_{i \to \infty}((x/i) + y) = y. \qquad \square$$

1.2 凸 函 数

1.2.1 基本概念与性质

从几何上看, 函数 f 是凸函数, 是指它的图象上任意两点连接线段位于图象上或其上方. 函数 f 是严格凸函数, 是指它的图象上任意两点连接线段位于图象的上方 (图 1.5). 换一个角度, 如果将 f 的图象连同其上方的区域看成一个集合, 这就是后面要定义的 f 的上图 $\mathrm{epi} f$, 则函数 f 是凸函数当且仅当 $\mathrm{epi} f$ 是凸集. 这样, 凸函数与凸集这两个概念就从几何上紧密联系起来了.

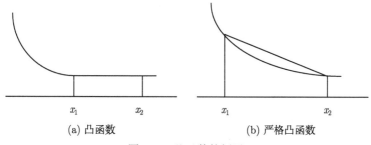

(a) 凸函数   (b) 严格凸函数

图 1.5 凸函数的例子

定义 1.2.1 设 f 是定义在凸集 $S \subset \mathbb{R}^n$ 上的实值函数.

(i) 称函数 f 在 S 上是凸函数, 如果 $\forall x_1, x_2 \in S, \forall \lambda \in [0, 1]$,

$$f(\lambda x_1 + (1 - \lambda)x_2) \leqslant \lambda f(x_1) + (1 - \lambda)f(x_2).$$

(ii) 称函数 f 在 S 上是严格凸函数, 如果 $\forall x_1, x_2 \in S, x_1 \neq x_2, \forall \lambda \in (0, 1)$,

$$f(\lambda x_1 + (1 - \lambda)x_2) < \lambda f(x_1) + (1 - \lambda)f(x_2).$$

(iii) 称函数 f 在 S 上是强凸函数, 如果存在常数 $m > 0$, 使得 $\forall x_1, x_2 \in S, \forall \lambda \in (0, 1)$,

$$f(\lambda x_1 + (1 - \lambda)x_2) \leqslant \lambda f(x_1) + (1 - \lambda)f(x_2) - \frac{m}{2}\lambda(1 - \lambda)\|x_1 - x_2\|^2,$$

其中 m 为强凸参数. 为了方便, 我们也称函数 f 在 S 上是 m-强凸函数.

称函数 f 在 $S \subset \mathbb{R}^n$ 上是凹函数当且仅当 $-f$ 在 S 上是凸函数. 所有关于凸函数的结果, 很容易转化为凹函数的情形, 因此, 本书不打算对凹函数展开讨论. 但需要指出, 凹函数在经济学中很常见. 对于函数凹性的系统论述, 可以参看文献 [13] 和文献 [14].

下面给出凸函数和凹函数的几个简单例子.

例 1.2.1 (i) 仿射函数 $f(x) = a^{\mathrm{T}}x + b, x \in \mathbb{R}^n$ 同时是凸和凹函数, 但都不是严格的;

(ii) 函数 $f(x) = x + |x|, x \in \mathbb{R}$ 是凸函数, 但不是严格凸函数;

(iii) 函数 $f(x) = ax^2 + bx + c, x \in \mathbb{R}$, 如果 $a > 0$, 是严格凸函数, 而当 $a < 0$ 时, 是严格凹函数.

显然, 严格凸函数也是凸函数; 相反的断言不真, 例 1.2.1 的 (i) 和 (ii) 就是这样.

根据下面的定理, 凸函数的定义 1.2.1 可以有另一等价的定义. 使用数学归纳法, 容易给出定理的证明.

定理 1.2.1 (Jensen 不等式)　(i) 函数 f 在凸集 S 上是凸函数当且仅当 $\forall x_1, \cdots, x_n \in S$,

$$f\left(\sum_{i=1}^n \lambda_i x_i\right) \leqslant \sum_{i=1}^n \lambda_i f(x_i), \quad \lambda_i \geqslant 0, \ i = 1, \cdots, n, \quad \sum_{i=1}^n \lambda_i = 1.$$

(ii) 函数 f 在凸集 S 上是严格凸函数当且仅当 $\forall x_1, \cdots, x_n \in S, x_i \neq x_j$, $i \neq j$,

$$f\left(\sum_{i=1}^n \lambda_i x_i\right) < \sum_{i=1}^n \lambda_i f(x_i), \quad \lambda_i > 0, \ i = 1, \cdots, n, \quad \sum_{i=1}^n \lambda_i = 1.$$

(iii) 函数 f 在凸集 S 上是 m-强凸函数当且仅当 $\forall x_1, \cdots, x_n \in S$,

$$f\left(\sum_{i=1}^n \lambda_i x_i\right) \leqslant \sum_{i=1}^n \lambda_i f(x_i) - \frac{m}{2} \sum_{i=1}^n \lambda_i \left\| x_i - \sum_{i=1}^n \lambda_i x_i \right\|^2,$$

$$\lambda_i \geqslant 0, \ i = 1, \cdots, n, \quad \sum_{i=1}^n \lambda_i = 1.$$

现在定义几个集合, 这里的 $f(x), x \in S \subset \mathbb{R}^n$, 可以是任意函数. 记

$$\mathrm{epi} f = \{(x, z) : x \in S, f(x) \leqslant z\},$$

$$S_{\geqslant \alpha} = \{x \in S : f(x) \geqslant \alpha\}, \quad S_{\leqslant \alpha} = \{x \in S : f(x) \leqslant \alpha\},$$

$$S_{=\alpha} = \{x \in S : f(x) = \alpha\} = S_{\leqslant \alpha} \cap S_{\geqslant \alpha},$$

分别称它们为函数 f 的上图、上水平集、下水平集和水平集 (等高集). 下面的定理表明, 凸函数可以用它的上图的凸性来刻画.

定理 1.2.2　设 f 是凸集 $S \subset \mathbb{R}^n$ 上的函数. 则

(i) f 是凸函数当且仅当 $\mathrm{epi} f$ 是凸集;

(ii) f 是严格凸函数当且仅当 $\mathrm{epi} f$ 是凸集且它的边界不含任何直线段.

证明　(i) 设 f 是凸的. 若 $(x_1, z_1), (x_2, z_2) \in \mathrm{epi} f$, 则 $f(x_1) \leqslant z_1, f(x_2) \leqslant z_2$. 于是, $\forall \lambda \in [0, 1]$, 由

$$(\lambda z_1 + (1 - \lambda) z_2) \geqslant \lambda f(x_1) + (1 - \lambda) f(x_2) \geqslant f(\lambda x_1 + (1 - \lambda) x_2),$$

我们有

$$\lambda (x_1, z_1) + (1 - \lambda)(x_2, z_2) = (\lambda x_1 + (1 - \lambda) x_2, \lambda z_1 + (1 - \lambda) z_2) \in \mathrm{epi} f.$$

故 epi$f$ 是凸集.

现在假设 epi$f$ 是凸集, 又设 $x_1, x_2 \in S$, 则对于 $(x_1, f(x_1)) \in \text{epi}f, (x_2, f(x_2)) \in \text{epi}f$, 我们有

$$(\lambda x_1 + (1-\lambda)x_2, \lambda f(x_1) + (1-\lambda)f(x_2))$$

$$= \lambda(x_1, f(x_1)) + (1-\lambda)(x_2, f(x_2)) \in \text{epi}f, \quad \forall \lambda \in [0,1].$$

由 epi$f$ 的定义, 得到 $f(\lambda x_1 + (1-\lambda)x_2) \leqslant \lambda f(x_1) + (1-\lambda)f(x_2)$, 故 f 是凸函数.

(ii) 注意到 epi$f$ 的边界点形如 $(x, f(x)) \in \mathbb{R}^{n+1}$, 利用 (i) 即可证明. □

关于凸函数的下水平集, 下面的定理容易证明.

定理 1.2.3 设 f 是凸集 $S \subset \mathbb{R}^n$ 上的凸函数. 则 $\forall \alpha \in \mathbb{R}, f$ 的下水平集 $S_{\leqslant \alpha}$ 是凸集.

注 1.2.1 定理 1.2.3 阐明的凸函数的必要条件通常不充分. 例如, 函数 $f(x) = \ln x, x > 0$, 甚至任何单调增、单值非线性凹函数具有凸的下水平集, 但它们不是凸函数. 基于这一事实, 将在第 2 章介绍新的广义凸函数类.

由定理 1.2.2 看到, 凸函数未必是严格凸函数. 下面的定理 1.2.4 给出凸函数为严格凸函数的一个充分条件.

定理 1.2.4 设 f 是凸集 $S \subset \mathbb{R}^n$ 上的凸函数, 如果 $\exists \alpha \in (0,1), \forall x_1, x_2 \in S$,

$$f(\alpha x_1 + (1-\alpha)x_2) < \alpha f(x_1) + (1-\alpha)f(x_2), \tag{1.2}$$

则 f 是 S 上的严格凸函数.

证明 假设 f 不是 S 上的严格凸函数, 则 $\exists x_1, x_2 \in S, x_1 \neq x_2, \exists \lambda \in (0,1)$, 使得

$$f(\lambda x_1 + (1-\lambda)x_2) \geqslant \lambda f(x_1) + (1-\lambda)f(x_2).$$

令 $z = \lambda x_1 + (1-\lambda)x_2$, 则上面的不等式蕴涵 $f(z) \geqslant \lambda f(x_1) + (1-\lambda)f(x_2)$. 由 f 的凸性, 有 $f(z) \leqslant \lambda f(x_1) + (1-\lambda)f(x_2)$. 于是有等式

$$f(z) = \lambda f(x_1) + (1-\lambda)f(x_2). \tag{1.3}$$

选取 β_1, β_2 使得 $0 < \beta_1 < \lambda < \beta_2 < 1$, 且

$$\lambda = \alpha \beta_1 + (1-\alpha)\beta_2. \tag{1.4}$$

令 $\bar{x}_1 = \beta_1 x_1 + (1-\beta_1)x_2, \bar{x}_2 = \beta_2 x_1 + (1-\beta_2)x_2$, 则

$$\alpha \bar{x}_1 + (1-\alpha)\bar{x}_2 = \lambda x_1 + (1-\lambda)x_2 = z. \tag{1.5}$$

再次使用 f 的凸性, 有

$$f(\bar{x}_1) \leqslant \beta_1 f(x_1) + (1 - \beta_1)f(x_2), \tag{1.6}$$

$$f(\bar{x}_2) \leqslant \beta_2 f(x_1) + (1 - \beta_2)f(x_2). \tag{1.7}$$

最后, 由式 (1.2) 和式 (1.4)∼ 式 (1.7) 得到

$$f(z) < \alpha f(\bar{x}_1) + (1 - \alpha)f(\bar{x}_2)$$

$$\leqslant \alpha(\beta_1 f(x_1) + (1 - \beta_1)f(x_2)) + (1 - \alpha)(\beta_2 f(x_1) + (1 - \beta_2)f(x_2))$$

$$= \lambda f(x_1) + (1 - \lambda)f(x_2).$$

这与等式 (1.3) 相矛盾. □

凸函数具有良好的分析性质, 例如, 在其定义域的内部连续, 只要对其定义域上的某些边界点重新赋值就是下半连续函数; 此外, 还有一个重要的事实是, 凸函数的单侧方向导数总是存在的. 下面对此作一简单介绍.

定义 1.2.2 设 f 是定义在非空集合 $S \subset \mathbb{R}^n$ 上的实值函数.

(i) 称 f 在 $x_0 \in S$ 处是上半连续函数, 如果 $\forall \varepsilon > 0, \exists \delta > 0$, 使得 $\forall x \in S$, 当 $\|x - x_0\| < \delta$ 时, 都有 $f(x) - f(x_0) < \varepsilon$.

(ii) 称 f 在 $x_0 \in S$ 处是下半连续函数, 如果 $\forall \varepsilon > 0, \exists \delta > 0$, 使得 $\forall x \in S$, 当 $\|x - x_0\| < \delta$ 时, 都有 $f(x_0) - f(x) < \varepsilon$. 或者等价地, 称 f 在 $x_0 \in S$ 处下半连续, 如果 $-f$ 在 x_0 处上半连续.

(iii) 称 f 在 $x_0 \in S$ 处是连续函数, 如果 $\forall \varepsilon > 0, \exists \delta > 0$, 使得 $\forall x \in S$, 当 $\|x - x_0\| < \delta$ 时, 都有 $|f(x_0) - f(x)| < \varepsilon$. 或者等价地, 称 f 在 $x_0 \in S$ 处是连续函数, 如果它在 x_0 处既上半连续, 又下半连续.

称 f 在其定义域 $S \subset \mathbb{R}^n$ 上是上半连续函数 (下半连续函数、连续函数), 如果它在每个点 $x \in S$ 处都是上半连续函数 (下半连续函数、连续函数).

定义 1.2.2 的 (i), (ii) 和 (iii) 分别等价于

$$\limsup_{x \to x_0} f(x) \leqslant f(x_0), \quad \liminf_{x \to x_0} f(x) \geqslant f(x_0) \quad \text{和} \quad \lim_{x \to x_0} f(x) = f(x_0).$$

下面通过考察单变量凸函数的 Lipschitz 连续性来获得它的连续性结果.

称函数 f 在闭区间 $[a, b] \subset \mathbb{R}$ 上是 Lipschitz 连续函数, 如果存在常数 $l \geqslant 0$, 使得 $|f(x_1) - f(x_2)| \leqslant l |x_1 - x_2|, \forall x_1, x_2 \in [a, b]$.

定理 1.2.5 设 f 是凸集 $S \subset \mathbb{R}$ 上的凸函数, 则 f 在每一个包含于 S 内部的闭区间上是 Lipschitz 连续函数. 因此, f 在 S 的内部是连续函数.

证明 首先证明 f 在任意闭区间 $[a,b] \subset S$ 上有界. 记 $M = \max\{f(a), f(b)\}$. 由 f 的凸性知, 对任意的 $x = \lambda a + (1-\lambda)b, \lambda \in [0,1]$, 有

$$f(x) \leqslant \lambda f(a) + (1-\lambda)f(b) \leqslant \lambda M + (1-\lambda)M = M.$$

因此, f 在 $[a,b]$ 上有上界 M. 设 $t \in \left[-\dfrac{b-a}{2}, \dfrac{b-a}{2}\right]$, 记

$$x_1 = \frac{a+b}{2} + t, \quad x_2 = \frac{a+b}{2} - t,$$

则有 $x_1, x_2 \in [a,b]$, 且当 t 取遍 $\left[-\dfrac{b-a}{2}, \dfrac{b-a}{2}\right]$ 时, x_1, x_2 取遍 $[a,b]$. 由 f 的凸性有 $f\left(\dfrac{x_1+x_2}{2}\right) \leqslant \dfrac{1}{2}f(x_1) + \dfrac{1}{2}f(x_2)$, 进而有

$$f\left(\frac{a+b}{2}\right) = f\left(\frac{x_1+x_2}{2}\right) \leqslant \frac{1}{2}f\left(\frac{a+b}{2} + t\right) + \frac{1}{2}f\left(\frac{a+b}{2} - t\right),$$

或

$$f\left(\frac{a+b}{2} + t\right) \geqslant 2f\left(\frac{a+b}{2}\right) - f\left(\frac{a+b}{2} - t\right).$$

由上式得到 $f\left(\dfrac{a+b}{2} + t\right) \geqslant 2f\left(\dfrac{a+b}{2}\right) - M = m$, 即 f 在 $[a,b]$ 上有下界.

现在设 $[a,b]$ 包含于 S 的内部, 适当选取 $\varepsilon > 0$, 使得 $[a-\varepsilon, b+\varepsilon] \subset S$. 设 $\tilde{m}$ 和 $\tilde{M}$ 分别是 f 在 $[a-\varepsilon, b+\varepsilon]$ 上的下界和上界, 假设 f 在 $[a-\varepsilon, b+\varepsilon]$ 上不是常值, 则 $\tilde{m} < \tilde{M}$. 设 $x, y \in [a,b]$ 且 $x \neq y$. 令

$$z = y - \frac{\varepsilon}{|y-x|}(x-y), \quad \lambda = \frac{|x-y|}{\varepsilon + |x-y|}.$$

则 $z \in [a-\varepsilon, b+\varepsilon], y = \lambda z + (1-\lambda)x$. 于是

$$f(y) \leqslant \lambda f(z) + (1-\lambda)f(x) = \lambda(f(z) - f(x)) + f(x).$$

因此有

$$f(y) - f(x) \leqslant \lambda(f(z) - f(x)) \leqslant \lambda(\tilde{M} - \tilde{m}) < \frac{|x-y|}{\varepsilon}(\tilde{M} - \tilde{m}).$$

由 $x, y \in [a,b]$ 的任意性, 有 $|f(x) - f(y)| \leqslant l|x-y|$, 这里 $l = \dfrac{\tilde{M} - \tilde{m}}{\varepsilon}$ 是不依赖于 x, y 的正常数. 这样一来, 证明了 f 在任意一个包含于 S 内部的闭区间上是 Lipschitz 连续. 因此, f 在 S 的内部是连续函数. $\qquad \square$

注 1.2.2 对于函数 $f : \mathbb{R}^n \to \mathbb{R}$, 类似于定理 1.2.5, 有更一般的形式 [4]: 设 $f : \mathbb{R}^n \to \mathbb{R}$ 是凸函数, $M \subset \mathbb{R}^n$ 是任意有界闭子集, 则 f 在 M 上是 Lipschitz 连续的.

对于定义在 $\mathbb{R}^n$ 中某个凸集 S 上的凸函数, 其连续性结果还有下面的定理.

定理 1.2.6 设 f 是凸集 $S \subset \mathbb{R}^n$ 上的凸函数, 如果 $\exists x_0 \in \text{int} S$, 使得 f 在 x_0 的某个邻域 U 内有上界, 即存在常数 M, 满足 $f(x) \leqslant M, \forall x \in U$, 则 f 在 $\text{int} S$ 内连续.

证明 不失一般性, 可以假设 $x_0 = 0, f(x_0) = 0, U$ 是 $\mathbb{R}^n$ 中以原点为心的一个开球. 首先证明, f 在 $x_0 = 0$ 处连续. 事实上, 任意给定 $\varepsilon \in (0,1)$, 当 $x \in \varepsilon U$ 时有 $\pm \dfrac{x}{\varepsilon} \in U$. 由 f 的凸性和邻域有界条件, 有

$$f(x) \leqslant (1 - \varepsilon)f(0) + \varepsilon f\left(\frac{x}{\varepsilon}\right) \leqslant \varepsilon M$$

和

$$0 = f(0) \leqslant \frac{1}{1 + \varepsilon} f(x) + \frac{\varepsilon}{1 + \varepsilon} f\left(-\frac{x}{\varepsilon}\right) \quad \text{或} \quad f(x) \geqslant -\varepsilon f\left(-\frac{x}{\varepsilon}\right) \geqslant -\varepsilon M.$$

因此, $|f(x)| \leqslant \varepsilon M, \forall x \in \varepsilon U$. 即 f 在 $x_0 = 0$ 处连续.

现在任取 $x_1 \in \text{int} S$, 如果能证明 f 在 x_1 的某个邻域内有上界, 则重复刚才的证明, 得到它在 x_1 的连续性. 事实上, 存在 $\rho > 1$, 使得 $y = \rho x_1 \in S$. 显然, 集合 $U_1 = x_1 + \left(1 - \dfrac{1}{\rho}\right) U$ 是 x_1 的一个邻域, 于是 $\forall x \in U_1, \exists z \in U$, 使得

$$x = x_1 + \left(1 - \frac{1}{\rho}\right) z = \frac{1}{\rho} y + \left(1 - \frac{1}{\rho}\right) z.$$

由 f 的凸性, 得到

$$f(x) \leqslant \frac{1}{\rho} f(y) + \left(1 - \frac{1}{\rho}\right) f(z) \leqslant \frac{1}{\rho} f(y) + \left(1 - \frac{1}{\rho}\right) M = M_1,$$

因为 $f(y)$ 不依赖于 x, 故 M_1 对于 U_1 而言为常数, 从而 f 在 U_1 内有上界. □

推论 1.2.1 若凸集 $S \subset \mathbb{R}^n$ 上的凸函数 f 在某一点 $x_0 \in S$ 处上半连续, 则 f 在 $\text{int} S$ 内连续.

证明 只需验证定理 1.2.6 的条件是否满足. 由定义 1.2.2(i) 知, 对于任意固定的 $\varepsilon > 0$, 存在 x_0 的 δ 邻域 U, 使得 $\forall x \in U, f(x) \leqslant f(x_0) + \varepsilon = M$, 故条件满足. □

对于连续函数, 其凸性的判断可以简化. 这就是下面的 "中点凸定理"(见文献 [58]).

定理 1.2.7(中点凸定理)   设 f 是凸集 $S \subset \mathbb{R}^n$ 上的连续函数. 如果 $\forall x, y \in S$,

$$f\left(\frac{1}{2}x + \frac{1}{2}y\right) \leqslant \frac{1}{2}f(x) + \frac{1}{2}f(y),$$

则 f 在 S 上是凸函数.

当函数在闭凸集为下半连续时, 类似闭集的凸性判定定理 1.1.8, 有下面简洁的凸函数判定定理.

定理 1.2.8   设 f 是闭凸集 $S \subset \mathbb{R}^n$ 上的下半连续函数, 如果

$$\forall x_1, x_2 \in S, \quad \exists \alpha_0 \in (0, 1),$$

$$f(\alpha_0 x_1 + (1 - \alpha_0)x_2) \leqslant \alpha_0 f(x_1) + (1 - \alpha_0)f(x_2),$$

则 f 是 S 上的凸函数.

证明   因 f 是闭集 S 上的下半连续函数, 故 epi$f$ 是闭集 [4]. $\forall (x_1, u), (x_2, v) \in$ epi$f$, 有 $f(x_1) \leqslant u, f(x_2) \leqslant v$, 据此和定理的条件, $\exists \alpha_0 \in (0, 1)$,

$$f(\alpha_0 x_1 + (1 - \alpha_0)x_2) \leqslant \alpha_0 f(x_1) + (1 - \alpha_0)f(x_2) \leqslant \alpha_0 u + (1 - \alpha_0)v.$$

从而有

$$(\alpha_0 x_1 + (1 - \alpha_0)x_2, \alpha_0 u + (1 - \alpha_0)v) \in \text{epi}f,$$

即 $\alpha_0(x_1, u) + (1 - \alpha_0)(x_2, v) \in$ epi$f$. 因 epi$f$ 是闭集, 故可使用定理 1.1.8 (将其中的 $\mathbb{R}^n$ 换成 $\mathbb{R}^{n+1}$) 得知 epi$f$ 是凸集. 再由定理 1.2.2(i) 知 f 是 S 上的凸函数.   □

利用定理 1.2.4 和定理 1.2.8, 有下面的推论.

推论 1.2.2   设 f 是闭凸集 $S \subset \mathbb{R}^n$ 上的下半连续函数.

(i) 如果

$$\exists \alpha_0 \in (0, 1), \quad \forall x_1, x_2 \in S,$$

$$f(\alpha_0 x_1 + (1 - \alpha_0)x_2) \leqslant \alpha_0 f(x_1) + (1 - \alpha_0)f(x_2),$$

则 f 是 S 上的凸函数.

(ii) 如果

$$\exists \alpha_0 \in (0, 1), \quad \forall x_1, x_2 \in S, \ x_1 \neq x_2,$$

$$f(\alpha_0 x_1 + (1 - \alpha_0)x_2) < \alpha_0 f(x_1) + (1 - \alpha_0)f(x_2),$$

则 f 是 S 上的严格凸函数.

定理 1.2.9　设 f 是闭凸集 $S \subset \mathbb{R}^n$ 上的下半连续函数, 如果

$$\exists \alpha_0 \in (0,1), \quad \forall x_1, x_2 \in S, \quad f(x_1) \neq f(x_2),$$

$$f(\alpha_0 x_1 + (1 - \alpha_0) x_2) < \alpha_0 f(x_1) + (1 - \alpha_0) f(x_2), \tag{1.8}$$

则 f 是 S 上的凸函数.

证明　由定理 1.2.8, 只需证明 $\forall x_1, x_2 \in S, \exists \alpha_0 \in (0,1)$, 使得

$$f(\alpha_0 x_1 + (1 - \alpha_0) x_2) \leqslant \alpha_0 f(x_1) + (1 - \alpha_0) f(x_2).$$

若其不然, 即 $\exists x_1, x_2 \in S, \forall \alpha \in (0,1)$, 有

$$f(\alpha x_1 + (1 - \alpha) x_2) > \alpha f(x_1) + (1 - \alpha) f(x_2). \tag{1.9}$$

当 $f(x_1) \neq f(x_2)$ 时, 由条件 (1.8) 有 $\exists \alpha_0 \in (0,1)$, 使得

$$f(\alpha_0 x_1 + (1 - \alpha_0) x_2) \leqslant \alpha_0 f(x_1) + (1 - \alpha_0) f(x_2),$$

这与式 (1.9) 相矛盾. 当 $f(x_1) = f(x_2)$ 时, 由式 (1.9) 知,

$$\forall \alpha \in (0,1), \quad f(\alpha x_1 + (1 - \alpha) x_2) > f(x_1) = f(x_2). \tag{1.10}$$

因 $\alpha_0(1 - \alpha) \in (0,1)$, 由式 (1.10) 得

$$f(x_2) < f((1 - \alpha_0(1 - \alpha)) x_1 + \alpha_0 (1 - \alpha) x_2). \tag{1.11}$$

由 S 的凸性, 有 $(1 - \alpha_0(1 - \alpha)) x_1 + \alpha_0 (1 - \alpha) x_2 \in S$. 据式 (1.11), 可以对点

$$(1 - \alpha_0(1 - \alpha)) x_1 + \alpha_0 (1 - \alpha) x_2$$

和 x_2 使用条件 (1.8); 然后根据式 (1.10), 可以对点 $\alpha x_1 + (1 - \alpha) x_2$ 和 x_1 使用条件 (1.8). 于是, 得到下面的不等式

$$f(\alpha_0((1 - \alpha_0(1 - \alpha)) x_1 + \alpha_0(1 - \alpha) x_2) + (1 - \alpha_0) x_2)$$

$$< \alpha_0 f((1 - \alpha_0(1 - \alpha)) x_1 + \alpha_0(1 - \alpha) x_2) + (1 - \alpha_0) f(x_2)$$

$$= \alpha_0 f(\alpha_0(\alpha x_1 + (1 - \alpha) x_2) + (1 - \alpha_0) x_1) + (1 - \alpha_0) f(x_2)$$

$$< \alpha_0(\alpha_0 f(\alpha x_1 + (1 - \alpha) x_2) + (1 - \alpha_0) f(x_1)) + (1 - \alpha_0) f(x_2)$$

$$= \alpha_0^2 f(\alpha x_1 + (1 - \alpha) x_2) + (1 - \alpha_0^2) f(x_1)$$

$$< \alpha_0^2 f(\alpha x_1 + (1 - \alpha) x_2) + (1 - \alpha_0^2) f(\alpha x_1 + (1 - \alpha) x_2)$$

$$= f(\alpha x_1 + (1 - \alpha) x_2).$$

最后, 在这一不等式两端取 $\alpha = \dfrac{\alpha_0}{1+\alpha_0} \in (0,1)$, 则有

$$f\left(\frac{\alpha_0}{1+\alpha_0}x_1 + \frac{1}{1+\alpha_0}x_2\right) < f\left(\frac{\alpha_0}{1+\alpha_0}x_1 + \frac{1}{1+\alpha_0}x_2\right),$$

上式显然矛盾. $\qquad\qquad\qquad\qquad\qquad\qquad\qquad\qquad\qquad\qquad\qquad\quad$ $\square$

关于上半连续函数的凸性, 有定理 1.2.10. 为导出这一定理, 先证明一个引理. 这一引理揭示了凸性不等式的一个有趣的性质.

引理 1.2.1 设 f 是凸集 $S \subset \mathbb{R}^n$ 上的实值函数, 且 $\exists \alpha \in (0,1), \forall x, y \in S$, 使得

$$f(\alpha x + (1-\alpha)y) \leqslant \alpha f(x) + (1-\alpha)f(y),$$

则集合

$$A = \{\lambda \in [0,1] : f(\lambda x + (1-\lambda)y) \leqslant \lambda f(x) + (1-\lambda)f(y), \ \forall x, y \in S\}$$

在 $[0,1]$ 中稠密.

证明 显然 $0, 1 \in A$, 即 $A \neq \varnothing$ 且不是单元集. 下面使用反证法: 假设 A 在 $[0,1]$ 不稠密, 则 $\exists \lambda_0 \in (0,1)$, 且存在 λ_0 的邻域 U, 使得 $U \cap A = \varnothing$. 据此, 若令

$$\lambda_1 = \inf\{\lambda \in A : \lambda \geqslant \lambda_0\}, \tag{1.12}$$

$$\lambda_2 = \sup\{\lambda \in A : \lambda \leqslant \lambda_0\}, \tag{1.13}$$

则有 $0 \leqslant \lambda_2 < \lambda_1 \leqslant 1$. 因为 $\alpha, (1-\alpha) \in (0,1)$, 我们可以选取 $u_1, u_2 \in A$, 满足 $u_1 \geqslant \lambda_1, u_2 \leqslant \lambda_2$, 且

$$\max\{\alpha(u_1 - u_2), (1-\alpha)(u_1 - u_2)\} < \lambda_1 - \lambda_2. \tag{1.14}$$

记 $\bar{\lambda} = \alpha u_1 + (1-\alpha)u_2$. 因 $\forall x, y \in S$, 有

$$\bar{\lambda}x + (1-\bar{\lambda})y = \alpha(u_1 x + (1-u_1)y) + (1-\alpha)(u_2 x + (1-u_2)y),$$

故

$$\begin{aligned}
f(\bar{\lambda}x + (1-\bar{\lambda})y) &= f(\alpha(u_1 x + (1-u_1)y) + (1-\alpha)(u_2 x + (1-u_2)y)) \\
&\leqslant \alpha f(u_1 x + (1-u_1)y) + (1-\alpha)f(u_2 x + (1-u_2)y) \\
&\leqslant \alpha f(x) + (1-\alpha)f(y) \quad (\text{因为} u_1, u_2 \in A).
\end{aligned}$$

即 $\bar{\lambda} \in A$.

如果 $\bar{\lambda} \geqslant \lambda_0$, 则由式 (2.12) 有 $\lambda_1 \leqslant \bar{\lambda}$. 此外, 由式 (1.14) 又有 $\bar{\lambda} - u_2 = \alpha(u_1 - u_2) < \lambda_1 - \lambda_2$, 于是 $\lambda_1 > \bar{\lambda} - u_2 + \lambda_2 \geqslant \bar{\lambda} - \lambda_2 + \lambda_2 = \bar{\lambda}$. 这两者矛盾. 如果 $\bar{\lambda} \leqslant \lambda_0$, 使用式 (1.13) 和式 (1.14), 可以类似地导出矛盾. 因此 A 在 $[0,1]$ 中稠密.　　□

定理 1.2.10　设 f 是开凸集 $S \subset \mathbb{R}^n$ 上的上半连续函数, 如果

$$\exists \alpha \in (0,1), \quad \forall x, y \in S,$$

$$f(\alpha x + (1-\alpha)y) \leqslant \alpha f(x) + (1-\alpha)f(y),$$

则 f 是 S 上的凸函数.

证明　证明 f 满足定义 1.2.1(i). 显然, 引理 1.2.1 的条件被满足, 故集合 A 在 $[0,1]$ 中稠密. 任取 $\forall \lambda \in (0,1)$, 当 $\lambda \in A$ 时, 论断显然成立, 设 $\lambda \notin A$. 由 A 在 $[0,1]$ 中的稠密性, 存在序列 $\{\alpha_n\} \subset A$ 和 $\{\beta_n\} \subset A$, 使得 $\alpha_n < \lambda < \beta_n$, $\alpha_n \to \lambda$, $\beta_n \to \lambda$. 显然有 $0 < \lambda - \alpha_n < 1$, $\dfrac{\alpha_n}{\beta_n} \to 1$. 当 n 充分大时, 有 $0 < \lambda - \alpha_n + \dfrac{\alpha_n}{\beta_n} < 1$. 令

$$y_n = y + (\lambda - \alpha_n)(x - y), \quad x_n = y + \left(\lambda - \alpha_n + \frac{\alpha_n}{\beta_n}\right)(x - y).$$

则有 $y_n \to y$, $x_n \to x$, 经计算得到 $\beta_n x_n + (1 - \beta_n)y_n = \lambda x + (1 - \lambda)y$. 由 $\beta_n \in A$ 有

$$f(\lambda x + (1-\lambda)y) = f(\beta_n x_n + (1-\beta_n)y_n) \leqslant \beta_n f(x_n) + (1-\beta_n)f(y_n).$$

由 f 的上半连续性, 对上面的不等式令 $n \to +\infty$ 立刻证实论断成立.　　□

推论 1.2.3　设 f 是开凸集 $S \subset \mathbb{R}^n$ 上的上半连续函数, 如果

$$\exists \alpha \in (0,1), \quad \forall x, y \in S, \quad x \neq y,$$

$$f(\alpha x + (1-\alpha)y) \leqslant \alpha f(x) + (1-\alpha)f(y),$$

则 f 是 S 上的凸函数.

由推论 1.2.3 和定理 1.2.4, 有下面的推论.

推论 1.2.4　设 f 是开凸集 $S \subset \mathbb{R}^n$ 上的上半连续函数, 如果

$$\exists \alpha \in (0,1), \quad \forall x, y \in S, \quad x \neq y,$$

$$f(\alpha x + (1-\alpha)y) < \alpha f(x) + (1-\alpha)f(y),$$

则 f 是 S 上的严格凸函数.

一个凸集上的凸函数类对于加法和非负数乘具有封闭性, 即有下面的定理.

定理 1.2.11　设 $f_1, f_2, \cdots, f_m$ 是凸集 $S \subset \mathbb{R}^n$ 上的实值函数, 记 $f(x) = \sum_{i=1}^m \alpha_i f_i(x), \alpha_i \geqslant 0$.

(i) 若 $f_i, i = 1, \cdots, m$ 在 S 上是凸函数, 则 f 在 S 上是凸函数;

(ii) 若 $f_i, i = 1, \cdots, m$ 在 S 上是严格凸函数且 α_i 不全为零, 则 f 在 S 上是严格凸函数;

(iii) 若 $f_i, i = 1, \cdots, m$ 在 S 上是 m_i-强凸函数且 α_i 不全为零, 则 f 在 S 上是 $\sum_{i=1}^m \alpha_i m_i$-强凸函数.

证明　(i) 只需注意下面的不等式即可

$$f(\lambda x_1 + (1 - \lambda)x_2) = \sum_{i=1}^n \alpha_i f_i(\lambda x_1 + (1 - \lambda)x_2)$$

$$\leqslant \sum_{i=1}^n \alpha_i(\lambda f_i(x_1) + (1 - \lambda)f(x_2))$$

$$= \lambda f(x_1) + (1 - \lambda)f(x_2).$$

(ii) 在 (i) 的证明中用 "<" 取代 "$\leqslant$".

(iii) 类似 (i) 的证明.　　　　　　　　　　　　　　　　　　　　　　□

定理 1.2.12　设 $f_i (i \in I)$ 是凸集 $S \subset \mathbb{R}^n$ 上的一族凸函数, 则 $f(x) = \sup_{i \in I} f_i(x)$ 在 S 上是凸函数.

证明　不难证明 $\mathrm{epi} f = \mathrm{epi}(\sup_{i \in I} f_i) = \bigcap_{i \in I} \mathrm{epi} f_i$, 据此和定理 1.2.2(i), f 在 S 上是凸函数.

凸函数的另一个重要性质与复合函数相关.　　　　　　　　　　　　　□

定理 1.2.13　设 f 是凸集 $S \subset \mathbb{R}^n$ 上的凸函数, 又设 g 在 $A \subset \mathbb{R}$ 上是单增凸函数, 且 $f(S) \subset A$. 则复合函数 $h(x) = g(f(x))$ 在 S 上是凸函数. 此外, 如果 f 是严格凸函数, 而 g 是严格单增凸函数, 则 h 是严格凸函数.

证明　由 f 的凸性有

$$f(\lambda x_1 + (1 - \lambda)x_2) \leqslant \lambda f(x_1) + (1 - \lambda)f(x_2), \quad \forall x_1, x_2 \in S, \quad \forall \lambda \in [0, 1].$$

因 g 是单增凸函数, 故

$$h(\lambda x_1 + (1 - \lambda)x_2) = g(f(\lambda x_1 + (1 - \lambda)x_2))$$

$$\leqslant g(\lambda f(x_1) + (1 - \lambda)f(x_2)) \leqslant \lambda g(f(x_1)) + (1 - \lambda)g(f(x_2))$$

$$= \lambda h(x_1) + (1 - \lambda)h(x_2),$$

即 h 是凸函数. 当 f 和 g 分别是严格凸和严格单调时, 相关的不等式均是严格不等式, 故 h 是严格凸函数. □

为保证复合函数的凸性, 对函数 g 的凸性要求是必不可少的. 例如 $f(x) = x$ 是凸函数, $g(x) = x^3$ 是单增非凸函数, 复合函数 $h(x) = g(f(x)) = x^3$ 不是凸函数.

定理 1.2.12 和定理 1.2.13 以及凹函数与之相应的结果可以用来构造某些凸函数或凹函数.

例 1.2.2　(i) 函数 $f(x) = e^{a^\mathrm{T}x+b}$, $x \in \mathbb{R}^n$ 是凸函数, 这是因为仿射函数 $a^\mathrm{T}x + b$ 是凸函数, 指数函数 e^u 是单增凸函数.

(ii) 函数 $f(x) = (a^\mathrm{T}x+b)^2$ 在凸集 $S = \{x \in \mathbb{R}^n : a^\mathrm{T}x + b > 0\}$ 上是凸函数, 这是因为仿射函数 $a^\mathrm{T}x + b$ 是凸函数, 二次函数 u^2 在正实数集上是单增凸函数.

例 1.2.3　(i) 幂函数 $f(x) = x^\alpha$, $x \geqslant 0$. 当 $0 < \alpha < 1$ 时是严格凹函数, 当 $\alpha < 0$ 和 $\alpha > 1$ 时是严格凸函数;

(ii) $f(x) = \ln x$, $x > 0$ 是严格凹函数.

例 1.2.4　如果 f 是正凹函数, 则 $z(x) = \ln f(x)$ 是凹函数, 这是因为对数函数是单增的凹函数.

例 1.2.5　如果 f 是正凹函数, 则 $\dfrac{1}{f}$ 是凸函数. 事实上,

$$z(x) = \ln\left(\frac{1}{f(x)}\right) = -\ln f(x)$$

作为凹函数 $\ln f(x)$ 的负函数是凸函数. 于是, $e^{z(x)} = \dfrac{1}{f(x)}$ 是凸函数.

1.2.2　可微凸函数

现在介绍可微凸函数. 在前面已经指出, 凸函数具有很好的分析性质, 这主要表现为它在其定义域的内部连续. 当然, 它不必是可微的. 例如, 凸函数 $f(x) = |x|$ 在 $\mathbb{R}$ 上是连续的, 但在 $x = 0$ 处不可微. 从函数图象看, 可微函数是凸函数当且仅当它的图象位于其图象上任意一点处的切线 (切面) 上或其上方; 它是严格凸函数, 如果它的图象位于其图象上任意一点处切线 (切面) 的上方.

先简单介绍单变量凸函数的微分性质. 设 f 是定义在凸集 $S \subset \mathbb{R}$ 上的凸函数, 它在点 $x_0 \in S$ 处的左、右导数分别定义为

$$f'_-(x_0) = \lim_{t\to 0^-} \frac{f(x_0+t) - f(x_0)}{t}, \quad f'_+(x_0) = \lim_{t\to 0^+} \frac{f(x_0+t) - f(x_0)}{t}.$$

如果 $f'_-(x_0) = f'_+(x_0)$, 则其值称为 f 在点 $x_0 \in S$ 处的导数, 记为 $f'(x_0)$, 因此有

$$f'(x_0) = \lim_{t \to 0} \frac{f(x_0 + t) - f(x_0)}{t}.$$

设 f 是定义在开集 $U \subset \mathbb{R}$ 上的实值函数, 称它在点 $x_0 \in U$ 处可微, 如果存在实数 $\tau(x_0)$, 使得对于所有满足 $x_0 + x \in U$ 的 $x \in \mathbb{R}$, 都有

$$f(x_0 + x) = f(x_0) + \tau(x_0)x + \alpha(x_0, x)|x|,$$

其中 $\lim\limits_{x \to 0} \alpha(x_0, x) = 0$. 称 f 在集合 U 上可微, 如果它在每个点 $x_0 \in U$ 处可微. 若 f 在 x_0 处可微, 则 f 在 x_0 处连续, 且 $\tau(x_0) = f'(x_0)$. 此外, 对于单实变量实值函数, 可微与可导等价.

引理 1.2.2 f 是 $(a, b) \subset \mathbb{R}$ 上的凸函数等价于下列条件的任何一个.

(i) $\forall x_1, x_2 \in (a, b), x_2 > x_1, \forall x \in (x_1, x_2)$,

$$\frac{f(x_1) - f(x)}{x_1 - x} \leqslant \frac{f(x_2) - f(x)}{x_2 - x},$$

即左差商不大于右差商.

(ii) $\forall x_1, x_2 \in (a, b), x_2 > x_1, \forall x \in (x_1, x_2)$,

$$\frac{f(x) - f(x_1)}{x - x_1} \leqslant \frac{f(x_2) - f(x_1)}{x_2 - x_1},$$

即右差商当自变量差分减小时不增.

(iii) $\forall x_1, x_2 \in (a, b), x_2 > x_1, \forall x \in (x_1, x_2)$,

$$\frac{f(x_1) - f(x_2)}{x_1 - x_2} \leqslant \frac{f(x) - f(x_2)}{x - x_2},$$

即左差商当自变量差分减小时不减.

(iv) $F(x, y) = \dfrac{f(x) - f(y)}{x - y}, x \neq y$, 作为 x 或 y 的函数, 在 (a, b) 上不减.

证明 (i) 设 $x = \lambda x_1 + (1 - \lambda)x_2$, 则

$$x_1 - x = (1 - \lambda)(x_1 - x_2), \quad x_2 - x = \lambda(x_2 - x_1).$$

因此 $\dfrac{f(x_1) - f(x)}{x_1 - x} \leqslant \dfrac{f(x_2) - f(x)}{x_2 - x}$ 等价于

$$\frac{f(x_1) - f(x)}{(1 - \lambda)(x_1 - x_2)} \leqslant \frac{f(x_2) - f(x)}{\lambda(x_2 - x_1)}.$$

而这等价于 $f(x) \leqslant \lambda f(x_1) + (1-\lambda)f(x_2)$. 故 f 的凸性等价于条件 (i).

类似地, 可以证明 f 的凸性等价于条件 (ii) 或 (iii), 条件 (iv) 只是条件 (i)~(iii) 的统一叙述.　　　　　　　　　　　　　　　　　　　　　　　　　□

类似地, 可建立如下单实变量强凸函数的等价性刻画. 相关结果见文献 [15].

引理 1.2.3　f 是 $(a,b) \subset \mathbb{R}$ 上的 m-强凸函数等价于下列条件的任何一个.

(i) $\forall x_1, x_2 \in (a,b), x_2 > x_1, \forall x \in (x_1, x_2)$,

$$\frac{f(x_1) - f(x)}{x_1 - x} - \frac{m}{2}(x_1 - x) \leqslant \frac{f(x_2) - f(x)}{x_2 - x} - \frac{m}{2}(x_2 - x).$$

(ii) $\forall x_1, x_2 \in (a,b), x_2 > x_1, \forall x \in (x_1, x_2)$,

$$\frac{f(x) - f(x_1)}{x - x_1} - \frac{m}{2}(x - x_1) \leqslant \frac{f(x_2) - f(x_1)}{x_2 - x_1} - \frac{m}{2}(x_2 - x_1).$$

(iii) $\forall x_1, x_2 \in (a,b), x_2 > x_1, \forall x \in (x_1, x_2)$,

$$\frac{f(x_1) - f(x_2)}{x_1 - x_2} - \frac{m}{2}(x_1 - x_2) \leqslant \frac{f(x) - f(x_2)}{x - x_2} - \frac{m}{2}(x - x_2).$$

(iv) $\forall x_1, x_2 \in (a,b), x_2 > x_1, \forall x, y \in (x_1, x_2), y \geqslant x$,

$$\frac{f(x) - f(x_1)}{x - x_1} - \frac{m}{2}(x - x_1) \leqslant \frac{f(x_2) - f(y)}{x_2 - y} - \frac{m}{2}(x_2 - y).$$

(v) $F(x,y) = \dfrac{f(x) - f(y) - \dfrac{m}{2}(x-y)^2}{x - y}, x \neq y$, 作为 x 或 y 的函数, 在 (a,b) 上不减.

证明　(i) 设 $x = \lambda x_1 + (1-\lambda)x_2$, 则

$$x_1 - x = (1-\lambda)(x_1 - x_2), \quad x_2 - x = \lambda(x_2 - x_1).$$

因此 $\dfrac{f(x_1) - f(x)}{x_1 - x} - \dfrac{m}{2}(x_1 - x) \leqslant \dfrac{f(x_2) - f(x)}{x_2 - x} - \dfrac{m}{2}(x_2 - x)$ 等价于

$$\frac{f(x_1) - f(x)}{(1-\lambda)(x_1 - x_2)} - \frac{m}{2}(1-\lambda)(x_1 - x_2) \leqslant \frac{f(x_2) - f(x)}{\lambda(x_2 - x_1)} - \frac{m}{2}\lambda(x_2 - x_1).$$

而这等价于 $f(x) \leqslant \lambda f(x_1) + (1-\lambda)f(x_2) - \dfrac{m}{2}\lambda(1-\lambda)(x_1 - x_2)^2$. 故 f 的 m-强凸性等价于条件 (i).

类似地, 可以证明 f 的凸性等价于条件 (ii) 或 (iii), 条件 (iv) 和 (v) 只是条件 (i)~(iii) 的统一叙述. □

下面的引理再次得到定理 1.2.5 中关于凸函数的连续性论断.

引理 1.2.4 设 f 为 $(a,b) \subset \mathbb{R}$ 上的凸函数, 则 f 在 (a,b) 上处处左、右可导, 从而处处连续. 其左、右导数 f'_-, f'_+ 满足

$$\forall x_1, x_2 \in (a,b), \quad x_1 < x_2,$$

$$f'_-(x_1) \leqslant f'_+(x_1) \leqslant \frac{f(x_2) - f(x_1)}{x_2 - x_1} \leqslant f'_-(x_2) \leqslant f'_+(x_2).$$

证明 事实上, 由引理 1.2.2 的条件 (i) 与 (ii) 可知, 当 $x > x_2 > x_1$ 时, 有

$$f'_+(x_2) = \lim_{x \to x_2^+} \frac{f(x) - f(x_2)}{x - x_2}$$
$$= \inf_{x > x_2} \frac{f(x) - f(x_2)}{x - x_2} \geqslant \frac{f(x_2) - f(x_1)}{x_2 - x_1}.$$

同样地, 由引理 1.2.2 的条件 (i) 与 (iii) 可知, 当 $x < x_1 < x_2$ 时, 有

$$f'_-(x_1) = \lim_{x \to x_1^-} \frac{f(x) - f(x_1)}{x - x_1}$$
$$= \sup_{x < x_1} \frac{f(x) - f(x_1)}{x - x_1} \leqslant \frac{f(x_2) - f(x_1)}{x_2 - x_1}.$$

由 x_1, x_2 的任意性, 上面两式同时也指出了 f 在 (a,b) 中处处左、右可导. 再由引理 1.2.2 的条件 (i)~(iii) 易证, 当 $x_1 < x_2$ 时, 下面的不等式成立:

$$f'_+(x_2) \geqslant f'_-(x_2) \geqslant \frac{f(x_2) - f(x_1)}{x_2 - x_1};$$

$$\frac{f(x_2) - f(x_1)}{x_2 - x_1} \geqslant f'_+(x_1) \geqslant f'_-(x_1).$$ □

引理 1.2.4 的逆也成立, 其证明需要下面推广的中值定理.

引理 1.2.5 设 $(a,b) \subset \mathbb{R}$ 上的连续函数 f 处处有右导数 f'_+, 则 $\forall x_1, x_2 \in (a,b)$,

$$\inf_{x \in (x_1,x_2)} f'_+(x) \leqslant \frac{f(x_2) - f(x_1)}{x_2 - x_1} \leqslant \sup_{x \in (x_1,x_2)} f'_+(x).$$

证明 先证明一个辅助命题: 如果 (x_1, x_2) 上的连续函数 $g(x)$ 处处有右导数 g'_+, 且

$$g'_+(x) \geqslant 0, \quad \forall x \in (x_1, x_2), \tag{1.15}$$

则

$$\forall x'_1, x'_2 \in (x_1, x_2), \quad x'_2 > x'_1, \quad g(x'_2) \geqslant g(x'_1).$$

事实上, 由右导数的定义和条件 (1.15) 有

$$\forall x \in (x_1, x_2), \quad \forall \varepsilon > 0, \quad \exists \delta_x > 0, \quad \forall h \in [0, \delta_x],$$

$$g(x+h) - g(x) \geqslant -\varepsilon h. \tag{1.16}$$

记

$$x' = \sup\{x \in [x'_1, x'_2] : g(x) - g(x'_1) \geqslant -\varepsilon(x - x'_1)\},$$

则 $x' = x'_2$. 否则, 因 $x' \in [x'_1, x'_2]$, 有 $x' < x'_2$. 由 x' 的定义和 $g(x)$ 的连续性, 可知

$$g(x') - g(x'_1) \geqslant -\varepsilon(x' - x'_1). \tag{1.17}$$

对于 x', 由 g 的连续性和式 (1.16) 还有

$$\exists \delta'_x > 0, \quad \forall h \in [0, \delta'_x], \quad g(x'+h) - g(x') \geqslant -\varepsilon h.$$

由此和式 (1.17) 有

$$g(x'+h) - g(x'_1) = g(x'+h) - g(x') + g(x') - g(x'_1) \geqslant -\varepsilon(x'+h-x'_1).$$

若 $h > 0$ 充分小, 则 $x'+h \in [x'_1, x'_2]$. 由上式, 进一步有

$$x'+h \in \{x \in [x'_1, x'_2] : g(x) - g(x'_1) \geqslant -\varepsilon(x - x'_1)\}.$$

按 x' 的定义式, 有 $x'+h \leqslant x'$. 因 $h > 0$, 显然矛盾, 故 $x' = x'_2$. 这样, 可以再次使用 x' 的定义式 (将其中的 x' 换成 x'_2) 得到 $g(x'_2) - g(x'_1) \geqslant -\varepsilon(x'_2 - x'_1)$. 令 $\varepsilon \to 0^+$, 得到 $g(x'_2) \geqslant g(x'_1)$. 辅助命题证完.

现在令 $M = \sup\limits_{x \in (x_1, x_2)} f'_+(x)$. 考虑函数 $Mx - f(x)$, 则它在 (x_1, x_2) 上连续且处处有右导数, 因而可以令辅助命题中的 $g(x) = Mx - f(x)$. 这样一来, 有

$$\forall x \in (x_1, x_2), \quad g'_+(x) = M - f'_+(x) = \sup\limits_{z \in (x_1, x_2)} f'_+(z) - f'_+(x) \geqslant 0.$$

因此对于 $g(x)$, 辅助命题的条件 (1.15) 成立. 使用其结论有

$$\forall x'_1, x'_2 \in (x_1, x_2), \quad x'_2 > x'_1, \quad Mx'_2 - f(x'_2) \geqslant Mx'_1 - f(x'_1),$$

即 $\dfrac{f(x_2') - f(x_1')}{x_2' - x_1'} \leqslant M.$ 由 f 的连续性有

$$\frac{f(x_2) - f(x_1)}{x_2 - x_1} \leqslant M = \sup_{x \in (x_1, x_2)} f_+'(x).$$

这就是所需证明不等式的后半部分.

最后, 为证明不等式的前半部分, 令 $m = \inf\limits_{x \in (x_1, x_2)} f_+'(x)$, 记 $h(x) = f(x) - mx$, 经类似的推导得到 $\dfrac{f(x_2) - f(x_1)}{x_2 - x_1} \geqslant m = \inf\limits_{x \in (x_1, x_2)} f_+'(x)$. 这就是所需证明不等式的前半部分. □

下面利用引理 1.2.5, 证明引理 1.2.4 的逆命题成立, 换言之, 有下面的定理.

定理 1.2.14 f 是 $(a, b) \subset \mathbb{R}$ 上的凸函数的充要条件为 f 在 (a, b) 处处左、右可导, 且左、右导数 f_-', f_+' 满足

$$\forall x_1, x_2 \in (a, b), \quad x_1 < x_2,$$

$$f_-'(x_1) \leqslant f_+'(x_1) \leqslant \frac{f(x_2) - f(x_1)}{x_2 - x_1} \leqslant f_-'(x_2) \leqslant f_+'(x_2).$$

证明 由引理 1.2.4, 只需证明充分性. 由引理 1.2.5 和条件可得

$$\forall x_1, x_2 \in (a, b), \quad x_2 > x_1, \quad \forall x \in (x_1, x_2),$$

$$\frac{f(x_1) - f(x)}{x_1 - x} \leqslant \sup_{y \in (x_1, x)} f_+'(y) \leqslant \inf_{y \in (x, x_2)} f_+'(y) \leqslant \frac{f(x_2) - f(x)}{x_2 - x}.$$

据此和引理 1.2.2(i), f 是 (a, b) 上的凸函数. □

由定理 1.2.14, 立刻得到如下两个重要结果.

推论 1.2.5 若 f 在 $(a, b) \subset \mathbb{R}$ 上可导, 则 f 是 (a, b) 上的凸函数的充要条件为 $f'(x)$ 在 (a, b) 上单增.

注 1.2.3 对于严格凸函数, 也有类似于推论 1.2.5 的结果: 若 f 在 $[a, b] \subset \mathbb{R}$ 上可导, 则 f 是 (a, b) 上的严格凸函数的充要条件为 $f'(x)$ 在 (a, b) 上严格单增.

推论 1.2.6 若 f 在 $(a, b) \subset \mathbb{R}$ 上二阶可导, 则 f 是 (a, b) 上的凸函数的充要条件为 $f''(x) \geqslant 0, \forall x \in (a, b)$.

尽管开区间上的凸函数不必处处可导, 但下面的推论指出, 其不可导点至多可数.

推论 1.2.7 若 f 是 $(a, b) \subset \mathbb{R}$ 上的凸函数, 则 f 在 (a, b) 上不可导的点至多可数.

证明　因 f 是 (a,b) 上的凸函数, 故它在 (a,b) 处处左、右可导. 若 f 在两个不同点 $x_1, x_2 \in (a,b)$ 处不可导, 则由定理 1.2.14 显见, 开区间 $(f'_-(x_1), f'_+(x_1))$ 与 $(f'_-(x_2), f'_+(x_2))$ 不相交. 在这样的开区间内任取一有理数, 则由有理数的全体可数推知这样的开区间至多可数, 进而 f 在 (a,b) 上不可导的点至多可数.　　　□

下面的几个定理给出了可微函数凸性的刻画, 先考虑单变量函数.

定理 1.2.15　设 f 在开凸集 $S \subset \mathbb{R}$ 上是可微函数. 则 f 是凸函数当且仅当

$$\forall x_0, x \in S, \quad f(x) \geqslant f(x_0) + f'(x_0)(x - x_0); \tag{1.18}$$

f 是严格凸函数当且仅当不等式 (1.18) 对于 $x \neq x_0$ 是严格不等式.

证明　假设 f 是凸函数. 不失一般性, 假设 $x_0 < x$. 取 $t > 0$ 充分小, 使得 $x_0 - t \in S$. 取 $\lambda = \dfrac{t}{x - x_0 + t}$, 显然有 $\lambda \in (0,1), 1 - \lambda = \dfrac{x - x_0}{x - x_0 + t} \in (0,1)$, 还有 $x_0 = \lambda x + (1 - \lambda)(x_0 - t)$. 由 f 的凸性, 有 $f(x_0) \leqslant \lambda f(x) + (1 - \lambda)f(x_0 - t)$. 据此和引理 1.2.2(ii) 得到

$$\frac{f(x) - f(x_0)}{x - x_0} \geqslant \frac{f(x) - f(x_0 - t)}{x - x_0 + t} \geqslant \frac{f(x_0) - f(x_0 - t)}{t}.$$

在上式右端令 $t \to 0$ 得到 $\dfrac{f(x) - f(x_0)}{x - x_0} \geqslant f'(x_0)$, 进而得到不等式 (1.18).

反过来, 任取 $x_1, x_2 \in S, \lambda \in (0,1)$, 记 $x_\lambda = \lambda x_1 + (1 - \lambda)x_2$. 据此和式 (1.18), 得到 $f(x_1) \geqslant f(x_\lambda) + (1 - \lambda)f'(x_\lambda)(x_1 - x_2)$ 和 $f(x_2) \geqslant f(x_\lambda) + \lambda f'(x_\lambda)(x_2 - x_1)$. 将这两式的两端分别乘以 λ 和 $(1 - \lambda)$, 然后相加得到

$$\lambda f(x_1) + (1 - \lambda)f(x_2) \geqslant f(x_\lambda) = f(\lambda x_1 + (1 - \lambda)x_2).$$

即 f 在 S 上是凸函数.

对于严格凸情形, 只需将刚才的证明过程作相应的修改即可.　　　□

这一结果可以推广到多变量函数的情形.

若定义在开集 $U \subset \mathbb{R}^n$ 上的函数 f 在点 $x_0 \in U$ 处可微, 则它在 x_0 处连续, 且 $\forall x = (x_1, \cdots, x_n)^{\mathrm{T}} \in \mathbb{R}^n, x_0 + x \in U$, 有

$$f(x_0 + x) = f(x_0) + x^{\mathrm{T}}\nabla f(x_0) + \alpha(x_0, x)\|x\|,$$

其中 $\nabla f(x_0)$ 是 f 在 x_0 处的梯度向量, 即

$$\nabla f(x_0) = \left(\frac{\partial f(x_0)}{\partial x_1}, \cdots, \frac{\partial f(x_0)}{\partial x_n}\right)^{\mathrm{T}},$$

实值函数 $\alpha(x_0, x)$ 满足 $\lim\limits_{x \to 0} \alpha(x_0, x) = 0$.

定理 1.2.16 设 f 是定义在开凸集 $S \subset \mathbb{R}^n$ 上的可微函数. 则 f 在 S 上是凸函数当且仅当 $\forall x_0, x \in S$,

$$f(x) \geqslant f(x_0) + (x - x_0)^{\mathrm{T}} \nabla f(x_0); \tag{1.19}$$

f 是严格凸函数当且仅当不等式 (1.19) 对于 $x \neq x_0$ 是严格不等式; f 在 S 上是 m-强凸函数当且仅当 $\forall x_0, x \in S$,

$$f(x) \geqslant f(x_0) + (x - x_0)^{\mathrm{T}} \nabla f(x_0) + \frac{m}{2} \|x - x_0\|^2.$$

证明 设 f 在 S 上是凸函数, $x_0, x \in S, x_0 \neq x$. 对于 $0 < \lambda \leqslant 1$, 有

$$f(x_0 + \lambda(x - x_0)) \leqslant \lambda f(x) + (1 - \lambda) f(x_0).$$

注意到 f 的可微性, 由此得到

$$\begin{aligned}
f(x) - f(x_0) &\geqslant \frac{1}{\lambda}(f(x_0 + \lambda(x - x_0)) - f(x_0)) \\
&= (x - x_0)^{\mathrm{T}} \nabla f(x_0) + \alpha(x_0, \lambda(x - x_0)) \|x - x_0\|.
\end{aligned}$$

令 $\lambda \to 0$, 得到 $f(x) \geqslant f(x_0) + (x - x_0)^{\mathrm{T}} \nabla f(x_0)$.

相反地, 任取 $x_1, x_2 \in S, \lambda \in [0, 1]$. 使用不等式 (1.19) 可以得到

$$f(\lambda x_1 + (1 - \lambda)x_2) + (1 - \lambda)(x_1 - x_2)^{\mathrm{T}} \nabla f(\lambda x_1 + (1 - \lambda)x_2) \leqslant f(x_1)$$

和

$$f(\lambda x_1 + (1 - \lambda)x_2) + \lambda(x_2 - x_1)^{\mathrm{T}} \nabla f(\lambda x_1 + (1 - \lambda)x_2) \leqslant f(x_2).$$

将上面两式分别乘以 λ 和 $(1 - \lambda)$, 然后相加, 得到

$$f(\lambda x_1 + (1 - \lambda)x_2) \leqslant \lambda f(x_1) + (1 - \lambda) f(x_2),$$

即 f 在 S 上是凸函数.

证明 "严格" 的情形. 先假设 f 是严格凸函数, $x_0, x \in S, x_0 \neq x$. 这时, 不等式 (1.19) 依然成立, 下面证明其中的等号不成立. 假设

$$f(x) = f(x_0) + (x - x_0)^{\mathrm{T}} \nabla f(x_0).$$

对于 $\lambda \in (0,1)$, 由 f 的严格凸性和这一等式, 有

$$f(\lambda x_0 + (1-\lambda)x) < \lambda f(x_0) + (1-\lambda)f(x)$$
$$= f(x_0) + (1-\lambda)(x-x_0)^{\mathrm{T}} \nabla f(x_0).$$

因 $\lambda x_0 + (1-\lambda)x \in S$, 可以用它代替不等式 (1.19) 中的 x, 又得到

$$f(\lambda x_0 + (1-\lambda)x) \geqslant f(x_0) + (1-\lambda)(x-x_0)^{\mathrm{T}} \nabla f(x_0).$$

这两个不等式是矛盾的, 故等号成立的假设不真. 逆命题的正确性证明与凸的情形类似, 略.

"强凸" 情形与 "凸" 情形类似.   □

为讨论二阶可微函数的凸性, 需要考察一个函数在其定义域上的凸性与它在其定义域中每条线段上的限制的凸性这两者之间的联系.

定理 1.2.17 设 f 是定义在凸集 $S \subset \mathbb{R}^n$ 上的函数. 则 f 在 S 上是凸 (严格凸、强凸) 函数当且仅当 f 在包含于 S 中的每条线段上的限制是凸 (严格凸、强凸) 函数.

证明 任取过 $x_0 \in S$ 沿方向 $u \in \mathbb{R}^n$ 的线段 $[x_0, x_0+u] \subset S$, 令

$$\varphi(t) = f(x_0 + tu), \quad t \in [0,1],$$

则 $\varphi(t)$ 是 f 在线段 $[x_0, x_0+u]$ 上的限制. 假设 f 在 S 上是凸函数, 则 $\forall \lambda \in [0,1]$, $\forall t_1, t_2 \in [0,1]$, 有

$$\begin{aligned}
\varphi(\lambda t_1 + (1-\lambda)t_2) &= f(x_0 + (\lambda t_1 + (1-\lambda)t_2)u) \\
&= f(\lambda(x_0 + t_1 u) + (1-\lambda)(x_0 + t_2 u)) \\
&\leqslant \lambda f(x_0 + t_1 u) + (1-\lambda)f(x_0 + t_2 u) \\
&= \lambda \varphi(t_1) + (1-\lambda)\varphi(t_2),
\end{aligned}$$

即 $\varphi(t)$ 在 $[x_0, x_0+u]$ 上是凸函数.

反过来, 任取 $x_1, x_2 \in S$, 不妨假设 $x_1 \neq x_2$, 考虑包含于 S 的闭线段

$$[x_2, x_1] = \{x \in S : x = x_2 + t(x_1 - x_2), t \in [0,1]\}$$

和定义在该线段上的函数 $\varphi(t) = f(x_2 + t(x_1 - x_2)), t \in [0,1]$. 由条件, 它关于 t

是凸函数, 故 $\forall \lambda \in [0,1]$,

$$
\begin{aligned}
f(\lambda x_1 + (1-\lambda)x_2) &= f(x_2 + \lambda(x_1 - x_2)) \\
&= \varphi(\lambda) = \varphi(\lambda \cdot 1 + (1-\lambda) \cdot 0) \leqslant \lambda\varphi(1) + (1-\lambda)\varphi(0) \\
&= \lambda f(x_1) + (1-\lambda)f(x_2).
\end{aligned}
$$

由 $x_1, x_2 \in S$ 的任意性, f 在 S 上是凸函数.

"严格" 情形的证明, 只需将前面证明过程中相关的不等式改成严格不等式就行了. $\qquad\square$

设函数 f 在 $S \subset \mathbb{R}^n$ 上有定义, 且在 $x = (x_1, \cdots, x_n)^{\mathrm{T}} \in S$ 处二阶连续可微. 其二阶偏导数构成的 $n \times n$ 对称矩阵

$$
H(x) \equiv \nabla^2 f(x) = \begin{bmatrix} \dfrac{\partial^2 f(x)}{\partial x_1 \partial x_1} & \cdots & \dfrac{\partial^2 f(x)}{\partial x_1 \partial x_n} \\ \vdots & & \vdots \\ \dfrac{\partial^2 f(x)}{\partial x_n \partial x_1} & \cdots & \dfrac{\partial^2 f(x)}{\partial x_n \partial x_n} \end{bmatrix}
$$

称为 f 的 Hessian 矩阵.

推论 1.2.6 可以推广到多变量函数, 即对于二阶连续可微函数的凸性刻画, 有下面的定理.

定理 1.2.18 设 f 在开凸集 $S \subset \mathbb{R}^n$ 上是二阶连续可微函数. 则 f 在 S 上是凸函数当且仅当它的 Hessian 矩阵 $H(x) = \nabla^2 f(x)$ 在 S 的每个点处半正定, f 在 S 上是 m-强凸函数当且仅当 $H(x) = \nabla^2 f(x) - mI$ (其中 I 是单位阵) 在 S 的每个点处半正定.

证明 由定理 1.2.17, f 的凸性等价于它在包含于 S 中的任意线段上的限制 $\varphi(t)$ 的凸性; 由推论 1.2.6, $\varphi(t)$ 的凸性等价于满足 $\varphi''(t) \geqslant 0$. 任取 $x_0 \in S, d \in \mathbb{R}^n$, 考虑限制 f 在 $[x_0, x_0 + d] \subset S$ 上的限制 $\varphi(t) = f(x_0 + td), t \in [0,1]$. 注意到 $\varphi''(t) = d^{\mathrm{T}}\nabla^2 f(x_0 + td)d$, 则 $\varphi(t)$ 的凸性等价于 f 的 Hessian 矩阵 $\nabla^2 f(x)$ 在点 $x_0 + td \in S$ 的半正定性 (即 $\forall d \in \mathbb{R}^n$, $d^{\mathrm{T}}\nabla^2 f(x_0 + td)d \geqslant 0$). 换言之, f 在 S 上的凸性等价于它的 Hessian 矩阵 $\nabla^2 f(x)$ 在 S 的每个点的半正定性.

由强凸函数的定义易知, f 在 S 上是 m-强凸函数, 等价于 $g(x) = f(x) - \dfrac{m}{2}\|x\|^2$ 在 S 上是凸函数. 再由二阶连续可微凸函数的等价刻画即可证得. $\qquad\square$

下面的定理 1.2.19 给出开区间上二阶可微函数为严格凸函数的一个充要条件.

定理 1.2.19 设 f 在闭区间 $[a,b]$ 上连续, 在开区间 (a,b) 上二阶可微且 $f''(x) \geqslant 0, \forall x \in (a,b)$. 令 $S = \{x \in (a,b) : f''(x) > 0\}$, 则 f 在 $[a,b]$ 上是严格凸函数当且仅当 S 在 $[a,b]$ 上稠密.

证明　设 f 是 $[a,b]$ 上的严格凸函数. 由注 1.2.3, f' 在 (a,b) 上是严格单增函数. 假设 S 在 $[a,b]$ 上不稠密, 则存在区间 $I \subset [a,b]$, 使得 $I \cap S = \varnothing$. 这表明, $f''(x) = 0, \forall x \in I$. 因此, $f'(x)$ 在区间 I 上为常数, 这与 f' 在 (a,b) 上是严格单调增函数相矛盾. 反过来, 设 S 在 $[a,b]$ 上稠密, 但 f 在 $[a,b]$ 上不严格凸. 由注 1.2.3, f' 不是 (a,b) 上的严格单增函数. 因 $f''(x) \geqslant 0, \forall x \in (a,b)$ 蕴涵 f' 在 (a,b) 上是单增函数, 故 $\exists x_1, x_2 \in [a,b], x_1 < x_2$, 使得 $f'(x_1) = f'(x) = f'(x_2), \forall x \in (x_1, x_2)$. 这与 S 在 $[a,b]$ 上稠密相矛盾, 从而 f 在 $[a,b]$ 上是严格凸函数. □

1.3　半严格凸函数

定义 1.3.1　设 f 是定义在开凸集 $S \subset \mathbb{R}^n$ 上的实值函数.

(i) 称 f 为在 S 上是半严格凸函数, 如果 $\forall x, y \in S, f(x) \neq f(y), \forall \lambda \in (0,1)$,

$$f(\lambda x + (1-\lambda)y) < \lambda f(x) + (1-\lambda)f(y).$$

(ii) 称 f 为在 S 上是显凸函数 (explicity convex), 如果它在 S 上既是凸函数又是半严格凸函数.

下面的例子表明, 函数的凸性和半严格凸性是两个互不蕴涵的概念.

例 1.3.1　函数

$$f(x) = \begin{cases} 1, & x = 0, \\ 0, & x \neq 0 \end{cases}$$

显然是半严格凸函数, 但不是凸函数 (epi f 不是凸集). 而函数

$$g(x) = \begin{cases} x, & x \geqslant 0, \\ 0, & x < 0 \end{cases}$$

是凸函数但不是半严格凸函数 $\left(\text{取 } x_0 = 0, y_0 = 1, \lambda_0 = \dfrac{1}{2} \in (0,1) \text{ 即可验证}\right)$.

下面的几个定理给出半严格凸函数和显凸函数的特征刻画.

定理 1.3.1　设 f 是开凸集 $S \subset \mathbb{R}^n$ 上的实值函数, 则 f 在 S 上是半严格凸函数当且仅当 $\forall x_1, x_2, \cdots, x_m \in S, f(x_1) < f(x_2) \leqslant \cdots \leqslant f(x_m) \, (\forall m \geqslant 2)$, $\forall \alpha_i > 0 \, (1 \leqslant i \leqslant m), \sum_{i=1}^{m} \alpha_i = 1$, 有

$$f(\alpha_1 x_1 + \alpha_2 x_2 + \cdots + \alpha_m x_m) < \alpha_1 f(x_1) + \alpha_2 f(x_2) + \cdots + \alpha_m f(x_m).$$

证明　假设 f 是半严格凸函数, 且满足 $f(x_1) < f(x_2) \leqslant f(x_3) \leqslant \cdots \leqslant f(x_m)$. 设 $\alpha_1 x_1 + \alpha_2 x_2 + \cdots + \alpha_m x_m$ 是 $x_1, x_2, x_3, \cdots, x_m \in S$ 的任一正凸组合.

令

$$y_1 = x_1,$$

$$y_2 = \frac{\alpha_1 y_1 + \alpha_2 x_2}{\alpha_1 + \alpha_2} = \frac{\alpha_1 x_1 + \alpha_2 x_2}{\alpha_1 + \alpha_2},$$

$$y_3 = \frac{(\alpha_1 + \alpha_2)y_2 + \alpha_3 x_3}{\alpha_1 + \alpha_2 + \alpha_3} = \frac{\alpha_1 x_1 + \alpha_2 x_2 + \alpha_3 x_3}{\alpha_1 + \alpha_2 + \alpha_3},$$

$$\cdots\cdots$$

$$y_m = \frac{(\alpha_1 + \alpha_2 + \cdots + \alpha_{m-1})y_{m-1} + \alpha_m x_m}{\alpha_1 + \alpha_2 + \cdots + \alpha_m} = \frac{\alpha_1 x_1 + \alpha_2 x_2 + \cdots + \alpha_m x_m}{\alpha_1 + \alpha_2 + \cdots + \alpha_m}$$

$$= \alpha_1 x_1 + \alpha_2 x_2 + \cdots + \alpha_m x_m \quad \left(\text{这里用到} \sum_{i=1}^{m} \alpha_1 = 1\right).$$

则有

$$f(y_2) < \frac{\alpha_1}{\alpha_1 + \alpha_2} f(x_1) + \frac{\alpha_2}{\alpha_1 + \alpha_2} f(x_2) < f(x_2) \leqslant f(x_3).$$

据此有

$$f(y_3) < \frac{\alpha_1 + \alpha_2}{\alpha_1 + \alpha_2 + \alpha_3} f(y_2) + \frac{\alpha_3}{\alpha_1 + \alpha_2 + \alpha_3} f(x_3)$$

$$< \frac{\alpha_1}{\alpha_1 + \alpha_2 + \alpha_3} f(x_1) + \frac{\alpha_2}{\alpha_1 + \alpha_2 + \alpha_3} f(x_2) + \frac{\alpha_3}{\alpha_1 + \alpha_2 + \alpha_3} f(x_3)$$

$$< f(x_3) \leqslant f(x_4),$$

$$f(y_{m-1}) < \frac{1}{\alpha_1 + \alpha_2 + \cdots + \alpha_{m-1}} \sum_{i=1}^{m-1} \alpha_i f(x_i) < f(x_{m-1}) \leqslant f(x_m).$$

综上得到

$$f(\alpha_1 x_1 + \cdots + \alpha_m x_m) = f(y_m)$$

$$< \frac{\alpha_1 + \cdots + \alpha_{m-1}}{\alpha_1 + \cdots + \alpha_m} f(y_{m-1}) + \frac{\alpha_m}{\alpha_1 + \cdots + \alpha_m} f(x_m)$$

$$< \alpha_1 f(x_1) + \cdots + \alpha_m f(x_m).$$

反过来, 取 $m = 2$, 论断显然成立. □

例 1.3.2 考察例 1.3.1 的半严格凸函数 $f(x)$ 知, 定理 1.3.1 的条件中, 点 $x_1, x_2, x_3, \cdots, x_m \in S$ 的限制条件 $f(x_1) < f(x_2) \leqslant f(x_3) \leqslant \cdots \leqslant f(x_m)$, 不能放宽为 $f(x_1) \leqslant f(x_2) \leqslant f(x_3) \leqslant f(x_4) \leqslant \cdots \leqslant f(x_m)$.

事实上, 取 $x_1 = -\dfrac{1}{2}$, $x_2 = 1$, $x_3 = 0$; $\alpha_1 = \alpha_3 = \dfrac{1}{2}$, $\alpha_2 = \dfrac{1}{4}$, 满足放宽的不等式 $f(x_1) \leqslant f(x_2) \leqslant f(x_3)$, 但是

$$f(\alpha_1 x_1 + \alpha_2 x_2 + \alpha_3 x_3) = f(0) = 1 < \frac{1}{4} = \alpha_1 f(x_1) + \alpha_2 f(x_2) + \alpha_3 f(x_3).$$

尽管如此, 对于显凸函数, 这一放宽可以. 例如, 函数

$$f(x) = \begin{cases} x^2, & x \geqslant 0, \\ 0, & x < 0 \end{cases}$$

是显凸函数, 它满足下面的定理 1.3.2.

定理 1.3.2 设 f 是开凸集 $S \subset \mathbb{R}^n$ 上的实值函数, 则 f 在 S 上是显凸函数当且仅当 $\forall x_1, x_2, \cdots, x_m \in S$, $\forall \alpha_i > 0\, (1 \leqslant i \leqslant m)$, $\sum_{i=1}^{m} \alpha_i = 1$, 有

(i) $f(\alpha_1 x_1 + \cdots + \alpha_m x_m) \leqslant \alpha_1 f(x_1) + \cdots + \alpha_m f(x_m)$;

(ii) 若 $f(x_1) \leqslant \cdots \leqslant f(x_k) < f(x_{k+1}) \leqslant \cdots \leqslant f(x_m)$, 则有

$$f(\alpha_1 x_1 + \cdots + \alpha_m x_m) < \alpha_1 f(x_1) + \cdots + \alpha_m f(x_m).$$

证明 充分性: 在条件 (i) 和 (ii) 中, 取 $m = 2$ 知 f 是显凸函数.

必要性: 由 Jensen 不等式 (定理 1.2.1), 条件 (i) 成立, 下面证明条件 (ii). 设 f 是显凸函数, 且 $f(x_1) \leqslant \cdots \leqslant f(x_k) < f(x_{k+1}) \leqslant \cdots \leqslant f(x_m)$. 若 $k = 1$, 由定理 1.3.1 知条件 (ii) 成立. 设 $k \geqslant 2$, 令 $\lambda = \sum_{i=1}^{k-1} \alpha_i$; $\beta_i = \dfrac{\alpha_i}{\lambda}\, (1 \leqslant i \leqslant k-1)$; $\beta_i = \dfrac{\alpha_i}{1-\lambda}\, (k \leqslant i \leqslant m)$. 于是有

$$f\left(\sum_{i=1}^{m} \alpha_i x_i\right) = f\left(\lambda \sum_{i=1}^{k-1} \beta_i x_i + (1-\lambda) \sum_{i=k}^{m} \beta_i x_i\right). \tag{1.20}$$

如果 $f\left(\sum_{i=1}^{k-1} \beta_i x_i\right) < f\left(\sum_{i=k}^{m} \beta_i x_i\right)$, 则由式 (1.20) 和 f 的半严格凸性, 有

$$f\left(\sum_{i=1}^{m} \alpha_i x_i\right) < \lambda f\left(\sum_{i=1}^{k-1} \beta_i x_i\right) + (1-\lambda) f\left(\sum_{i=k}^{m} \beta_i x_i\right)$$

$$\leqslant \lambda \sum_{i=1}^{k-1} \beta_i f(x_i) + (1-\lambda) \sum_{i=k}^{m} \beta_i f(x_i) \quad (f \text{ 的凸性})$$

$$= \sum_{i=1}^{m} \alpha_i f(x_i).$$

如果 $f\left(\sum_{i=k}^{m} \beta_i x_i\right) \leqslant f\left(\sum_{i=1}^{k-1} \beta_i x_i\right)$, 则由式 (1.20)、$f$ 的凸性和定理 1.3.1, 有

$$f\left(\sum_{i=1}^{m} \alpha_i x_i\right) \leqslant \lambda f\left(\sum_{i=1}^{k-1} \beta_i x_i\right) + (1-\lambda)f\left(\sum_{i=k}^{m} \beta_i x_i\right)$$

$$\leqslant \lambda \sum_{i=1}^{k-1} \beta_i f(x_i) + (1-\lambda)f\left(\sum_{i=k}^{m} \beta_i x_i\right)$$

$$< \lambda \sum_{i=1}^{k-1} \beta_i f(x_i) + (1-\lambda)\sum_{i=k}^{m} \beta_i f(x_i) \quad (\text{定理 1.3.1})$$

$$= \sum_{i=1}^{m} \alpha_i f(x_i).$$

综上, 条件 (ii) 成立. □

凸函数族的上确界函数也是凸函数 (定理 1.2.12), 下面的例子表明, 半严格凸函数没有这种性质.

例 1.3.3 考虑函数

$$f_1(x) = \begin{cases} 1, & x = 0, \\ 0, & x \neq 0, \end{cases} \qquad f_2(x) = \begin{cases} 1, & x = 1, \\ 0, & x \neq 1, \end{cases}$$

它们是半严格凸函数, 然而 $f(x) = \sup\limits_{i=1,2} f_i(x) = \begin{cases} 1, & x = 0, 1, \\ 0, & x \neq 0, 1 \end{cases}$ 不是半严格凸函数. 如果将半严格凸性加强到显凸函数, 类似的性质成立.

定理 1.3.3 设 $f_i\,(i \in I)$ 是开凸集 $S \subset \mathbb{R}^n$ 上的显凸函数族, 记

$$f(x) = \sup\limits_{i \in I} f_i(x).$$

假设 $\forall x \in S, \exists i(x) \in I$, 使得 $f(x) = f_{i(x)}(x)$, 则 $f(x)$ 在 S 上是显凸函数.

证明 注意到所有 f_i 都是凸函数, 由定理 1.2.12 知 f 是凸函数. 剩下需证 f 是半严格凸函数. 若其不然, 则 $\exists x_1, x_2 \in S, f(x_1) \neq f(x_2), \exists \alpha \in (0,1)$, 使得

$$f(\alpha x_1 + (1-\alpha)x_2) \geqslant \alpha f(x_1) + (1-\alpha)f(x_2).$$

由 f 的凸性又有 $f(\alpha x_1 + (1-\alpha)x_2) \leqslant \alpha f(x_1) + (1-\alpha)f(x_2)$, 故有等式

$$f(\alpha x_1 + (1-\alpha)x_2) \leqslant \alpha f(x_1) + (1-\alpha)f(x_2). \tag{1.21}$$

令 $\bar{x} = \alpha x_1 + (1 - \alpha)x_2$, 由定理的假设条件, $i(\bar{x}), i(x_1), i(x_2) \in I$, 满足

$$f(\bar{x}) = f_{i(\bar{x})}(\bar{x}), \quad f(x_1) = f_{i(x_1)}(x_1), \quad f(x_2) = f_{i(x_2)}(x_2).$$

据此和式 (1.21) 得

$$f_{i(\bar{x})}(\bar{x}) = \alpha f_{i(x_1)}(x_1) + (1 - \alpha)f_{i(x_2)}(x_2). \tag{1.22}$$

如果 $f_{i(\bar{x})}(x_1) \neq f_{i(\bar{x})}(x_2)$, 由所有 f_i 的半严格凸性, 有

$$f_{i(\bar{x})}(\bar{x}) < \alpha f_{i(\bar{x})}(x_1) + (1 - \alpha)f_{i(\bar{x})}(x_2).$$

因 $f_{i(\bar{x})}(x_1) \leqslant f(x_1) = f_{i(x_1)}(x_1)$, $f_{i(\bar{x})}(x_2) \leqslant f(x_2) = f_{i(x_2)}(x_2)$, 据此和上式得到

$$f_{i(\bar{x})}(\bar{x}) < \alpha f_{i(x_1)}(x_1) + (1 - \alpha)f_{i(x_2)}(x_2).$$

这与式 (1.22) 相矛盾.

如果 $f_{i(\bar{x})}(x_1) = f_{i(\bar{x})}(x_2)$, 由所有 f_i 的凸性, 有

$$f_{i(\bar{x})}(\bar{x}) \leqslant \alpha f_{i(\bar{x})}(x_1) + (1 - \alpha)f_{i(\bar{x})}(x_2) = f_{i(\bar{x})}(x_1). \tag{1.23}$$

因 $f(x_1) \neq f(x_2)$ 和 $f_{i(\bar{x})}(x_1) = f_{i(\bar{x})}(x_2)$, 故 $f_{i(\bar{x})}(x_1) \leqslant f(x_1)$ 和 $f_{i(\bar{x})}(x_2) \leqslant f(x_2)$ 至少有一个是严格不等式, 据此和式 (1.23) 得到

$$f(\bar{x}) = f_{i(\bar{x})}(\bar{x}) < \alpha f(x_1) + (1 - \alpha)f(x_2).$$

这与等式 (1.21) 相矛盾. $\qquad\qquad\qquad\qquad\qquad\qquad\qquad\qquad\qquad\qquad\qquad\square$

关于函数的凸性、半严格凸性和严格凸性之间的关系, 有下面几个结果.

定理 1.3.4 设 f 是凸集 $S \subset \mathbf{R}^n$ 上的半严格凸函数, 如果

$$\exists \alpha \in (0, 1), \quad \forall x, y \in S,$$

$$f(\alpha x + (1 - \alpha)y) \leqslant \alpha f(x) + (1 - \alpha)f(y), \tag{1.24}$$

则 f 是 S 上的凸函数.

证明 反证法: 假设 f 不是凸函数, 即 $\exists x, y \in S, \exists \lambda \in (0, 1)$, 使得

$$f(\lambda x + (1 - \lambda)y) > \lambda f(x) + (1 - \lambda)f(y).$$

不失一般性, 设 $f(x) \geqslant f(y)$. 记 $z = \lambda x + (1 - \lambda)y$, 则

$$f(z) > \lambda f(x) + (1 - \lambda)f(y). \tag{1.25}$$

如果 $f(x) > f(y)$, 由 f 的半严格凸性有 $f(z) < \lambda f(x) + (1-\lambda)f(y)$, 这与式 (1.25) 相矛盾.

如果 $f(x) = f(y)$ 则由式 (1.25) 得到 $f(z) > f(x) = f(y)$. 下面分两种情况导出矛盾:

(i) 若 $0 < \lambda < \alpha < 1$, 记 $z_1 = \dfrac{\lambda}{\alpha}x + \left(1 - \dfrac{\lambda}{\alpha}\right)y$. 则有

$$z = \lambda x + (1-\lambda)y = \alpha\left(\frac{\lambda}{\alpha}x + \left(1 - \frac{\lambda}{\alpha}\right)y\right) + (1-\alpha)y = \alpha z_1 + (1-\alpha)y.$$

据此和式 (1.24) 有 $f(z) \leqslant \alpha f(z_1) + (1-\alpha)f(y)$. 于是, 由式 (1.26) 进一步得到

$$f(z) < f(z_1). \tag{1.26}$$

记 $\beta = \dfrac{\lambda(1-\alpha)}{\alpha(1-\lambda)}$, 由 $0 < \lambda < \alpha < 1$ 易知 $0 < \beta < 1$, 则有

$$z_1 = \frac{\lambda}{\alpha}x + \left(1 - \frac{\lambda}{\alpha}\right)y = \frac{\lambda}{\alpha}x + \left(1 - \frac{\lambda}{\alpha}\right)\left(\frac{z}{1-\lambda} - \frac{\lambda x}{1-\lambda}\right) = \beta x + (1-\beta)z.$$

注意到 $f(z) > f(x) = f(y)$, 由 f 的半严格凸性和上面的等式得到

$$f(z_1) < \beta f(x) + (1-\beta)f(z) < f(z),$$

这与式 (1.26) 相矛盾.

(ii) 若 $0 < \alpha < \lambda < 1$, 则有 $0 < \dfrac{\lambda - \alpha}{1 - \alpha} < 1$. 记 $z_2 = \dfrac{\lambda - \alpha}{1 - \alpha}x + \dfrac{1 - \lambda}{1 - \alpha}y$, 则有

$$z = \lambda x + (1-\lambda)y = \alpha x + (1-\alpha)z_2.$$

据此和条件 (1.24), 有 $f(z) \leqslant \alpha f(x) + (1-\alpha)f(z_2)$. 据此并再次使用 $f(z) > f(x)$ 得到

$$f(z) < f(z_2). \tag{1.27}$$

记 $\gamma = \dfrac{\lambda - \alpha}{\lambda(1 - \alpha)}$, 由 $0 < \alpha < \lambda < 1$ 易知 $0 < \gamma < 1$, 则有

$$z_2 = \frac{1}{1-\alpha}z + \frac{\alpha}{1-\alpha}x = \frac{1}{1-\alpha}z + \frac{\alpha}{1-\alpha}\left(\frac{1}{\lambda}z - \frac{1-\lambda}{\lambda}y\right) = \gamma z + (1-\gamma)y.$$

注意到 $f(z) > f(x) = f(y)$, 由 f 的半严格凸性和上面的等式得到

$$f(z_2) < \gamma f(z) + (1-\gamma)f(y) < f(z),$$

这与式 (1.24) 相矛盾.   □

定理 1.3.5　设 f 是凸集 $S \subset \mathbb{R}^n$ 上的凸函数, 如果

$$\exists \alpha \in (0,1), \quad \forall x, y \in S, \quad f(x) \neq f(y),$$

$$f(\alpha x + (1-\alpha)y) < \alpha f(x) + (1-\alpha)f(y), \tag{1.28}$$

则 f 是 S 上的半严格凸函数.

证明　反证法: 假设 f 不是半严格凸函数, 即 $\exists x, y \in S, f(x) \neq f(y), \exists \lambda \in (0,1)$, 使得

$$f(\lambda x + (1-\lambda)y) \geqslant \lambda f(x) + (1-\lambda)f(y). \tag{1.29}$$

不失一般性, 假设 $f(x) < f(y)$. 记 $z = \lambda x + (1-\lambda)y$, 则由式 (1.29) 得到

$$f(z) \geqslant \lambda f(x) + (1-\lambda)f(y) > f(x). \tag{1.30}$$

因 f 是凸函数, 有相反的不等式 $f(z) \leqslant \lambda f(x) + (1-\lambda)f(y)$, 于是得到

$$f(x) < f(z) = \lambda f(x) + (1-\lambda)f(y). \tag{1.31}$$

由 f 的凸性、条件 (1.28) 和式 (1.30) 推出

$$f(\alpha x + (1-\alpha)z) < \alpha f(x) + (1-\alpha)f(z) < f(z),$$

$$
\begin{aligned}
f(\alpha^2 x + (1-\alpha^2)z) &= f(\alpha(\alpha x + (1-\alpha)z) + (1-\alpha)z) \\
&\leqslant \alpha f(\alpha x + (1-\alpha)z) + (1-\alpha)f(z) \\
&< \alpha(f(x) + (1-\alpha)f(z)) + (1-\alpha)f(z) \\
&= \alpha^2 f(x) + (1-\alpha^2)f(z) < f(z),
\end{aligned}
$$

$$\cdots\cdots$$

$$f(\alpha^k x + (1-\alpha^k)z) < \alpha^k f(x) + (1-\alpha^k)f(z) < f(z), \quad \forall k \in \mathbb{N}. \tag{1.32}$$

由 $z = \lambda x + (1-\lambda)y$ 有

$$
\begin{aligned}
\alpha^k x + (1-\alpha^k)z &= \alpha^k x + (1-\alpha^k)(\lambda x + (1-\lambda)y) \\
&= (\lambda - \alpha^k \lambda + \alpha^k)x + (1 - \lambda - \alpha^k + \alpha^k \lambda)y.
\end{aligned}
$$

选取充分大的 $k_1 \in \mathbb{N}$, 满足 $\dfrac{\alpha^{k_1}}{1-\alpha} < \dfrac{\lambda}{1-\lambda}$. 记

$$\beta_1 = \lambda - \lambda\alpha^{k_1} + \alpha^{k_1}, \quad \beta_2 = \lambda - \frac{\alpha^{k_1+1}}{1-\alpha} + \frac{\lambda\alpha^{k_1+1}}{1-\alpha},$$

$$\bar{x} = \beta_1 x + (1-\beta_1)y, \quad \bar{y} = \beta_2 x + (1-\beta_2)y.$$

则有

$$\alpha^{k_1}x + (1-\alpha^{k_1})z = \beta_1 x + (1-\beta_1)y = \bar{x}.$$

由上式和式 (1.32) 立刻得到

$$f(\bar{x}) = f(\alpha^{k_1}x + (1-\alpha^{k_1})z) < f(z). \tag{1.33}$$

下面分两种情况导出矛盾:

(i) 若 $f(\bar{x}) \geqslant f(\bar{y})$, 则由 $z = \lambda x + (1-\lambda)y = \alpha\bar{x} + (1-\alpha)\bar{y}$ 和 f 的凸性有 $f(z) \leqslant \alpha f(\bar{x}) + (1-\alpha)f(\bar{y}) \leqslant f(\bar{x})$, 这与式 (1.33) 相矛盾.

(ii) 若 $f(\bar{x}) < f(\bar{y})$, 则由 $z = \alpha x + (1-\alpha)y$ 和条件 (1.28) 有

$$f(z) < \alpha f(\bar{x}) + (1-\alpha)f(\bar{y}). \tag{1.34}$$

由 f 的凸性和等式 $\bar{x} = \beta_1 x + (1-\beta_1)y, \bar{y} = \beta_2 x + (1-\beta_2)y$, 得到

$$f(\bar{x}) \leqslant \beta_1 f(x) + (1-\beta_1)f(y), \tag{1.35}$$

$$f(\bar{y}) \leqslant \beta_2 f(x) + (1-\beta_2)f(y). \tag{1.36}$$

最后, 由式 (1.34)~ 式 (1.36) 得到

$$f(z) < \alpha f(\bar{x}) + (1-\alpha)f(\bar{y})$$

$$\leqslant \alpha(\beta_1 f(x) + (1-\beta_1)f(y)) + (1-\alpha)(\beta_2 f(x) + (1-\beta_2)f(y))$$

$$= \lambda f(x) + (1-\lambda)f(y),$$

这与式 (1.31) 相矛盾. □

使用定理 1.2.9 和定理 1.3.5, 有下面的推论. 这表明, 在定理 1.3.5 中, 函数 f 的凸性假设条件可以换成下半连续性.

推论 1.3.1 设 f 是闭凸集 $S \subset \mathbb{R}^n$ 上的下半连续函数, 如果

$$\exists \alpha \in (0,1), \quad \forall x, y \in S, \quad f(x) \neq f(y),$$

$$f(\alpha x + (1-\alpha)y) < \alpha f(x) + (1-\alpha)f(y),$$

则 f 是 S 上的半严格凸函数.

定理 1.3.6 设 f 是凸集 $S \subset \mathbb{R}^n$ 上的半严格凸函数, 如果

$$\exists \alpha \in (0,1), \quad \forall x,y \in S, \quad x \neq y,$$

$$f(\alpha x + (1-\alpha)y) < \alpha f(x) + (1-\alpha)f(y), \tag{1.37}$$

则 f 是 S 上的严格凸函数.

证明 因 f 是半严格凸函数, 只需证明 $f(x) = f(y), x \neq y$ 蕴涵

$$f(\lambda x + (1-\lambda)y) \geqslant \lambda f(x) + (1-\lambda)f(y), \quad \forall \lambda \in (0,1).$$

任取 $x,y \in S$ 满足 $f(x) = f(y), x \neq y$. 由条件 (1.37) 有

$$f(\alpha x + (1-\alpha)y) < \alpha f(x) + (1-\alpha)f(y) = f(x) = f(y).$$

记 $\bar{x} = \alpha x + (1-\alpha)y$, 则有 $f(\bar{x}) < f(x) = f(y)$. 任取 $\lambda \in (0,1)$. 如果 $\lambda < \alpha$, 则存在 $\mu \in (0,1)$, 满足 $\lambda x + (1-\lambda)y = \mu x + (1-\mu)\bar{x}$. 由 f 的半严格凸性, 有

$$f(\lambda x + (1-\lambda)y) = f(\mu x + (1-\mu)\bar{x}) < \mu f(x) + (1-\mu)f(\bar{x}) < f(x).$$

如果 $\lambda > \alpha$, 则存在 $\nu \in (0,1)$ 满足 $\lambda x + (1-\lambda)y = \nu \bar{x} + (1-\nu)y$. 依然由 f 的半严格凸性, 有

$$f(\lambda x + (1-\lambda)y) = f(\nu \bar{x} + (1-\nu)y) < \nu f(\bar{x}) + (1-\nu)f(y) < f(y).$$

因 $f(x) = f(y)$, 故 $f(x) = f(y) = \lambda f(x) + (1-\lambda)f(y)$, 由上面两个不等式, 论断获证. □

定理 1.3.7 开区间 (a,b) 上的函数 f 严格凸当且仅当它在 (a,b) 上半严格凸且在 (a,b) 上至多一个点取到极小值.

证明 由定义和后面的定理 1.5.1(iii), 必要性显然, 只需证明充分性. 设 f 在 (a,b) 上是半严格凸函数, 且在 (a,b) 上至多一个点取到极小值, 需证 f 是严格凸函数, 即需证 $\forall x_1, x_2 \in (a,b), x_1 \neq x_2$, 有

$$f(\lambda x_1 + (1-\lambda)x_2) < \lambda f(x_1) + (1-\lambda)f(x_2), \quad \forall \lambda \in (0,1).$$

现在任取 $x_1, x_2 \in (a,b), x_1 \neq x_2$. 当 $f(x_1) \neq f(x_2)$ 时, 由 f 的半严格凸性, 有

$$f(\alpha x_1 + (1-\alpha)x_2) < \alpha f(x_1) + (1-\alpha)f(x_2), \quad \forall \alpha \in (0,1).$$

当 $f(x_1) = f(x_2)$ 时, 不失一般性, 假设 $x_1 < x_2$. 如果 $\forall x \in (x_1, x_2)$, $f(x) \geqslant f(x_1) = f(x_2)$, 即

$$\forall \lambda \in (0, 1), \quad f(\lambda x_1 + (1 - \lambda)x_2) \geqslant f(x_1) = f(x_2). \tag{1.38}$$

由式 (1.38) 和 f 在 (a, b) 上至多有一个点取到它的极小值的假设条件知, 存在至多一个点 $x_3 \in (a, b)$ 使得 $x_3 < x_1$ 或 $x_3 > x_2$ 且 $f(x_3) < f(x_1) = f(x_2)$. 在区间 (x_3, x_2) 或 (x_1, x_3) 使用 f 的半严格凸性, 有

$$f(\alpha x_3 + (1 - \alpha)x_2) < \alpha f(x_3) + (1 - \alpha)f(x_2) < f(x_2)$$

$$= \alpha f(x_1) + (1 - \alpha)f(x_2),$$

$$\forall \alpha \in (0, 1), \quad x_3 < x_1 < x_2,$$

或

$$f(\alpha x_1 + (1 - \alpha)x_3) < \alpha f(x_1) + (1 - \alpha)f(x_3) < f(x_1)$$

$$= \alpha f(x_1) + (1 - \alpha)f(x_2),$$

$$\forall \alpha \in (0, 1), \quad x_1 < x_2 < x_3.$$

当 α 取遍 $(0, 1)$ 时, 由上面两个不等式中任何一个都可以得到

$$f(\alpha x_1 + (1 - \alpha)x_2) < \alpha f(x_1) + (1 - \alpha)f(x_2), \quad \forall \alpha \in (0, 1).$$

这与式 (1.38) 相矛盾, 因此只有 $\exists x_0 \in (x_1, x_2)$, 使得 $f(x_0) < f(x_1) = f(x_2)$. 由 f 的半严格凸性, 有

$$f(\alpha x_0 + (1 - \alpha)x_1) < \alpha f(x_0) + (1 - \alpha)f(x_1) < f(x_1), \quad \forall \alpha \in (0, 1),$$

$$f(\alpha x_0 + (1 - \alpha)x_2) < \alpha f(x_0) + (1 - \alpha)f(x_2) < f(x_2) = f(x_1), \quad \forall \alpha \in (0, 1).$$

当 α 取遍 $(0, 1)$ 时, 由上面两个不等式和 $f(x_0) < f(x_1)$ 得到

$$f(\lambda x_1 + (1 - \lambda)x_2) < f(x_1) = \lambda f(x_1) + (1 - \lambda)f(x_2), \quad \forall \lambda \in (0, 1). \qquad \square$$

1.4 正齐次性与凸性

现在介绍函数的正齐次性和凸性的联系.

定义 1.4.1 设 $C \subset \mathbb{R}^n$ 是凸锥. 函数 $f : C \to \mathbb{R}$ 称为关于次数 $\alpha \in \mathbb{R}$ 是正齐次的, 如果 $\forall x \in C, f(tx) = t^\alpha f(x)$, $\forall t > 0$.

特别地, 函数 f 是零次正齐次函数, 如果 $\forall x \in C, f(tx) = f(x), \forall t > 0$; 而函数 f 称为是线性正齐次函数, 如果它是一次正齐次函数, 即 $\forall x \in C, f(tx) = tf(x), \forall t > 0$. 正齐次函数在经济学中经常出现. 例如:

(i) 需求函数 $D(p, R) = \dfrac{R}{p}$, 其中 $p > 0$ 是价格, $R > 0$ 是收入. 将 (p, R) 看成变量, 它是零次正齐次的. 这意味着如果收入和价格同时扩大两倍、三倍、$\cdots$, 需求不变. 当货币单位发生变化时, 这可能发生.

(ii) 生产函数 $f(L, K) = L^{1/3}K^{2/3}$, 其中 $L > 0$ 是劳动力, $K > 0$ 是资金. 如果将 (L, K) 看成变量, 它是一次正齐次函数. 这意味着如果劳动力和资金同时扩大两倍、三倍、$\cdots$, 产出也扩大两倍、三倍、$\cdots$. 在经济学中, 这类性质称为 f 具有规模收益的比例不变性.

正齐次函数的一些别的例子将陆续出现在后面的一些章节里.

下面的定理列举了正齐次函数的几个性质.

定理 1.4.1 (i) 设 $f_1, \cdots, f_m$ 是定义在凸锥 $C \subset \mathbb{R}^n$ 上、次数分别为 α_i 的正齐次函数, $i = 1, \cdots, m$. 则 $z(x) = f_1(x) \times \cdots \times f_m(x)$ 是次数为 $\alpha_1 + \cdots + \alpha_m$ 的正齐次函数;

(ii) 设 $f_1, \cdots, f_m$ 是定义在凸锥 $C \subset \mathbb{R}^n$ 上, 次数同为 α 的正齐次函数. 则 $z(x) = (f_1(x) + \cdots + f_m(x))^\beta$ 是次数为 $\alpha\beta$ 的正齐次函数.

证明 (i) 使用等式

$$z(tx) = f_1(tx) \times f_2(tx) \times \cdots \times f_m(tx)$$
$$= t^{\alpha_1}f_1(x) \times t^{\alpha_2}f_2(x) \times \cdots \times t^{\alpha_m}f_m(x)$$
$$= t^{\sum_{i=1}^m \alpha_i}f_1(x) \times f_2(x) \times \cdots \times f_m(x) = t^{\sum_{i=1}^m \alpha_i}z(x).$$

(ii) 使用等式

$$z(tx) = (f_1(tx) + f_2(tx) + \cdots + f_m(tx))^\beta$$
$$= (t^\alpha f_1(x) + t^\alpha f_2(x) + \cdots + t^\alpha f_m(x))^\beta$$
$$= t^{\alpha\beta}(f_1(x) + f_2(x) + \cdots + f_m(x))^\beta = t^{\alpha\beta}z(x). \qquad \square$$

下面的定理显然成立. 它指出, 线性正齐次性加上次可加性导致凸性.

定理 1.4.2 设 f 是定义在凸锥 $C \subset \mathbb{R}^n$ 上的线性正齐次函数. 则 f 是凸函数当且仅当它是次可加函数, 即 $\forall x, y \in C, f(x + y) \leqslant f(x) + f(y)$.

注 1.4.1 若 $\alpha \neq 0$, 对于 α 次正齐次函数 $f(x)$, 如果 $f(0)$ 存在, 则必有 $f(0) = 0$. 事实上, 按定义有 $f(0) = f(t \cdot 0) = t^\alpha f(0)$, 即

$$(1 - t^\alpha)f(0) = 0, \quad \forall t > 0.$$

这只有 $f(0) = 0$.

1.5 凸函数的极小值 (点)

众所周知, 在优化问题中, 局部极小点是否也是全局极小点是一个非常重要的问题. 函数的凸性假设对这一问题给出了明确回答, 这就是下面的定理.

定理 1.5.1 设 f 是定义在凸集 $S \subset \mathbb{R}^n$ 上的凸函数, 则

(i) 局部极小点也是全局极小点;

(ii) 所有极小点构成的集合 S^* 是凸集;

(iii) 如果 f 是严格凸 (强凸) 函数, 则 S^* 最多含有一个元素.

证明 (i) 设 $x_0 \in S$ 是 f 的局部极小点, 假设它不是全局极小点. 前者表明

$$\exists \delta > 0, \quad \forall x \in B_\delta(x_0), \quad 有 f(x) \geqslant f(x_0).$$

后者表明

$$\exists \bar{x} \in S, \quad f(\bar{x}) < f(x_0).$$

因 S 是凸集, 故 $x = \lambda \bar{x} + (1 - \lambda)x_0 \in S, \forall \lambda \in [0, 1]$, 又因 f 是凸函数, 故

$$f(x) \leqslant \lambda f(\bar{x}) + (1 - \lambda)f(x_0) < \lambda f(x_0) + (1 - \lambda)f(x_0) = f(x_0).$$

当 $\lambda > 0$ 充分小时, 上式与 x_0 是 f 的局部极小点相矛盾.

(ii) 不妨假设 $S^* \neq \varnothing$. 任取 $x_0 \in S^*$, 考虑下水平集

$$S_{\leqslant f(x_0)} = \{x \in S : f(x) \leqslant f(x_0)\},$$

显然有 $S_{\leqslant f(x_0)} = S^*$. 由 f 的凸性和定理 1.2.3 知 $S_{\leqslant f(x_0)}$ 是凸集, 从而 S^* 是凸集.

(iii) 若不, 则 $\exists x_1, x_2 \in S^*, x_1 \neq x_2, f(x_1) = f(x_2)$. 由 f 的严格凸性 (强凸), 有

$$f(\lambda x_1 + (1 - \lambda)x_2) < \lambda f(x_1) + (1 - \lambda)f(x_2)$$
$$= f(x_1) = f(x_2),$$

因这一不等式对每个 $\lambda \in (0, 1)$ 成立, 导致与 x_1, x_2 的全局极小性相矛盾. □

我们知道, 一个稳定点是指满足 $\nabla f(x) = 0$ 的点, 它是否为局部极小点 (甚至是全局极小点) 是优化中的另一个重要问题. 函数的凸性假设对这一问题也给出了肯定的回答.

定理 1.5.2　设 f 是定义在凸集 $S \subset \mathbb{R}^n$ 上的可微凸函数, 则稳定点 $x_0 \in S$ 是 f 的全局极小点.

证明　由凸性的一阶刻画知, $\forall x \in S, f(x) \geqslant f(x_0) + (x - x_0)^{\mathrm{T}} \nabla f(x_0)$, 于是由 $\nabla f(x_0) = 0$ 推出 $\forall x \in S, f(x) \geqslant f(x_0)$. 故 x_0 是 f 的全局极小点. □

Mangasarian 在文献 [16] 中对凸优化问题的最优解建立了一些重要的且有用的等价性刻画. 首先得到凸优化问题的目标函数的梯度在解集合上是常值这一重要结果.

引理 1.5.1　设 $S \subset \mathbb{R}^n$ 是凸集, f 是定义在包含 S 的某个开凸集上的可微凸函数, 且 f 在 S 上的所有极小值点构成的非空集合记为 $\bar{S}$. 则 $\nabla f(x)$ 在 $\bar{S}$ 上是常值.

证明　任取 $x_1, x_2 \in \bar{S}$. 由于 S 是凸集, 则对任意的 $\lambda \in (0, 1)$, 有 $(1 - \lambda)x_1 + \lambda x_2 \in S$. 因 f 可微且 $x_1 \in \bar{S}$, 我们有

$$0 \leqslant \frac{1}{\lambda} \left(f((1 - \lambda)x_1 + \lambda x_2) - f(x_1) \right)$$
$$= (x_2 - x_1)^{\mathrm{T}} \nabla f(x_1) + \alpha(x_1, \lambda(x_2 - x_1)) \| x_2 - x_1 \|.$$

令 $\lambda \to 0$, 得到 $0 \leqslant (x_2 - x_1)^{\mathrm{T}} \nabla f(x_1)$. 同理, $0 \leqslant (x_1 - x_2)^{\mathrm{T}} \nabla f(x_2)$. 由于 f 在包含 S 的某个开凸集上是可微凸函数, 根据后面的定理 6.4.1, 有

$$(x_2 - x_1)^{\mathrm{T}} (\nabla f(x_2) - \nabla f(x_1)) \geqslant 0.$$

结合前面两个不等式, 得

$$(x_2 - x_1)^{\mathrm{T}} \nabla f(x_2) \geqslant (x_2 - x_1)^{\mathrm{T}} \nabla f(x_1) \geqslant 0,$$

$$(x_1 - x_2)^{\mathrm{T}} \nabla f(x_1) \geqslant (x_1 - x_2)^{\mathrm{T}} \nabla f(x_2) \geqslant 0.$$

因此

$$(x_1 - x_2)^{\mathrm{T}} \nabla f(x_1) = (x_1 - x_2)^{\mathrm{T}} \nabla f(x_2) = 0. \tag{1.39}$$

注意到

$$\nabla f(x_2) - \nabla f(x_1) = [\nabla f(x_1 + t(x_2 - x_1))]_{t=0}^{t=1}$$
$$= \int_{t=0}^{t=1} \nabla^2 f(x_1 + t(x_2 - x_1))(x_2 - x_1) dt$$
$$= C(x_2 - x_1), \tag{1.40}$$

其中 $C = \int_{t=0}^{t=1} \nabla^2 f(x_1 + t(x_2 - x_1))dt$ 是 $n \times n$ 对称矩阵. 因对任意的 $z \in \mathbb{R}^n$,
有 $z^{\mathrm{T}}Cz \geqslant 0$, 从而 C 是半正定矩阵. 结合式 (1.39) 和式 (1.40), 我们有

$$0 = (x_2 - x_1)^{\mathrm{T}} (\nabla f(x_2) - \nabla f(x_1)) = (x_2 - x_1)^{\mathrm{T}}C(x_2 - x_1). \tag{1.41}$$

由于 C 是对称半正定矩阵, 结合式 (1.40) 和式 (1.41), 得

$$0 = \nabla f(x_2) - \nabla f(x_1) = C(x_2 - x_1). \qquad \square$$

下面, 利用任意解表示出凸优化问题的整个解集合.

定理 1.5.3 设 $S \subset \mathbb{R}^n$ 是凸集, f 是定义在包含 S 的某个开凸集上的可微凸函数, f 在 S 上的所有极小值点构成的非空集合记为 $\bar{S}$ 且 $\bar{x} \in \bar{S}$. 则 $\bar{S} = \bar{M} = \hat{M}$, 其中

$$\bar{M} = \left\{ x \in S : (x - \bar{x})^{\mathrm{T}}\nabla f(\bar{x}) = 0, \nabla f(x) = \nabla f(\bar{x}) \right\},$$
$$\hat{M} = \left\{ x \in S : (x - \bar{x})^{\mathrm{T}}\nabla f(\bar{x}) \leqslant 0, \nabla f(x) = \nabla f(\bar{x}) \right\}.$$

证明 显然 $\bar{M} \subset \hat{M}$. 下面只需证 $\bar{S} \subset \bar{M}$ 且 $\hat{M} \subset \bar{S}$.

任取 $x \in \bar{S}$. 由引理 1.5.1 知, $\nabla f(x) = \nabla f(\bar{x})$. 再由引理 1.5.1 的证明过程知, $(x - \bar{x})^{\mathrm{T}}\nabla f(\bar{x}) \geqslant 0$ 且 $(\bar{x} - x)^{\mathrm{T}}\nabla f(x) \geqslant 0$. 因此 $(x - \bar{x})^{\mathrm{T}}\nabla f(\bar{x}) = 0$, 进而 $x \in \bar{M}$. 故 $\bar{S} \subset \bar{M}$.

任取 $x \in \hat{M}$. 因 f 是凸函数, 根据定理 1.2.16, 有

$$f(\bar{x}) - f(x) \geqslant (\bar{x} - x)^{\mathrm{T}}\nabla f(x) = (\bar{x} - x)^{\mathrm{T}}\nabla f(\bar{x}) \geqslant 0,$$

进而 $x \in \bar{S}$, 故 $\hat{M} \subset \bar{S}$. $\qquad \square$

第 2 章 拟 凸 函 数

在优化问题中, 判断局部极值是否也是全局极值是一件非常重要的事情. 函数的凸性 (凹性) 假设可以保证局部极小 (极大) 也是全局极小 (极大), 我们将这一性质称为 "局部–全局性质". 然而这一性质并非是凸性 (凹性) 假设条件所独有的, 这就启发人们考虑引进新的、内涵更广的函数类: 它们具有凸的下 (上) 水平集, 以及保证具有局部–全局性质. 这样的推广工作始于 Arrow 和 Enthoven[14] 于 1961 年的开创性工作.

在一些经济模型中, 集合或函数的凸性和广义凸性常常作为限制性条件出现. 比如, 生产理论中生产集的凸性、消费理论中效用函数上水平集的凸性; 著名的 Cobb-Douglas 函数的凹性和拟凹性、CES 函数 (固定替代弹性函数) 在一定条件下的拟凹性以及 Leontief 生产函数的拟凹性等.

在这一章里, 我们将介绍拟凸、严格拟凸和半严格拟凸等函数类, 阐述它们的性质, 以及它们彼此之间的关系. 我们还要介绍经济学中几个最重要的广义凸函数的例子. 本章的有关内容可参见文献 [2], [13]~[14], [17]~[29].

因为函数 f 是拟凹的当且仅当 $-f$ 是拟凸的, 也就是说, 拟凹函数的所有结果都可以按照拟凸函数的相应结果推导出来. 因此, 我们在本书中只讨论拟凸性. 对此有兴趣的读者也可以查阅文献 [11], [12].

2.1 拟凸和严格拟凸函数

2.1.1 定义和基本性质

对于凸函数, 在适当放宽其凸性条件的同时, 还要求它保留凸函数的某些有用性质, 这是推广凸性概念到某种广义凸性概念的基本原则. 历史上, 第一种广义凸函数由 De Finetti[17] 于 1949 年提出, 当时他引进了后来由 Fenchel[18] 于 1953 年命名的拟凸函数的概念.

对于 $\mathbb{R}$ 上定义的凸函数 $f(x)$, 按定义显然有 $\forall x_1, x_2 \in \mathbb{R}, \forall \lambda \in [0,1]$,

$$f(\lambda x_1 + (1 - \lambda)x_2) \leqslant \max\{f(x_1), f(x_2)\}.$$

然而, 满足这一条件的函数未必是凸函数. 例如, $f(x) = \ln x$, 易知它满足这一条件. 但是, 因 $f''(x) = -\dfrac{1}{x^2} < 0$, 故它不是凸函数.

拟凸函数就是用这一条件来定义. 这一条件的直观意义是在其定义域中任意固定两点连线上的点的函数值都不超过这两点函数值的最大者. 图 2.1 是拟凸而非凸函数的几个例子.

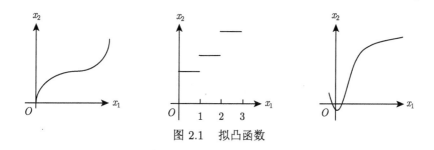

图 2.1 拟凸函数

定义 2.1.1 凸集 $S \subset \mathbb{R}^n$ 上的函数 f 称为在 S 上是拟凸函数, 如果

$$\forall x_1, x_2 \in S, \quad \forall \lambda \in [0, 1],$$

$$f(\lambda x_1 + (1 - \lambda)x_2) \leqslant \max\{f(x_1), f(x_2)\}, \tag{2.1}$$

或者等价地,

$$\forall x_1, x_2 \in S, \quad \forall \lambda \in [0, 1],$$

$$f(x_1) \geqslant f(x_2) \Rightarrow f(x_1) \geqslant f(x_1 + \lambda(x_2 - x_1)). \tag{2.2}$$

如果不等式 (2.1) 是严格不等式, 函数 f 称为是严格拟凸函数, 见如下定义.

定义 2.1.2 凸集 $S \subset \mathbb{R}^n$ 上的函数 f 称为在 S 上是严格拟凸函数, 如果

$$\forall x_1, x_2 \in S, \quad x_1 \neq x_2, \quad \forall \lambda \in (0, 1),$$

$$f(\lambda x_1 + (1 - \lambda)x_2) < \max\{f(x_1), f(x_2)\}, \tag{2.3}$$

或者等价地,

$$\forall x_1, x_2 \in S, \quad x_1 \neq x_2, \quad \forall \lambda \in (0, 1),$$

$$f(x_1) \geqslant f(x_2) \Rightarrow f(x_1) > f(x_1 + \lambda(x_2 - x_1)). \tag{2.4}$$

显然, 严格拟凸函数也是拟凸函数; 下面的例子表明, 反过来不真.

例 2.1.1 (i) 函数 $f(x) = \begin{cases} |x|/x, & x \neq 0, \\ 0, & x = 0 \end{cases}$ 是拟凸函数, 但不是严格拟凸函数;

(ii) 单变量单调函数是拟凸函数, 而单变量严格单调增函数或严格单调减函数是严格拟凸函数; 例如, 凹函数 $f(x) = \ln x, x > 0$ 是严格拟凸函数.

既然拟凸性是凸性的放宽, 那么, 在这一新的函数类中, 凸函数的一些重要性质尽管会被保留, 而另一些重要性质却会丢失. 比如, 在例 2.1.1(i) 中看到, 拟凸函数在其定义域内部可以不连续; 局部极小点可以不是全局极小点; 存在内部全局极大点.

对于凸性、严格凸性、拟凸性和严格拟凸性间的关系, 有下面的结果.

定理 2.1.1 设 $S \subset \mathbb{R}^n$ 是凸集.

(i) 如果 f 在 S 上是凸函数, 则 f 在 S 上是拟凸函数;

(ii) 如果 f 在 S 上是严格凸函数, 则 f 在 S 上是严格拟凸函数;

(iii) 如果 f 在 S 上是严格拟凸函数, 则 f 在 S 上是拟凸函数.

证明 (i) 由 f 的凸性, 有 $\forall x_1, x_2 \in S, \forall \lambda \in [0, 1]$,

$$f(\lambda x_1 + (1 - \lambda)x_2) \leqslant \lambda f(x_1) + (1 - \lambda)f(x_2)$$
$$\leqslant \lambda \max\{f(x_1), f(x_2)\} + (1 - \lambda) \max\{f(x_1), f(x_2)\}$$
$$= \max\{f(x_1), f(x_2)\}.$$

类似地可以证明 (ii), 而 (iii) 则由定义直接推出. □

例 2.1.1 表明, 拟凸函数类真包含凸函数类和严格拟凸函数类. 此外, 凸函数类与严格拟凸函数类间没有任何包含关系. 事实上, 常值函数是凸函数, 但不是严格拟凸函数; 单变量严格单调函数是严格拟凸函数, 但不必是凸函数.

凸性、严格凸性、拟凸性和严格拟凸性间的关系如图 2.2 所示, 其中所有的蕴涵关系都不可逆.

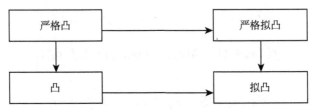

图 2.2 两种凸性和两种拟凸性之间的关系

对于线性正齐次函数类, 次可加性导致凸性. 下面的定理表明, 对于在非零点恒取正值的函数, 线性正齐次性加上拟凸性等价于函数的凸性.

定理 2.1.2 设 f 是定义在凸集 $S \subset \mathbb{R}^n$ 上的、在非零点恒取正值的线性正齐次函数, 则 f 是拟凸函数当且仅当它是凸函数.

证明 由定理 2.1.1(i), 凸性蕴涵拟凸性. 反过来, 设 f 是拟凸函数. 因线性正齐次性加上次可加性蕴涵凸性, 只需证明 f 在 S 上是次可加函数. 任取 $x_1, x_2 \in$

$S\backslash\{0\}$, 记 $y_i = f(x_i) > 0$, $i = 1, 2$, 因 f 是线性正齐次函数, 即 $f(tx) = tf(x)$, $\forall t > 0$, 故有

$$f\left(\frac{x_i}{y_i}\right) = f\left(\frac{x_i}{f(x_i)}\right) = \frac{f(x_i)}{f(x_i)} = 1, \quad i = 1, 2.$$

由 f 的拟凸性和上式得到

$$f\left((1-t)\frac{x_1}{y_1} + t\frac{x_2}{y_2}\right) \leqslant 1, \quad \forall t \in (0, 1).$$

令 $t = \dfrac{y_2}{y_1 + y_2}$, 因而 $1 - t = \dfrac{y_1}{y_1 + y_2}$, 代入上式得到 $f\left(\dfrac{x_1 + x_2}{y_1 + y_2}\right) \leqslant 1$. 将此式再次使用 f 的线性正齐次性得到 $f(x_1 + x_2) \leqslant y_1 + y_2 = f(x_1) + f(x_2)$, 即 f 是次可加函数. 如果 x_1 和 x_2 中有一个为零, 例如, $x_1 = 0$, 由注 1.4.1 知 $f(x_1) = 0$, 从而有

$$f(x_1 + x_2) = f(x_2) = f(x_1) + f(x_2). \qquad \square$$

凸函数 f 可以用它的上图 $\mathrm{epi}f$ 的凸性来刻画. 拟凸函数有类似的刻画吗? 下面的定理表明, 拟凸函数可以用它的下水平集的凸性来刻画.

定理 2.1.3 定义在凸集 $S \subset \mathbb{R}^n$ 上的函数 f 是拟凸函数当且仅当 $\forall \alpha \in \mathbb{R}$, 下水平集 $L_{\leqslant \alpha} = \{x \in S : f(x) \leqslant \alpha\}$ 是凸集.

证明 假设 f 是拟凸函数, 任取 $x_1, x_2 \in L_{\leqslant \alpha}, \lambda \in [0, 1]$. 由下水平集的定义, 有 $f(x_1) \leqslant \alpha, f(x_2) \leqslant \alpha$. 因 f 是拟凸函数, 故

$$f(\lambda x_1 + (1 - \lambda)x_2) \leqslant \max\{f(x_1), f(x_2)\} \leqslant \alpha.$$

因此, $\lambda x_1 + (1 - \lambda)x_2 \in L_{\leqslant \alpha}$, 即 $L_{\leqslant \alpha}$ 是凸集.

相反地, 任意固定 $x_1, x_2 \in S$, 不妨假设 $\max\{f(x_1), f(x_2)\} = f(x_1)$. 考虑下水平集 $L_{\leqslant f(x_1)} = \{z \in S : f(z) \leqslant f(x_1)\}$, 则有 $x_1, x_2 \in L_{\leqslant f(x_1)}$. 因 $L_{\leqslant f(x_1)}$ 是凸集, 故

$$\forall \lambda \in [0, 1], \quad \lambda x_1 + (1 - \lambda)x_2 \in L_{\leqslant f(x_1)}.$$

因此, 有

$$f(\lambda x_1 + (1 - \lambda)x_2) \leqslant f(x_1) = \max\{f(x_1), f(x_2)\}.$$

于是, f 在 S 上是拟凸函数. $\qquad \square$

基于定理 2.1.3, 有些文献直接用下水平集为凸集来定义函数的拟凸性.

在本章一开头就指出, 凸函数具有局部-全局性质. 然而, 拟凸函数通常没有这种性质, 换言之, 对于拟凸函数, 局部极小可以不是全局极小. 但是, 如果将 "极小" 加强为 "严格极小", 则拟凸函数具有局部-全局性质.

现在回忆函数的严格极小 (大) 点的概念: 设 f 是集合 $S \subset \mathbb{R}^n$ 上的实值函数. 称 $x^* \in S$ 是 f 的一个严格局部极小 (大) 点, 如果 $\exists \delta > 0$, 使得

$$\forall x \in S \cap B_\delta(x^*), \quad x \neq x^*, \quad f(x^*) < f(x) \ (f(x^*) > f(x)). \tag{2.5}$$

下面的定理表明, 在 "严格极小 (大)" 意义下, 拟凸函数具有局部-全局性质.

定理 2.1.4　设 f 是定义在凸集 $S \subset \mathbb{R}^n$ 上的拟凸函数, 若 $x^* \in S$ 是 f 的严格局部极小点, 则它还是 f 在 S 上的严格全局极小点; 此外, f 在 S 上的所有全局极小点之集 S^* 是凸集.

证明　首先, 设 $x^* \in S$ 是 f 的一个严格局部极小点, 若 x^* 不是 f 在 S 上的严格全局极小点, 则 $\exists \bar{x} \in S, \bar{x} \neq x^*$, 使得 $f(\bar{x}) \leqslant f(x^*)$. 由 f 的拟凸性知,

$$\forall \lambda \in [0,1], \quad f(\lambda \bar{x} + (1-\lambda)x^*) \leqslant f(x^*). \tag{2.6}$$

但是, 若取 λ 充分小, 使得

$$x = \lambda \bar{x} + (1-\lambda)x^* \in S \cap B_\delta(x^*),$$

则由式 (2.6) 得到 $f(x) \leqslant f(x^*)$, 这与式 (2.5) 相矛盾. 故 x^* 是 f 在 S 上的严格全局极小点.

其次, 不妨假设 $S^* \neq \varnothing$, 设 m 是 f 在 S 上的最小值, 注意到

$$S^* = \{x \in S : f(x) = m\} = \{x \in S : f(x) \leqslant m\} = L_{\leqslant m},$$

由 f 的拟凸性和定理 2.1.3, 下水平集 $L_{\leqslant m}$ 是凸集, 进而 S^* 也是凸集. □

下面引进两个概念, 借助于它们, 可以给出函数拟凸性的一种刻画.

定义 2.1.3　称集合 $S \subset \mathbb{R}^n$ 上的函数 f 具有线段极大性质, 如果 f 在 S 中的任意闭线段 $[x_1, x_2]$ 上都可以达到它在该线段上的极大值.

注意, 在定义 2.1.3 中没有出现连续性假设. 显然, 如果 f 在 S 上是上半连续函数或连续函数, 则它具有线段极大性质. 下面的定理表明, 还有更弱的条件, 例如拟凸函数也具有这种性质.

定理 2.1.5　设 f 是凸集 $S \subset \mathbb{R}^n$ 上的拟凸函数, 则 f 具有线段极大性质.

证明　设 $[x_1, x_2] \subset S$ 是任一闭线段, 设 $x = \lambda x_1 + (1-\lambda)x_2, \lambda \in [0,1]$. 由 f 的拟凸性有

$$f(x) = f(\lambda x_1 + (1-\lambda)x_2) \leqslant \max\{f(x_1), f(x_2)\}, \quad \forall \lambda \in [0,1].$$

因此, f 在闭线段 $[x_1, x_2]$ 上的极大值至少在 x_1 或 x_2 处达到. 按定义, f 具有线段极大性质. □

Diewert 等[19] 针对单变量函数引进了如下半严格局部极大的概念.

定义 2.1.4 开区间 $(a,b) \subset \mathbb{R}$ 上的函数 f 称为在点 $x_0 \in (a,b)$ 处达到半严格局部极大, 如果 $\exists x_1, x_2 \in (a,b), x_1 < x_0 < x_2$, 使得

$$f(x_0) \geqslant f(\lambda x_1 + (1-\lambda)x_2), \quad \forall \lambda \in [0,1],$$

且

$$f(x_0) > \max\{f(x_1), f(x_2)\}.$$

注意, 如果 f 在 x_0 处达到半严格局部极大, 那么即使 f 在 x_0 附近是常数, 函数值在 x_0 的两侧也终究会减少. 显然, 严格局部极大是半严格局部极大. 图 2.3 给出半严格局部极大点的一个直观解释.

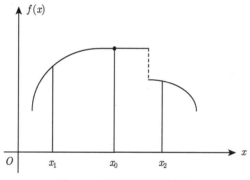

图 2.3 半严格局部极大点

定理 2.1.6 若开区间 $(a,b) \subset \mathbb{R}$ 上的函数 f 是拟凸函数, 则在 (a,b) 中不存在 f 的半严格局部极大点.

证明 由 f 的拟凸性知, $\forall x_1, x_2 \in (a,b)$,

$$f(\lambda x_1 + (1-\lambda)x_2) \leqslant \max\{f(x_1), f(x_2)\}, \quad \forall \lambda \in [0,1].$$

因此, 对于 (a,b) 中的任意两点, 其间没有点能够满足定义 2.1.4 而成为 f 的半严格局部极大点. □

下面的例子表明, 定理 2.1.6 的逆通常不成立.

例 2.1.2 设

$$f(x) = \begin{cases} -x^2, & x < 0, \\ -x^2 - 1, & x \geqslant 0. \end{cases}$$

容易验证, 这一函数在定义域 $\mathbb{R}$ 上没有半严格局部极大点. 但是它不是拟凸函数, 这是因为它的下水平集 $L_{\leqslant -2} = (-\infty, -\sqrt{2}] \cup [1, +\infty) \subset \mathbb{R}$ 不是凸集. 此外, 考

察线段 $[-1, 0]$ 知, 这一函数不具有线段极大性质, 据定理 2.1.5, 同样得知它不是拟凸函数. 尽管如此, 借助于刚才引进的两个概念, 可以给出多变量函数拟凸性的刻画.

定理 2.1.7 开凸集 $S \subset \mathbb{R}^n$ 上的函数 f 是拟凸函数当且仅当下列条件成立:

(i) f 具有线段极大性质;

(ii) $\forall x \in S, \forall v \in \partial \bar{B}_1(0), \forall \bar{t} > 0, x + \bar{t}v \in S$, 函数 f 在开区间 $(0, \bar{t})$ 上的限制 $\varphi(t) = f(x + tv)$ 不存在半严格局部极大点, 其中 $\partial \bar{B}_1(0)$ 表示 $\mathbb{R}^n$ 中的闭单位球 $\bar{B}_1(0)$ 的边界.

证明 设 f 是拟凸函数, 则由定理 2.1.5 立刻得到 (i). 此外, f 的拟凸性蕴涵 f 在 S 中的任意线段上的拟凸性 (见后面的定理 2.1.12), 即 $\varphi(t)$ 是 $(0, \bar{t})$ 上的拟凸函数. 于是, 由定理 2.1.6 立刻得到 (ii).

反过来, 任取 $x_1, x_2 \in S, x_1 \neq x_2$. 现在证明 f 在线段 $[x_1, x_2]$ 上的限制是拟凸函数, 然后仍然用后面的定理 2.1.12 推出 f 在 S 上是拟凸函数. 为此, 取

$$\bar{t} = \|x_2 - x_1\|, \quad v = \frac{1}{t}(x_2 - x_1) \in \partial B_1(0).$$

则 $x_2 = x_1 + \bar{t}v$. 考虑 f 在 $[x_1, x_2] \subset S$ 上的限制 $\varphi(t) = f(x_1 + tv), t \in [0, \bar{t}]$. 由条件 (i) 知,

$$\exists t_0 \in [0, \bar{t}], \quad \forall t \in [0, \bar{t}], \quad \varphi(t) \leqslant \varphi(t_0).$$

若 $t_0 = 0$ 或 $\bar{t}$, 则

$$\varphi(t_0) = \max\{\varphi(0), \varphi(\bar{t})\}.$$

若 $t_0 \in (0, \bar{t})$, 则由条件 (ii) 和定义 2.1.4, 有 $\varphi(t_0) \leqslant \max\{\varphi(0), \varphi(\bar{t})\}$. 因此有

$$\forall t \in [0, \bar{t}], \quad \varphi(t) \leqslant \varphi(t_0) \leqslant \max\{\varphi(0), \varphi(\bar{t})\}.$$

令 $\lambda = \frac{t}{\bar{t}} \in [0, 1]$, 由上式推出

$$f((1 - \lambda)x_1 + \lambda x_2) \leqslant \max\{f(x_1), f(x_2)\}.$$

注意到 $t \in [0, \bar{t}]$ 的任意性蕴涵 $\lambda \in [0, 1]$ 的任意性, 因此 f 在闭线段 $[x_1, x_2]$ 上是拟凸函数. $\qquad \square$

如同凸函数与严格凸函数的定义一样, 拟凸函数和严格拟凸函数的定义式 (2.1) 与式 (2.3) 也可以推广到有限个点的所有凸组合, 有如下定理.

定理 2.1.8 f 是凸集 $S \subset \mathbb{R}^n$ 上的拟凸函数当且仅当 $\forall x_i \in S, i = 1, \cdots, p$, 有

$$f\left(\sum_{i=1}^{p} \lambda_i x_i\right) \leqslant \max_{i \in \{1, \cdots, p\}} f(x_i), \quad \sum_{i=1}^{p} \lambda_i = 1, \quad \lambda_i \geqslant 0, \quad i = 1, \cdots, p. \quad (2.7)$$

此外, f 在 S 上是严格拟凸函数当且仅当不等式 (2.7) 是严格不等式.

证明　使用数学归纳法证明. 假设 f 是拟凸函数, 对于 $p = 2$, 式 (2.7) 显然成立. 设式 (2.7) 对 p 个元素成立, 需证

$$f(\lambda_1 x_1 + \cdots + \lambda_p x_p + \lambda_{p+1} x_{p+1}) \leqslant \max_{1 \leqslant i \leqslant p+1} f(x_i),$$

这里

$$\sum_{i=1}^{p+1} \lambda_i = 1, \quad \lambda_i \geqslant 0, \quad x_i \in S, \quad i = 1, \cdots, p+1.$$

若 $\lambda_{p+1} = 0$, 由归纳假设, 不等式成立. 若 $\lambda_{p+1} \neq 0$, 令 $\lambda_0 = \lambda_1 + \cdots + \lambda_p$, 有 $\lambda_0 + \lambda_{p+1} = 1$, 于是, 因 $\sum_{i=1}^{p} \frac{\lambda_i}{\lambda_0} = 1$, 故 $y = \frac{\lambda_1}{\lambda_0} x_1 + \cdots + \frac{\lambda_p}{\lambda_0} x_p$ 是 p 个元素的凸组合, 从而有 $y \in S$. 注意到 $\sum_{i=1}^{p+1} \lambda_i x_i = \lambda_0 y + \lambda_{p+1} x_{p+1}$, 应用拟凸性到点 y, x_{p+1}, 立刻得到所需的不等式.

反过来, 式 (2.7) 成立, 只需取 $p = 2$ 即可得到 f 的拟凸性.

严格拟凸的情形可以类似地证明. □

此外, Bereanu 在文献 [20] 中获得了如下拟凸函数的等价性刻画.

定理 2.1.9　设 f 是凸集 $S \subset \mathbb{R}^n$ 上的实值函数. 则 f 是拟凸函数当且仅当对 S 中的任意子集 M,

$$\sup_{x \in \text{conv} M} f(x) = \sup_{x \in M} f(x).$$

证明　必要性: 只需证明对 S 中的任意子集 M,

$$\sup_{x \in \text{conv} M} f(x) \leqslant \sup_{x \in M} f(x).$$

当 $\sup_{x \in M} f(x) = +\infty$ 时, 上述不等式显然. 现假设 $\sup_{x \in M} f(x) = a$, 且令 $L_{\leqslant a} = \{x \in S : f(x) \leqslant a\}$. 显然 $M \subseteq L_{\leqslant a}$. 由定理 2.1.3 知, $L_{\leqslant a}$ 是凸集, 从而 $\text{conv} M \subseteq L_{\leqslant a}$. 因此, $\sup_{x \in \text{conv} M} f(x) \leqslant \sup_{x \in L_{\leqslant a}} f(x) \leqslant a = \sup_{x \in M} f(x)$.

充分性: 只需证明当 $L_{\leqslant a}$ 是非空集合时, $L_{\leqslant a}$ 是凸集即可. 任取 $x_1, x_2 \in L_{\leqslant a}$ 和 $\lambda \in [0, 1]$. 由条件知,

$$f(\lambda x_1 + (1 - \lambda) x_2) \leqslant \max\{f(x_1), f(x_2)\} \leqslant a.$$

因此, $\lambda x_1 + (1 - \lambda) x_2 \in L_{\leqslant a}$, 进而 $L_{\leqslant a}$ 是凸集. □

凸函数类和拟凸函数类的另一个主要区别在于它们的代数结构. 凸函数类关于加法和非负数乘是封闭的, 然而两个拟凸 (严格拟凸) 函数的和一般不是拟凸

(严格拟凸) 的. 例如, 函数 $f(x) = x^3$ 和 $g(x) = -3x$ 在 $\mathbb{R}$ 上都是严格单调的, 由例 2.1.1(ii) 知, 它们是严格拟凸函数, 因而它们是拟凸函数; 但是, 它们的和函数

$$h(x) = f(x) + g(x) = x^3 - 3x$$

不是拟凸函数, 更不是严格拟凸函数. 事实上, 取

$$x_1 = -2, \quad x_2 = 0, \quad \lambda = \frac{1}{2},$$

则由 $h(-2) = -2, h(0) = 0$ 和 $h(-1) = 2$ 立刻得知 $h(x)$ 不是拟凸函数.

单调增函数与拟凸函数的复合函数仍然是拟凸函数, 这保留了凸函数的相应性质. 有下面几个定理.

定理 2.1.10 设 f 是凸集 $S \subset \mathbb{R}^n$ 上的 (严格) 拟凸函数, 又设 $g: A \to \mathbb{R}$ 是 (严格) 单调增函数, 且 $f(S) \subset A$. 则

(i) $\forall k > 0, kf$ 在 S 上是 (严格) 拟凸函数;

(ii) $g \circ f$ 在 S 上是 (严格) 拟凸函数.

证明 (i) 由条件有

$$(kf)(\lambda x_1 + (1-\lambda)x_2) = kf(\lambda x_1 + (1-\lambda)x_2)$$
$$\leqslant k \max\{f(x_1), f(x_2)\} = \max\{kf(x_1), kf(x_2)\}.$$

(ii) 设 $x_1, x_2 \in S, f(x_1) \geqslant f(x_2)$, 由 f 的拟凸性知

$$f(x_1 + \lambda(x_2 - x_1)) \leqslant f(x_1), \quad \forall \lambda \in [0,1].$$

因 g 是单调增函数, 由上面的陈述得到, $(g \circ f)(x_1) \geqslant (g \circ f)(x_2)$ 蕴涵

$$(g \circ f)(x_1 + \lambda(x_2 - x_1)) \leqslant (g \circ f)(x_1), \quad \forall \lambda \in [0,1].$$

由定义 2.1.1, $g \circ f$ 在 S 上是拟凸函数.

"严格" 部分的证明类似.   □

注 2.1.1 在判别拟凸函数或由已有的函数构造拟凸函数时, 定理 2.1.3 和定理 2.1.10 有时是有用的. 有关的例子将在稍后给出.

定理 2.1.11 设 $g(x) = Ax + b, x \in \mathbb{R}^n$, 其中 A 是 $m \times n$ 矩阵, $b \in \mathbb{R}^m$, 又设 f 是凸集 $S \subset g(\mathbb{R}^n)$ 上的 (严格) 拟凸函数. 则

$$h(x) = (f \circ g)(x) = f(g(x)) = f(Ax + b)$$

在 S 上是 (严格) 拟凸函数.

证明 注意到

$$h(\lambda x_1 + (1-\lambda)x_2) = f(\lambda(Ax_1 + b) + (1-\lambda)(Ax_2 + b))$$
$$\leqslant \max\{f(Ax_1 + b), f(Ax_2 + b)\}$$
$$= \max\{h(x_1), h(x_2)\}, \quad \forall \lambda \in [0,1].$$

由定义 2.1.1, 论断成立. $\qquad\square$

使用定理 2.1.10(ii), 可以将定理 2.1.2 中的线性正齐次性假设条件推广到次数 $\alpha \geqslant 1$, 这就是如下的定理.

定理 2.1.12 设 f 是凸集 $S \subset \mathbb{R}^n$ 上的、在非零点恒取正值的 $\alpha \geqslant 1$ 次正齐次函数. 则 f 是拟凸函数当且仅当它是凸函数.

证明 充分性显然, 只需证明必要性. 设 f 是拟凸函数, 由定理 2.1.2, 当 $\alpha = 1$ 时, 结论成立, 只需再考虑 $\alpha > 1$ 的情形. 考虑单调增函数 $h(y) = y^{1/\alpha}$, 由定理 2.1.10(ii), 函数 $g(x) = (h \circ f)(x) = (f(x))^{1/\alpha}$ 是拟凸函数. 此外, 由条件还有

$$g(tx) = (f(tx))^{1/\alpha} = (t^\alpha f(x))^{1/\alpha} = tf(x)^{1/\alpha} = tg(x),$$

即函数 $g(x)$ 还是线性正齐次函数. 由 f 在非零点恒取正值知 g 在非零点恒取正值. 由定理 2.1.2, 拟凸函数 g 是凸函数. 再由定理 1.2.8, 作为凸函数 $u = g(x)$ 和单调增凸函数 $f(u) = u^\alpha$ 的复合函数, $f(x) = (g(x))^\alpha$ 是凸函数. $\qquad\square$

对于拟凹函数加正齐次性, 类似于定理 2.1.12 的证明, 还有下面的结果.

注 2.1.2 设 f 是凸集 $S \subset \mathbb{R}^n$ 上的、在非零点恒取正值的 α 次正齐次函数 $(0 < \alpha \leqslant 1)$. 则 f 是拟凹的当且仅当它是凹函数.

例 2.1.3 函数 $f(x_1, \cdots, x_n) = \left(\sum_{i=1}^n x_i^2\right)^\beta$, 当 $\beta \geqslant \dfrac{1}{2}$ 时是凸函数.

事实上, $\sum_{i=1}^n x_i^2$ 是凸函数, 因而是拟凸函数; 由定理 2.1.10(ii), f 是拟凸函数. 注意到

$$f(t(x_1, \cdots, x_n)) = \left(\sum_{i=1}^n (tx_i)^2\right)^\beta = t^{2\beta}\left(\sum_{i=1}^n x_i^2\right)^\beta = t^{2\beta} f(x_1, \cdots, x_n),$$

知 f 是次数为 $\alpha = 2\beta \geqslant 1$ 的正齐次函数. 此外, 显然有 f 在非零点恒取正值, 因此, 由定理 2.1.12, f 对于 $\beta \geqslant \dfrac{1}{2}$ 是凸函数.

同凸函数一样, 函数在其整个定义域上的拟凸性与它在其定义域中的每一条线段上限制的性态是密切相关的. 这一联系表述为下面的定理.

定理 2.1.13 设 f 是凸集 $S \subset \mathbb{R}^n$ 上的实值函数. 则 f 在 S 上是 (严格) 拟凸函数当且仅当 f 在包含于 S 的每一条线段上的限制是 (严格) 拟凸函数.

证明 设 $\varphi(t) = f(x_0 + tu), t \in [0, 1]$ 是 f 在线段 $[x_0, x_0 + u]$ 上的限制. 按定义, 函数 $\varphi(t)$ 是拟凸的当且仅当满足蕴涵关系: $\forall t_1, t_2 \in [0, 1]$, $\forall \lambda \in [0, 1]$,

$$\varphi(t_1) \geqslant \varphi(t_2) \Rightarrow \varphi(t_1 + \lambda(t_2 - t_1)) \leqslant \varphi(t_1).$$

令 $x_1 = x_0 + t_1 u, x_2 = x_0 + t_2 u$, 则 $\varphi(t_1) \geqslant \varphi(t_2)$ 等价于 $f(x_1) \geqslant f(x_2)$, 且有

$$x_1 + \lambda(x_2 - x_1) = x_0 + (t_1 + \lambda(t_2 - t_1))u.$$

于是, $\varphi(t_1 + \lambda(t_2 - t_1)) \leqslant \varphi(t_1)$ 等价于 $f(x_1 + \lambda(x_2 - x_1)) \leqslant f(x_1)$. 据此和定义, f 在任一线段上的限制 φ 的拟凸性等价于 f 的拟凸性.

类似地可以完成 "严格" 部分的证明. □

严格拟凸函数在其定义域内的任一线段上的限制不是常值, 这可以作为刻画拟凸函数还是严格拟凸函数的重要条件, 这就是下面的定理.

定理 2.1.14 设 f 是凸集 $S \subset \mathbb{R}^n$ 上的函数. 则 f 在 S 上是严格拟凸函数当且仅当 f 在 S 上是拟凸函数, 且它在任一线段上的限制不是常数.

证明 由定理 2.1.1(iii) 知, f 的严格拟凸性蕴涵它的拟凸性, 而其限制的非常值性可以从式 (2.3) 直接得到. 反过来, 用反证法. 若 f 在 S 上是拟凸函数, 且它在任一线段上的限制不是常数, 假设 f 不是严格拟凸函数. 则由式 (2.4) 和 f 的拟凸性, 有

$$\exists x_1, x_2 \in S, \quad x_1 \neq x_2, \quad \exists \bar{\lambda} \in (0, 1), \quad f(x_1) \geqslant f(x_2) \text{且} f(x_1) = f(\bar{x}),$$

其中 $\bar{x} = x_1 + \bar{\lambda}(x_2 - x_1)$. 因拟凸函数 f 在 $[x_1, \bar{x}]$ 不是常数, 故

$$\exists x_0 \in (x_1, \bar{x}), \quad f(x_0) < f(x_1) = f(\bar{x}).$$

如果 $f(\bar{x}) = f(x_1) > f(x_2)$, 则与 f 在线段 $[x_0, x_2]$ 上的拟凸性相矛盾; 如果 $f(\bar{x}) = f(x_1) = f(x_2)$, 则 $\exists x^* \in (\bar{x}, x_2), f(x^*) < f(\bar{x}) = f(x_2)$, 这与 f 在线段 $[x_0, x^*]$ 上的拟凸性相矛盾. 因此, f 是严格拟凸函数. □

拟凸函数不必是凸函数, 但附加适当的条件可以成为凸函数, 最初, 文献 [59] 给出了下面的结果.

定理 2.1.15 设 f 是开凸集 S 上的实值函数. 则 f 在 S 上是凸函数当且仅当它在 S 上是拟凸函数, 且 $\forall x, y \in S$,

$$f\left(\frac{1}{2}x + \frac{1}{2}y\right) \leqslant \frac{1}{2}f(x) + \frac{1}{2}f(y).$$

定理 2.1.15 的充要条件可以放宽, 这就是下面的定理 (见文献 [5]).

定理 2.1.16 设 f 是凸集 S 上的实值函数. 则 f 在 S 上是凸函数当且仅当它在 S 上是拟凸函数, 且 $\exists \alpha \in (0,1)$, $\forall x, y \in S$,

$$f(\alpha x + (1-\alpha)y) \leqslant \alpha f(x) + (1-\alpha)f(y). \tag{2.8}$$

证明 必要性显然, 证明充分性. 任取 $x, y \in S$, $\lambda \in [0,1]$, 记 $z_\lambda = \lambda x + (1-\lambda)y$.

(I) 设 $f(x) = f(y)$. 假设 f 不是 S 上的凸函数, 则 $\exists \beta \in (0,1)$, 使得

$$f(z_\beta) = f(\beta x + (1-\beta)y) > \beta f(x) + (1-\beta)f(y) = f(x) = f(y). \tag{2.9}$$

如果 $0 < \alpha < \beta \leqslant 1$, 记 $u = \dfrac{\beta - \alpha}{1 - \alpha}$, 有 $z_\beta = \alpha x + (1-\alpha)z_u$. 由条件 (2.8) 和式 (2.9) 得到

$$f(z_\beta) \leqslant \alpha f(x) + (1-\alpha)f(z_u) < f(z_u). \tag{2.10}$$

此外, 记 $t = \dfrac{\beta - u}{\beta}$, 有 $z_u = ty + (1-t)z_\beta$. 据此, 并注意到 $f(y) < f(z_\beta)$ 和 f 的拟凸性, 得到 $f(z_u) = f(ty + (1-t)z_\beta) \leqslant f(z_\beta)$, 这与式 (2.10) 相矛盾.

如果 $0 < \beta < \alpha \leqslant 1$, 记 $u = \dfrac{\beta}{\alpha} > \beta$, 有 $z_\beta = \alpha y + (1-\alpha)z_u$. 由条件 (2.8) 和式 (2.9) 得到

$$f(z_\beta) \leqslant \alpha f(z_u) + (1-\alpha)f(y) < f(z_u). \tag{2.11}$$

此外, 记 $t = \dfrac{u - \beta}{1 - \beta}$, 有 $z_u = tx + (1-t)z_\beta$. 据此, 并注意到 $f(x) < f(z_\beta)$ 和 f 的拟凸性, 得到 $f(z_u) = f(tx + (1-t)z_\beta) \leqslant f(z_\beta)$, 这与式 (2.11) 相矛盾.

(II) 设 $f(x) \neq f(y)$. 假设 f 不是 S 上的凸函数, 则 $\exists \beta \in (0,1)$, 使得

$$f(\beta x + (1-\beta)y) > \beta f(x) + (1-\beta)f(y). \tag{2.12}$$

引用引理 1.2.1, 有

$$f(\lambda x + (1-\lambda)y) \leqslant \lambda f(x) + (1-\lambda)f(y), \quad \forall \lambda \in A,$$

其中集合 A 由引理 1.2.1 给出.

(i) 设 $f(x) < f(y)$. 由式 (2.12) 和 A 在 $[0,1]$ 中的稠密性知, $\exists u \in A, u < \beta$, 使得 $uf(x) + (1-u)f(y) < f(\beta x + (1-\beta)y)$. 据此和 $u \in A$ 得到

$$f(z_u) = f(ux + (1-u)y) \leqslant uf(x) + (1-u)f(y)$$

$$< f(\beta x + (1-\beta)y) = f(z_\beta). \tag{2.13}$$

记 $t = \dfrac{\beta - u}{1 - u}$, 有 $0 < t < 1$, 进而得到 $z_\beta = tx + (1-t)z_u$.

(a) 如果 $f(x) \leqslant f(z_u)$, 由 f 的拟凸性有 $f(z_\beta) = f(tx + (1-t)z_u) \leqslant f(z_u)$, 这与式 (2.13) 相矛盾.

(b) 如果 $f(x) > f(z_u)$, 由 f 的拟凸性和 $f(x) < f(y)$ 得到

$$f(z_\beta) = f(tx + (1-t)z_u) \leqslant f(x) < \beta f(x) + (1-\beta)f(y) < f(z_\beta),$$

这是不可能的.

(ii) 设 $f(y) < f(x)$. 由式 (2.12) 和 A 在 $[0,1]$ 中的稠密性知, $\exists u \in A, u > \beta$, 使得 $uf(x) + (1-u)f(y) < f(\beta x + (1-\beta)y)$. 据此和 $u \in A$ 得到

$$\begin{aligned}
f(z_u) = f(ux + (1-u)y) &\leqslant uf(x) + (1-u)f(y) \\
&< f(\beta x + (1-\beta)y) = f(z_\beta).
\end{aligned} \tag{2.14}$$

记 $t = \dfrac{u - \beta}{u}$, 有 $0 < t < 1$, 进而得到 $z_\beta = ty + (1-t)z_u$.

(a) 如果 $f(y) \leqslant f(z_u)$, 由 f 的拟凸性有 $f(z_\beta) = f(ty + (1-t)z_u) \leqslant f(z_u)$, 这与式 (2.14) 相矛盾.

(b) 如果 $f(y) > f(z_u)$, 由 f 的拟凸性和 $f(x) > f(y)$ 得到

$$f(z_\beta) = f(ty + (1-t)z_u) \leqslant f(y) < \beta f(x) + (1-\beta)f(y) < f(z_\beta),$$

显然矛盾. $\qquad\qquad\qquad\qquad\qquad\qquad\qquad\qquad\qquad\qquad\qquad\qquad\qquad\qquad \square$

2.1.2 连续、半连续函数的拟凸性

从例 2.1.1(i) 看到, 拟凸函数不必连续. 但在连续性假设条件下, 在开凸集 S 上的拟凸性在其闭包 $\mathrm{cl}S$ 上依然保留. 这就是下面的定理.

定理 2.1.17 设 f 在凸集 $S \subset \mathbb{R}^n$ 的闭包 $\mathrm{cl}S$ 上是连续函数. 若它在 $\mathrm{int}S$ 上是拟凸函数, 则它在 $\mathrm{cl}S$ 上也是拟凸函数.

证明 任取 $x, y \in \mathrm{cl}S$, 需证

$$f(x + \lambda(y - x)) \leqslant \max\{f(x), f(y)\}, \quad \forall \lambda \in [0,1].$$

若 $x, y \in \mathrm{int}S$, 由假设条件, 该不等式成立. 若 $x, y \in \mathrm{cl}S$, 则存在 $\mathrm{int}S$ 中的序列 $\{x_n\}$ 和 $\{y_n\}$ 分别收敛到 x 和 y. 如果 $x \in \mathrm{int}S(y \in \mathrm{int}S)$, 约定 $x_n = x(y_n = y)$, $\forall n \in \mathbb{N}$, 有

$$f(x_n + \lambda(y_n - x_n)) \leqslant \max\{f(x_n), f(y_n)\}, \quad \forall \lambda \in [0,1].$$

注意到 f 的连续性, 令 $n \to +\infty$ 即可得到所需证明的不等式. $\qquad\square$

在 2.1.1 节, 简单讨论了任意函数拟凸性的刻画和判断, 如果函数具有某种半连续性, 情况又会怎样呢? 下面介绍的几个结果部分地回答了这一问题, 这些工作归于文献 [21]∼[24].

首先考虑函数为上半连续的情形, 有后面的定理 2.1.18. 为证明该定理, 先建立下面的引理.

引理 2.1.1 设 f 是凸集 $S \subset \mathbb{R}^n$ 上的实值函数, 且 $\exists \alpha_0 \in (0,1), \forall x_1, x_2 \in S$,

$$f(\alpha_0 x_1 + (1-\alpha_0)x_2) \leqslant \max\{f(x_1), f(x_2)\}.$$

则集合

$$A = \{\alpha \in [0,1] : f(\alpha x_1 + (1-\alpha)x_2) \leqslant \max\{f(x_1), f(x_2)\}, \ \forall x_1, x_2 \in S\}$$

在 $[0,1]$ 中稠密.

证明 由条件知, $\alpha_0 \in A$, 故 $A \neq \varnothing$. 用反证法: 假设 A 在 $[0,1]$ 中不稠密, 注意到 $0,1 \in A$, 则存在 $\bar{\alpha} \in (0,1)$ 的邻域 U, 使得 $U \cap A = \varnothing$. 记

$$\alpha_1 = \inf\{\alpha \in A : \alpha \geqslant \bar{\alpha}\}, \quad \alpha_2 = \sup\{\alpha \in A : \alpha \leqslant \bar{\alpha}\}.$$

有 $0 \leqslant \alpha_2 < \alpha_1 \leqslant 1$. 由 α_1, α_2 的定义知, 可以选取 $u_1, u_2 \in A$, 满足

$$u_1 \geqslant \alpha_1, \quad u_2 \leqslant \alpha_2, \quad (\max\{\alpha_0, 1-\alpha_0\})(u_1 - u_2) < \alpha_1 - \alpha_2.$$

令 $\tilde{\alpha} = \alpha_0 u_1 + (1-\alpha_0)u_2 \in [0,1]$. 任取 $x, y \in S$, 因

$$\tilde{\alpha}x + (1-\tilde{\alpha})y = \alpha_0(u_1 x + (1-u_1)y) + (1-\alpha_0)(u_2 x + (1-u_2)y),$$

且 $u_i x + (1-u_i)y \in S, i = 1, 2$, 有

$$\begin{aligned}
f(\tilde{\alpha}x + (1-\tilde{\alpha})y) &= f(\alpha_0(u_1 x + (1-u_1)y) + (1-\alpha_0)(u_2 x + (1-u_2)y)) \\
&\leqslant \max\{f(u_1 x + (1-u_1)y), f(u_2 x + (1-u_2)y)\} \\
&\leqslant \max\{\max\{f(x), f(y)\}, \max\{f(x), f(y)\}\} \\
&= \max\{f(x), f(y)\}.
\end{aligned}$$

这表明, $\tilde{\alpha} \in A$. 若 $\tilde{\alpha} \geqslant \bar{\alpha}$, 则有 $\tilde{\alpha} \geqslant \alpha_1$. 但是, 因 $\tilde{\alpha} - u_2 = \alpha_0(u_1 - u_2) < \alpha_1 - \alpha_2$, 又推出 $\tilde{\alpha} < \alpha_1 - (\alpha_2 - u_2) \leqslant \alpha_1$, 两者相互矛盾. 若 $\tilde{\alpha} < \bar{\alpha}$, 则可以类似地导出矛盾. $\qquad\square$

定理 2.1.18　若 f 是凸集 $S \subset \mathbb{R}^n$ 上的上半连续函数, 则 f 在 S 上是拟凸函数当且仅当 $\exists \alpha_0 \in (0,1), \forall x_1, x_2 \in S$,

$$f(\alpha_0 x_1 + (1 - \alpha_0)x_2) \leqslant \max\{f(x_1), f(x_2)\}. \tag{2.15}$$

证明　若 f 在 S 上是拟凸函数, 则显然有式 (2.15). 反过来, 假设 f 在 S 上不是拟凸函数, 则 $\exists x_1, x_2 \in S, \exists \bar{\lambda} \in [0,1]$, 使得

$$f(\bar{\lambda} x_1 + (1 - \bar{\lambda})x_2) > \max\{f(x_1), f(x_2)\}. \tag{2.16}$$

记 $z = \bar{\lambda} x_1 + (1 - \bar{\lambda})x_2$, 又记

$$A = \{\alpha \in [0,1] : f(\alpha x_1 + (1 - \alpha)x_2) \leqslant \max\{f(x_1), f(x_2)\}, \forall x_1, x_2 \in S\}.$$

由假设条件, 我们可以使用引理 2.1.1, 因而得知 $\exists \{\lambda_n\} \subset A, \lambda_n \leqslant \bar{\lambda}, \lambda_n \to \bar{\lambda}$. 记

$$x_n = \frac{\bar{\lambda} - \lambda_n}{1 - \lambda_n} x_1 + \left(1 - \frac{\bar{\lambda} - \lambda_n}{1 - \lambda_n}\right) x_2,$$

则有 $x_n \to x_2$. 经简单的计算得到

$$z = \lambda_n x_1 + (1 - \lambda_n)x_n, \tag{2.17}$$

因 S 是凸集, 由 $0 < \dfrac{\bar{\lambda} - \lambda_n}{1 - \lambda_n} < 1$ 有 $x_n \in S$. 由 f 在 S 上的上半连续性知,

$$\forall \varepsilon > 0, \quad \exists n_0 \in \mathbb{N}, \quad \forall n > n_0, \quad f(x_n) \leqslant f(x_2) + \varepsilon.$$

于是, 由式 (2.17)、$\lambda_n \in A$ 和 A 的定义, $\forall n > n_0$,

$$f(z) = f(\lambda_n x_1 + (1 - \lambda_n)x_n)$$

$$\leqslant \max\{f(x_1), f(x_n)\} \leqslant \max\{f(x_1), f(x_2) + \varepsilon\}.$$

在上式中, 令 $\varepsilon \to 0$ 得到

$$f(\bar{\lambda} x_1 + (1 - \bar{\lambda})x_2) = f(z) \leqslant \max\{f(x_1), f(x_2)\},$$

这与式 (2.16) 相矛盾.　　　　　　　　　　　　　　　　　　　　　　　　　　□

定理 2.1.18 表明, 在上半连续条件下, 拟凸性的定义式 (2.1) 可以弱化.

关于下半连续函数的拟凸性, 介绍下面两个判定定理. 它们是对熟知的 Karamardian 定理的推广. 因为 Karamardian 定理要涉及函数的半严格拟凸性, 将在 2.2 节中介绍.

定理 2.1.19 设 f 是凸集 $S \subset \mathbb{R}^n$ 上的下半连续函数. 如果

$$\forall x_1, x_2 \in S, \quad \exists \alpha \in (0,1),$$

$$f(\alpha x_1 + (1-\alpha)x_2) \leqslant \max\{f(x_1), f(x_2)\},$$

则 f 在 S 上是拟凸函数.

证明 由 f 的下半连续性知, $\forall k \in \mathbb{R}, f$ 的下水平集 $L_{\leqslant k} = \{x \in S : f(x) \leqslant k\}$ 是 $\mathbb{R}^n$ 中的闭集. 现在, 证明它是凸集, 从而有 f 在 S 上是拟凸的. 由条件有

$$\forall x_1, x_2 \in L_{\leqslant k} \subset S, \quad \exists \alpha \in (0,1),$$

$$f(\alpha x_1 + (1-\alpha)x_2) \leqslant \max\{f(x_1), f(x_2)\} \leqslant k,$$

即 $\alpha x_1 + (1-\alpha)x_2 \in L_{\leqslant k}$. 因 $L_{\leqslant k}$ 是闭集, 由闭集的凸性判断定理 (定理 1.1.8) 知, $L_{\leqslant k}$ 是凸集. $\square$

推论 2.1.1 设 f 是凸集 $S \subset \mathbb{R}^n$ 上的下半连续函数. 如果

$$\exists \alpha_0 \in (0,1), \quad \forall x, y \in S,$$

$$f(\alpha_0 x + (1-\alpha_0)y) \leqslant \max\{f(x), f(y)\},$$

则 f 是 S 上的拟凸函数.

推论 2.1.2 设 f 是凸集 $S \subset \mathbb{R}^n$ 上的下半连续函数. 如果

$$\exists \alpha_0 \in (0,1), \quad \forall x, y \in S, \quad f(x) < f(y),$$

$$f(\alpha_0 x + (1-\alpha_0)y) < f(y),$$

则 f 在 S 上是拟凸函数.

定理 2.1.20 设 f 是凸集 $S \subset \mathbb{R}^n$ 上的下半连续函数. 如果

$$\exists \alpha_0 \in (0,1), \quad \forall x_1, x_2 \in S, \quad f(x_1) \neq f(x_2),$$

$$f(\alpha_0 x_1 + (1-\alpha_0)x_2) < \max\{f(x_1), f(x_2)\},$$

则 f 是 S 上的拟凸函数.

证明 由定理 2.1.19, 只需证明 $\forall x_1, x_2 \in S, \exists \alpha \in (0,1)$,

$$f(\alpha x_1 + (1-\alpha)x_2) \leqslant \max\{f(x_1), f(x_2)\}.$$

假设相反, 即 $\exists x_1, x_2 \in S, \forall \alpha \in (0,1)$,

$$f(\alpha x_1 + (1-\alpha)x_2) > \max\{f(x_1), f(x_2)\}. \tag{2.18}$$

若 $f(x_1) \neq f(x_2)$, 由条件有 $\exists \alpha_0 \in (0,1)$, 使得

$$f(\alpha_0 x_1 + (1 - \alpha_0)x_2) < \max\{f(x_1), f(x_2)\},$$

这与不等式 (2.18) 相矛盾.

若 $f(x_1) = f(x_2)$, 则由式 (2.18) 得到

$$f(\alpha x_1 + (1 - \alpha)x_2) > f(x_1) = f(x_2), \quad \forall \alpha \in (0,1). \tag{2.19}$$

注意到 $k = \alpha_0(1 - \alpha) \in (0,1), 1 - k = \alpha_0 \alpha + 1 - \alpha_0 \in (0,1)$, 依次使用式 (2.19)、定理的条件和式 (2.18), 有

$$\begin{aligned}
f(x_2) &< f((\alpha_0 \alpha + 1 - \alpha_0)x_1 + \alpha_0(1 - \alpha)x_2) \\
&= f(\alpha_0(\alpha x_1 + (1 - \alpha)x_2) + (1 - \alpha_0)x_1) \\
&< \max\{f(\alpha x_1 + (1 - \alpha)x_2), f(x_2)\} \\
&= f(\alpha x_1 + (1 - \alpha)x_2), \quad \forall \alpha \in (0,1).
\end{aligned}$$

再次使用定理的条件、两次使用上面的不等式, 得到

$$f(\alpha_0((\alpha_0 \alpha + 1 - \alpha_0)x_1 + \alpha_0(1 - \alpha)x_2) + (1 - \alpha_0)x_2)$$
$$< \max\{f((\alpha_0 \alpha + 1 - \alpha_0)x_1 + \alpha_0(1 - \alpha)x_2), f(x_2)\}$$
$$= f((\alpha_0 \alpha + 1 - \alpha_0)x_1 + \alpha_0(1 - \alpha)x_2) < f(\alpha x_1 + (1 - \alpha)x_2), \quad \forall \alpha \in (0,1).$$

将 $\dfrac{\alpha_0}{1 + \alpha_0} \in (0,1)$ 替换上式两端的 $\alpha \in (0,1)$, 得到自相矛盾的不等式:

$$f\left(\frac{\alpha_0}{1 + \alpha_0}x_1 + \frac{1}{1 + \alpha_0}x_2\right) < f\left(\frac{\alpha_0}{1 + \alpha_0}x_1 + \frac{1}{1 + \alpha_0}x_2\right). \qquad \square$$

推论 2.1.3　设 f 是凸集 $S \subset \mathbb{R}^n$ 上的下半连续函数. 如果

$$\exists \alpha_0 \in (0,1), \quad \forall x_1, x_2 \in S, \quad f(x_1) < f(x_2), \quad f(\alpha_0 x + (1 - \alpha_0)y) < f(y),$$

则 f 在 S 上是拟凸函数.

注 2.1.3　前面的定理 2.1.18、定理 2.1.19 (连同推论 2.1.1、推论 2.1.2) 和定理 2.1.20, 给出了半连续性假设条件下函数的拟凸性判断准则, 这些结果对于某些形式较为复杂、难以用定义直接验证其拟凸性的函数是比较方便的. 从逻辑上看, 这些结果在不同的假设条件下都导致函数是拟凸的, 从而都满足定义式 (2.1). 因

此, 不论是对于任意的 $x_1, x_2 \in S$, 存在依赖于 x_1, x_2 的 $\alpha \in (0,1)$ 也好, 还是存在公共 (不依赖于 x_1, x_2) 的 $\alpha_0 \in (0,1)$, 对于任意的 $x_1, x_2 \in S$ 也好, 最终均满足

$$\forall x_1, x_2 \in S, \quad \forall \lambda \in [0,1], \quad f(\lambda x_1 + (1-\lambda)x_2) \leqslant \max\{f(x_1), f(x_2)\}.$$

拟凸函数不必是严格拟凸函数. 现在, 给出拟凸函数成为严格拟凸函数的一个充分条件.

定理 2.1.21 设 f 是凸集 $S \subset \mathbb{R}^n$ 上的拟凸函数. 如果

$$\exists \alpha_0 \in (0,1), \quad \forall x_1, x_2 \in S, \quad x_1 \neq x_2,$$

$$f(\alpha_0 x_1 + (1-\alpha_0)x_2) < \max\{f(x_1), f(x_2)\},$$

则 f 在 S 上是严格拟凸函数.

证明 若其不然, 则由定义 2.1.2 有

$$\exists x_1, x_2 \in S, \quad x_1 \neq x_2, \quad \exists \alpha \in (0,1),$$

$$f(\alpha x_1 + (1-\alpha)x_2) \geqslant \max\{f(x_1), f(x_2)\}.$$

记 $x_\alpha = \alpha x_1 + (1-\alpha)x_2$, 上面的不等式成为 $f(x_\alpha) \geqslant \max\{f(x_1), f(x_2)\}$. 因 f 是拟凸函数, 还有 $f(x_\alpha) \leqslant \max\{f(x_1), f(x_2)\}$. 因此有

$$f(x_\alpha) = \max\{f(x_1), f(x_2)\}. \tag{2.20}$$

选取 β_1, β_2, 满足 $0 < \beta_1 < \alpha < \beta_2 < 1$ 且 $\alpha = \alpha_0\beta_1 + (1-\alpha_0)\beta_2$. 令

$$\bar{x}_1 = \beta_1 x_1 + (1-\beta_1)x_2 \in S, \quad \bar{x}_2 = \beta_2 x_1 + (1-\beta_2)x_2 \in S,$$

则有 $\bar{x}_1 \neq \bar{x}_2$, 经计算还得到

$$\alpha_0 \bar{x}_1 + (1-\alpha_0)\bar{x}_2 = \alpha x_1 + (1-\alpha)x_2 = x_\alpha. \tag{2.21}$$

由 f 的拟凸性, 还有

$$f(\bar{x}_1) \leqslant \max\{f(x_1), f(x_2)\}, \quad f(\bar{x}_2) \leqslant \max\{f(x_1), f(x_2)\}. \tag{2.22}$$

由式 (2.21)、定理的条件和式 (2.22) 可以得到

$$f(x_\alpha) < \max\{f(x_1), f(x_2)\},$$

这与等式 (2.20) 相矛盾. $\qquad\square$

函数的凸性与严格拟凸性概念之间没有蕴涵关系. 利用凸性蕴涵拟凸性, 由定理 2.1.21 可得: 凸函数成为严格拟凸函数的一个充分条件, 这就是下面的推论.

推论 2.1.4 设 f 是凸集 $S \subset \mathbb{R}^n$ 上的凸函数. 如果

$$\exists \alpha_0 \in (0,1), \quad \forall x_1, x_2 \in S, \quad x_1 \neq x_2,$$

$$f(\alpha_0 x_1 + (1-\alpha_0)x_2) < \max\{f(x_1), f(x_2)\},$$

则 f 在 S 上是严格拟凸函数.

下面, 借助 Jeyakumar 和 Gwinner 在文献 [25] 中引进的近似凸集的概念, 继续讨论下半连续函数的拟凸性判断.

定义 2.1.5 集合 $S \subset \mathbb{R}^n$ 称为是近似凸集, 如果

$$\exists \alpha \in (0,1), \quad \forall x, y \in S, \quad \alpha x + (1-\alpha)y \in S.$$

近似凸集 S 的闭包 $\mathrm{cl}S$ 也是近似凸集. 事实上, $\forall x, y \in \mathrm{cl}S$, 可取序列 $\{x_n\}$, $\{y_n\} \subset S$, 使得 $x_n \to x, y_n \to y$. 因 S 是近似凸集, 故

$$\exists \alpha \in (0,1), \quad \alpha x_n + (1-\alpha)y_n \in S,$$

令 $n \to \infty$, 得到 $\alpha x + (1-\alpha)y \in \mathrm{cl}S$. 因此, $\mathrm{cl}S$ 是近似凸集.

进一步, 近似凸集 S 的闭包 $\mathrm{cl}S$ 还是凸集, 这就是下面的引理.

引理 2.1.2 设 $S \subset \mathbb{R}^n$ 是近似凸集, 则 $\mathrm{cl}S$ 是凸集.

证明 由 S 是近似凸集知, $\mathrm{cl}S$ 也是近似凸集, 由定义 2.1.5 有

$$\exists \alpha \in (0,1), \quad \forall x, y \in \mathrm{cl}S, \quad \alpha x + (1-\alpha)y \in \mathrm{cl}S.$$

因 $\mathrm{cl}S$ 是闭集, 由上式和闭集为凸集的判断定理 (定理 1.1.8) 推出 $\mathrm{cl}S$ 是凸集. □

定理 2.1.22 设 f 是凸集 $S \subset \mathbb{R}^n$ 上的函数. 如果 $\exists \alpha_0 \in (0,1), \forall x_1, x_2 \in S$,

$$f(\alpha_0 x_1 + (1-\alpha_0)x_2) \leqslant \max\{f(x_1), f(x_2)\},$$

则下水平集 $L_{\leqslant \alpha} = \{x \in S : f(x) \leqslant \alpha\}$ 是近似凸集, 进而 $\mathrm{cl}L_{\leqslant \alpha}$ 是凸集. 此外, 若 f 还是下半连续函数, 则 f 是拟凸函数.

证明 $\forall x_1, x_2 \in L_{\leqslant \alpha}$, 有 $f(x_1) \leqslant \alpha, f(x_2) \leqslant \alpha$. 于是, 由定理的条件有

$$f(\alpha_0 x_1 + (1-\alpha_0)x_2) \leqslant \max\{f(x_1), f(x_2)\} \leqslant \alpha, \quad \forall x_1, x_2 \in L_{\leqslant \alpha}.$$

从而有 $\forall x_1, x_2 \in L_{\leqslant \alpha}, \alpha_0 x_1 + (1-\alpha_0)x_2 \in L_{\leqslant \alpha}$. 由定义 2.1.5, $L_{\leqslant \alpha}$ 是近似凸集. 如果 f 还是下半连续函数, 则 $L_{\leqslant \alpha}$ 是闭集 (见文献 [4]), 于是, 由引理 2.1.2, $L_{\leqslant \alpha}$ 还是凸集, 再由定理 2.1.3, f 是拟凸函数. □

借助于这一结果, 可以定义函数的近似拟凸性.

定义 2.1.6 称函数 f 在 $S \subset \mathbb{R}^n$ 上是近似拟凸函数, 如果它的下水平集 $L_{\leq \alpha}$ 的闭包 $\mathrm{cl} L_{\leq \alpha}$ 是凸集.

注意到函数的下半连续性蕴涵它的下水平集的闭性, 由定义 2.1.6, 立刻得到如下有趣的结果.

定理 2.1.23 每个下半连续的近似拟凸函数是拟凸函数.

2.2 半严格拟凸函数

本节引进并介绍半严格拟凸函数. 这一广义凸性概念弱于严格拟凸性; 但它和拟凸性概念不存在蕴涵关系, 只是在下半连续条件下, 它强于拟凸性.

定义 2.2.1 凸集 $S \subset \mathbb{R}^n$ 上的函数 f 称为半严格拟凸函数, 如果

$$\forall x_1, x_2 \in S, \quad f(x_1) \neq f(x_2), \quad \forall \lambda \in (0, 1),$$

$$f(\lambda x_1 + (1-\lambda)x_2) < \max\{f(x_1), f(x_2)\}, \tag{2.23}$$

或者等价地

$$\forall x_1, x_2 \in S, \quad \forall \lambda \in (0, 1),$$

$$f(x_1) > f(x_2) \Rightarrow f(x_1) > f(x_1 + \lambda(x_2 - x_1)), \tag{2.24}$$

下面的定理是定义 2.2.1 的直接结果.

定理 2.2.1 设 f 是凸集 $S \subset \mathbb{R}^n$ 上的实值函数,

(i) 如果 f 在 S 上是严格拟凸函数, 则 f 在 S 上是半严格拟凸函数;

(ii) 如果 f 在 S 上是凸函数, 则 f 在 S 上是半严格拟凸函数.

因常值函数是半严格拟凸函数但不是严格拟凸函数, 故严格拟凸函数类真包含于半严格拟凸函数类. 然而, 下面的例子表明, 半严格拟凸函数类与拟凸函数类之间却不存在任何包含关系.

例 2.2.1 考虑函数

$$f(x) = \begin{cases} 1, & -1 \leqslant x \leqslant 1, x \neq 0, \\ 2, & x = 0. \end{cases}$$

因 $f(0) = 2 > 1 = \max\{f(1), f(-1)\}$, 故 f 不是拟凸函数; 但它是半严格拟凸函数, 这是因为, 在点 $x_1 = 0, x_2 \neq 0$ 处有 $f(x_1 + \lambda(x_2 - x_1)) = f(\lambda x_2) = 1 < f(x_1) = 2$.

例 2.2.2 考虑函数

$$f(x) = \begin{cases} x, & 0 \leqslant x \leqslant 1, \\ 1, & 1 < x \leqslant 2. \end{cases}$$

f 是单调增函数, 因而是拟凸函数; 但它不是半严格拟凸函数, 这是因为 $f(0) = 0 < f(2) = 1, f\left(\dfrac{3}{2}\right) = 1 = f(2)$.

注意例 2.2.1 的函数 f 在 $x_1 = 0$ 处不下半连续, 这导致它在 $[-1, 1]$ 上半严格拟凸却不拟凸. 下面的定理表明, 半严格拟凸函数成为拟凸函数的一个充分条件正是下半连续性, 这就是熟知的 Karamardian 定理.

定理 2.2.2(Karamardian 定理) 若 f 在凸集 $S \subset \mathbb{R}^n$ 上是下半连续且半严格拟凸函数, 则 f 在 S 上是拟凸函数.

证明 设 $x_1, x_2 \in S$, 不妨假设 $f(x_1) \geqslant f(x_2)$. 如果 $f(x_1) > f(x_2)$, 则由定义式 (2.16) 知, f 是拟凸函数. 如果 $f(x_1) = f(x_2)$, 我们用反证法: 假设 f 不是拟凸函数, 则 $\exists \bar{\lambda} \in (0, 1)$, 使得

$$f(\bar{x}) = f(x_1 + \bar{\lambda}(x_2 - x_1)) > f(x_1).$$

因 f 是下半连续函数, 故 $\forall \varepsilon > 0$, 存在 $\bar{x}$ 的邻域 U, 使得

$$\forall z \in U, \quad f(z) > f(\bar{x}) - \varepsilon.$$

因 $f(\bar{x}) > f(x_1)$, 可取 $\varepsilon < f(\bar{x}) - f(x_1)$, 因而有

$$f(z) > f(x_1) = f(x_2), \quad \forall z \in U.$$

现在任取固定的 $z \in U \cap [x_1, x_2]$. 当 $z \in (x_1, \bar{x})$ 时, 若 $f(z) < f(\bar{x})$, 则与 f 在 $[z, x_2]$ 上的半严格拟凸性相矛盾. 事实上, f 在 $[z, x_2]$ 上是半严格拟凸函数, 由 $f(z) > f(x_2)$ 推出 $f(z) > f(z + \lambda(x_2 - z)), \forall \lambda \in (0, 1)$. 注意到 $\bar{x} \in (z, x_2)$, 这意味着 $f(z) > f(\bar{x})$, 导致矛盾. 若 $f(z) \geqslant f(\bar{x})$, 同样可以推出这与 f 在 $[x_1, \bar{x}]$ 上的半严格拟凸性相矛盾. 当 $z \notin (x_1, \bar{x})$ 时, 也可类似地导出矛盾.   □

综合介绍过的相关结果, 各类凸性和广义凸性概念之间的蕴涵关系可以总结为图 2.4. 其中所有的蕴涵都不可逆.

如同凸、拟凸和严格拟凸情形一样, 半严格拟凸函数的性态也可以用它在每一线段上的限制的性态来刻画, 有下面的结果.

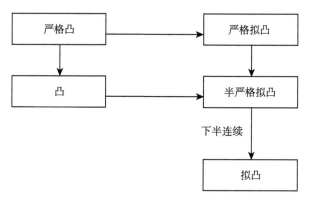

图 2.4 凸性和拟凸性之间的关系

定理 2.2.3 设 f 是凸集 $S \subset \mathbb{R}^n$ 上的函数. 则 f 在 S 上是半严格拟凸函数当且仅当 f 在包含于 S 的每一条线段上的限制是半严格拟凸函数.

证明 考虑任一包含于 S 的线段 $[x_0, x_0+u]$ 和 f 在这一线段上的限制 $\varphi(t) = f(x_0+tu), t \in [0,1]$. 按定义, 函数 $\varphi(t)$ 是半严格拟凸函数当且仅当满足蕴涵关系:

$$\forall t_1, t_2 \in [0,1], \quad \forall \lambda \in (0,1), \quad \varphi(t_1) > \varphi(t_2) \Rightarrow \varphi(t_1 + \lambda(t_2 - t_1)) < \varphi(t_1),$$

记 $x_1 = x_0 + t_1 u, x_2 = x_0 + t_2 u$, 则 $\varphi(t_1) > \varphi(t_2)$ 等价于 $f(x_1) > f(x_2)$, 且有

$$x_1 + \lambda(x_2 - x_1) = x_0 + t_1 u + \lambda(t_2 - t_1)u.$$

于是, $\varphi(t_1 + \lambda(t_2 - t_1)) < \varphi(t_1)$ 等价于 $f(x_1 + \lambda(x_2 - x_1)) < f(x_1)$. 据此和定义 2.2.1, 立刻推出结论. □

如果函数 f 还是下半连续函数, 有进一步的结果.

定理 2.2.4 设 f 是凸集 $S \subset \mathbb{R}^n$ 上的下半连续函数. 则 f 是半严格拟凸函数当且仅当下列成立:

(i) f 是拟凸函数;

(ii) f 在任一包含于 S 的线段上的限制, 其局部极小点也是全局极小点.

证明 假设 (i) 和 (ii) 成立, 且 f 不是半严格拟凸函数. 则 $\exists x_1, x_2 \in S, \exists \bar{\lambda} \in (0,1)$, 使得 $f(x_1) > f(x_2)$ 且 $f(\bar{x}) = f(x_1 + \bar{\lambda}(x_2 - x_1)) \geqslant \max\{f(x_1), f(x_2)\} = f(x_1)$.

由 (i) 还有相反的不等式, 因此 $f(\bar{x}) = f(x_1)$. 从 (ii) 知, 在 $[x_1, \bar{x}]$ 上 f 不是常数. 否则, 因每个 $\tilde{x} \in (x_1, \bar{x})$ 都是限制 $\varphi(t) = f(x_1 + t(x_2 - x_1))(t \in [0,1])$ 的一个局部极小点, 但却不是全局的, 与 (ii) 矛盾. 这样一来, 并注意到 (i),

$$\exists x_0 \in (x_1, \bar{x}), \quad 使得 f(x_0) < f(\bar{x}).$$

这与 f 在线段 $[x_0, x_2]$ 上的拟凸性相矛盾.

反过来, 假设 f 是下半连续且半严格拟凸函数, 则由定理 2.2.2 推出 (i). 假设 (ii) 不真, 则存在某一限制 $\varphi(t)$ 和它的局部极小点 t^*, 它不是全局的, 即

$$\exists t, \quad 使得 \varphi(t^*) > \varphi(t).$$

因 f 的半严格拟凸性蕴涵 φ 的半严格拟凸性, 从而有

$$\varphi(t^*) > \varphi(t^* + \lambda(t - t^*)), \quad \forall \lambda \in (0, 1).$$

这与 t^* 是 φ 的一个局部极小点相矛盾.   □

定理 2.1.13 和定理 2.2.3 都表明, 关于多变量函数的 (严格) 拟凸性和半严格拟凸性的一些结果可以从单变量函数的对应结果得到. 因此, 下面介绍几个有关单变量函数拟凸性和半严格拟凸性方面的结果. 单变量函数的拟凸性刻画由下面定理给出 (其中的尖括号 ")" 或 "(" 表示对应的端点可以属于也可以不属于区间), 由这一定理我们看到, 单变量函数的拟凸性与它们的某种形式的单调性相关联.

定理 2.2.5　设 φ 是闭区间 $[a, b] \subset \mathbb{R}$ 上的函数. 则 φ 是拟凸函数当且仅当下列条件之一成立:

(i) φ 在 $[a, b]$ 上, 是单调减或单调增函数;

(ii) φ 在 $[a, b)$ 上但不在 $[a, b]$ 上是单调减函数, 或在 $(a, b]$ 上但不在 $[a, b]$ 上是单调增函数;

(iii) $\exists t_0 \in (a, b)$, 使得 φ 在 $[a, t_0\rangle$ 上是单调减函数, 在 $\langle t_0, b]$ 上是单调增函数, 这里的两个区间至少有一个是闭区间.

证明　使用下水平集的凸性, 容易验证 (i), (ii) 和 (iii) 之一成立蕴涵 φ 的拟凸性. 现在假设 φ 是拟凸函数. 令 $m = \inf\{\varphi(t), t \in [a, b]\}$(注意 m 可以是 $-\infty$), 则存在序列 $\{t_n\} \subset [a, b]$, 使得当 $t_n \to t_0$ 时, 有 $\varphi(t_n) \to m$. 显然, 对于 t_0, 全部可能的情形有: $t_0 = a, t_0 = b, t_0 \in (a, b)$.

(a) $t_0 = a$. 证明 φ 在 $(a, b]$ 上是单调增函数. 若不, 则

$$\exists t_1, t_2 \in (a, b], \quad t_1 < t_2, \quad \varphi(t_1) > \varphi(t_2) \geqslant m.$$

因 m 是 φ 的下确界, 故

$$\exists \bar{n} \in \mathbb{N}, \quad 满足 a < t_{\bar{n}} < t_1 < t_2 \text{ 和 } \varphi(t_2) < \varphi(t_{\bar{n}}) < \varphi(t_1),$$

这与 φ 在区间 $[t_{\bar{n}}, t_2]$ 上的拟凸性相矛盾. 此外, 如果 $\varphi(a) = \varphi(t_0) = m$, 则 φ 在 $[a, b]$ 上是单增函数, 此时, (i) 成立. 如果 $\varphi(a) = \varphi(t_0) \neq m$, 则只有 $\varphi(a) > m$, 这导致 φ 在 $(a, b]$ 上但不在 $[a, b]$ 上是单增函数, 此时, (ii) 的后半部分成立.

(b) $t_0 = b$. 可类似地推出 φ 在 $[a,b)$ 上是单减函数; 如果 $\varphi(b) = \varphi(t_0) = m$, 则 φ 在 $[a,b]$ 上是单减函数; 如果 $\varphi(b) = \varphi(t_0) > m$, 则 φ 在 $[a,b)$ 上但不在 $[a,b]$ 上是单减的.

(c) $t_0 \in (a,b)$. 首先证明 φ 在 $[a,t_0)$ 上是单减函数, 而在 $(t_0,b]$ 上是单增函数. 若不, 则

$$\exists t_1, t_2 \in [a,b] \text{ 或 } \exists \hat{t}_1, \hat{t}_2 \in [a,b], \quad \text{满足 } t_1 < t_2 < t_0 < \hat{t}_1 < \hat{t}_2,$$

且

$$\varphi(t_1) < \varphi(t_2) \text{ 或 } \varphi(\hat{t}_1) > \varphi(\hat{t}_2).$$

因 m 是 φ 的下确界, 故

$$\exists \bar{n}_1, \bar{n}_2 \in \mathbb{N}, \quad \text{满足 } t_2 < t_{\bar{n}_1}, t_{\bar{n}_2} < \hat{t}_1,$$

且

$$\varphi(t_1) < \varphi(t_{\bar{n}_1}) < \varphi(t_2) \text{ 或 } \varphi(\hat{t}_2) < \varphi(t_{\bar{n}_2}) < \varphi(\hat{t}_1),$$

这分别与 φ 在区间 $[t_1, t_{\bar{n}_1}]$ 和 $[t_{\bar{n}_2}, \hat{t}_2]$ 上的拟凸性相矛盾. 剩下需证明区间 $[a,t_0)$ 和 $\langle t_0, b]$ 至少有一个是闭. 令

$$m_1 = \inf\{\varphi(t), t \in [a,t_0)\}, \quad m_2 = \inf\{\varphi(t), t \in (t_0,b]\}.$$

则两个下确界至少有一个是有限的, 因而 $\max\{m_1, m_2\} \in \mathbb{R}$. 事实上, 假设 $m_1 = m_2 = -\infty$, 则

$$\exists t_1 < t_0, \quad \exists t_2 > t_0, \quad \varphi(t_1) < \varphi(t_0), \quad \varphi(t_2) < \varphi(t_0),$$

这与 φ 在区间 $[t_1, t_2]$ 上的拟凸性相矛盾. 现在证明 $\varphi(t_0) \leqslant \max\{m_1, m_2\}$. 若不, 则由函数在 $[a,t_0)$ 上单调减和 $m_1 < \varphi(t_0)$, $\exists t_1 < t_0, \varphi(t_1) < \varphi(t_0)$. 类似地, 因函数在 $(t_0,b]$ 上单增和 $m_2 < \varphi(t_0)$, $\exists t_2 > t_0, \varphi(t_2) < \varphi(t_0)$. 于是, φ 在 $[t_1, t_2]$ 上不是拟凸函数, 与 φ 的拟凸性相矛盾. 最后证明两个单调区间至少有一个是闭. 考虑

$$m_0 = \min\{m_1, m_2, \varphi(t_0)\},$$

如果 $m_0 = m_1$, 则 $m_1 \leqslant m_2$, 因此有 $\varphi(t_0) \leqslant \max\{m_1, m_2\} = m_2$. 由 m_2 的定义和 φ 在 $(t_0,b]$ 上是单增函数, 推出 φ 在 $[t_0,b]$ 上是单增的. 类似地, 如果 $m_0 = m_2$, 则可推出 φ 在 $[a,t_0]$ 上是单减的; 如果 $m_0 = \varphi(t_0)$, 则可推出 φ 在 $[a,t_0]$ 上是单减函数, 而在 $(t_0,b]$ 上是单增函数. $\qquad\square$

下面的定理表明, 当 φ 是下半连续函数时, 定理 2.2.5 还可以有如下更简洁的形式.

定理 2.2.6 设 φ 是闭区间 $[a,b] \subset \mathbb{R}$ 上的下半连续函数. 则 φ 是拟凸函数当且仅当 $\exists t_0 \in [a,b]$, 使得 φ 在 $[a,t_0]$ 上是单减函数, 在 $[t_0,b]$ 上是单增函数. 这里两个子区间之一可以退化为一个点.

证明 假设 φ 是拟凸函数. 由 φ 在 $[a,b]$ 上的下半连续性知它存在最小值 m, 记 $A = \{t \in [a,b] : \varphi(t) = m\}$, 显然有 $A = L_{\leqslant m}$. 因函数 φ 是下半连续函数, 故 $A = L_{\leqslant m}$ 是闭集.

任取 $t_0 \in A$, 则当 $t_0 \neq a$ 时, 函数 φ 在 $[a,t_0]$ 上是单减函数, 否则, 由 $t_1, t_2 \in [a,t_0)$, $t_1 < t_2$, 有 $\varphi(t_1) < \varphi(t_2)$, 这与 φ 在 $[t_1,t_0]$ 上的拟凸性相矛盾. 同理可证当 $t_0 \neq b$ 时, φ 在 $[t_0,b]$ 上是单增函数. 当 $a = t_0 = b$ 时, 区间 $[a,b]$ 退化为单点集, φ 在 $[a,b]$ 上是常数; 当 $t_0 = a < b$ 时, φ 在单点集 $[a,t_0] = \{a\}$ 是常数, 在 $[t_0,b]$ 上是单调增的; 当 $a < b = t_0$ 时, φ 在 $[a,t_0]$ 上是单减函数, 在单点集 $[t_0,b] = \{b\}$ 是常数. 于是, 对于每种情形, 条件的必要性成立.

条件的充分性显然. $\square$

单变量函数的严格拟凸性也与它们的某种形式的单调性相关联. 事实上, 由定理 2.1.14 知, 严格拟凸函数不存在"局部常值", 而严格单调函数也是如此; 因此, 由定理 2.2.5 和定理 2.2.6 立刻得到下面两个推论. 它们刻画了严格拟凸函数类.

推论 2.2.1 设 $\varphi(t)$ 是闭区间 $[a,b] \subset \mathbb{R}$ 上的实值函数. 则 $\varphi(t)$ 是严格拟凸函数当且仅当下列条件之一成立:

(i) φ 在 $[a,b]$ 上是严格单增或严格单减函数;

(ii) φ 在 $[a,b)$ 上但不在 $[a,b]$ 上是严格单减函数, 或在 $(a,b]$ 上但不在 $[a,b]$ 上是严格单增函数;

(iii) $\exists t_0 \in (a,b)$, 使得 φ 在 $[a,t_0\rangle$ 上是严格单减函数, 在 $\langle t_0,b]$ 上是严格单增函数, 这里的两个区间至少有一个是闭.

推论 2.2.2 设 φ 是闭区间 $[a,b] \subset \mathbb{R}$ 上的下半连续函数. 则 $\varphi(t)$ 是严格拟凸函数当且仅当 $\exists t_0 \in [a,b]$, 使得 φ 在 $[a,t_0]$ 上是严格单减函数, 在 $[t_0,b]$ 上是严格单增函数. 这里两个子区间之一可以退化为一个点.

因为在下半连续假设条件下, 半严格拟凸函数也是拟凸函数, 据定理 2.2.6, 有如下推论.

推论 2.2.3 设 $\varphi(t)$ 是闭区间 $[a,b] \subset \mathbb{R}$ 上的下半连续函数. 则 $\varphi(t)$ 是半严格拟凸函数当且仅当 $\exists \alpha, \beta \in [a,b]$, 使得 φ 在 $[a,\alpha]$ 上是严格单减函数, 在 $[\alpha,\beta]$ 上是常数, 而在 $[\beta,b]$ 上是严格单增函数. 这里一个或两个子区间可以退化为一个点.

证明 类似于定理 2.2.6 的证明, 考虑闭区间 $A = \{t \in [a,b] : \varphi(t) = m\} = [\alpha,\beta]$. 可以证明, φ 在 $[a,\alpha]$ 上是严格单减函数, 在 $[\beta,b]$ 上是严格单增函数, 当

$\alpha < \beta$ 时, φ 在 $[\alpha, \beta]$ 上取常值. 例如前者, 假设 $\exists t_1, t_2 \in [a, \alpha], t_1 < t_2$, 满足 $\varphi(t_1) \leqslant \varphi(t_2)$, 则易知这与 φ 在区间 $[t_1, \alpha]$ 上的半严格拟凸性相矛盾. $\qquad\square$

在本节一开始我们就指出, 局部极值点是否为全局极值点是优化中一个非常重要的问题. 后面的定理 2.2.8 表明, 连续函数的半严格拟凸性等价于局部极小点, 也是全局极小点.

为了证明这一重要结果, 需要先证明下面的定理, 这一定理给出了连续函数是半严格拟凸函数的一个等价条件.

定理 2.2.7 设 f 在 $\mathbb{R}^n$ 上是连续函数. 则 f 是半严格拟凸函数当且仅当 $\forall \alpha \in \mathbb{R}$, 下水平集 $L_{\leqslant \alpha}$ 是凸集, 且 $L_{=\alpha} \subset \partial L_{\leqslant \alpha}$ 或 $L_{=\alpha} = L_{\leqslant \alpha}$ 两者之一成立.

证明 设连续函数 f 是半严格拟凸函数. 因函数的连续性蕴涵下半连续性, 故由 Karamardian 定理, f 还是拟凸函数, 因此 $\forall \alpha \in \mathbb{R}, L_{\leqslant \alpha}$ 是凸集. 假设

$$\exists \alpha_0 \in \mathbb{R}, \quad \text{使得 } L_{=\alpha_0} \not\subset \partial L_{\leqslant \alpha_0},$$

则 $\exists x_0 \in L_{=\alpha_0}, x_0 \notin \partial L_{\leqslant \alpha_0}$. 由此推出 $x_0 \in L_{\leqslant \alpha_0} \backslash \partial L_{\leqslant \alpha_0} = \mathrm{int} L_{\leqslant \alpha_0}$, 即 x_0 是凸集 $L_{\leqslant \alpha_0}$ 的内点. 由定理 1.1.4, x_0 可以表为 $L_{\leqslant \alpha_0}$ 中两个不同点的凸组合, 即

$$\forall x_1 \in L_{\leqslant \alpha_0}, \quad \exists x_2 \in L_{\leqslant \alpha_0}, \quad \text{使得 } [x_1, x_0] \subsetneqq [x_1, x_2] \subset L_{\leqslant \alpha_0}.$$

若 $f(x_1) \neq f(x_2)$, 不妨假设 $f(x_1) > f(x_2)$, 由 f 的半严格拟凸性得到

$$f(x_0) < f(x_1) \leqslant \alpha_0,$$

这与 $x_0 \in L_{=\alpha_0}$ 相矛盾, 因此 $f(x_1) = f(x_2)$. 据此和 f 的拟凸性, 有

$$\alpha_0 = f(x_0) \leqslant f(x_1) \leqslant \alpha_0,$$

从而有 $f(x_0) = f(x_1) = \alpha_0$. 因为 $x_1 \neq x_0$ 是 $L_{\leqslant \alpha_0}$ 中的任意点, 这推出 f 在 $L_{\leqslant \alpha_0}$ 上是常数, 即 $L_{=\alpha} = L_{\leqslant \alpha}$.

反过来, 因 $\forall \alpha \in \mathbb{R}, L_{\leqslant \alpha}$ 是凸集, 故 f 是拟凸函数. 由定义有

$$\forall x_1, x_2 \in \mathbb{R}^n, \quad \forall \lambda \in (0, 1),$$

$$\alpha_1 = f(x_1) > f(x_2) \Rightarrow \alpha_1 \geqslant f(\lambda x_1 + (1 - \lambda)x_2).$$

为了证明 f 是半严格拟凸函数, 只需证明蕴涵式右端的不等式是严格不等式. 注意到蕴涵式左端意味着 $x_2 \in L_{\leqslant \alpha_1}$ 且 f 在 $L_{\leqslant \alpha_1}$ 上不是常数, 因此有 $L_{=\alpha_1} \neq L_{\leqslant \alpha_1}$. 由条件, 这表明只有 $L_{=\alpha_1} \subset \partial L_{\leqslant \alpha_1}$. 由 $f(x_2) < \alpha_1$ 知 x_2 是凸集 $L_{\leqslant \alpha_1}$ 的内点, 由 f 的连续性, 存在开球 $B_\varepsilon(x_2) \subset L_{\leqslant \alpha_1}$, 使得 $\forall x \in B_\varepsilon(x_2), f(x) < \alpha_1$.

对于开线段 (x_1, x_2) 上的任意固定点 $x_\lambda = \lambda x_1 + (1 - \lambda)x_2, \lambda \in (0, 1)$, 考虑开球 $B_{(1-\lambda)\varepsilon}(x_\lambda)$. $\forall y \in B_{(1-\lambda)\varepsilon}(x_\lambda)$, 取点 $z = (y - \lambda x_1)/(1 - \lambda)$, 则有 $y = \lambda x_1 + (1 - \lambda)z$, 即 y 是开线段 (x_1, z) 上的点. 此外, 由 $\|z - x_2\| = \dfrac{\|y - x_\lambda\|}{1 - \lambda} < \dfrac{(1 - \lambda)\varepsilon}{1 - \lambda} = \varepsilon$, 还有 $z \in B_\varepsilon(x_2)$. 综上所述, 有

$$y \in conv(B_\varepsilon(x_2) \cup \{x_1\}),$$

进而得到 $B_{(1-\lambda)\varepsilon}(x_\lambda) \subset conv(B_\varepsilon(x_2) \cup \{x_1\})$. 因 $L_{\leqslant \alpha_1}$ 是凸集, 故

$$conv(B_\varepsilon(x_2) \cup \{x_1\}) \subset L_{\leqslant \alpha_1},$$

从而有 $B_{(1-\lambda)\varepsilon}(x_\lambda) \subset L_{\leqslant \alpha_1}$, 即 x_λ 是 $L_{\leqslant \alpha_1}$ 的内点. 这表明,

$$f(\lambda x_1 + (1 - \lambda)x_2) = f(x_\lambda) < \alpha_1,$$

即蕴涵式的右端是严格不等式. $\square$

回忆严格凸集的概念: 凸集 $S \subset \mathbb{R}^n$ 称为严格凸集, 如果

$$\forall x_1, x_2 \in \partial S, \quad \forall \lambda \in (0, 1), \quad x = \lambda x_1 + (1 - \lambda)x_2 \in \mathrm{int}S.$$

换言之, 集合的所有边界点都是集合的极点.

关于严格拟凸函数, 有下面的与严格凸集相关联的推论.

推论 2.2.4 如果 f 是 $\mathbb{R}^n$ 上的连续严格拟凸函数, 则 $\forall \alpha \in \mathbb{R}$, 水平集 $L_{\leqslant \alpha}$ 是严格凸集, 且 $L_{=\alpha} \subset \partial L_{\leqslant \alpha}$.

证明 因严格拟凸性蕴涵半严格拟凸性, 使用定理 2.2.7 知, $\forall \alpha \in \mathbb{R}, L_{\leqslant \alpha}$ 是凸集, 且 $L_{=\alpha} \subset \partial L_{\leqslant \alpha}$ 或 $L_{=\alpha} = L_{\leqslant \alpha}$ 两者之一成立. 假设存在 $\bar{\alpha} \in \mathbb{R}, L_{\leqslant \bar{\alpha}}$ 是凸集但不是严格凸集. 则存在 $L_{\leqslant \bar{\alpha}}$ 的边界点 $x_1, x_2, \exists \lambda \in (0, 1)$, 使得 $x = \lambda x_1 + (1 - \lambda)x_2$ 也是 $L_{\leqslant \bar{\alpha}}$ 的边界点. 由 f 在 $\mathbb{R}^n$ 上的连续性知, 在 $L_{\leqslant \bar{\alpha}}$ 上满足 $f(\bar{x}) < \bar{\alpha}$ 的点 $\bar{x} \in \mathrm{int}L_{\leqslant \bar{\alpha}}$. 因此有 $f(x_1) = f(x_2) = \bar{\alpha}$, 这与 f 的严格拟凸性相矛盾, 故 $L_{\leqslant \alpha}$ 严格凸集. 此外, $L_{=\alpha} = L_{\leqslant \alpha}$ 不成立, 因而有 $L_{=\alpha} \subset \partial L_{\leqslant \alpha}$. 事实上, f 在 $\mathbb{R}^n$ 中任意直线上的限制 φ 也是连续严格拟凸函数, 由推论 2.2.1 知, φ 是严格单调函数. 因此, 仅就限制函数 φ 而言, 就有 $L_{=\alpha} = L_{\leqslant \alpha}$ 不成立, 进而对于函数 f 也有 $L_{=\alpha} = L_{\leqslant \alpha}$ 不成立. $\square$

观察图 2.5 中的函数 $f(x)$, 它是拟凸函数; 但是, 因 $L_{=2} \not\subset \partial L_{\leqslant 2}, L_{=2} \neq L_{\leqslant 2}$, 故它不是半严格拟凸函数. 这与用定义直接检验的结果是一致的.

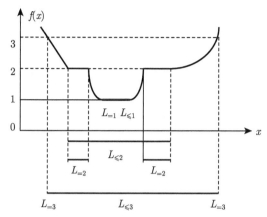

图 2.5 集合 $L_{\leqslant\alpha}, L_{=\alpha}, \partial L_{\leqslant\alpha}$ 的示意图

定理 2.2.7 和推论 2.2.4 仅仅是针对定义在全空间 $\mathbb{R}^n$ 上的函数 f 加以证明, 利用相对拓扑, 这些结果可以用于定义在 $\mathbb{R}^n$ 中的真凸子集 S 上的函数. 此外, 这些结果表明, 半严格拟凸函数与严格拟凸函数的主要区别: 前者可以有 "平直的" 全局极小值, 然而后者至多可能在一点达到它的全局极小值 (见后面的定理 2.2.9).

定理 2.2.8 设 f 是定义在凸集 $S \subset \mathbb{R}^n$ 上的连续拟凸函数. 则 f 是半严格拟凸的当且仅当 f 在 S 上的每个局部极小点也是全局极小点.

证明 必要性的证明类似于定理 2.1.4, 这里从略, 只证充分性. 假设 f 是连续拟凸函数, 它在 S 上的每个局部极小点也是全局极小点, 需证 f 是半严格拟凸函数. 由定理 2.2.7, 只需证明, $\forall \alpha \in \mathbb{R}$, 下水平集 $L_{\leqslant\alpha}$ 是凸集, 且 $L_{=\alpha} \subset \partial L_{\leqslant\alpha}$ 或 $L_{=\alpha} = L_{\leqslant\alpha}$ 两者之一成立. 前者由 f 的拟凸性保证, 只需证明后者. 若 f 在 S 上取常值 $c \in \mathbb{R}$, 则所需证明显然成立. 若 f 在 S 上不取常值, 则

$$\exists \alpha_0 \in \mathbb{R}, \quad L_{<\alpha_0} = \{x \in S : f(x) < \alpha_0\} \neq \varnothing.$$

假设 $L_{=\alpha_0} \not\subset \partial L_{\leqslant\alpha_0}$, 需证 $L_{=\alpha} = L_{\leqslant\alpha}$. 由假设知, $\exists x_0 \in L_{=\alpha_0} \subset L_{\leqslant\alpha_0}, x_0 \notin \partial L_{\leqslant\alpha_0}$, 故 $x_0 \in \text{int} L_{\leqslant\alpha_0}$. 由 f 的连续拟凸性易知, $L_{<\alpha_0}$ 是开凸集; 又由 $x_0 \in L_{=\alpha_0}$ 有 $x_0 \notin L_{<\alpha_0}$. 由凸集分离定理,

$$\exists c \in \mathbb{R}^n \backslash \{0\}, \quad c^{\mathrm{T}} x > c^{\mathrm{T}} x_0, \quad \forall x \in L_{<\alpha_0}.$$

此外, 由 $x_0 \in \text{int} L_{\leqslant\alpha_0}$ 知 $\exists \hat{x} \in \text{int} L_{\leqslant\alpha_0}, \hat{x} \neq x_0$, 满足 $c^{\mathrm{T}}\hat{x} < c^{\mathrm{T}} x_0$. 故,

$$\exists \varepsilon > 0, \quad B_{\varepsilon}(\hat{x}) \subset L_{\leqslant\alpha_0}, \quad \forall x \in B_{\varepsilon}(\hat{x}), \quad c^{\mathrm{T}} x < c^{\mathrm{T}} x_0.$$

据此和分离不等式有 $B_\varepsilon(\hat{x}) \cap L_{<\alpha_0} = \varnothing$, 于是有 $B_\varepsilon(\hat{x}) \subset L_{=\alpha_0}$. 这表明, 函数 f 在开球 $B_\varepsilon(\hat{x})$ 上取常值 α_0, 因此 $\hat{x}$ 是 f 的局部极小点. 由假设条件, $\hat{x}$ 还是 f 在 S 上的全局极小点, 因而 α_0 是 f 在 S 上的全局极小值, 从而有 $L_{=\alpha_0} = L_{\leqslant\alpha_0}$. □

如果函数的连续性减弱到下半连续性, 下面的定理表明, 没有上面那样好的结果.

定理 2.2.9　设 f 是定义在凸集 $S \subset \mathbb{R}^n$ 上的下半连续拟凸函数. 则 f 是严格拟凸函数当且仅当下列条件成立:

(i) f 是半严格拟凸函数;

(ii) 在任何线段上的限制不多于一个点达到它的最小值.

证明　如果 f 是严格拟凸函数, 则 (i) 和 (ii) 显然成立. 现在假设 (i) 和 (ii) 成立, 需证 f 是严格拟凸函数, 即需证

$$\forall x_1, x_2 \in S, \quad x_1 \neq x_2, \quad \forall \lambda \in (0, 1),$$

$$f(x_1) \geqslant f(x_2) \Rightarrow f(x_1 + \lambda(x_2 - x_1)) < f(x_1).$$

如果 $f(x_1) > f(x_2)$, 这一蕴涵关系由 (i) 推出, 现在考虑 $f(x_1) = f(x_2)$ 的情形. 假设 f 不严格拟凸, 并注意到 (i), 则有 $\exists \bar{\lambda} \in (0, 1), f(x_1 + \bar{\lambda}(x_2 - x_1)) = f(x_1) = f(x_2)$. 我们指出, 限制 $\varphi(\lambda) = f(x_1 + \lambda(x_2 - x_1)), \lambda \in [0, 1]$ 不可能是常值, 否则, $[x_1, x_2]$ 上的任何一点都是全局极小点, 这与 (ii) 矛盾. 据此和 φ 的拟凸性推出, $\varphi(\lambda)$ 必在某个 $\tilde{\lambda} \in (0, 1)$ 达到它的极小值, 即 $\varphi(\tilde{\lambda}) < \varphi(0) = \varphi(\bar{\lambda}) = \varphi(1)$. 由此必有 $\tilde{\lambda} \neq \bar{\lambda}$. 若 $\bar{\lambda} < \tilde{\lambda}$, 则 $\varphi(\lambda)$ 在 $[0, \tilde{\lambda}]$ 上不是半严格拟凸函数; 若 $\bar{\lambda} > \tilde{\lambda}$, 则它在 $[\tilde{\lambda}, 1]$ 上不是半严格拟凸函数. 根据定理 2.2.3, 这导致 f 不是半严格拟凸函数, 与条件 (i) 相矛盾. □

对于半严格拟凸性, 前面的关于拟凸性的复合函数定理 2.1.10 容易推广为下面的定理.

定理 2.2.10　设 f 是定义在凸集 $S \subset \mathbb{R}^n$ 上的半严格拟凸函数, 又设 $g: A \to \mathbb{R}$ 是单调增函数, 且 $f(S) \subset A$. 则

(i) $kf, k > 0$ 在 S 上是半严格拟凸函数;

(ii) $g \circ f$ 在 S 上是半严格拟凸函数.

与广义凸函数相关联的复合函数定理在判别和构造广义拟凸函数时是有用的工具. 下面给出几个例子.

例 2.2.3　设 f 是定义在凸集 $S \subset \mathbb{R}^n$ 上取正值的凸函数, 考虑单调增函数

$$h_1(y) = \ln y, \quad y > 0; \quad h_2(y) = y^\alpha, \ y > 0, \alpha > 0.$$

由定理 2.2.1(ii) 知, f 是半严格拟凸函数, 再由定理 2.2.10 知,

$$z_1(x) = h_1(f(x)) = \ln f(x); \quad z_2(x) = h_2(f(x)) = (f(x))^\alpha, \quad \alpha > 0$$

都是半严格拟凸函数.

此外, 因严格凸性蕴涵严格拟凸性, 则由定理 2.1.10(ii) 知, 如果 f 是取正值的严格凸函数, 则 $z(x) = \ln f(x)$ 和 $z(x) = (f(x))^\alpha, \alpha > 0$ 是严格拟凸函数.

例 2.2.4 设 f 是定义在凸集 $S \subset \mathbb{R}^n$ 上的保号拟凹 (严格拟凹、半严格拟凹) 函数, 则互反函数 $z(x) = \dfrac{1}{f(x)}$ 是拟凸 (严格拟凸、半严格拟凸) 函数. 事实上, 因 $h(t) = -\dfrac{1}{t}$ 是单增函数, 故复合函数 $h(f(x)) = -\dfrac{1}{f(x)}$ 是拟凹 (严格拟凹、半严格拟凹) 函数. 于是, $z(x) = \dfrac{1}{f(x)}$ 是拟凸 (严格拟凸、半严格拟凸) 函数.

注意, 刚才针对 "保号拟凹" 的证明不能用于 "保号凹" 的情形 (回忆定理 1.2.8, 要求函数 $h(t)$ 是单增的凸函数). 其实, 保号凹函数的互反函数不是凸函数, 但它是拟凸函数. 例如函数 $f(x) = -e^x$, 它是保号凹函数, 而它的互反函数 $\dfrac{1}{f(x)} = -e^{-x}$ 不是凸函数, 但是拟凸函数.

两个凸函数之比不一定是凸函数, 但在一定的假设条件下它们具有某种广义凸性, 这就是下面的定理.

定理 2.2.11 设 $f(x)$ 和 $g(x)$ 是定义在凸集 $S \subset \mathbb{R}^n$ 上的函数, 又设 $z(x) = \dfrac{f(x)}{g(x)}$. 则如下性质成立:

(i) 如果 f 是非负凸函数, g 是正凹函数, 则 z 是半严格拟凸函数;

(ii) 如果 f 是非正凸函数, g 是正凸函数, 则 z 是半严格拟凸函数;

(iii) 如果 f 是凸函数, g 是正仿射函数, 则 z 是半严格拟凸函数.

证明 (i) 设 $z(x) = \dfrac{f(x)}{g(x)} < \dfrac{f(x_0)}{g(x_0)} = z(x_0)$, 由 f 的凸性和 g 的凹性, 有 $\forall \lambda \in (0,1)$,

$$f((1-\lambda)x_0 + \lambda x) \leqslant (1-\lambda)f(x_0) + \lambda f(x)$$

$$= (1-\lambda)f(x_0) + \lambda z(x)g(x) < (1-\lambda)f(x_0) + \lambda \frac{f(x_0)}{g(x_0)}g(x)$$

$$= \frac{f(x_0)}{g(x_0)}((1-\lambda)g(x_0) + \lambda g(x)) \leqslant \frac{f(x_0)}{g(x_0)}g((1-\lambda)x_0 + \lambda x).$$

因此有 $\dfrac{f((1-\lambda)x_0 + \lambda x)}{g((1-\lambda)x_0 + \lambda x)} < \dfrac{f(x_0)}{g(x_0)}$, 即

$$z((1-\lambda)x_0 + \lambda x) < z(x_0), \quad \forall \lambda \in (0,1).$$

按定义, z 是半严格拟凸函数.

(ii) 可以类似地证明.

(iii) 注意到仿射函数同时是凸的和凹的, 由 (i) 和 (ii) 即可推出. □

对于函数的半严格拟凸性与拟凸性间的关系, 在没有任何连续性假设条件下, 文献 [23] 进行了研究. 下面列举几个有关的结果.

定理 2.2.12　设 f 是凸集 $S \subset \mathbb{R}^n$ 上的半严格拟凸函数. 如果

$$\exists \alpha \in (0,1), \quad \forall x, y \in S,$$

$$f(\alpha x + (1-\alpha)y) \leqslant \max\{f(x), f(y)\},$$

则 f 是 S 上的拟凸函数.

证明　若其不然, 则 $\exists x, y \in S, \exists \lambda \in (0,1)$,

$$f(\lambda x + (1-\lambda)y) > \max\{f(x), f(y)\}.$$

不失一般性, 假设 $f(x) \geqslant f(y)$, 又设 $z = \lambda x + (1-\lambda)y$, 则 $f(z) > f(x)$.

当 $f(x) > f(y)$ 时, 由 f 的半严格拟凸性得到 $f(z) < f(x)$, 导致矛盾.

当 $f(x) = f(y)$ 时, $f(z) > f(x) = f(y)$. 任意固定 $\lambda \in (0,1), \lambda \neq \alpha$. 对 $\alpha \in (0,1)$, 分两种情形导出矛盾:

(i) 若 $0 < \lambda < \alpha < 1$, 令 $z_1 = \dfrac{\lambda}{\alpha}x + \left(1 - \dfrac{\lambda}{\alpha}\right)y$, 则有

$$\alpha z_1 + (1-\alpha)y = \alpha\left(\dfrac{\lambda}{\alpha}x + (1 - \dfrac{\lambda}{\alpha})y\right) + (1-\alpha)y$$

$$= \lambda x + (1-\lambda)y = z.$$

据此和条件有

$$f(z) = f(\alpha z_1 + (1-\alpha)y) \leqslant \max\{f(z_1), f(y)\} = f(z_1).$$

令 $\xi = \dfrac{\lambda(1-\alpha)}{\alpha(1-\lambda)}$, 由 $0 < \lambda < \alpha < 1$, 知 $0 < \xi < 1$. 因此

$$z_1 = \dfrac{\lambda}{\alpha}x + \left(1 - \dfrac{\lambda}{\alpha}\right)y = \dfrac{\lambda}{\alpha}x + \left(1 - \dfrac{\lambda}{\alpha}\right)\dfrac{z - \lambda x}{1 - \lambda}$$

$$= \dfrac{\lambda(1-\alpha)}{\alpha(1-\lambda)}x + \left(1 - \dfrac{\lambda(1-\alpha)}{\alpha(1-\lambda)}\right)z = \xi x + (1-\xi)z.$$

据此和 f 的半严格拟凸性得到

$$f(z_1) < \max\{f(x), f(z)\} = f(z),$$

这与 $f(z) \leqslant f(z_1)$ 相矛盾.

(ii) 若 $0 < \alpha < \lambda < 1$, 则 $0 < \dfrac{\lambda - \alpha}{1 - \alpha} < 1$. 令 $z_2 = \dfrac{\lambda - \alpha}{1 - \alpha}x + \dfrac{1 - \lambda}{1 - \alpha}y$, 有

$$\alpha x + (1 - \alpha)z_2 = \alpha x + (1 - \alpha)\left(\frac{\lambda - \alpha}{1 - \alpha}x + \frac{1 - \lambda}{1 - \alpha}y\right)$$

$$= \lambda x + (1 - \lambda)y = z.$$

由条件, 有 $f(z) \leqslant \max\{f(x), f(z_2)\} = f(z_2)$, 这里的等号用到 $f(z) > f(x)$. 令 $\eta = \dfrac{\lambda - \alpha}{\lambda(1 - \alpha)}$, 因 $0 < \alpha < \lambda < 1$, 知 $0 < \eta < 1$. 因此,

$$z_2 = \frac{\lambda - \alpha}{1 - \alpha}x + \frac{1 - \lambda}{1 - \alpha}y = \frac{\lambda - \alpha}{1 - \alpha}x + \frac{1 - \lambda}{1 - \alpha} \cdot \frac{z - \lambda x}{1 - \lambda}$$

$$= \frac{1}{1 - \alpha}z - \frac{\alpha}{1 - \alpha}x = \frac{1}{1 - \alpha}z - \frac{\alpha}{1 - \alpha} \cdot \frac{z - (1 - \lambda)y}{\lambda}$$

$$= \frac{\lambda - \alpha}{\lambda(1 - \alpha)}z + \frac{\alpha(1 - \lambda)}{\lambda(1 - \alpha)}y = \eta z + (1 - \eta)y.$$

据此和 f 的半严格拟凸性得到

$$f(z_2) < \max\{f(z), f(y)\} = f(z).$$

这与 $f(z) \leqslant f(z_2)$ 相矛盾. □

我们指出, 定理 2.2.12 的逆命题不成立, 但是, 只需将那里的条件稍加修改, 可以得到下面的定理.

定理 2.2.13 设 f 是凸集 $S \subset \mathbb{R}^n$ 上的拟凸函数. 如果

$$\exists \alpha \in (0, 1), \quad \forall x, y \in S, \quad f(x) \neq f(y),$$

$$f(\alpha x + (1 - \alpha)y) < \max\{f(x), f(y)\},$$

则 f 是 S 上的半严格拟凸函数.

证明 假设 f 在 S 上不是半严格拟凸函数, 则

$$\exists x, y \in S, \quad f(x) \neq f(y), \quad \exists \lambda \in (0, 1),$$

$$f(\lambda x + (1 - \lambda)y) \geqslant \max\{f(x), f(y)\}.$$

不妨假设 $f(x) < f(y)$. 令 $z = \lambda x + (1 - \lambda)y \in S$. 则有 $f(z) \geqslant f(y) > f(x)$. 因 f 是拟凸函数, 有

$$f(z) \leqslant \max\{f(x), f(y)\} = f(y),$$

于是得到 $f(z) = f(y) > f(x)$. 对点 x, z 使用条件有

$$f(\alpha x + (1 - \alpha)z) < \max\{f(x), f(z)\} = f(z).$$

注意到 $\alpha \in (0, 1)$ 蕴涵 $\alpha^2 \in (0, 1)$, 对点 $\alpha x + (1 - \alpha)z \in S$ 和 z 使用条件有

$$f(\alpha^2 x + (1 - \alpha^2)z) = f(\alpha(\alpha x + (1 - \alpha)z) + (1 - \alpha)z)$$
$$< \max\{f(\alpha x + (1 - \alpha)z), f(z)\} = f(z),$$

这样可以归纳地得到

$$f(\alpha^k x + (1 - \alpha^k)z) < f(z), \quad \forall k \in \mathbb{N}.$$

不难验证

$$\alpha^k x + (1 - \alpha^k)z = \alpha^k x + (1 - \alpha^k)(\lambda x + (1 - \lambda)y)$$
$$= (\lambda - \alpha^k \lambda + \alpha^k)x + (1 - \lambda - \alpha^k + \alpha^k \lambda)y.$$

选取 $k_1 \in \mathbb{N}$ 满足 $\dfrac{\alpha^{k_1}}{1 - \alpha} < \dfrac{\lambda}{1 - \lambda}$, 因而有 $\dfrac{1 - \lambda}{1 - \alpha} < \dfrac{\lambda}{\alpha^{k_1}}$. 令

$$\beta_1 = \lambda + (1 - \lambda)\alpha^{k_1}, \quad \beta_2 = \lambda - \frac{1 - \lambda}{1 - \alpha}\alpha^{k_1 + 1},$$

则经计算得到 $\alpha\beta_1 - \alpha\beta_2 + \beta_2 = \lambda$. 此外, 我们有 $\beta_1 \in (0, 1), \beta_2 \in (0, 1)$. 前者显然, 后者是因为

$$1 > \lambda > \lambda - \frac{1 - \lambda}{1 - \alpha} \cdot \alpha^{k_1 + 1}(= \beta_2) > \lambda - \frac{\lambda}{\alpha^{k_1}} \cdot \alpha^{k_1 + 1} = \lambda(1 - \alpha) > 0.$$

又令

$$\bar{x} = \beta_1 x + (1 - \beta_1)y, \quad \bar{y} = \beta_2 x + (1 - \beta_2)y.$$

经计算有 $\bar{x} = \beta_1 x + (1 - \beta_1)y = \alpha^{k_1} x + (1 - \alpha^{k_1})z$ 和

$$\alpha\bar{x} + (1 - \alpha)\bar{y} = (\alpha\beta_1 - \alpha\beta_2 + \beta_2)x + (1 - (\alpha\beta_1 - \alpha\beta_2 + \beta_2))y$$
$$= \lambda x + (1 - \lambda)y = z.$$

综上有

$$f(\bar{x}) = f(\alpha^{k_1}x + (1-\alpha^{k_1})z) < f(z). \tag{2.25}$$

下面分两种情况导出矛盾: 若 $f(\bar{x}) \geqslant f(\bar{y})$, 据 $z = \alpha\bar{x} + (1-\alpha)\bar{y}$ 和 f 是拟凸函数, 推出 $f(z) \leqslant \max\{f(\bar{x}), f(\bar{y})\} = f(\bar{x})$, 这与不等式 (2.25) 相矛盾; 若 $f(\bar{x}) < f(\bar{y})$, 据 $z = \alpha\bar{x} + (1-\alpha)\bar{y}$ 和条件推出 $f(z) < \max\{f(\bar{x}), f(\bar{y})\}$. 由 f 的拟凸有 $f(\bar{x}) \leqslant \max\{f(x), f(y)\}$, $f(\bar{y}) \leqslant \max\{f(x), f(y)\}$. 据此, 并注意到 $f(x) < f(y)$, 有

$$f(z) < \max\{f(\bar{x}), f(\bar{y})\} \leqslant \max\{f(x), f(y)\} = f(y),$$

这与 $f(z) = f(y)$ 相矛盾. □

根据定理 2.1.20 和定理 2.2.13, 得到下面的推论.

推论 2.2.5 设 f 是凸集 $S \subset \mathbb{R}^n$ 上的下半连续函数. 如果

$$\exists \alpha \in (0,1), \quad \forall x, y \in S, \quad f(x) \neq f(y),$$

$$f(\alpha x + (1-\alpha)y) < \max\{f(x), f(y)\},$$

则 f 在 S 上是半严格拟凸函数.

注 2.2.1 由定义 2.2.1, 推论 2.2.5 的逆命题显然成立.

下面给出半严格拟凸函数成为严格拟凸函数的一个充分条件.

定理 2.2.14 设 f 是凸集 $S \subset \mathbb{R}^n$ 上的半严格拟凸函数. 如果

$$\exists \alpha \in (0,1), \quad \forall x, y \in S, \quad x \neq y,$$

$$f(\alpha x + (1-\alpha)y) < \max\{f(x), f(y)\},$$

则 f 在 S 上是严格拟凸函数.

证明 因 f 是半严格拟凸函数, 只需再证条件 $x \neq y, f(x) = f(y)$ 蕴涵

$$f(\lambda x + (1-\lambda)y) < f(x) \text{ 或 } f(y), \quad \forall \lambda \in (0,1).$$

令 $x_\alpha = \alpha x + (1-\alpha)y$, 任取 $\lambda \in (0,1)$. 若 $\lambda = \alpha$, 则由条件直接得到

$$f(\lambda x + (1-\lambda)y) = f(x_\alpha) < f(x).$$

若 $\lambda < \alpha$, 则 $\exists \mu \in (0,1)$, 使得 $\lambda x + (1-\lambda)y = \mu x + (1-\mu)x_\alpha$. 使用 f 在 S 上的半严格拟凸性, 并注意到由条件有 $f(x_\alpha) < f(x)$, 得到

$$f(\lambda x + (1-\lambda)y) = f(\mu x + (1-\mu)x_\alpha) < \max\{f(x), f(x_\alpha)\} = f(x).$$

若 $\lambda > \alpha$, 可以类似地推出 $f(\lambda x + (1 - \lambda)y) < f(y)$.　　　　　　　$\square$

　　尽管半严格拟凸函数不必是凸函数, 但附加适当的条件可以成为凸函数. 对此, 有下面的定理. 它的证明见文献 [29], 有兴趣的读者可自行完成 (用反证法).

　　定理 2.2.15　设 f 是凸集 S 上的实值函数. 则 f 在 S 上是凸函数当且仅当它在 S 上是半严格拟凸函数, 且 $\forall x, y \in S, \exists \alpha \in (0, 1)$,

$$f(\alpha x + (1 - \alpha)y) \leqslant \alpha f(x) + (1 - \alpha)f(y).$$

　　在文献 [26] 中, Schaible 和 Ziemba 将同时为拟凸和半严格拟凸的函数称为显拟凸函数 (explicitly quasiconvex function). 随后, 有关显拟凸函数的性质研究有不少论文发表. 文献 [27] 给出了显拟凸函数的一个性质, 并将其应用到弱有效解特征性质的证明中. 最近, 文献 [28] 推广了这一结果. 这就是下面的定理.

　　定理 2.2.16　设 f 是凸集 $S \subset \mathbb{R}^n$ 上的显拟凸函数, 若 $\forall x_i \in S, i = 1, \cdots, n$, 满足 $f(x_j) < \max\limits_{i \neq j} f(x_i)$, 则 $\forall \lambda_i > 0, i = 1, \cdots, n, \sum_{i=1}^n \lambda_i = 1$, 有

$$f\left(\sum_{i=1}^n \lambda_i x_i\right) < \max_{1 \leqslant i \leqslant n} f(x_i).$$

　　证明　对于任意固定的 $j \in \{1, \cdots, n\}$, 记

$$y_n = \sum_{i=1}^n \lambda_i x_i, \quad y_{n-1} = \frac{1}{1 - \lambda_j} \sum_{i \neq j} \lambda_i x_i.$$

若 $x_j = y_{n-1}$, 则有

$$y_n = \sum_{i \neq j} \lambda_i x_i + \lambda_j x_j = \sum_{i \neq j} \lambda_i x_i + \frac{\lambda_j}{1 - \lambda_j} \sum_{i \neq j} \lambda_i x_i$$

$$= \left(1 + \frac{\lambda_j}{1 - \lambda_j}\right) \sum_{i \neq j} \lambda_i x_i = \frac{1}{1 - \lambda_j} \sum_{i \neq j} \lambda_i x_i = y_{n-1} = x_j.$$

据此和假设条件得到

$$f(y_n) = f(x_j) < \max_{i \neq j} f(x_i).$$

若 $x_j \neq y_{n-1}$, 则

$$y_n = (1 - \lambda_j) \frac{1}{1 - \lambda_j} \sum_{i \neq j} \lambda_i x_i + \lambda_j x_j = (1 - \lambda_j)y_{n-1} + \lambda_j x_j.$$

根据上式, 分两种情况推导. 当 $f(x_j) < f(y_{n-1})$ 时, 因 f 的显拟凸性蕴涵 f 的半严格拟凸性和拟凸性, 故由前者有 $f(y_n) < \max\{f(y_{n-1}), f(x_j)\} = f(y_{n-1})$, 由后者和定理 2.1.8 有

$$f(y_{n-1}) = f\left(\sum_{i\neq j}\frac{\lambda_i}{1-\lambda_j}x_i\right) \leqslant \max_{i\neq j}f(x_i).$$

注意到 $f(x_j) < f(y_{n-1})$, 则上式蕴涵 $f(y_{n-1}) \leqslant \max\limits_{1\leqslant i\leqslant n}f(x_i)$. 综上得到

$$f(y_n) < f(y_{n-1}) \leqslant \max_{1\leqslant i\leqslant n}f(x_i).$$

当 $f(x_j) \geqslant f(y_{n-1})$ 时, 由 f 的拟凸性、$y_n = (1-\lambda_j)y_{n-1} + \lambda_j x_j$ 和假设条件, 有

$$f(y_n) \leqslant \max\{f(y_{n-1}), f(x_j)\} = f(x_j) < \max_{i\neq j}f(x_i) \leqslant \max_{1\leqslant i\leqslant n}f(x_i). \qquad \square$$

下面的例子表明, 定理 2.2.16 的性质对于单纯的拟凸函数和半严格拟凸函数都不必成立.

例 2.2.5 考虑函数 $f(x) = \begin{cases} -x^2, & x \leqslant 0, \\ 0, & 0 < x < 2, \\ x-2, & x \geqslant 2. \end{cases}$ 显然, f 在 $\mathbb{R}$ 上是拟凸函数但不是半严格拟凸函数. 取 $x_1 = -\dfrac{1}{2}, x_2 = -\dfrac{1}{4}, x_3 = 1$; $\lambda_1 = \lambda_2 = \dfrac{1}{4}, \lambda_3 = \dfrac{1}{2}$ 满足条件

$$f(x_1) < \max\{f(x_2), f(x_3)\},$$

但是

$$f\left(\sum_{i=1}^{3}\lambda_i x_i\right) = f\left(\frac{5}{16}\right) = 0 = \max_{1\leqslant i\leqslant 3}f(x_i),$$

即定理 2.2.16 的结论不成立.

例 2.2.6 考虑函数 $f(x) = \begin{cases} -1, & x \neq 0, \\ 0, & x = 0. \end{cases}$ 显然, f 在 $\mathbb{R}$ 上是半严格拟凸函数但不是拟凸函数. 取 $x_1 = -\dfrac{1}{2}, x_2 = 0, x_3 = \dfrac{1}{2}$; $\lambda_1 = \lambda_3 = \dfrac{1}{4}, \lambda_2 = \dfrac{1}{2}$ 满足条件

$$f(x_1) < \max\{f(x_2), f(x_3)\},$$

但是

$$f\left(\sum_{i=1}^{3}\lambda_i x_i\right) = f(0) = 0 = \max_{1\leqslant i\leqslant 3}f(x_i),$$

即定理 2.2.16 的结论不成立.

2.3　经济学中常见的几种函数的拟凹性

在经济学中, 著名的 Cobb-Douglas 函数是指

$$f(x) = Ax_1^{\alpha_1}x_2^{\alpha_2}\cdots x_n^{\alpha_n}, \quad A > 0, x_i > 0, \alpha_i > 0, \ i = 1, \cdots, n. \tag{2.26}$$

由定理 1.4.1(i), Cobb-Douglas 函数是次数为 $\alpha = \sum_{i=1}^{n} \alpha_i$ 的正齐次函数. 它的凹性可以归纳为如下定理.

定理 2.3.1　由式 (2.26) 定义的 Cobb-Douglas 函数 $f(x)$ 是拟凹函数; 而它是凹函数当且仅当 $\alpha = \sum_{i=1}^{n} \alpha_i \leqslant 1$.

证明　因为 $\ln f(x) = \ln A + \sum_{i=1}^{n} \alpha_i \ln x_i$ 作为凹函数的正线性组合是凹函数, $f(x)$ 作为 $\ln f(x)$ 的单调增变换是拟凹函数, 即 $f(x) = e^{\ln f(x)}$ 是拟凹函数. 此外, 使用注 2.1.2 推知, 次数 $\alpha \leqslant 1$ 的正齐次函数是凹函数当且仅当它是拟凹函数. 据此, $f(x)$ 是凹函数当且仅当 $\alpha = \sum_{i=1}^{n} \alpha_i \leqslant 1$.　□

注 2.3.1　在经济学中, Cobb-Douglas 函数作为生产者的生产函数和消费者的效用函数被广泛应用.

在 1.4 节中, 提到过生产函数 $f(L, K) = L^{1/3}K^{2/3}$. 下面, 介绍它的一般形式

$$Y = f(K, L) = AK^{\alpha}L^{1-\alpha},$$

其中 $A > 0$ 为常数 (称为规模常数), $K > 0$ 是资本, $L > 0$ 是劳动力. 它是经济学家 Douglas 和数学家 Cobb 合作的结果, 他们的相关论文是在 1928 年发表的. 当时, 经济学家 Douglas 希望测定一下美国的经济增长中资本和劳动力各起了多大作用. 为此, 他请教了数学家 Cobb. Cobb 建议他选用上述形式的函数. 这一函数有如下特性: 两端取对数得到

$$\ln Y = \ln A + \alpha \ln K + (1-\alpha)\ln L,$$

即 $\ln Y$ 是 $\ln K$ 和 $\ln L$ 的一次函数; 如果将 Y, K 和 L 看成时间的函数, 将上式两端对时间求导得到

$$\frac{\dot{Y}}{Y} = \alpha\frac{\dot{K}}{K} + (1-\alpha)\frac{\dot{L}}{L}.$$

这个等式可以作如下解释: 产值的增长率 $\dfrac{\dot{Y}}{Y}$ 由资本的增长率 $\dfrac{\dot{K}}{K}$ 和劳动力的增长率 $\dfrac{\dot{L}}{L}$ 两部分组成, 前者占 $100\alpha\%$, 后者占 $100(1-\alpha)\%$. Douglas 根据美国 1899~1922 年的统计资料, 用数理统计的方法估算出 $\alpha \approx 0.25$. 这就是说, 美国这

一时期的经济增长, 大约有 $\frac{1}{4}$ 由资本的增长引起, $\frac{3}{4}$ 由劳动力的增长引起. 这是较为典型的劳动密集型经济.

关于消费者的效用函数, 尽管学术界还存在较多争议, 却并不影响它在分析或解决实际问题中的应用. 假设商品 $x \in \mathbb{R}_+^n$ 对某消费者所产生的效用是 $U(x) \in \mathbb{R}$, 则称 $U(x)$ 为这个消费者的效用函数. 效用函数的一般形式为

$$U(x) = A x_1^{\gamma_1} x_2^{\gamma_2} \cdots x_n^{\gamma_n}, \quad A > 0, \ x_i > 0, \ \gamma_i > 0, \ i = 1, \cdots, n, \quad \sum_{i=1}^{n} \gamma_i = 1. \tag{2.27}$$

这实际上是由式 (2.26) 的 Cobb-Douglas 函数 $f(x)$ 经过单调增变换得到的, 因而, $U(x)$ 和 $f(x)$ 有相同的拟凹性或凹性. 事实上, 记 $\beta = 1/(\alpha_1 + \cdots + \alpha_n)$, 则 $\varphi(z) = z^\beta$ 是单调增函数, 此外,

$$\varphi(f(x)) = (A x_1^{\alpha_1} x_2^{\alpha_2} \cdots x_n^{\alpha_n})^\beta = A^\beta x_1^{\alpha_1 \beta} x_2^{\alpha_2 \beta} \cdots x_n^{\alpha_n \beta} = A^\beta x_1^{\gamma_1} x_2^{\gamma_2} \cdots x_n^{\gamma_n},$$

且 $\sum_{i=1}^{n} \gamma_i = \beta \sum_{i=1}^{n} \alpha_i = 1$.

在经济学中, 另一个重要的函数是 CES 函数 (固定替代弹性函数)

$$f(x) = (a_1 x_1^\beta + a_2 x_2^\beta + \cdots + a_n x_n^\beta)^{1/\beta}, \\ a_i > 0, \quad x_i > 0, \quad i = 1, \cdots, n, \quad \beta \neq 0. \tag{2.28}$$

定理 2.3.2 CES 函数 (2.28) 是拟凹函数当且仅当 $\beta \leqslant 1$; 而它是凸函数当且仅当 $\beta \geqslant 1$.

证明 记 $g(x) = a_1 x_1^\beta + a_2 x_2^\beta + \cdots + a_n x_n^\beta$, 有 $f(x) = (g(x))^{1/\beta}$. 当 $\beta < 0$ 时, g 作为正凸函数的正线性组合是凸函数; 这推出 $1/g$ 是拟凹函数 (见例 2.2.4), 因此, f 作为 $1/g$ 的单调增变换是拟凹函数. 当 $0 < \beta \leqslant 1$ 时, g 作为凹函数的正线性组合是凹函数, 因此, f 作为 g 的单调增变换是拟凹函数. 最后, 当 $\beta \geqslant 1$ 时, g 作为凸函数的正线性组合是凸函数, 因此, f 作为 g 的单调增变换是拟凸函数. 因 CES 函数是线性正齐次函数, 由定理 2.1.2, f 是凸函数当且仅当 $\beta \geqslant 1$. $\qquad \square$

注 2.3.2 最初, 弹性是物理学中的概念. 在经济学中, 弹性是指一个变量相对于另一个变量发生一定比例改变时的一种属性. 这里用数学中并不严谨但较易理解的形式给出它的定义: 设 $y = f(x), y$ 对于 x 的弹性是指

$$E_{x,y} = \left| \frac{\Delta y/y}{\Delta x/x} \right| = \left| \frac{dy}{dx} \Big/ \frac{y}{x} \right| = \left| \frac{d \ln y}{d \ln x} \right|.$$

如果 $y = f(x)$ 是生产函数, $E_{x,y}$ 表示产值对于投入的弹性; 如果 $y = f(x)$ 是需求函数, 自变量 x 是价格或收入, $E_{x,y}$ 表示需求对于价格或收入的弹性. 如果

$x \in \mathbb{R}^n_+$ 是非负向量, 这时的弹性是因变量 y 对于第 i 个自变量 x_i 而言的, 相应地有

$$E_{x_i, y} = \left| \frac{\Delta y / y}{\Delta x_i / x_i} \right| = \left| \frac{\partial y}{\partial x_i} \bigg/ \frac{y}{x_i} \right|.$$

在经济学中, 还有所谓替代弹性的概念. 设生产函数为 $y = f(x), x \in \mathbb{R}^n_+$. 生产要素 x_i 和 x_j 的边际替代率是指 $\mathrm{MRS}_{x_i, x_j} = -\dfrac{\partial y}{\partial x_j} \bigg/ \dfrac{\partial y}{\partial x_i}$, 而 x_i 和 x_j 两者的替代弹性是指

$$\sigma = \frac{d(x_j / x_i)}{x_j / x_i} \bigg/ \frac{d(\mathrm{MRS})}{\mathrm{MRS}}.$$

这是一个令经济学学生伤透脑筋的定义式. 其实, 只需作简单的变换就可以清楚地看出其含义. 对固定的 $i, j \in \{1, \cdots, n\}$, 令 $u = \dfrac{x_j}{x_i}$, 如果将边际替代率 MRS 表为 u 的函数, 即 $v = \mathrm{MRS} = -g(u)$, 则

$$\sigma = \left| \frac{du}{u} \bigg/ \frac{dv}{v} \right| = \left| \frac{d \ln u}{d \ln v} \right| = E_{v, u}.$$

因此, x_i 和 x_j 两者的替代弹性 σ 就是边际替代率函数 $-g(u)$ 的弹性.

　　例如, 生产函数

$$Y = f(K, L) = A K^a L^b$$

中, 有两个生产要素, 即资本 K 和劳动力 L. 这两个要素的边际替代率为

$$\mathrm{MRS} = -\frac{\partial Y}{\partial L} \bigg/ \frac{\partial Y}{\partial K} = -\frac{b}{a} \cdot \frac{K}{L}.$$

令 $u = \dfrac{K}{L}$, 则 $v = \mathrm{MRS} = -\dfrac{b}{a} \cdot u$, 显然有 $\sigma = \left| \dfrac{du}{dv} \cdot \dfrac{v}{u} \right| = 1$. 因而资本 K 和劳动力 L 两者的替代弹性为 1. 换言之, 生产函数 $Y = A K^a L^b$ 有固定的单位替代弹性.

　　式 (2.28) 定义的函数是另一种固定替代弹性函数. 事实上, 对于两个生产要素 x_i 和 x_j, 有

$$v = \mathrm{MRS}_{x_i, x_j} = -\frac{\partial f}{\partial x_j} \bigg/ \frac{\partial f}{\partial x_i} = -\frac{\alpha_j}{\alpha_i} \cdot u^{\beta - 1}$$

和

$$\sigma = \left| \frac{du}{dv} \cdot \frac{v}{u} \right| = \frac{1}{|\beta - 1|},$$

即 x_i 和 x_j 两者的替代弹性 σ 为常数, 而这正是该函数被称为 "固定替代弹性函数" 的原因.

一个重要的 α 次正齐次函数是如下定义的 Leontief 生产函数

$$f(x) = \left(\min_{1 \leqslant i \leqslant n} \frac{x_i}{a_i}\right)^{\alpha}, \quad x_i > 0, a_i > 0, i = 1, \cdots, n, \quad \alpha > 0. \tag{2.29}$$

定理 2.3.3 Leontief 生产函数 (2.29) 是拟凹函数; 而它是凹函数当且仅当 $\alpha \leqslant 1$.

证明 函数 $g(x) = \min\limits_{1 \leqslant i \leqslant n} \dfrac{x_i}{a_i}$ 作为有限个凹函数的最小值是凹函数, 于是 f 作为 g 的单调增变换, 它是拟凹函数. 后一个论断用注 2.1.2 推出. □

除了前面的 Cobb-Douglas 函数, 经济学中还使用广义 Cobb-Douglas 函数. 这就是函数

$$z(x) = \prod_{i=1}^{k} (f_i(x))^{\alpha_i}, \quad \alpha_i > 0,$$

其中 $f_i(x) \, (i = 1, \cdots, k)$ 是凸集 $S \subset \mathbb{R}^n$ 上的正凹函数.

广义 Cobb-Douglas 函数是拟凹函数. 因为 $\ln z(x) = \sum_{i=1}^{k} \alpha_i \ln f_i(x)$ 作为凹函数的正线性组合是凹函数, 故 $z(x) = e^{\ln z(x)}$ 是拟凹函数.

第 3 章　可微函数的广义凸性

本章首先在可微性假设条件下继续讨论在第 2 章引进的拟凸函数类; 然后, 定义一类新的广义凸函数——伪凸函数. 由于伪凸函数的稳定点是全局极小点, 因此, 它可能是所有广义凸函数类中最重要的一类. 本章还要建立拟凸性和伪凸性的几个一阶和二阶特征. 在 3.3 节里, 简单介绍与广义凸性有关的拟线性性和伪线性性. 在 3.4 节里, 要引进在一个点处的凸性和广义凸性的概念. 本章的主要内容, 可以参见文献 [2]~[4],[11]~[14],[30]~[38].

3.1　一阶可微广义伪凸函数

3.1.1　可微拟凸函数

函数 $f(x)$ 在集合 $S \subset \mathbb{R}^n$ 上是可微函数, 是指它在包含 S 的一个开集 G 上是可微函数. 下面, 我们建立可微拟凸函数的几个必要且充分条件. 同第 2 章一样, 下面定理 3.1.1 中的尖括号 "⟨" 和 "⟩" 表示对应的端点可以属于, 也可以不属于区间.

定理 3.1.1　设 φ 是在区间 $\langle a,b \rangle \subset \mathbb{R}$ 上的可微函数. 则 φ 在 $\langle a,b \rangle$ 上是拟凸函数当且仅当下面的蕴涵关系成立:

$$t_1, t_2 \in \langle a,b \rangle, \quad \varphi(t_1) \geqslant \varphi(t_2) \Rightarrow \varphi'(t_1)(t_2 - t_1) \leqslant 0. \tag{3.1}$$

证明　设 $t_1, t_2 \in \langle a,b \rangle$, 不妨假设 $t_1 < t_2$. 若 $\varphi(t_1) \geqslant \varphi(t_2)$, 由 φ 的拟凸性有 $\varphi(t) \leqslant \varphi(t_1), \forall t \in [t_1, t_2]$. 于是, φ 在 t_1 局部单减, 进而有 $\varphi'(t_1) \leqslant 0$, 故式 (3.1) 成立.

反过来, 假设 φ 不是拟凸函数, 则 $\exists t_1, t_2 \in \langle a,b \rangle, t_1 < t_2$,

$$M = \max\{\varphi(t) : t \in [t_1, t_2]\} > \max\{\varphi(t_1), \varphi(t_2)\}.$$

设 $\bar{t} = \inf\{t \in [t_1, t_2] : \varphi(t) = M\}$, 由 φ 的连续性, 有

$$\exists \varepsilon > 0, \quad \forall t \in (\bar{t} - \varepsilon, \bar{t}), \quad \varphi(t_2) < \varphi(t) < M.$$

在区间 $[\bar{t} - \varepsilon, \bar{t}]$ 上使用微分中值定理, $\exists t^* \in (\bar{t} - \varepsilon, \bar{t})$, 使得

$$\varepsilon \varphi'(t^*) = \varphi'(t^*)(\bar{t} - (\bar{t} - \varepsilon)) = \varphi(\bar{t}) - \varphi(\bar{t} - \varepsilon) = M - \varphi(\bar{t} - \varepsilon) > 0,$$

由此得到 $\varphi'(t^*) > 0$. 由 $\varphi(t^*) > \varphi(t_2)$, 使用条件 (3.1) 又有 $\varphi'(t^*) \leqslant 0$, 这导致矛盾, 故 φ 是拟凸函数. □

运用定理 3.1.1, 得到如下多变量可微拟凸函数的刻画.

定理 3.1.2 设 f 是凸集 $S \subset \mathbb{R}^n$ 上的可微函数. 则 f 在 S 上是拟凸函数当且仅当下面的蕴涵关系成立:

$$x_1, x_2 \in S, \quad f(x_1) \geqslant f(x_2) \Rightarrow \nabla f(x_1)^{\mathrm{T}}(x_2 - x_1) \leqslant 0. \tag{3.2}$$

证明 假设 f 是拟凸函数, 又设 $x_1, x_2 \in S$ 且 $f(x_1) \geqslant f(x_2)$. 考虑限制

$$\varphi(t) = f(x_1 + t(x_2 - x_1)), \quad t \in [0, 1].$$

有 $\varphi(0) = f(x_1) \geqslant f(x_2) = \varphi(1)$, 因此由定理 3.1.1 有 $\varphi'(0)(1 - 0) \leqslant 0$. 由此有 $\varphi'(0) = (x_2 - x_1)^{\mathrm{T}}\nabla f(x_1) \leqslant 0$, 即式 (3.2) 成立.

现在假设式 (3.2) 成立. 如果 f 不是拟凸函数, 由定理 2.1.13, 存在限制

$$\varphi(t) = f(x_1 + t(x_2 - x_1)), \quad x_1, x_2 \in S, \quad t \in [0, 1],$$

它不是拟凸函数. 按定理 3.1.1, $\exists t_1, t_2 \in [0, 1], \varphi(t_1) \geqslant \varphi(t_2)$ 且 $\varphi'(t_1)(t_2 - t_1) > 0$. 令

$$\bar{x}_1 = x_1 + t_1(x_2 - x_1), \quad \bar{x}_2 = x_1 + t_2(x_2 - x_1),$$

则有 $f(\bar{x}_1) \geqslant f(\bar{x}_2)$ 和

$$\varphi'(t_1) = (x_2 - x_1)^{\mathrm{T}}\nabla f(\bar{x}_1) = (1/(t_2 - t_1))(\bar{x}_2 - \bar{x}_1)^{\mathrm{T}}\nabla f(\bar{x}_1).$$

综上, 得到 $(\bar{x}_2 - \bar{x}_1)^{\mathrm{T}}\nabla f(\bar{x}_1) = \varphi'(t_1)(t_2 - t_1) > 0$, 这与式 (3.2) 矛盾. □

下面的定理指出, 如果式 (3.2) 的左端是严格不等式, 则当 S 是开集且 x_1 不是稳定点时, 右端也是严格不等式.

定理 3.1.3 设 f 是开凸集 $S \subset \mathbb{R}^n$ 上的可微拟凸函数. 则下面的蕴涵关系成立:

$$x_1, x_2 \in S, \quad f(x_1) > f(x_2), \quad \nabla f(x_1) \neq 0 \Rightarrow \nabla f(x_1)^{\mathrm{T}}(x_2 - x_1) < 0. \tag{3.3}$$

证明 假设式 (3.3) 不真, 即

$$\exists x_1, x_2 \in S, \quad f(x_1) > f(x_2), \quad \nabla f(x_1) \neq 0, \quad (x_2 - x_1)^{\mathrm{T}}\nabla f(x_1) \geqslant 0.$$

据此, 由 f 的拟凸性和定理 3.1.2, 必有 $(x_2 - x_1)^{\mathrm{T}}\nabla f(x_1) = 0$. 由于 S 是开集和 f 连续, 故 $\exists \varepsilon > 0$, 使得 $y = x_2 + \varepsilon \nabla f(x_1) \in S$, 且 $f(y) < f(x_1)$. 因此, 由 f 的拟

凸性和定理 3.1.2, 有 $(y - x_1)^{\mathrm{T}} \nabla f(x_1) \leqslant 0$. 此外, 由 $y - x_1 = (y - x_2) + (x_2 - x_1)$ 和 $\nabla f(x_1) \neq 0$, 又有

$$(y - x_1)^{\mathrm{T}} \nabla f(x_1) = (y - x_2)^{\mathrm{T}} \nabla f(x_1) + (x_2 - x_1)^{\mathrm{T}} \nabla f(x_1)$$
$$= \varepsilon \nabla f(x_1)^{\mathrm{T}} \nabla f(x_1) = \varepsilon \left\| \nabla f(x_1) \right\|^2 > 0,$$

这与刚才的不等式 $(y - x_1)^{\mathrm{T}} \nabla f(x_1) \leqslant 0$ 相矛盾.   □

注意, 条件 $\nabla f(x_1) \neq 0$ 对于定理 3.1.3 是本质的. 事实上, 函数 $\varphi(t) = -t^2$ 在区间 $[0, 1]$ 上是拟凸函数, 但不满足 $\varphi'(0) \neq 0$. 于是, 条件 $\varphi(0) > \varphi(1)$ 不蕴涵严格不等式 $\varphi'(0)(1 - 0) < 0$.

不存在稳定点的严格拟凸函数可以用如下定理来刻画.

定理 3.1.4 设 f 是开凸集 $S \subset \mathbb{R}^n$ 上的可微函数, 又假设 $\nabla f(x) \neq 0, \forall x \in S$. 则 f 是严格拟凸函数当且仅当下面的蕴涵关系成立:

$$x_1, x_2 \in S, \quad f(x_1) \geqslant f(x_2) \Rightarrow \nabla f(x_1)^{\mathrm{T}}(x_2 - x_1) < 0. \tag{3.4}$$

证明 假设 f 是严格拟凸函数, 则它是拟凸函数. 若 $f(x_1) > f(x_2)$, 则由定理 3.1.3 推出式 (3.4) 成立. 若 $f(x_1) = f(x_2)$, 由 f 的严格拟凸性, 对于任意固定的 $t^* \in (0, 1)$, 点 $x^* = x_1 + t^*(x_2 - x_1) \in S$ 满足 $f(x_1) > f(x^*)$. 对 x_1, x^* 使用定理 3.1.3 得到

$$(x^* - x_1)^{\mathrm{T}} \nabla f(x_1) < 0, \quad \text{即 } t^*(x_2 - x_1)^{\mathrm{T}} \nabla f(x_1) < 0,$$

故式 (3.4) 成立.

现在假设式 (3.4) 成立. 这时式 (3.2) 显然成立, 由定理 3.1.2, 函数 f 是拟凸函数. 假设 f 不是严格拟凸函数, 则 $\exists x_1, x_2 \in S, \exists t^* \in (0, 1)$, 使得

$$f(x^*) \geqslant \max\{f(x_1), f(x_2)\},$$

其中 $x^* = x_1 + t^*(x_2 - x_1)$. 考虑限制 $\varphi(t) = f(x_1 + t(x_2 - x_1)), t \in [0, 1]$, 则 φ 在 $[0, 1]$ 上是拟凸函数. 在条件 (3.4) 中, 用点 $x^*, x_2 \in S$ 代替 x_1, x_2 得到

$$\varphi'(t^*) = \nabla f(x^*)^{\mathrm{T}}(x_2 - x^*) < 0.$$

因此, φ 在 t^* 附近严格单减, 于是, $\exists t_1 \in (0, t^*), \varphi(t_1) > \varphi(t^*)$. 然而, 由 φ 在 $[0, t^*]$ 上的拟凸性, 并注意到 $\varphi(0) = f(x_1) \leqslant f(x^*) = \varphi(t^*)$, 又有

$$\varphi(t_1) \leqslant \max\{\varphi(0), \varphi(t^*)\} = \varphi(t^*).$$

这与刚才的不等式 $\varphi(t_1) > \varphi(t^*)$ 相矛盾.   □

3.1.2 伪凸函数

众所周知, 可微凸函数的稳定点还是全局极小点. 对于拟凸函数、严格拟凸函数和半严格拟凸函数, 这一性质不成立. 例如, 函数 $\varphi(t) = t^3$ 是拟凸函数、严格拟凸函数和半严格拟凸函数, 但它的稳定点 $t = 0$ 不是全局极小点, 甚至连局部极小点也不是. 下面引进函数的伪凸性概念; 随后将看到, 伪凸函数的稳定点是全局极小点. 这是引进伪凸函数类的重要原因.

定义 3.1.1 开凸集 $S \subset \mathbb{R}^n$ 上的可微函数 f 称为伪凸函数, 如果

$$x_1, x_2 \in S, \quad f(x_1) > f(x_2) \Rightarrow \nabla f(x_1)^{\mathrm{T}}(x_2 - x_1) < 0. \tag{3.5}$$

当 $f(x_1) = f(x_2)$ 时, 如果式 (3.5) 右端不等式依然成立, 称 f 为严格伪凸函数, 这就是下面的定义.

定义 3.1.2 开凸集 $S \subset \mathbb{R}^n$ 上的可微函数 f 称为严格伪凸函数, 如果

$$x_1, x_2 \in S, \quad x_1 \neq x_2, \quad f(x_1) \geqslant f(x_2) \Rightarrow \nabla f(x_1)^{\mathrm{T}}(x_2 - x_1) < 0. \tag{3.6}$$

直接由定义推出: 严格伪凸函数是伪凸函数. 但反过来不真, 事实上, 常值函数是伪凸函数, 但不是严格伪凸函数.

f 称为是 (严格) 伪凹函数当且仅当 $-f$ 是 (严格) 伪凸函数. 因此, 将要建立的结果可以容易地转换到伪凹情形.

注 3.1.1 对于 (严格) 伪凸性概念, 还有如下无须可微性假设条件的另一种定义 [30,31]. 当函数可微时, 这两种定义等价.

定义 3.1.1′ 开凸集 $S \subset \mathbb{R}^n$ 上的函数 f 称为伪凸函数, 如果

$$\forall x_1, x_2 \in S, \quad \exists b = b(x_1, x_2) > 0,$$

$$f(x_1) > f(x_2) \Rightarrow f(\lambda x_1 + (1-\lambda)x_2) \leqslant f(x_1) - (1-\lambda)\lambda b, \quad \forall \lambda \in (0, 1). \tag{3.5′}$$

定义 3.1.2′ 开凸集 $S \subset \mathbb{R}^n$ 上的函数 f 称为严格伪凸函数, 如果

$$\forall x_1, x_2 \in S, \quad x_1 \neq x_2, \quad \exists b = b(x_1, x_2) > 0,$$

$$f(x_1) \geqslant f(x_2) \Rightarrow f(\lambda x_1 + (1-\lambda)x_2) \leqslant f(x_1) - (1-\lambda)\lambda b, \quad \forall \lambda \in (0, 1). \tag{3.6′}$$

下面证明当函数 f 可微时, 这两种定义等价.

事实上, 设函数 f 按定义 3.1.1′ 是伪凸函数. 若 f 在 S 上可微, 则 $\forall x_1, x_2 \in S$, 有

$$f(x_1) - f(x_2) = (x_1 - x_2)^{\mathrm{T}}\nabla f(x_2) + \alpha(x_1, x_2)\|x_1 - x_2\|,$$

其中 $\lim\limits_{x_1 \to x_2} \alpha(x_1, x_2) = 0$. 将 $\lambda x_1 + (1-\lambda)x_2, x_2 \in S$ 替换上式中的 x_1, x_2 得到

$$f(\lambda x_1 + (1-\lambda)x_2) - f(x_2)$$
$$= \lambda(x_1 - x_2)^{\mathrm{T}}\nabla f(x_2) + \lambda\alpha(\lambda x_1 + (1-\lambda)x_2, x_2)\,\|x_1 - x_2\|.$$

现在验证函数 f 按定义 3.1.1 是伪凸函数: 设 $f(x_1) > f(x_2)$, 按式 (3.5)′ 右端不等式和上式有

$$\lambda(x_1 - x_2)^{\mathrm{T}}\nabla f(x_2) + \lambda\alpha(\lambda x_1 + (1-\lambda)x_2, x_2)\,\|x_1 - x_2\| \leqslant -(1-\lambda)\lambda b.$$

将上式两端同时除以 λ, 再令 $\lambda \to 0$ (导致 $\lambda x_1 + (1-\lambda)x_2 \to x_2$), 得到

$$(x_1 - x_2)^{\mathrm{T}}\nabla f(x_2) \leqslant -b < 0.$$

故函数 f 按定义 3.1.1 是伪凸函数.

反过来, 设函数 f 按定义 3.1.1 是伪凸函数. 假设定义 3.1.1′ 的论断不成立, 则 $\exists x_1, x_2 \in S, f(x_1) > f(x_2), \forall b = b(x_1, x_2) > 0, \exists \lambda \in (0, 1)$, 使得

$$f(\lambda x_1 + (1-\lambda)x_2) > f(x_2) - (1-\lambda)\lambda b,$$

即

$$\frac{f(\lambda x_1 + (1-\lambda)x_2) - f(x_2)}{\lambda} > -(1-\lambda)b > -b.$$

特别地, $\forall b_k = \dfrac{1}{k}, \exists \lambda_k \in (0, 1)$, 使得

$$\frac{f(\lambda_k x_1 + (1-\lambda_k)x_2) - f(x_2)}{\lambda_k} > -\frac{1}{k}, \quad k = 1, 2, \cdots. \tag{3.7}$$

注意到有界序列 $\{\lambda_k\}$ 有收敛子列, 不妨假设 $\lambda_k \to \lambda_0 \in [0,1]$ $(k \to \infty)$. 在式 (3.7) 中, 令 $k \to \infty$ 得到 $\dfrac{f(x_0) - f(x_2)}{\lambda_0} \geqslant 0$, 其中 $x_0 = \lambda_0 x_1 + (1-\lambda_0)x_2$. 如果 $x_0 \neq x_2$, 则 $\lambda_0 \neq 0$, 这导致 $f(x_0) \geqslant f(x_2)$. 综上有

$$\exists x_1, x_2 \in S, \quad f(x_1) > f(x_2), \quad \exists \lambda_0 \in (0, 1],$$
$$f(x_2) \leqslant f(x_0) = f(x_2 + \lambda_0(x_1 - x_2)),$$

可以认为 $\lambda_0 \neq 1$. 事实上, 若 $\lambda_0 = 1$, 则由 $f(x_1) > f(x_2)$ 和 f 的连续性, $\exists \bar\lambda < \lambda_0$, 仍然有 $f(x_2) \leqslant f(x_2 + \bar\lambda(x_1 - x_2))$. 这样一来, 由定义 2.2.1, f 在 S 上不是半

严格拟凸函数. 由后面的定理 3.1.13(i), 它不是按定义 3.1.1 的伪凸函数. 如果 $x_0 = x_2$, 则 $\lambda_k \to 0$ $(k \to \infty)$. 对式 (3.7) 式两端取极限得到

$$(x_1 - x_2)^{\mathrm{T}} \nabla f(x_2) = \lim_{k \to \infty} \frac{f(x_2 + \lambda_k(x_1 - x_2)) - f(x_2)}{\lambda_k} \geqslant 0,$$

这表明 f 不满足定义 3.1.1, 因而它不是按定义 3.1.1 的伪凸函数. 综上, 与反证假设矛盾.

严格伪凸情形的证明完全类似.

注 3.1.2 对于严格伪凸函数 f, 当 $x_1, x_2 \in S, x_1 \neq x_2, f(x_1) = f(x_2)$ 时, 式 (3.6) 的右端不等式蕴涵 f 在 x_1 处沿方向 $u = x_2 - x_1$ 严格减少. 据此易见, 若 x 是严格伪凸函数 f 的局部极小点, 它必是严格局部极小点.

下面的定理表明, 与凸函数情形一样, 伪凸函数的稳定点是全局极小点. 这是伪凸函数的重要性质.

定理 3.1.5 设 f 是开凸集 $S \subset \mathbb{R}^n$ 上的可微函数, $x_0 \in S$ 是 f 的一个稳定点, 即 $\nabla f(x_0) = 0$. 如果 f 是伪凸函数, 则 x_0 是 f 的一个全局极小点. 此外, 如果 f 是严格伪凸函数, 则 x_0 是 f 的唯一的全局极小点.

证明 假设 x_0 不是 f 的全局极小点, 即 $\exists x \in S, f(x) < f(x_0)$. 由 $\nabla f(x_0) = 0$, 有 $\nabla f(x_0)^{\mathrm{T}}(x - x_0) = 0$, 这与 f 的伪凸性相矛盾, 故 x_0 是 f 的全局极小点. 此外, 当 f 严格伪凸时, 假设 x_0 不是 f 的唯一全局极小点, 即 $\exists x_1 \in S, x_1 \neq x_0$, 使得 $f(x_0) = f(x_1)$, 由注 3.1.2 知, f 在 x_0 处沿方向 $u = x_1 - x_0$ 严格减少. 这与 x_0 是 f 的一个全局极小点相矛盾. □

关于可微函数的拟凸性与伪凸性之间的关系, 有下面的定理.

定理 3.1.6 设 f 是定义在开凸集 $S \subset \mathbb{R}^n$ 上的可微函数.

(i) 如果 f 在 S 上是伪凸函数, 则 f 在 S 上是拟凸函数;

(ii) 如果 f 在 S 上不存在稳定点, 即 $\nabla f(x) \neq 0, \forall x \in S$, 则 f 在 S 上是伪凸函数当且仅当它在 S 上是拟凸函数.

证明 (i) 反证法: 假设 f 不是拟凸函数, 由定理 3.1.2 知,

$$\exists x_1, x_2 \in S, \quad f(x_1) \geqslant f(x_2), \quad \nabla f(x_1)^{\mathrm{T}}(x_2 - x_1) > 0.$$

考虑限制 $\varphi(t) = f(x_1 + t(x_2 - x_1)), t \in [0, 1]$, 则有 $\varphi'(0) = \nabla f(x_1)^{\mathrm{T}}(x_2 - x_1) > 0$. 据此, 并注意到 $\varphi(0) = f(x_1) \geqslant f(x_2) = \varphi(1)$, 则 $\varphi(t)$ 在 $t_0 \in (0, 1)$ 处达到极大值, 从而有

$$0 = \varphi'(t_0) = \nabla f(x_0)^{\mathrm{T}}(x_2 - x_1) \quad \text{且} \quad \varphi(t_0) > \varphi(0).$$

对于后者, 若记 $x_0 = x_1 + t_0(x_2 - x_1)$, 则有 $f(x_0) > f(x_1) \geqslant f(x_2)$. 据此, 由 f 的伪凸性得到 $\nabla f(x_0)^{\mathrm{T}}(x_2 - x_0) < 0$. 因 $x_2 - x_0 = (x_2 - x_1)(1 - t_0)$, 由此又有

$$\varphi'(t_0) = \nabla f(x_0)^{\mathrm{T}}(x_2 - x_1) = \frac{1}{1 - t_0} \nabla f(x_0)^{\mathrm{T}}(x_2 - x_0) < 0.$$

这与前面的 $\varphi'(t_0) = 0$ 相矛盾.

(ii) 只需再证 f 不存在稳定点时, f 的拟凸性蕴涵它的伪凸性. 而这可由定理 3.1.4 和定义 3.1.1 直接得到.   □

同拟凸函数类一样, 函数是 (严格) 伪凸函数当且仅当它在每一线段上的限制是 (严格) 伪凸函数. 为此, 先要对单变量函数的伪凸性进行研究, 然后将所获结果用于建立多变量函数伪凸性的特征刻画.

定理 3.1.7　设 φ 是开区间 $(a, b) \subset \mathbb{R}$ 上的可微函数. 则 φ 在 (a, b) 上是 (严格) 伪凸函数当且仅当 φ 的每个稳定点是它的 (严格) 局部极小点.

证明　设 φ 是伪凸函数, $t_0 \in (a, b)$ 是 φ 的一个稳定点. 假设 t_0 不是 φ 的局部极小点, 则 $\exists t^* \in (a, b), \varphi(t_0) > \varphi(t^*)$. 由 φ 的伪凸性知 $\varphi'(t_0)(t^* - t_0) < 0$, 因此有 $\varphi'(t_0) \neq 0$, 这与 t_0 是 φ 的稳定点相矛盾.

反过来, 设 φ 的每个稳定点都是局部极小点. 假设 φ 不是伪凸函数, 则

$$\exists t_1, t_2 \in (a, b), \quad \varphi(t_1) > \varphi(t_2) \text{ 且 } \varphi'(t_1)(t_2 - t_1) \geqslant 0.$$

不失一般性, 可以假设 $t_1 < t_2$, 于是有 $\varphi'(t_1) \geqslant 0$. 若 $\varphi'(t_1) = 0$, 即 t_1 是一个稳定点, 则它是局部极小点, 即

$$\exists \varepsilon > 0, \quad \forall \bar{t} \in (t_1, t_1 + \varepsilon), \quad \text{有 } \varphi(\bar{t}) \geqslant \varphi(t_1) > \varphi(t_2).$$

若 $\varphi'(t_1) > 0$, 则 $\exists \bar{t} \in (t_1, t_2), \varphi(\bar{t}) > \varphi(t_1) > \varphi(t_2)$. 综上可见, $\varphi(t)$ 在 $[t_1, t_2]$ 上的极大值都在其内点达到; 设 t_0 是这些极大值点的最大者, 则有

$$\varphi(t_0) > \varphi(t), \quad \forall t \in (t_0, t_2] \text{ 且 } \varphi'(t_0) = 0,$$

这与每个稳定点是局部极小点的假设矛盾.

"严格" 部分由注 3.1.2 得到.   □

对于伪凸函数, 容易建立类似于定理 2.1.13 的准则.

定理 3.1.8　设 f 是开凸集 $S \subset \mathbb{R}^n$ 上的可微函数. 则 f 在 S 上是 (严格) 伪凸函数当且仅当它在包含于 S 的每一条线段上的限制是 (严格) 伪凸函数.

证明　设 $\varphi(t) = f(x_0 + tu), t \in (0, 1)$ 是 f 在通过 $x_0 \in S$ 的开线段上的限制. 按定义, 函数 $\varphi(t)$ 是伪凸函数当且仅当满足蕴涵关系

$$t_1, t_2 \in (0, 1), \quad \varphi(t_1) > \varphi(t_2) \Rightarrow \varphi'(t_1)(t_2 - t_1) < 0.$$

令 $x_1 = x_0 + t_1 u, x_2 = x_0 + t_2 u$, 则 $\varphi(t_1) > \varphi(t_2)$ 等价于 $f(x_1) > f(x_2)$. 注意到

$$\varphi'(t) = u^{\mathrm{T}} \nabla f(x_0 + tu), \quad (t_2 - t_1)u = x_2 - x_1,$$

则 $\varphi'(t_1)(t_2 - t_1) < 0$ 等价于 $(x_2 - x_1)^{\mathrm{T}} \nabla f(x_1) < 0$. 据此和定义, f 在任一线段上限制 φ 的伪凸性等价于 f 的伪凸性.

类似地可以完成 "严格" 部分的证明. □

由定理 3.1.7 和定理 3.1.8, 立刻得到下面的定理.

定理 3.1.9 设 f 是开凸集 $S \subset \mathbb{R}^n$ 上的可微函数. 则 f 在 S 上是 (严格) 伪凸函数当且仅当 $\forall x_0 \in S, u \in \mathbb{R}^n, u^{\mathrm{T}} \nabla f(x_0) = 0$, 函数 $\varphi(t) = f(x_0 + tu)$ 在 $t = 0$ 处达到 (严格) 局部极小.

在定理 3.1.6, 我们关注的是拟凸函数在什么条件下成为伪凸函数. 反过来, 伪凸函数也可以通过拟凸函数在其稳定点的性态来刻画, 换言之, 有下面的定理.

定理 3.1.10 设 f 在开凸集 $S \subset \mathbb{R}^n$ 上是连续可微函数. 则在 S 上 f 是 (严格) 伪凸的当且仅当下列条件成立:

(i) f 在 S 上是拟凸函数;

(ii) 如果 $x_0 \in S, \nabla f(x_0) = 0$, 即 x_0 是稳定点, 则 x_0 是 f 的 (严格) 局部极小点.

证明 如果 f 是伪凸函数, 则从定理 3.1.6(i) 知这里的 (i) 成立, 从定理 3.1.5 知这里的 (ii) 成立.

反过来, 设 (i) 和 (ii) 成立. 由定理 3.1.9, 若能证明对于满足 $u^{\mathrm{T}} \nabla f(x_0) = 0$ 的每个 $x_0 \in S$ 和 $u \in \mathbb{R}^n$, 函数 $\varphi(t) = f(x_0 + tu)$ 在 $t = 0$ 处达到局部极小, 则 f 是伪凸函数. 分两种情况验证: 当 $\nabla f(x_0) = 0$ 时, 这由条件 (ii) 立刻推出; 当 $\nabla f(x_0) \neq 0$ 时, 由梯度映射的连续性推出存在 x_0 的开邻域 U, 使得 $\nabla f(x) \neq 0, \forall x \in U$. 这样, 由定理 3.1.6(ii) 推出 f 在 U 上是伪凸函数. 由定理 3.1.8, f 在任一包含于 U 的线段上的限制是伪凸函数. 对于限制 $\varphi(t) = f(x_0 + tu)$, 由 $\varphi'(t) = u^{\mathrm{T}} \nabla f(x_0 + tu)$ 和 $u^{\mathrm{T}} \nabla f(x_0) = 0$ 知, $t = 0$ 是 φ 的一个稳定点. 由定理 3.1.7 知, φ 在 $t = 0$ 处达到局部极小.

"严格" 部分由注 3.1.2 得到. □

注 3.1.3 定理 3.1.10 中 f 的连续可微的假设条件可以减弱到可微, 文献 [32] 和文献 [33] 给出了无须使用梯度映射连续性的证明.

注 3.1.4 定理 3.1.6 和定理 3.1.10 不能扩大到开凸集 S 的闭包; 换言之, 开凸集上的伪凸函数不必是其闭包上的伪凸函数. 比如函数 $f(x, y) = -xy$ 在 $\mathrm{int}\mathbb{R}_+^2$ 上是拟凸函数. 注意到 $\nabla f(x, y) = -(y, x)^{\mathrm{T}}$ 在 $\mathrm{int}\mathbb{R}_+^2$ 不等于零, 按定理 3.1.6(ii), f 在 $\mathrm{int}\mathbb{R}_+^2$ 上还是伪凸函数. 但它在 $\mathrm{int}\mathbb{R}_+^2$ 的闭包 $\mathbb{R}_+^2$ 上不是伪凸函数.

事实上, 尽管由定理 2.1.15 知 f 在 $\mathbb{R}_+^2$ 上是拟凸函数, 但原点是 f 的稳定点而不是局部极小点, 按定理 3.1.10(ii), 它在 $\mathbb{R}_+^2$ 上不是伪凸函数.

定理 3.1.6 和定理 3.1.10 常常用于验证函数的伪凸性.

例 3.1.1　Cobb-Douglas 函数

$$f(x) = x_1^{\alpha_1} \cdots \cdots x_n^{\alpha_n}, \quad x = (x_1, \cdots, x_n)^{\mathrm{T}}, \quad x_i > 0, \alpha_i < 0, \quad i = 1, \cdots, n.$$

由定理 2.3.1 知 f 是拟凸函数, 因 $\nabla f(x) \neq 0$, 由定理 3.1.6(ii), f 还是伪凸函数.

例 3.1.2　仿射函数

$$f(x) = a^{\mathrm{T}}x + b, \quad x \in \mathbb{R}^n$$

是伪凸函数. 事实上, 当 $a \neq 0$ 时, 有 $\forall x \in \mathbb{R}^n, \nabla f(x) = a \neq 0$. 注意到仿射函数是既凸且凹函数, 因而它是拟凸函数, 按定理 3.1.6(ii), 它是伪凸函数; 而 $a = 0$ 时 f 是常值函数, 因而是伪凸函数.

在定理 2.2.11 中, 对一般形式的分式函数 $z(x) = \dfrac{f(x)}{g(x)}$ 在相当强的假设条件下, 给出了它是半严格拟凸函数的几个充分条件. 下面在可微的假设条件下, 还可以给出它是伪凸函数的几个充分条件.

定理 3.1.11　设分式函数 $z(x) = \dfrac{f(x)}{g(x)}$, 这里 $f(x)$ 和 $g(x)$ 是开凸集 $S \subset \mathbb{R}^n$ 上的可微函数.

(i) 如果 f 是凸函数, g 是正仿射函数, 则 z 是伪凸函数;

(ii) 如果 f 是非负凸函数, g 是正凹函数, 则 z 是伪凸函数;

(iii) 如果 f 是正严格凸函数, g 是正凹函数, 则 z 是严格伪凸函数;

(iv) 如果 f 是非负凸函数, g 是正严格凹函数, 则 z 是严格伪凸函数.

证明　注意到在下半连续条件下, 半严格拟凸性蕴涵拟凸性, 而这里的 f 和 g 的可微性蕴涵它们的连续性, 故由定理 2.2.11, 这里的 (i)~(iv) 中的 z 都是半严格拟凸函数, 因而还是拟凸函数. 若它们在 S 上不存在稳定点, 据定理 3.1.6(ii), 它们都是伪凸函数. 若存在稳定点 $x_0 \in S$, 按定理 3.1.10, 只需证明 x_0 是一个 (严格) 局部极小点就够了. 因为

$$\nabla z(x) = \frac{\nabla f(x) \cdot g(x) - f(x) \cdot \nabla g(x)}{(g(x))^2},$$

故 x_0 是稳定点等价于 $\nabla f(x_0) = z(x_0)\nabla g(x_0)$, 从而有

$$\nabla f(x_0)^{\mathrm{T}}(x - x_0) = z(x_0)\nabla g(x_0)^{\mathrm{T}}(x - x_0), \quad \forall x \in S. \tag{3.8}$$

对于 (i), 不妨设仿射函数 $g(x) = a^{\mathrm{T}}x + b$, 则有 $\nabla g(x) = a$. 由此易知式 (3.8) 右端

$$z(x_0)\nabla g(x_0)^{\mathrm{T}}(x - x_0) = z(x_0)(g(x) - g(x_0)).$$

对于 (ii)~(iv), 显然有 $z(x_0) \geqslant 0$. 借用定理 1.2.11, 由 g 的凹性推出

$$z(x_0)\nabla g(x_0)^{\mathrm{T}}(x - x_0) \geqslant z(x_0)(g(x) - g(x_0)), \tag{3.9}$$

当 g 是严格凹函数时, 上式是严格不等式.

对于所有情况, 因 f 是凸函数, 按定理 1.2.11、式 (3.8) 和式 (3.9), 都有

$$\begin{aligned}
f(x) &\geqslant f(x_0) + \nabla f(x_0)^{\mathrm{T}}(x - x_0) \\
&= f(x_0) + z(x_0)\nabla g(x_0)^{\mathrm{T}}(x - x_0) \geqslant f(x_0) + z(x_0)(g(x) - g(x_0)) \\
&= f(x_0) + \frac{f(x_0)}{g(x_0)}(g(x) - g(x_0)) = z(x_0)g(x).
\end{aligned}$$

因 g 取正值, 故由上式得到 $z(x) = \dfrac{f(x)}{g(x)} \geqslant z(x_0), \forall x \in S$, 即 $z(x)$ 的稳定点 x_0 是 $z(x)$ 的局部 (甚至全局) 极小点. 对于 (iii), 因 f 是严格凸函数, 故上式的第一个不等式是严格的; 对于 (iv), 因 g 是严格凹函数, 故第二个不等式是严格的. 于是相应的局部极小点还是严格的. $\qquad\square$

下面的复合函数定理可以用来构造新的伪凸函数.

定理 3.1.12 设 f 是开凸集 $S \subset \mathbb{R}^n$ 上的 (严格) 伪凸函数, $\varphi : \mathbb{R} \to \mathbb{R}$ 是可微函数且满足 $\varphi'(z) > 0, \forall_z \in \mathbb{R}$, 则复合函数 $\varphi \circ f$ 是 (严格) 伪凸函数.

证明 由定理 3.1.6(i), f 是拟凸的; 又因 φ 是单增函数, 按定理 2.1.10(ii), $\varphi \circ f$ 是拟凸函数. 由定理 3.1.10, 只需再证 $\varphi \circ f$ 的稳定点是它的 (严格) 局部极小点. 因 $\nabla\varphi(f(x)) = \varphi'(f(x))\nabla f(x)$ 且 $\varphi'(z) > 0, \forall_z \in \mathbb{R}$, 故 $\nabla\varphi(f(x)) = 0$ 当且仅当 $\nabla f(x) = 0$. 因此, x_0 是 $\varphi \circ f$ 的稳定点当且仅当 x_0 是 f 的稳定点. 由 f 的 (严格) 伪凸性, 再次使用定理 3.1.10 知, x_0 作为 f 的稳定点它是 f 的 (严格) 局部极小点. 因 φ 是严格单增函数, 故 x_0 还是 $\varphi \circ f$ 的 (严格) 局部极小点. $\qquad\square$

注 3.1.5 定理 2.1.11 曾指出, 仿射变换保持拟凸性. 类似地, 不难证明仿射变换还保持伪凸性. 即设 $g(x) = Ax + b, x \in \mathbb{R}^n$, 其中 A 是 $m \times n$ 矩阵, $b \in \mathbb{R}^m$, 又设 f 是凸集 $S \subset g(\mathbb{R}^n)$ 上的伪凸函数. 则 $h(x) = (f \circ g)(x) = f(g(x)) = f(Ax + b)$ 在 S 上是伪凸函数; 如果 f 是严格伪凸函数, A 是非奇异 $n \times n$ 矩阵, 则 $f(Ax + b)$ 是严格伪凸函数.

例 3.1.3 设 f 是开凸集 $S \subset \mathbb{R}^n$ 上的 (严格) 伪凸函数. 注意指数函数

$\varphi(z) = e^z$ 是严格单调函数, 按定理 3.1.12,

$$g(x) = (\varphi \circ f)(x) = e^{f(x)}$$

在 S 上是 (严格) 伪凸函数. 考虑如下几个具体的函数:

$$\varphi(z) = \ln z, \quad \varphi(z) = \sqrt{z}, \quad \varphi(z) = z^\alpha, \quad \alpha > 0.$$

当 $z > 0$ 时, 它们都是严格单增函数, 于是, $\forall x \in S, f(x) > 0$ 时, 函数

$$g(x) = \ln f(x), \quad g(x) = \sqrt{f(x)}, \quad g(x) = (f(x))^\alpha, \quad \alpha > 0$$

在 S 上都是伪凸函数.

3.1.3　可微条件下几种广义凸性间的关系

通过前面的讨论和下面的定理, 可以归纳出在可微条件下各种凸性和广义凸性概念之间的蕴涵关系.

定理 3.1.13　设 f 是开凸集 $S \subset \mathbb{R}^n$ 上的可微函数.

(i) 若 f 在 S 上是伪凸函数, 则它在 S 上是半严格拟凸函数;

(ii) 若 f 在 S 上是严格伪凸函数, 则它在 S 上是严格拟凸函数.

证明　(i) 设 $x_1, x_2 \in S$ 且满足 $f(x_1) > f(x_2)$, 记

$$\varphi(t) = f(x_1 + t(x_2 - x_1)), \quad t \in [0, 1].$$

若 f 不是半严格拟凸函数, 则由定义 2.2.1,

$$\exists \bar{t} \in (0, 1), \quad f(x_1 + \bar{t}(x_2 - x_1)) \geqslant f(x_1) > f(x_2),$$

因此有 $\varphi(\bar{t}) \geqslant \varphi(0) > \varphi(1)$. 于是, 若 φ 在点 $t_0 \in (0, 1)$ 达到它的极大值, 则有

$$f(x_1 + t_0(x_2 - x_1)) = \varphi(t_0) > \varphi(1) = f(x_2) \quad \text{和} \quad \varphi'(t_0) = 0.$$

记 $x_0 = x_1 + t_0(x_2 - x_1)$, 则有 $f(x_0) > f(x_2)$. 由 f 的伪凸性, 在点 $x_0, x_2 \in S$ 使用定义 3.1.1 得到

$$0 > \nabla f(x_0)^{\mathrm{T}}(x_2 - x_0) = (1 - t_0)\nabla f(x_0)^{\mathrm{T}}(x_2 - x_1) = (1 - t_0)\varphi'(t_0),$$

于是有 $\varphi'(t_0) < 0$, 这与 $\varphi'(t_0) = 0$ 相矛盾.

(ii) 因严格伪凸性蕴涵伪凸性, 则由 (i) 知 f 在 S 上是半严格拟凸函数. 由定理 2.2.9, 为证 f 是严格拟凸函数, 只需再证它在任何线段上的限制不多于一个点达到它的最小值. 对此使用反证法. 假设存在线段 $[x_1, x_2] \subset S$, 使得 f 在其上的

限制 $\varphi(t) = f(x_1 + t(x_2 - x_1)), t \in [0,1]$ 在至少两个点取到它的最小值. 不妨假设它在 $t = 0, 1$ 取到它的最小值, 则相应地有

$$\exists x_1, x_2 \in S, \quad x_1 \neq x_2, \quad \text{且 } f(x_1) = f(x_2) \text{ 为其最小值}.$$

由 f 的严格伪凸性, 在点 x_1, x_2 使用定义 3.1.2 得到

$$\varphi'(0) = \nabla f(x_1)^{\mathrm{T}}(x_2 - x_1) < 0.$$

注意到 $\varphi(0) = f(x_1)$ 是 f 的另一个最小值, 故又有 $\varphi'(0) \geqslant 0$, 这导致矛盾. $\square$

注 3.1.6 在 (严格) 伪凸函数类和 (严格) 半严格拟凸函数类之间存在严格的包含关系. 例如函数 $f(x) = x^3$ 是严格单增函数, 因而是严格拟凸函数; 然而, f 的稳定点 $x_0 = 0$ 不是全局极小点 (甚至不是局部极小点), 按定理 3.1.5, 它不是伪凸函数, 更不是严格伪凸函数.

然而, 当可微函数不存在稳定点时, 按定理 3.1.6(ii), 拟凸性与伪凸性等价, 于是, 这时拟凸、半严格拟凸和伪凸函数类之间没有区别.

伪凸函数类与严格拟凸函数类间, 不存在任何包含关系. 事实上, 常值函数是伪凸函数, 但不是严格拟凸函数和严格伪凸函数; 相反, $f(x) = x^3$ 是严格拟凸函数, 但它不是伪凸函数.

在可微性条件下, 各种凸性和广义凸性概念之间蕴涵关系如图 3.1 所示. 注 3.1.6 中的例子和后面的例子表明, 这些蕴涵关系都不可逆.

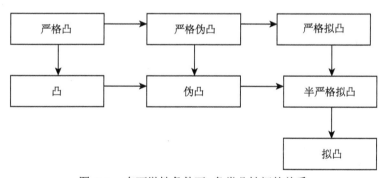

图 3.1   在可微性条件下, 各类凸性间的关系

例 3.1.4 (i) $f(x, y) = x + y, (x, y) \in \mathbb{R}^2$ 是凸函数和拟凸函数, 但不是严格凸函数.

(ii) $f(x, y) = (x + y)^3 + x + y, (x, y) \in \mathbb{R}^2$ 是伪凸函数但不是凸函数.

(iii) $f(x, y) = (x + y)^3, (x, y) \in \mathbb{R}^2$ 是半严格拟凸函数, 但它既不伪凸也不是严格拟凸.

(iv) $f(x, y) = \begin{cases} -(x+y)^2, & x+y < 0, \\ 0, & x+y \geqslant 0 \end{cases}$ 是拟凸函数但不是半严格拟凸函数.

最后证明: 严格伪凸函数类是伪凸函数类与严格拟凸函数类的交集.

定理 3.1.14 设 f 是开凸集 $S \subset \mathbb{R}^n$ 上的连续可微函数. 则 f 在 S 上是严格伪凸函数当且仅当 f 在 S 上同时是伪凸和严格拟凸函数.

证明 假设 f 在 S 上同时是伪凸函数和严格拟凸函数. 由严格拟凸性蕴涵拟凸性知, 定理 3.1.10 的充分条件 (i) 成立. 要证 f 是严格伪凸函数, 只需再证充分条件 (ii) 成立, 即若 $x_0 \in S$ 是 f 的一个稳定点, 则 x_0 是它的严格局部极小点. 因 f 是伪凸函数, 使用定理 3.1.10 的必要条件 (ii), x_0 是 f 的局部极小点. 现在假设它不是严格局部极小点, 则存在 x_0 的邻域 U 和 $x_1 \in (U \cap S) \backslash \{x_0\}$, 使得 $f(x_1) = f(x_0)$. 因 f 还是严格拟凸函数, 对点 x_0 和 x_1 使用定义 2.1.2 得到

$$f(x_0) > f(x_0 + \lambda(x_1 - x_0)), \quad \forall \lambda \in (0, 1),$$

这与 x_0 的局部极小性相矛盾.

反过来, 若 f 是严格伪凸函数, 则它是伪凸函数; 由定理 3.1.13(ii), 严格伪凸函数还是严格拟凸函数. □

注 3.1.7 当 f 不存在稳定点, 即 $\nabla f(x) \neq 0, \forall x \in S$ 时, 按定理 3.1.6(ii), 伪凸性与拟凸性等价, 于是, 由严格拟凸性蕴涵拟凸性知, 严格拟凸性蕴涵伪凸性. 但反过来不真, 例如函数 $f(x, y) = x + y$ 是伪凸函数, 且 $\nabla f(x, y) = (1, 1)^{\mathrm{T}} \neq 0$. 因它的任何水平集是一条直线, 故存在线段使得它在其上的限制取常值, 由定理 2.1.14, 它不是严格拟凸函数. 此外, 当 f 不存在稳定点时, 严格拟凸性与严格伪凸性等价. 事实上, 这时使用刚才的结论: 严格拟凸性蕴涵伪凸性知, f 同时是伪凸函数和严格拟凸函数, 使用定理 3.1.14, 这等价于严格伪凸函数.

3.2　拟线性性和伪线性性

仿射函数类同时具有凸函数类和凹函数类的性质. 更一般地, 为了得到某类广义凸函数和广义凹函数的所有性质都成立的函数类, 可以要求函数同是拟凸和拟凹函数, 或者同是半严格拟凸和半严格拟凹函数, 或者同是伪凸和伪凹函数, 这就产生了拟线性性、半严格拟线性性和伪线性性等概念.

3.2.1　拟线性性和半严格拟线性性

定义 3.2.1 设 f 是凸集 $S \subset \mathbb{R}^n$ 上的实值函数. 称 f 在 S 上是 (半严格) 拟线性函数, 如果它在 S 上同时是 (半严格) 拟凸函数和 (半严格) 拟凹函数.

由 (半严格) 拟凸和 (半严格) 拟凹函数的一些特征性质, 有下面的定理.

定理 3.2.1 设 f 是凸集 $S \subset \mathbb{R}^n$ 上的函数. 则 f 在 S 上是拟线性函数当且仅当下列条件之一成立:

(i) $\forall x_1, x_2 \in S, \forall \lambda \in [0, 1]$,

$$\min\{f(x_1), f(x_2)\} \leqslant f(x_1 + \lambda(x_2 - x_1)) \leqslant \max\{f(x_1), f(x_2)\}.$$

(ii) f 的下水平集、上水平集和水平集都是凸集.

(iii) f 在包含于 S 的任何线段上的限制是单减或单增函数.

定理 3.2.2 设 f 是凸集 $S \subset \mathbb{R}^n$ 上的函数. 则 f 在 S 上是半严格拟线性函数当且仅当下列条件之一成立:

(i) $\forall x_1, x_2 \in S, f(x_1) \neq f(x_2), \forall \lambda \in (0, 1)$,

$$\min\{f(x_1), f(x_2)\} < f(x_1 + \lambda(x_2 - x_1)) < \max\{f(x_1), f(x_2)\}.$$

(ii) f 在包含于 S 的任何线段上的限制或者是严格单减函数, 或者是严格单增函数, 或者是常值函数.

类似于拟凸情形, 半严格拟线性函数不必是拟线性函数 (见例 2.2.2, 函数是拟线性函数, 但不是半严格拟线性函数). 为了维持半严格拟线性函数类与拟线性函数类两者之间的包含关系, 必须依赖于函数的连续性. 回忆定理 2.2.2: 函数的下半连续性加半严格拟凸性蕴涵拟凸性; 与此相对应: 函数的上半连续性加半严格拟凹性蕴涵拟凹性. 据此, 有下面的定理.

定理 3.2.3 连续半严格拟线性函数是拟线性函数.

这一定理的逆命题不真, 例如单变量函数 $f(x) = x|x| - x^2$ 是连续拟线性函数, 但不是半严格拟线性函数.

由于连续非常值且严格单调的函数 $f(x)$ 满足 $x_1 \neq x_2$ 蕴涵 $f(x_1) \neq f(x_2)$, 于是, 据定理 3.2.2(i), 连续非常值半严格拟线性函数同时严格拟凸和严格拟凹. 因此, 没有必要引进 "严格拟线性函数" 类.

定理 3.2.1(ii) 表明, 拟线性函数的每个上水平集 $L_{\geqslant \alpha}$ 和下水平集 $L_{\leqslant \alpha}$ 都是凸集, 因此, 这两个凸集的交, 水平集 $L_{=\alpha}$ 也是凸集. $L_{=\alpha}$ 不必是 $L_{\geqslant \alpha}$ 或 $L_{\leqslant \alpha}$ 的边界. 例如, 连续拟线性函数

$$f(x) = \begin{cases} -x^2, & x \leqslant 0, \\ 0, & 0 < x \leqslant 2, \\ (x-2)^2, & x > 2. \end{cases}$$

我们有 $L_{=0} = [0, 2], L_{\geqslant 0} = [0, +\infty), L_{\leqslant 0} = (-\infty, 2]$, 可见集合 $L_{\geqslant 0}$ 和 $L_{\leqslant 0}$ 有不同的边界点; 还有 $\text{int} L_{=0} \neq \varnothing$. 然而, 对于连续半严格拟线性函数, 下面的定理表明, 这种情况不会发生.

定理 3.2.4　设 f 是开凸集 $S \subset \mathbb{R}^n$ 上的非常值连续半严格拟线性函数, 则下列条件成立:

(i) 对每个非空水平集 $L_{=\alpha}$, 都有 $\mathrm{int} L_{=\alpha} = \varnothing$;

(ii) 水平集 $L_{=\alpha}$ 上的点是上水平集 $L_{\geqslant \alpha}$ 的边界点, 也是下水平集 $L_{\leqslant \alpha}$ 的边界点.

证明　(i) 反证法. 假设 $\mathrm{int} L_{=\alpha} \neq \varnothing$, 可设 $x_0 \in \mathrm{int} L_{=\alpha}$. $\forall x \in S$, 考虑线段 $[x_0, x]$. 因 $x_0 \in \mathrm{int} L_{=\alpha}$, 故 $\exists \bar{x} \in (x_0, x)$, 使得 $[x_0, \bar{x}] \subset L_{=\alpha}$. 因此, 函数 f 在线段 $[x_0, x]$ 的限制在 $[x_0, \bar{x}]$ 上是常值函数. 由定理 3.2.2(ii), 它在 $[x_0, x]$ 也是常值函数. 由 $x \in S$ 的任意性, 有 $f(x) = f(x_0), \forall x \in S$, 即 f 是常值函数, 这与定理的条件相矛盾.

(ii) 设 $x_0 \in L_{=\alpha}$. 由 (i), $\mathrm{int} L_{=\alpha} = \varnothing$, 故对于 x_0 的任一邻域 $U, \exists \bar{x} \in U, f(\bar{x}) \neq f(x_0)$. 考虑限制 $\varphi(t) = f(x_0 + t(\bar{x} - x_0)), t \in (-\varepsilon, \varepsilon)$. 由定理 3.2.2(ii), f 在线段 $(x_0 - \varepsilon(\bar{x} - x_0), x_0 + \varepsilon(\bar{x} - x_0))$ 上是严格单调增函数或严格单调减函数, 由此立刻推出 $x_0 \in \partial L_{\geqslant \alpha}, x_0 \in \partial L_{\leqslant \alpha}$. □

下面的定理表明, 连续半严格拟线性函数的水平集是它的定义域与一个超平面的交.

定理 3.2.5　设 f 是开凸集 $S \subset \mathbb{R}^n$ 上的非常值连续函数. 则 f 是半严格拟线性函数当且仅当每个非空水平集 $L_{=k}$ 可用 $L_{=k} = S \cap H_k$ 的形式表示, 这里的 H_k 是分离 $L_{\leqslant k}$ 和 $L_{\geqslant k}$ 的一个超平面.

证明　假设 f 是半严格拟线性函数. 设 $L_{=k}$ 是任一非空水平集, 则由定理 3.2.4 知: $\varnothing = \mathrm{int} L_{=k} = \mathrm{int} L_{\geqslant k} \cap \mathrm{int} L_{\leqslant k}$. 由定理 3.2.3, 这时 f 还是拟线性函数, 故 $L_{\leqslant k}$ 和 $L_{\geqslant k}$ 是凸集, 因而存在分离 $L_{\leqslant k}$ 和 $L_{\geqslant k}$ 的超平面 H_k, 即 $\exists \alpha_k \in \mathbb{R}^n \backslash \{0\}$, 使得

$$H_k = \{x \in \mathbb{R}^n : \alpha_k^{\mathrm{T}}(x - x_0) = 0\}, \quad x_0 \in L_{=k},$$

且

$$\alpha_k^{\mathrm{T}}(x - x_0) \geqslant 0, \ \forall x \in L_{\geqslant k}, \quad \alpha_k^{\mathrm{T}}(x - x_0) \leqslant 0, \ \forall x \in L_{\leqslant k}.$$

据此和等式 $L_{=k} = L_{\geqslant k} \cap L_{\leqslant k}$ 知, $x \in L_{=k}$ 蕴涵 $x \in H_k$, 即 $L_{=k} \subset H_k$, 从而有 $L_{=k} \subset S \cap H_k$. 剩下需证相反的包含关系成立. 注意到超平面 H_k 还严格分离 $\mathrm{int} L_{\leqslant k} = L_{<k}$ 和 $\mathrm{int} L_{\geqslant k} = L_{>k}$, 即

$$\alpha_k^{\mathrm{T}}(x - x_0) > 0, \ \forall x \in \mathrm{int} L_{\geqslant k}; \quad \alpha_k^{\mathrm{T}}(x - x_0) < 0, \ \forall x \in \mathrm{int} L_{\leqslant k}.$$

因此, 由 $x \in S \cap H_k$ 蕴涵 $x \in H_k$, 得到 $x \notin L_{>k}$ 且 $x \notin L_{<k}$. 这推出 $x \in L_{=k}$. 综上得到 $S \cap H_k \subset L_{=k}$.

反过来, 假设非常值连续函数 f 不是半严格拟线性函数, 则由定理 3.2.2(i) 知, $\exists x_0, x_1 \in S, f(x_0) \neq f(x_1), \exists \bar{t} \in (0,1)$, 使得

$$f(x_0 + \bar{t}(x_1 - x_0)) \leqslant \min\{f(x_0), f(x_1)\}$$

或

$$f(x_0 + \bar{t}(x_1 - x_0)) \geqslant \max\{f(x_0), f(x_1)\},$$

或两者同时成立. 考虑 f 在 $[x_0, x_1] \subset S$ 上的限制 $\varphi(t) = f(x_0 + t(x_1 - x_0)), t \in [0,1]$. 则 $\min\limits_{t \in [0,1]} \varphi(t) < \varphi(\bar{t})$ 或 $\max\limits_{t \in [0,1]} \varphi(t) > \varphi(\bar{t})$ 成立. 否则, 由

$$\min\limits_{t \in [0,1]} \varphi(t) = \varphi(\bar{t}) = \max\limits_{t \in [0,1]} \varphi(t)$$

导致 φ 在 $[0,1]$ 上取常值, 这与 $\varphi(0) = f(x_0) \neq f(x_1) = \varphi(1)$ 相矛盾. 这样一来, 有

$$\min\limits_{t \in [0,1]} \varphi(t) < \varphi(\bar{t}) \leqslant \min\{f(x_0), f(x_1)\}$$

或

$$\max\limits_{t \in [0,1]} \varphi(t) > \varphi(\bar{t}) \geqslant \max\{f(x_0), f(x_1)\},$$

或两者同时成立. 考虑第一种情形 (第二种情形是类似的). 由 f 的连续性蕴涵 φ 连续, 可设 $t^* \in [0,1]$ 满足

$$\varphi(t^*) = \min\limits_{t \in [0,1]} \varphi(t) < \min\{f(x_0), f(x_1)\}.$$

记 $x^* = x_0 + t^*(x_1 - x_0)$, 则 $x^* \in [x_0, x_1]$. 考虑非空水平集 $L_{=f(x^*)}$, 由上一步所证的结果, 可设 H 是满足 $L_{=f(x^*)} = S \cap H$ 的超平面. 因

$$f(x^*) = \varphi(t^*) < \min\{f(x_0), f(x_1)\},$$

故 $x_0, x_1 \in L_{>f(x^*)}$, 即 $x_0, x_1 \notin H$, 且它们位于同一个半空间. 另一方面, 显然有 $x^* \in H$, 这蕴涵 x_0 和 x_1 位于相对的两个半空间, 这导致矛盾. □

如果在定理 3.2.5 中, 用 $\mathbb{R}^n$ 替换开凸集 S, 得到如下推论.

推论 3.2.1 设 f 是 $\mathbb{R}^n$ 上的非常值连续函数. 则 f 是半严格拟线性函数当且仅当它的每个非空水平集是一个超平面.

与刻画半严格拟线性性不同, 使用水平集来刻画拟线性性相当麻烦 [34]. 尽管如此, 受可微情形时水平集凸性的启发, 可以根据函数在同一水平集上点的性质来刻画拟线性性, 这就是下面的定理.

定理 3.2.6　设 f 是开凸集 $S \subset \mathbb{R}^n$ 上的可微函数. 则 f 在 S 上是拟线性函数当且仅当下面的蕴涵成立:

$$x, y \in S, \quad f(x) = f(y) \Rightarrow \nabla f(x)^{\mathrm{T}}(y - x) = 0. \tag{3.10}$$

证明　设 f 是拟线性函数, 由定理 3.2.1(ii), f 的任何水平集都是凸集. 若 $f(x) = f(y)$, 则由水平集 $L_{=f(x)}$ 的凸性推出线段 $[x, y] \subset L_{=f(x)}$. 于是, f 在 $[x, y]$ 上的限制 $\varphi(t) = f(x + t(y - x)), t \in [0, 1]$ 是常值函数. 因此有

$$\varphi'(0) = \nabla f(x)^{\mathrm{T}}(y - x) = 0,$$

即式 (3.10) 成立.

反过来, 假设式 (3.10) 成立, 又假设 f 不是拟凸函数. 由定理 3.1.2,

$$\exists x, y \in S, \quad f(x) \geqslant f(y), \quad \nabla f(x)^{\mathrm{T}}(y - x) > 0.$$

据此, 考虑限制

$$\varphi(t) = f(x + t(y - x)), \quad t \in [0, 1],$$

则有 $\varphi'(0) = \nabla f(x)^{\mathrm{T}}(y - x) > 0$, 因此, φ 有极大点 $t^* > 0$, 满足

$$\varphi(t^*) > \varphi(0) \geqslant \varphi(1).$$

由函数 φ 在 $[0, 1]$ 的连续性知, $\exists \bar{t} \in (0, 1), \varphi(\bar{t}) = \varphi(0)$. 令 $\bar{x} = x + \bar{t}(y - x)$, 有 $f(\bar{x}) = f(x)$. 对 $x, \bar{x} \in S$ 使用条件 (3.10) 得到 $(\bar{x} - x)^{\mathrm{T}} \nabla f(x) = 0$. 但是还有与此矛盾的不等式

$$(\bar{x} - x)^{\mathrm{T}} \nabla f(x) = \bar{t}(y - x)^{\mathrm{T}} \nabla f(x) > 0,$$

故 f 是拟凸函数. 类似地, 可以证明 f 是拟凹函数, 因此 f 是拟线性函数.　□

注 3.2.1　考虑拟线性函数 $f(x) = x^3$, 取 $x = 0, y = 1$, 有 $f'(x)(y - x) = 0$ 且 $f(x) \neq f(y)$. 这表明, 条件 (3.10) 中的蕴涵关系不可逆. 在 3.2.2 节将要看到, 当单向蕴涵关系 (3.10) 成为双向蕴涵关系时, 它成为伪线性函数的刻画.

3.2.2　伪线性性

定义 3.2.2　设 f 是开凸集 $S \subset \mathbb{R}^n$ 上的可微函数. 称 f 在 S 上是伪线性函数, 如果它在 S 上同时是伪凸函数和伪凹函数.

显然, 伪线性性蕴涵拟线性性. 使用伪凸函数已有的结果和伪凹函数相应的结果, 有如下定理.

定理 3.2.7　设 f 是开凸集 $S \subset \mathbb{R}^n$ 上的可微函数, 则下列命题成立:

(i) 如果 f 在 S 上是伪线性函数, 则 f 不存在稳定点, 即 $\nabla f(x) \neq 0, \forall x \in S$ 或 f 是常值函数;

(ii) 如果 f 在 S 上是伪线性函数, 则 f 在 S 上还是半严格拟线性函数;

(iii) f 在 S 上是伪线性函数当且仅当它在线段上的非常值限制的导数保号.

证明 (i) 由定理 3.1.5 及其在伪凹情形下的相应结果, 对于伪线性函数, 稳定点同时是全局极小点和全局极大点. 于是, 若 f 存在稳定点 $x_0 \in S$, 则 $\forall x \in S, f(x_0) \leqslant f(x) \leqslant f(x_0)$, 即 f 在 S 上为常值, 换言之, 非常值的伪线性函数不存在稳定点.

(ii) 从定理 3.1.13(i) 知, 可微伪凸函数是半严格拟凸函数; 加上伪凹情形下相应的结论推出 f 是半严格拟线性函数.

(iii) 首先, 由定理 3.1.8 知, f 在 S 上是伪线性函数当且仅当 f 在包含于 S 的任何线段上的限制是伪线性函数. 注意到常值函数是伪线性函数, 因此, 只需证明当 $n = 1$ 时性质 (iii) 成立. 设 $f(x)$ 是非常值可微函数. 若 f 是伪线性函数, 由 (ii) 知它是半严格拟线性函数; 据此, 由定理 3.2.2(ii), 它是严格单调减函数或严格单调增函数, 故 $\forall x \in S$, 有 $f'(x) \leqslant 0$ 或 $f'(x) \geqslant 0$. 由 (i) 知它不存在稳定点, 即 $f'(x) \neq 0, \forall x \in S$. 因此 $\forall x \in S$, 只有 $f'(x) < 0$ 或 $f'(x) > 0$, 即 $f'(x)$ 保号. 反过来, 若 $f'(x)$ 保号, 例如 $f'(x) < 0, \forall x \in S$, 则 f 不存在稳定点, 且是严格单调减函数, 由定理 3.2.2(ii), 它是半严格拟线性函数. 由 f 的可微性蕴涵连续性, 由定理 3.2.3, 它是拟线性函数. 注意到它不存在稳定点, 故由定理 3.1.6(ii), f 是伪线性函数. 对于 $f'(x) > 0$ 的情形, 可类似地证明. □

定理 3.2.7(ii) 的逆命题不真. 例如, 半严格拟线性函数 $f(x) = x^3$. 它存在稳定点 $x = 0$, 且非常值, 由定理 3.2.7(i) 知, 它不是伪线性函数.

将拟线性的特性 (3.10) 加强为双向蕴涵, 则成为伪线性性的特征, 这有下面的定理.

定理 3.2.8 设 f 是开凸集 $S \subset \mathbb{R}^n$ 上的可微函数. 则 f 在 S 上是伪线性函数当且仅当下面的双向蕴涵关系成立:

$$x, y \in S, \quad f(x) = f(y) \Leftrightarrow \nabla f(x)^{\mathrm{T}}(y - x) = 0. \tag{3.11}$$

证明 首先设 f 是伪线性函数, 由定理 3.1.6(i), 它是拟线性函数, 故式 (3.10) 成立. 为证式 (3.11), 只需再证 $\nabla f(x)^{\mathrm{T}}(y - x) = 0$ 蕴涵 $f(x) = f(y)$. 令

$$\varphi(t) = f(x + t(y - x)), \quad t \in [0, 1].$$

有 $\varphi'(0) = \nabla f(x)^{\mathrm{T}}(y - x) = 0$, 于是, 由定理 3.1.8 和定理 3.2.7(i), 限制 φ 在 $[0, 1]$ 上是常值函数, 故 $f(x) = f(y)$.

反过来, 假设式 (3.11) 成立. 由蕴涵关系 "⇒", 由定理 3.2.6, 函数 f 是拟线性函数. 若 f 不存在稳定点, 则由定理 3.1.6(ii) 知拟线性性蕴涵伪线性性; 若存在稳定点 $x_0 \in S$, 由式 (3.11) 的蕴涵关系 "⇐" 知, $\forall y \in S, f(y) = f(x_0)$, 即 f 是常值函数, 因此它是伪线性函数. 　　　　　　　　　　　　　　　□

综合定理 3.1.6、定理 3.2.3、定理 3.2.5 和定理 3.2.7(i)~(ii) 以及伪凹情形下的相应结论, 有下面的定理. 这一定理表明, 对伪线性函数的研究等价于对没有稳定点的半严格拟线性函数的研究.

定理 3.2.9　设 f 是开凸集 $S \subset \mathbb{R}^n$ 上的非常值可微函数. 则 f 在 S 上是伪线性函数当且仅当下列性质成立:

(i) f 的每个水平集是 S 和一个超平面的交;

(ii) f 不存在稳定点, 即 $\nabla f(x) \neq 0, \forall x \in S$.

证明　若 f 是非常值的伪线性函数, 则由定理 3.2.7(i) 知它不存在稳定点, 即 (ii) 成立; 由定理 3.2.7(ii) 知它还是半严格拟线性函数, 据此用定理 3.2.5 知 (i) 成立.

反过来, 设条件 (i) 和条件 (ii) 成立. 由定理 3.2.5 和条件 (i) 知 f 是半严格拟线性的; 由定理 3.2.3, 它是拟线性函数. 根据定理 3.1.6 和凹情形下相应的结论, 由条件 (ii) 知它还是伪线性函数. 　　　　　　　　　　　　　　　□

注意到当函数 f 的水平集包含于某个超平面时, 在水平集的每个点处, f 的梯度向量与这个超平面正交, 从而它们有相同的方向. 据此和定理 3.2.9 推出, 正规化梯度映射 $x \to \dfrac{\nabla f(x)}{\|\nabla f(x)\|}$ 在伪线性函数的每个水平集上取常值. 这一结论的直接证明由下面的定理给出.

定理 3.2.10　设 f 是开凸集 $S \subset \mathbb{R}^n$ 上的可微函数, 且 $\nabla f(x) \neq 0, \forall x \in S$. 则 f 在 S 上是伪线性函数当且仅当它的正规化梯度映射在每个水平集是常值函数.

证明　设 f 是伪线性函数, 现在证明

$$\forall x, y \in S, \quad f(x) = f(y) \Rightarrow \frac{\nabla f(x)}{\|\nabla f(x)\|} = \frac{\nabla f(y)}{\|\nabla f(y)\|}. \tag{3.12}$$

任取 $x, y \in S$, 记

$$S_1 = \{d \in \mathbb{R}^n : d^T \nabla f(x) = 0\}, \quad S_2 = \{d \in \mathbb{R}^n : d^T \nabla f(y) = 0\}.$$

若 $d \in S_1$, 则 $\forall t > 0, x + td \in S$, 有 $\nabla f(x)^T(x + td - x) = t\nabla f(x)^T d = 0$. 由式 (3.11) 的蕴涵关系 "⇐" 有 $f(x + td) = f(x) = f(y)$. 据此使用式 (3.11) 的蕴涵关系 "⇒" 得到 $(x + td - y)^T \nabla f(y) = 0$ 和 $(x - y)^T \nabla f(y) = 0$. 这推出 $d^T \nabla f(y) = 0$, 从而有 $d \in S_2$. 综上得到 $S_1 \subset S_2$. 类似地可以证明 $S_2 \subset S_1$, 因而 $S_1 = S_2$. 由 S_1

和 S_2 的定义, 这意味着

$$\frac{\nabla f(x)}{\|\nabla f(x)\|} = \pm \frac{\nabla f(y)}{\|\nabla f(y)\|}.$$

假设这一等式取负号, 记

$$u = \frac{\nabla f(y)}{\|\nabla f(y)\|}, \quad 则 \quad \frac{\nabla f(x)}{\|\nabla f(x)\|} = -u.$$

据此和条件 $\nabla f(x) \neq 0, \forall x \in S$ 知, $\nabla f(x)$ 和 $\nabla f(y)$ 方向相反, 因此可选取 $t \in (0, \varepsilon)$, 满足 $f(z_1) < f(x) = f(y) < f(z_2)$ 或相反, 其中

$$z_1 = x + tu, \quad z_2 = y + tu.$$

由 f 的连续性知, $\exists \alpha \in (0, 1)$, 使得 $f(z) = f(x) = f(y)$, 其中 $z = \alpha z_1 + (1 - \alpha)z_2$. 由式 (3.11) 的蕴涵关系 "$\Rightarrow$" 有 $(z - y)^\mathrm{T} u = 0$ 和 $(x - y)^\mathrm{T} u = 0$. 综上并经简单的计算得到

$$(z - y)^\mathrm{T} u = (\alpha(x - y) + tu)^\mathrm{T} u = \alpha(x - y)^\mathrm{T} u + tu^\mathrm{T} u = t\|u\|^2 > 0,$$

导致矛盾, 因此, 等式 $\dfrac{\nabla f(x)}{\|\nabla f(x)\|} = \pm \dfrac{\nabla f(y)}{\|\nabla f(y)\|}$ 只可能取正号.

反过来, 假设式 (3.12) 成立. 任取 $x, y \in S$, 令

$$\varphi(t) = f(x + t(y - x)), \quad t \in [0, 1].$$

我们断言, $\varphi'(t)$ 在线段 $[0, 1]$ 上是保号. 否则,

$$\exists t_1, t_2 \in (0, 1), \quad \varphi(t_1) = \varphi(t_2) \text{ 且 } \varphi'(t_1) \cdot \varphi'(t_2) < 0.$$

记 $z_1 = x + t_1(y - x), z_2 = x + t_2(y - x)$. 因 $f(z_1) = \varphi(t_1) = \varphi(t_2) = f(z_2)$, 于是由式 (3.12) 有 $\nabla f(z_2) = \dfrac{\|\nabla f(z_2)\|}{\|\nabla f(z_1)\|} \nabla f(z_1)$, 进一步得到

$$\varphi'(t_2) = (y - x)^\mathrm{T} \nabla f(z_2) = (y - x)^\mathrm{T} \nabla f(z_1) \frac{\|\nabla f(z_2)\|}{\|\nabla f(z_1)\|} = \varphi'(t_1) \frac{\|\nabla f(z_2)\|}{\|\nabla f(z_1)\|}.$$

因此, $\varphi'(t_2)$ 与 $\varphi'(t_1)$ 有相同的符号, 这与 $\varphi'(t_1) \cdot \varphi'(t_2) < 0$ 相矛盾, 故 $\varphi'(t)$ 在 $[0, 1]$ 上保号, 因而它单调, 由定理 3.2.1(iii), 它是拟线性函数. 由 $x, y \in S$ 的任意性, 函数 f 在每一包含于 S 的线段上的限制都是拟线性函数, 因此, f 在 S 上是拟线性函数. 因 $\nabla f(x) \neq 0, \forall x \in S$, 由定理 3.1.6(ii), 它还是伪线性函数. $\qquad \square$

当 f 是定义在全空间 $\mathbb{R}^n$ 上时, 定理 3.2.10 可以加强为下面的定理.

定理 3.2.11　$\mathbb{R}^n$ 上的非常值函数 f 是伪线性函数当且仅当它的正规化梯度映射在 $\mathbb{R}^n$ 上是常值映射.

证明　设 f 在 $\mathbb{R}^n$ 上是伪线性函数, 并假设它的正规化梯度映射在 $\mathbb{R}^n$ 上不是常值映射, 即 $\exists x_1, x_2 \in \mathbb{R}^n$, 使得 $\dfrac{\nabla f(x_1)}{\|\nabla f(x_1)\|} \neq \dfrac{\nabla f(x_2)}{\|\nabla f(x_2)\|}$. 由定理 3.2.10 的蕴涵关系 "⇐" 知 $f(x_1) \neq f(x_2)$. 记

$$S_1 = \{d \in \mathbb{R}^n : d^{\mathrm{T}} \nabla f(x_1) = 0\}, \quad S_2 = \{d \in \mathbb{R}^n : d^{\mathrm{T}} \nabla f(x_2) = 0\},$$

则有 $(x_1 + S_1) \cap (x_2 + S_2) = \varnothing$. 事实上, 若不成立, 则 $\exists x \in x_1 + S_1$, 使得 $x \in x_2 + S_2$. 这分别导致 $(x - x_1)^{\mathrm{T}} \nabla f(x_1) = 0$ 和 $(x - x_2)^{\mathrm{T}} \nabla f(x_2) = 0$. 据此和式 (3.11) 分别有 $f(x) = f(x_1)$ 和 $f(x) = f(x_2)$, 与 $f(x_1) \neq f(x_2)$ 相矛盾. 此外, 注意到 S_1 和 S_2 分别是向量 $\nabla f(x_1)$ 和 $\nabla f(x_2)$ 的正交子空间, 故由 $\dfrac{\nabla f(x_1)}{\|\nabla f(x_1)\|} \neq \dfrac{\nabla f(x_2)}{\|\nabla f(x_2)\|}$ 有

$$(x_1 + S_1) \cap (x_2 + S_2) \neq \varnothing,$$

这导致矛盾.

反过来, 若它的正规化梯度映射在 $\mathbb{R}^n$ 上是常值映射, 则在它的每个水平集是常值集, 由定理 3.2.10 知它是伪线性函数.　□

我们可以给出定理 3.2.11 的几何直观解释: 对于定义在全空间 $\mathbb{R}^n$ 上的非常值伪线性函数, 因其任何两个水平集具有相同方向的法向量, 故其水平集是相互平行的超平面; 反过来, 如果不存在稳定点的可微函数的水平集是超平面, 则函数是伪线性.

在下面的例子中, 使用定理 3.2.9 来验证给定函数的伪线性性, 构造伪线性函数.

例 3.2.1　线性分式函数

$$f(x) = \frac{a^{\mathrm{T}} x + a_0}{b^{\mathrm{T}} x + b_0}, \quad b \neq 0, \quad b^{\mathrm{T}} x + b_0 > 0$$

是伪线性函数.

事实上, 设 $\alpha \in \mathbb{R}$, 记 $\mathbb{R}^n$ 中的超平面 H_α 为

$$H_\alpha = \{x \in \mathbb{R}^n : (a - \alpha b)^{\mathrm{T}} x = \alpha b_0 - a_0\};$$

f 的定义域 $S = \{x \in \mathbb{R}^n : b^{\mathrm{T}} x + b_0 > 0\}$ 是 $\mathbb{R}^n$ 中的开半空间. 于是, 易知 f 的

水平集 $L_{=\alpha}$ 是 $\mathbb{R}^n$ 中开半超平面 $S \cap H_\alpha$. 此外有

$$\nabla f(x) = \frac{(b^{\mathrm{T}}x + b_0)a - (a^{\mathrm{T}}x + a_0)b}{(b^{\mathrm{T}}x + b_0)^2}.$$

故 $\nabla f(x) = 0$ 当且仅当 $a = \dfrac{a^{\mathrm{T}}x + a_0}{b^{\mathrm{T}}x + b_0} \cdot b$.

(i) 若向量 a, b 不成比例或不共线, 即 $\forall k \neq 0, a \neq kb$, 有 $\nabla f(x) \neq 0, \forall x \in S$. 于是, 定理 3.2.9 的 (i) 和 (ii) 成立, 它是伪线性函数.

(ii) 若向量 a, b 成比例或共线, 即 $\exists k \neq 0, a = kb$, 则 f 退化为

$$f(x) = k + \frac{a_0 - kb_0}{b^{\mathrm{T}}x + b_0}.$$

当 $a_0 \neq kb_0$ 时, $\nabla f(x) = \dfrac{(kb_0 - a_0)b}{(b^{\mathrm{T}}x + b_0)^2} \neq 0, \forall x \in S$, 定理 3.2.9 的 (i) 和 (ii) 成立, 它是伪线性函数. 当 $a_0 = kb_0$ 时, f 为常值函数, 它是伪线性函数.

综上, 线性分式函数是伪线性函数.

例 3.2.2 受定理 3.2.9 的启发, 可以从直线族或超平面族出发构造伪线性函数. 例如, 考虑直线族 $y = (kx + 1)/\sqrt{k+1}$. 有

$$(\sqrt{k+1}\,y)^2 = (kx + 1)^2, \quad x^2k^2 + (2x - y^2)k + (1 - y^2) = 0.$$

求解关于 k 的二次方程得到

$$k = \frac{-2x + y^2 \pm |y|\sqrt{y^2 - 4x + 4x^2}}{2x^2}.$$

考虑函数

$$f(x, y) = \frac{-2x + y^2 + |y|\sqrt{y^2 - 4x + 4x^2}}{2x^2}.$$

易知函数 $f(x, y)$ 的定义域为 $S = \{x \in \mathbb{R}^n : x \neq 0, (2x - 1)^2 + y^2 \geqslant 1\}$, 显然 S 是 xOy 平面除去 y 轴和开椭圆面 $(2x - 1)^2 + y^2 < 1$.

依前面的讨论, $f(x, y)$ 的水平集 $L_{=k} = \{(x, y) \in S : f(x, y) = k\}$ 是直线族中对应的直线 $y = (kx + 1)/\sqrt{k+1}$ 与定义域 S 的交集. 由定理 3.2.9, 函数 $f(x, y)$ 在每个不存在稳定点的开凸集上是伪线性函数. 例如, 计算表明, 在开凸集

$$\{(x, y) \in \mathbb{R}^2 : x > 1, y > 0\} \subset S$$

上有 $\nabla f(x, y) \neq 0$. 因此, $f(x, y)$ 在这个开凸集上是伪线性函数.

由定理 3.1.12, 立刻得到如下关于复合函数伪线性性的定理. 使用这一定理, 可以帮助我们从已知的伪线性函数构造新的伪线性函数.

定理 3.2.12　设 $f : S \subset \mathbb{R}^n \to \mathbb{R}$ 是开凸集 S 上的伪线性函数, $\phi : \mathbb{R} \to \mathbb{R}$ 是可微函数, 且满足 $\phi'(z) > 0, \forall z \in \mathbb{R}$ 或者 $\phi'(z) < 0, \forall z \in \mathbb{R}$. 则复合函数 $\phi \circ f$ 在 S 上是伪线性函数.

例 3.2.3　如果 $g(x)$ 在凸集 $S \subset \mathbb{R}^n$ 上是伪线性函数, 则函数 $f(x) = e^{g(x)}$ 在 S 上也是伪线性函数.

3.3　二阶可微广义凸函数

本节介绍二阶可微广义凸函数的一些特征刻画.

3.3.1　拟凸函数

回忆定理 1.2.18, 一个二阶可微凸函数的 Hessian 矩阵 $\nabla^2 f(x)$ 是半正定矩阵, 或者等价地, 它的特征值非负. 因此, 拟凸但不凸的函数, 其 Hessian 矩阵 $\nabla^2 f(x)$ 存在负特征值. 然而, 下面的定理指出, 这时 Hessian 矩阵 $\nabla^2 f(x)$ 不可能有两个或更多个负特征值.

定理 3.3.1　设 f 是开凸集 $S \subset \mathbb{R}^n$ 上的二阶连续可微拟凸函数. 则 $\forall x \in S$, Hessian 矩阵 $\nabla^2 f(x)$ 至多有一个负特征值.

证明　假设 $\exists x_0 \in S, \nabla^2 f(x_0)$ 有多于一个负特征值. 用 $v^1, v^2, \cdots, v^n$ 表示 $\nabla^2 f(x_0)$ 的 n 个相互正交的特征向量, 不失一般性, 假设与 v^1 和 v^2 相关联的特征值是负的. 设 E 是由 v^1 和 v^2 生成的子空间, 记 $E^* = E \backslash \{0\}$, 有 $\forall u \in E^*, u^{\mathrm{T}} \nabla^2 f(x_0) u < 0$. 设 $\varphi(t) = f(x_0 + tu)$, 若 $\nabla f(x_0) = 0$, 则

$$\varphi'(0) = u^{\mathrm{T}} \nabla f(x_0) = 0, \quad \varphi''(0) = u^{\mathrm{T}} \nabla^2 f(x_0) u < 0,$$

这蕴涵 x_0 是 f 在经过点 x_0 沿方向 u 的直线上限制的一个严格局部极大点, 注意到严格局部极大点是半严格局部极大点, 由定理 2.1.6, 这导致与 f 的拟凸性相矛盾. 若 $\nabla f(x_0) \neq 0$, 则 E 与 $\nabla f(x_0)$ 的正交子空间的交集维数等于 1 或 2, 故 $\exists u \in E^*, u^{\mathrm{T}} \nabla f(x_0) = 0, u^{\mathrm{T}} \nabla^2 f(x_0) u < 0$, 同刚才的推导, 再次导致矛盾.　　□

定理 3.3.1 建立了二阶可微函数是拟凸的一个必要条件. 下面的例子表明, 这一条件不充分.

例 3.3.1　考虑函数 $f(x_1, x_2) = x_1^2 - x_2^2$, $x_1, x_2 > 0$, 易知它的 Hessian 矩阵

$$\nabla^2 f(x_1, x_2) = \begin{bmatrix} 2 & 0 \\ 0 & -2 \end{bmatrix},$$

它的两个特征值为 $\lambda_1 = 2, \lambda_2 = -2$. 满足定理 3.3.1 的必要条件, 但它不是充分的. 事实上, f 在半直线 $x_2 = 2x_1 - 3, x_1 > \dfrac{3}{2}$ 上的限制由 $\varphi(x_1) = -3x_1^2 + 12x_1 - 9$ 给出; 函数 φ 有一个稳定点 $x_1 = 2$, 这个点是严格局部极大点, 所以 f 不是拟凸函数.

二阶连续可微函数是拟凸的另一个必要条件由下面的定理给出.

定理 3.3.2 设 f 是开凸集 $S \subset \mathbb{R}^n$ 上的二阶连续可微拟凸函数. 则下面的性质成立:

$$\forall x_0 \in S, \quad u \in \mathbb{R}^n, \quad u^\mathrm{T} \nabla f(x_0) = 0 \Rightarrow u^\mathrm{T} \nabla^2 f(x_0) u \geqslant 0. \tag{3.13}$$

证明 假设蕴涵关系 (3.13) 不真, 即

$$\exists x_0 \in S, \quad u \in \mathbb{R}^n, \quad u^\mathrm{T} \nabla f(x_0) = 0, \text{ 且 } u^\mathrm{T} \nabla^2 f(x_0) u < 0.$$

由定理 3.3.1 的证明知 x_0 是 f 在过点 x_0 沿方向 u 的直线上限制的一个严格局部极大点, 这与 f 的拟凸性相矛盾. □

条件 (3.13) 不保证 f 的拟凸性. 例如在例 3.3.1 中, 对于 $x_0 = (2,1)^\mathrm{T}$ 和 $u = (1,2)^\mathrm{T}$, 条件 (3.13) 成立, 但 f 不是拟凸函数. 然而, 若函数不存在稳定点时, 条件 (3.13) 变成充分条件, 这就是下面的定理[32,33,36].

定理 3.3.3 设 f 是开凸集 $S \subset \mathbb{R}^n$ 上的二阶连续可微函数, 满足 $\nabla f(x) \neq 0, \forall x \in S$. 则 f 在 S 上是拟凸函数当且仅当条件 (3.13) 成立.

证明 由定理 3.3.2, f 的拟凸性蕴涵条件 (3.13) 成立. 现在证明在 $\nabla f(x) \neq 0, \forall x \in S$ 的前提条件下, 条件 (3.13) 蕴涵 f 的拟凸性. 反证法: 假设 f 不是拟凸函数, 则由定义知, $\exists x_0, x_1 \in S, \exists t^* \in [0,1]$,

$$f(x_1) \leqslant f(x_0), \quad f(x_0) < f(t^* x_1 + (1 - t^*) x_0).$$

注意到 $t^* = 0, 1$ 时, 这一不等式分别导致矛盾 $f(x_0) < f(x_0)$ 和 $f(x_0) < f(x_1)$, 故只有 $t^* \in (0,1)$. 记

$$x(t) = x_0 + t(x_1 - x_0) = t x_1 + (1 - t) x_0, \quad \varphi(t) = f(x(t)), \quad t \in [0,1].$$

由 $f(x)$ 和 $x(t)$ 的连续性知 φ 在 $[0,1]$ 上是连续函数. 由反证假设, 有

$$\varphi(t^*) = f(t^* x_1 + (1 - t^*) x_0) > f(x_0) = \varphi(0) = f(x_0) \geqslant f(x_1) = \varphi(1),$$

故 φ 在 $[0,1]$ 上的极大点必位于开区间 $(0,1)$ 上. 若记 $M = \max\limits_{t \in [0,1]} \{\varphi(t)\}$, 则 $\exists t_0 \in (0,1)$, 使得 $t_0 = \max\{t \in [0,1] : \varphi(t) = M\}$. 因此有

$$\varphi'(t_0) = (x_1 - x_0)^\mathrm{T} \nabla f(x(t_0)) = 0$$

且

$$\forall t > t_0, \quad f(x(t)) < f(x(t_0)). \tag{3.14}$$

下面, 导出与条件 (3.14) 相矛盾的不等式, 完成证明. 记

$$\psi(\beta, \alpha) = f(\beta \nabla f(x(t_0)) + \alpha(x_1 - x_0) + x(t_0)),$$

易知 $\psi(\beta, \alpha)$ 满足隐函数存在性定理. 于是, 存在可微函数 $\beta(\alpha), \alpha \in U$, 这里 U 是包含 0 的某个开区间, 满足 $\beta(0) = 0$, 且

$$f(z(\alpha)) = f(x(t_0)), \quad \forall \alpha \in U, \tag{3.15}$$

其中

$$z(\alpha) = \beta(\alpha) \nabla f(x(t_0)) + \alpha(x_1 - x_0) + x(t_0).$$

由式 (3.15) 对 α 两次求导数, 依次得到

$$\nabla f(z(\alpha))^{\mathrm{T}} (\beta'(\alpha) \nabla f(x(t_0)) + (x_1 - x_0)) = 0 \tag{3.16}$$

和

$$(\beta'(\alpha) \nabla f(x(t_0)) + (x_1 - x_0))^{\mathrm{T}} \nabla^2 f(z(\alpha)) (\beta'(\alpha) \nabla f(x(t_0)) + (x_1 - x_0))$$

$$+ \nabla f(z(\alpha))^{\mathrm{T}} \beta''(\alpha) \nabla f(x(t_0)) = 0. \tag{3.17}$$

在式 (3.16) 取 $\alpha = 0$, 因 $\nabla f(z(0))^{\mathrm{T}} \nabla f(x(t_0)) = \|\nabla f(x(t_0))\|^2$, 得到

$$0 = \beta'(0) \|\nabla f(x(t_0))\|^2 + (x_1 - x_0)^{\mathrm{T}} \nabla f(x(t_0)) = \beta'(0) \|\nabla f(x(t_0))\|^2,$$

注意到 f 不存在稳定点的假设, 这蕴涵 $\beta'(0) = 0$.

注意到 S 是开集和 $x(t_0) \in S$, 可取绝对值充分小的 $\alpha \in U$, 使得 $z(\alpha) \in S$. 由式 (3.16), 可以将向量 $z(\alpha)$ 和 $u = \beta'(\alpha) \nabla f(x(t_0)) + (x_1 - x_0)$ 用于条件 (3.13) 得到

$$(\beta'(\alpha) \nabla f(x(t_0)) + (x_1 - x_0))^{\mathrm{T}} \nabla^2 f(z(\alpha)) (\beta'(\alpha) \nabla f(x(t_0)) + (x_1 - x_0)) \geqslant 0.$$

据此和式 (3.17), 有 $\beta''(\alpha) \nabla f(z(\alpha))^{\mathrm{T}} \nabla f(x(t_0)) \leqslant 0, \forall \alpha \in U$. 因

$$\nabla f(z(0))^{\mathrm{T}} \nabla f(x(t_0)) = \|\nabla f(x(t_0))\|^2 > 0,$$

由梯度映射的连续性知

$$\exists (-\alpha^*, \alpha^*) \subset \mathbb{R}, \quad \forall \alpha \in (-\alpha^*, \alpha^*), \quad \nabla f(z(\alpha))^{\mathrm{T}} \nabla f(x(t_0)) > 0.$$

因此, $\beta''(\alpha) \leqslant 0, \forall \alpha \in (-\alpha^*, \alpha^*)$, 即函数 $\beta(\alpha)$ 在 $(-\alpha^*, \alpha^*)$ 是凹函数. 因 $\beta(0) = \beta'(0) = 0$, 则 $\beta(\alpha)$ 的凹性蕴涵 $\beta(\alpha) \leqslant 0, \forall \alpha \in (-\alpha^*, \alpha^*)$. 记 $\alpha = t - t_0$, 则有 $\beta(t - t_0) \leqslant 0, \forall t \in (t_0 - \alpha^*, t_0 + \alpha^*)$. 此外, 由式 (3.14) 和式 (3.15) 有

$$f(z(\alpha)) > f(x(t)), \quad \forall t > t_0.$$

经简单计算有等式

$$\alpha(x_1 - x_0) + x(t_0) = (t - t_0)(x_1 - x_0) + x(t_0) = x(t),$$

将此和 $z(\alpha)$ 的定义式代入刚才的不等式 $f(z(\alpha)) > f(x(t))$ 得到

$$f(\beta(\alpha)\nabla f(x(t_0)) + \alpha(x_1 - x_0) + x(t_0)) > f(\alpha(x_1 - x_0) + x(t_0)),$$

这表明 $\beta(t - t_0) = \beta(\alpha) \neq 0, \forall t \in (t_0 - \alpha^*, t_0 + \alpha^*)$. 综上有

$$\beta(t - t_0) < 0, \quad \forall t \in (t_0 - \alpha^*, t_0 + \alpha^*). \tag{3.18}$$

由式 (3.15)、$\alpha = t - t_0$ 和 $z(\alpha)$ 的定义, 有

$$f(x(t_0)) = f(z(\alpha)) = f(z(t - t_0))$$
$$= f(\beta(t - t_0)\nabla f(x(t_0)) + (t - t_0)(x_1 - x_0) + x(t_0)),$$

经简单的计算知 $(t - t_0)(x_1 - x_0) + x(t_0) = tx_1 + (1 - t)x_0 = x(t)$, 则上式成为

$$f(x(t_0)) = f(\beta(t - t_0)\nabla f(x(t_0)) + x(t)).$$

对上式右端 Taylor 展开, 有

$$f(x(t_0)) = f(\beta(t - t_0)\nabla f(x(t_0)) + x(t))$$
$$= f(x(t)) + \nabla f(x(t))^{\mathrm{T}}\nabla f(x(t_0))\beta(t - t_0) + o(t - t_0).$$

由式 (3.18) 和对于与 t_0 充分接近的 $t > t_0, \nabla f(x(t))^{\mathrm{T}}\nabla f(x(t_0)) > 0$, 由上式得到 $f(x(t)) > f(x(t_0))$, 这与不等式 $\forall t > t_0, f(x(t)) < f(x(t_0))$ 相矛盾. $\qquad \square$

下面的定理给出拟凸函数的另一个二阶特征, 它不需要梯度处处非零的假设.

定理 3.3.4 设 f 是开凸集 $S \subset \mathbb{R}^n$ 上的二阶连续可微函数. 则 f 在 S 上是拟凸函数当且仅当下列条件成立:

(i) $x_0 \in S, u \in \mathbb{R}^n, u^{\mathrm{T}}\nabla f(x_0) = 0 \Rightarrow u^{\mathrm{T}}\nabla^2 f(x_0)u \geqslant 0$;

(ii) $x_0, x_1 \in S, f(x_1) < f(x_0), \nabla f(x_0) = 0, u^{\mathrm{T}}\nabla^2 f(x_0)u = 0, u = x_0 - x_1 \Rightarrow$

$$\forall \varepsilon > 0, \quad \exists k \in (0, \varepsilon), \quad x_0 + ku \in S \text{ 且 } f(x_0) \leqslant f(x_0 + ku).$$

证明　设 f 是拟凸函数, 由定理 3.3.2, 条件 (i) 成立. 因 S 是开凸集, 在 S 上含有以 x_0 和 x_1 为内点的线段, 因此 $\forall \varepsilon > 0, \exists k \in (0, \varepsilon), x_0 + ku \in S$. 由 $f(x_0) > f(x_1)$ 和 f 的连续性, 对充分小的 $k > 0$ 有 $f(x_0 + ku) > f(x_1)$. 在线段 $[x_0 + ku, x_1]$ 上使用拟凸函数的定义即可得到 $f(x_0) \leqslant f(x_0 + ku)$. 综上, 条件 (ii) 成立.

反过来, 假设条件 (i) 和条件 (ii) 成立, 需证 f 在 S 上是拟凸函数. 如果 f 在 S 上不是拟凸函数, 沿用定理 3.3.3 证明的前半部分 (式 (3.14) 之前) 的记号和结果. 考虑点 $x(t_0) \in S$, 令 $u = x(t_0) - x_0 = t_0(x_1 - x_0)$, 则有

$$u^{\mathrm{T}} \nabla f(x(t_0)) = t_0(x_1 - x_0)^{\mathrm{T}} \nabla f(x(t_0)) = 0.$$

由条件 (i) 有 $u^{\mathrm{T}} \nabla^2 f(x(t_0))u \geqslant 0$. 因 $x(t_0)$ 是 f 在线段 $[x_0, x_1]$ 上的最大值点, 故又有 $\nabla f(x(t_0)) = 0$ 和 $u^{\mathrm{T}} \nabla^2 f(x(t_0))u \leqslant 0$, 因而只有 $u^{\mathrm{T}} \nabla^2 f(x(t_0))u = 0$, 且还有 $f(x_0) < f(x(t_0))$. 将这里的 x_0 和 $x(t_0)$ 分别看作条件 (ii) 中的 x_1 和 x_0, 则有 $\exists k > 0, f(x(t_0)) \leqslant f(x(t_0) + ku)$. 然而对于 $k > 0$, 即对于 $t > t_0$, 由 t_0 的定义知 $f(x(t)) < f(x(t_0))$. 这两者矛盾.　　　　□

3.3.2　伪凸函数

当函数二阶连续可微时, 仅仅要求一阶可微假设条件的定理 3.1.7 和定理 3.1.9 可以表述为如下两个定理.

定理 3.3.5　设 φ 是开区间 $(a, b) \subset \mathbb{R}$ 上的二阶连续可微函数, 则 φ 在 (a, b) 上是 (严格) 伪凸函数当且仅当对于每个稳定点 $t_0 \in (a, b), \varphi'(t_0) = 0, \varphi''(t_0) > 0$ 或 $\varphi''(t_0) = 0$ 且 t_0 是 φ 的 (严格) 局部极小点.

定理 3.3.6　设 f 是开凸集 $S \subset \mathbb{R}^n$ 上的二阶连续可微函数, 则 f 在 S 上是 (严格) 伪凸函数当且仅当 $\forall x_0 \in S, u \in \mathbb{R}^n, u^{\mathrm{T}} \nabla f(x_0) = 0$, 不等式 $u^{\mathrm{T}} \nabla^2 f(x_0)u > 0$ 和等式 $u^{\mathrm{T}} \nabla^2 f(x_0)u = 0$ 两者之一成立, 且函数 $\varphi(t) = f(x_0 + tu)$ 在 $t_0 = 0$ 达到 (严格) 局部极小.

下面的定理是定理 3.1.10 在二阶可微条件下的细化, 这里给出的特征刻画更便于用来确定函数的伪凸性.

定理 3.3.7　设 f 是开凸集 $S \subset \mathbb{R}^n$ 上的二阶连续可微函数. 则 f 在 S 上是 (严格) 伪凸函数当且仅当下列条件成立:

(i) $x \in S, u \in \mathbb{R}^n, u^{\mathrm{T}} \nabla f(x_0) = 0 \Rightarrow u^{\mathrm{T}} \nabla^2 f(x_0)u \geqslant 0$;　　　　　　　(3.19)

(ii) 若 $x_0 \in S$ 是 f 的稳定点, 则 x_0 是 f 在 S 上的 (严格) 局部极小点.

证明　注意到可微条件下伪凸性蕴涵拟凸性, 若 f 是 (严格) 伪凸函数, 则条件 (i) 由定理 3.3.2 推出, 这里的式 (3.19) 就是式 (3.13); 条件 (ii) 由定理 3.1.10(ii) 推出.

反过来, 设条件 (i) 和条件 (ii) 成立. 由定理 3.1.9, 只需证明 $u^{\mathrm{T}}\nabla f(x_0) = 0$ 蕴涵 $\varphi(t) = f(x_0 + tu)$ 在 $t_0 = 0$ 达到 (严格) 局部极小. 如果 $\nabla f(x_0) = 0$, 则此结论由条件 (ii) 推出. 如果 $\nabla f(x_0) \neq 0$, 则由梯度映射的连续性知, 存在 x_0 的邻域 U, 使得 $\forall x \in U, \nabla f(x) \neq 0$. 因此, 由定理 3.3.3, 条件 (i) 蕴涵 f 在 U 上是拟凸函数. 注意到 f 在 U 上不存在稳定点, 由定理 3.1.6(ii), 它在 U 上是伪凸函数. 据此和定理 3.1.9 推出 $\varphi(t) = f(x_0 + tu)$ 在 $t_0 = 0$ 达到 (严格) 局部极小. $\qquad\square$

当 f 在 S 上不存在稳定点时, 由定理 3.3.7 有如下的推论.

推论 3.3.1 设 f 是开凸集 $S \subset \mathbb{R}^n$ 上的二阶连续可微函数. 如果 $\nabla f(x) \neq 0$, $\forall x \in S$, 则 f 在 S 上是伪凸函数当且仅当条件 (3.19) 成立.

3.3.3 用加边 Hessian 矩阵刻画广义凸性

下面使用加边 Hessian 矩阵来刻画函数的拟凸性和伪凸性. 定理 3.3.7(i) 等价于在 $\mathbb{R}^n$ 的一个线性子空间上的二次型的半正定性. 这方面的研究其实很早就开始了 [37,38]. 为了便于后面的讨论, 先回顾如下概念和结果 [32].

设 $a \in \mathbb{R}^n \backslash \{0\}, A$ 是 n 阶实对称矩阵. 设 $B = \begin{bmatrix} 0 & a^{\mathrm{T}} \\ a & A \end{bmatrix}$ 是 A 的加边矩阵. 对于非空子集 $R \subset \{1, 2, \cdots, n\}$, 用 $|R|$ 表示 R 基数, 又用 $B_R = \begin{vmatrix} 0 & a_R^{\mathrm{T}} \\ a_R & A_R \end{vmatrix}$ 表示 B 的阶为 $|R|$ 的加边主子式, 其中 A_R 是从 A 中删去那些下标不在 R 的行和列得到, a_R 是从 a 中按类似的方法得到.

此外, 用 $B_r = \begin{vmatrix} 0 & a_r^{\mathrm{T}} \\ a_r & A_r \end{vmatrix}$ 表示 B 的阶为 r, $r = 1, \cdots, n$ 的加边前主子式, 其中 A_r 是从 A 中保存第 1 到 r 行和第 1 到 r 列得到, a_r 是从 a 中按类似的方法得到.

引理 3.3.1 设 $a \in \mathbb{R}^n \backslash \{0\}, A$ 是 n 阶实对称矩阵. 则下列条件等价:

(i) $a^{\mathrm{T}}h = 0$ 蕴涵 $h^{\mathrm{T}}Ah \geqslant 0$;

(ii) 对所有非空子集 $R \subset \{1, 2, \cdots, n\}$, 有 $B_R \leqslant 0$.

引理 3.3.2 设 $a \in \mathbb{R}^n \backslash \{0\}, A$ 是 n 阶实对称矩阵. 则下列条件等价:

(i) $a^{\mathrm{T}}h = 0$, $h \neq 0$ 蕴涵 $h^{\mathrm{T}}Ah > 0$;

(ii) $B_r < 0$, $r = 1, \cdots, n$.

对于函数 $f(x)$, 加边 Hessian 矩阵是指

$$D(x) = \begin{bmatrix} 0 & \nabla^{\mathrm{T}}f(x) \\ \nabla f(x) & \nabla^2 f(x) \end{bmatrix}.$$

当函数 $f(x)$ 二阶连续可微时, $D(x)$ 是对称矩阵. 用 $D_R(x), R \subset \{1, 2, \cdots, n\}$ 表示 $D(x)$ 的加边主子式, 用 $D_r(x), r = 1, \cdots, n$, 表示 $D(x)$ 的加边前主子式. 利用这些概念、记号和引理 3.3.1, 可以按下面三种形式重述定理 3.3.2、定理 3.3.7 和推论 3.3.1.

定理 3.3.8   设 f 是开凸集 $S \subset \mathbb{R}^n$ 上的二阶连续可微拟凸函数. 则

$$D_R(x) \leqslant 0, \quad \forall x \in S, \quad \forall R \subset \{1, 2, \cdots, n\}, \quad R \neq \varnothing. \tag{3.20}$$

证明   由定理 3.3.2, f 的拟凸性等价于蕴涵关系 (3.13); 据引理 3.3.1, 这等价于对所有非空子集 $R \subset \{1, 2, \cdots, n\}$, 有 $D_R(x) \leqslant 0$. $\square$

下面的例子表明, 对于拟凸性或伪凸性, 条件 (3.20) 不充分.

例 3.3.2   考虑函数 $f(x_1, x_2) = -(x_1 - x_2)^2$.

我们有

$$\nabla f(x_1, x_2) = \left[\begin{array}{c} -2(x_1 - x_2) \\ 2(x_1 - x_2) \end{array} \right], \quad \nabla^2 f(x_1, x_2) = \left[\begin{array}{cc} -2 & 2 \\ 2 & -2 \end{array} \right],$$

加边 Hessian 矩阵是

$$D(x_1, x_2) = \left[\begin{array}{ccc} 0 & -2(x_1 - x_2) & 2(x_1 - x_2) \\ -2(x_1 - x_2) & -2 & 2 \\ 2(x_1 - x_2) & 2 & -2 \end{array} \right].$$

对于 $R_1 = \{1\}$ 和 $R_2 = \{2\}$, 分别有

$$D_{R_1}(x) = \left| \begin{array}{cc} 0 & -2(x_1 - x_2) \\ -2(x_1 - x_2) & -2 \end{array} \right| = -4(x_1 - x_2)^2 \leqslant 0$$

和

$$D_{R_2}(x) = \left| \begin{array}{cc} 0 & 2(x_1 - x_2) \\ 2(x_1 - x_2) & -2 \end{array} \right| = -4(x_1 - x_2)^2 \leqslant 0.$$

对于 $R = \{1, 2\}$, 有 $D_R(x_1, x_2) = |D(x_1, x_2)| = 0$. 因此, 条件 (3.20) 满足. 注意到所有的 $x_0 = (x, x)$ 都是 f 的稳定点, 显然它们是 f 的全局极大点, 由定理 3.1.10, f 不是伪凸函数 (特别地, 不是拟凸函数).

定理 3.3.9   设 f 是开凸集 $S \subset \mathbb{R}^n$ 上的二阶连续可微函数. 则 f 在 S 上是 (严格) 伪凸函数当且仅当下列条件成立:

(i) $D_R(x) \leqslant 0, \ \forall x \in S, \forall R \subset \{1, 2, \cdots, n\}, R \neq \varnothing;$ \hfill (3.21)

(ii) 若 $x \in S$ 是 f 的稳定点, 则 x 是 f 在 S 上的 (严格) 局部极小点.

定理 3.3.10 设 f 是开凸集 $S \subset \mathbb{R}^n$ 上的二阶连续可微函数, 且 $\nabla f(x) \neq 0$, $\forall x \in S$. 则 f 在 S 上是伪凸函数当且仅当式 (3.21) 成立.

利用引理 3.3.2 和定理 3.3.6, 可以给出伪凸性的一个充分条件.

定理 3.3.11 设 f 是开凸集 $S \subset \mathbb{R}^n$ 上的二阶连续可微函数. 则 f 在 S 上伪凸函数一个充分条件是

$$D_r(x) < 0, \quad \forall x \in S, \quad \forall r = 1, 2, \cdots, n. \tag{3.22}$$

证明 由引理 3.3.2, 条件 (3.22) 等价于 $\forall u \neq 0, u^{\mathrm{T}} \nabla f(x) = 0$, 有 $u^{\mathrm{T}} \nabla^2 f(x) u > 0$. 由定理 3.3.6 知 f 在 S 上是伪凸函数. $\qquad\square$

刚才的定理 3.3.11 中, "伪凸" 可以换成 "严格拟凸", 这就是下面的定理.

定理 3.3.12 设 f 是开凸集 $S \subset \mathbb{R}^n$ 上的二阶可微函数. 如果条件 (3.22) 成立, 则 f 在 S 上是严格拟凸函数.

证明 由定理 3.3.11, f 是伪凸函数, 因而是拟凸函数; 由定理 2.1.14, 为证 f 还是严格拟凸函数, 只需再证它不存在取常值的限制. 现在假设存在限制 $\varphi(t) = f(x_0 + tu)$ 是常值函数, 则

$$\exists u \neq 0, \quad u^{\mathrm{T}} \nabla f(x_0) = \varphi'(t) = 0, \quad u^{\mathrm{T}} \nabla^2 f(x_0) u = \varphi''(t) = 0.$$

但是, 由引理 3.3.2, 条件 (3.22) 等价于 $\forall u \neq 0, u^{\mathrm{T}} \nabla f(x_0) = 0, u^{\mathrm{T}} \nabla^2 f(x_0) u > 0$, 这与刚才的 $u^{\mathrm{T}} \nabla^2 f(x_0) u = 0$ 相矛盾. $\qquad\square$

注 3.3.1 充分条件 (3.22) 在使用中有局限. 例如, 它不能用于检验仿射函数, 或更一般的伪线性函数.

对于刚才的结果, 下面的例子给出加边 Hessian 矩阵的几个应用.

例 3.3.3 考虑函数

$$f(x_1, x_2) = 2x_2 + \frac{x_1}{x_2 + 1}, \quad (x_1, x_2) \in S = \{(x_1, x_2) \in \mathbb{R}^2 : x_2 + 1 > 0\}.$$

我们有

$$\nabla f(x_1, x_2) = \begin{bmatrix} \dfrac{1}{x_2 + 1} \\[2mm] 2 - \dfrac{x_1}{(x_2 + 1)^2} \end{bmatrix} \neq 0, \quad \forall (x_1, x_2) \in S.$$

加边 Hessian 矩阵是

$$D(x_1, x_2) = \begin{bmatrix} 0 & \dfrac{1}{x_2+1} & 2 - \dfrac{x_1}{(x_2+1)^2} \\[2mm] \dfrac{1}{x_2+1} & 0 & -\dfrac{1}{(x_2+1)^2} \\[2mm] 2 - \dfrac{x_1}{(x_2+1)^2} & -\dfrac{1}{(x_2+1)^2} & \dfrac{2x_1}{(x_2+1)^3} \end{bmatrix}.$$

为检验 f 的伪凸性, 计算 $D(x_1, x_2)$ 的加边前主子式,

$$\begin{vmatrix} 0 & \dfrac{1}{x_2+1} \\[2mm] \dfrac{1}{x_2+1} & 0 \end{vmatrix} = -\frac{1}{(x_2+1)^2} < 0, \quad |D(x_1, x_2)| = -\frac{4}{(x_2+1)^3} < 0.$$

由定理 3.3.11, f 在 S 上是伪凸函数.

例 3.3.4　考虑函数 $f(x_1, x_2) = -x_1^2 - 2x_1 x_2, (x_1, x_2) \in \mathrm{int}\mathbb{R}_+^2$.

因 $\nabla f(x_1, x_2) = (-2x_1 - 2x_2, -2x_1)^{\mathrm{T}}$, 故函数 f 在 $\mathrm{int}\mathbb{R}_+^2$ 上没有稳定点, 于是, 为研究函数 f 的伪凸性, 使用定理 3.3.10. 加边 Hessian 矩阵是

$$D(x_1, x_2) = \begin{bmatrix} 0 & -2x_1 - 2x_2 & -2x_1 \\ -2x_1 - 2x_2 & -2 & -2 \\ -2x_1 & -2 & 0 \end{bmatrix}.$$

于是有

$$\begin{vmatrix} 0 & -2x_1 - 2x_2 \\ -2x_1 - 2x_2 & -2 \end{vmatrix} = -(-2x_1 - 2x_2)^2 \leqslant 0,$$

$$\begin{vmatrix} 0 & -2x_1 \\ -2x_1 & 0 \end{vmatrix} = -4x_1^2 \leqslant 0,$$

$$|D(x_1, x_2)| = -8x_1^2 - 16x_1 x_2 \leqslant 0.$$

由定理 3.3.10 知, f 在 $\mathrm{int}\mathbb{R}_+^2$ 上是伪凸函数. 因 $\nabla f(0, 0) = 0$, 而原点 $(0, 0)$ 是 f 的全局极大点, 故 f 在 $\mathbb{R}_+^2$ 上不是伪凸函数. 注意, 因伪凸性蕴涵拟凸性, 使用定理 2.1.15, f 在 $\mathrm{cl}(\mathrm{int}\mathbb{R}_+^2) = \mathbb{R}_+^2$ 上还是拟凸函数.

3.4 函数在点处的广义凸性

本节介绍函数在一个点处的凸性和广义凸性概念, 它为我们在第 4 章用更一般的形式研究局部-全局性质、一阶最优性充分条件和约束品性等奠定基础.

函数在一个点处的凸性和广义凸性概念是经典凸性概念具有重要意义的推广. 回忆有关集合凸性的定义, 函数的凸性、拟凸性和伪凸性的定义, 在那里相关的不等式都要求对某一集合中任意两点 x_1, x_2 所产生线段 $[x_1, x_2]$ 上的每个点都成立. 这样的前提条件可以按不同的方式放宽, 其中的一种方法是, 固定其中一个点, 让另一个点 "自由活动". 根据这样的想法, 有如下定义.

定义 3.4.1 设 $x_0 \in S \subset \mathbb{R}^n$, S 在 x_0 处称为星形集, 如果

$$\forall x \in S, \quad \forall \lambda \in [0, 1], \quad x_0 + \lambda(x - x_0) \in S.$$

直接由定义知, 凸集在它的每个点处是星形集. 下面的图 3.2 展示了几种非凸星形集的例子.

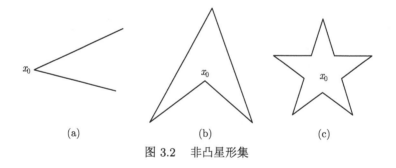

(a)   (b)   (c)

图 3.2 非凸星形集

将星形集看作定义域, 引进如下在点处的广义凸性概念.

定义 3.4.2 设 f 是集合 $S \subset \mathbb{R}^n$ 上的函数, S 在 $x_0 \in S$ 处是星形集.

(i) 称 f 在 x_0 处是拟凸, 如果

$$\forall x \in S, \quad f(x) \leqslant f(x_0), \quad \forall \lambda \in [0, 1],$$

$$f(x_0 + \lambda(x - x_0)) \leqslant f(x_0). \tag{3.23}$$

(ii) 称 f 在 x_0 处是严格拟凸, 如果

$$\forall x \in S, \quad x \neq x_0, f(x) \leqslant f(x_0), \quad \forall \lambda \in (0, 1),$$

$$f(x_0 + \lambda(x - x_0)) < f(x_0). \tag{3.24}$$

(iii) 称 f 在 x_0 处是半严格拟凸, 如果

$$\forall x \in S, \quad x \neq x_0, \quad f(x) < f(x_0), \quad \forall \lambda \in (0, 1],$$

$$f(x_0 + \lambda(x - x_0)) < f(x_0). \tag{3.25}$$

按照类似的方法, 给出函数在点处的凸性和严格凸性定义.

定义 3.4.3   设 f 是集合 $S \subset \mathbb{R}^n$ 上的函数, S 在 $x_0 \in S$ 处是星形集.

(i) 称 f 在 $x_0 \in S$ 处是凸, 如果

$$\forall x \in S, \quad \forall \lambda \in [0, 1],$$

$$f(\lambda x + (1 - \lambda)x_0) \leqslant \lambda f(x) + (1 - \lambda)f(x_0). \tag{3.26}$$

(ii) 称 f 在 $x_0 \in S$ 处是严格凸, 如果

$$\forall x \in S, \quad x \neq x_0, \quad \forall \lambda \in (0, 1),$$

$$f(\lambda x + (1 - \lambda)x_0) < \lambda f(x) + (1 - \lambda)f(x_0). \tag{3.27}$$

在点但不在整个定义域的凸和广义凸函数的几个图象如图 3.3 所示. 其中在情形 (a), 函数 f 在 $x_0 = (0, 0)$ 处是凸; 在情形 (b), 函数 f 在 $x_0 = (0, 0)$ 处是拟凸, 但既不半严格拟凸, 也不严格拟凸; 而在情形 (c), 函数 f 在 $x_0 = (0, 0)$ 处是严格拟凸且半严格拟凸, 但不是凸.

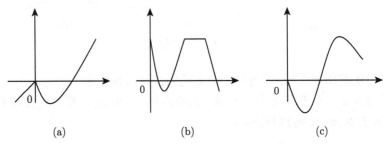

(a)   (b)   (c)

图 3.3   在一个点的凸和广义凸函数

函数在点处的凸性和广义凸性是对在集合上的凸性和广义凸性的重要推广. 因此, 正如我们将要看到的, 并不是本章和以前各章里的所有结果都能有效推广. 关于在点处的凸和广义凸函数类之间的关系, 有如下由定义直接得到的结果.

定理 3.4.1   设 f 是集合 $S \subset \mathbb{R}^n$ 上的函数, S 在 $x_0 \in S$ 处是星形集.

(i) 若 f 在 $x_0 \in S$ 处是凸, 则 f 在 x_0 处同时是拟凸和半严格拟凸;

(ii) 若 f 在 $x_0 \in S$ 处是严格凸, 则 f 在 x_0 处是严格拟凸;

(iii) 若 f 在 $x_0 \in S$ 处是严格拟凸, 则 f 在 x_0 处同时是拟凸和半严格拟凸.

下半连续半严格拟凸函数类包含于拟凸函数类 (定理 2.2.2). 然而, 对于在点处的半严格拟凸函数类和拟凸函数类之间, 这种包含关系不成立; 甚至当 S 是凸集且 f 是连续函数时也是如此. 下面两个例子表明, 它们之间甚至不存在包含关系.

例 3.4.1 考虑函数

$$f(x) = \begin{cases} -x^2, & -1 \leqslant x \leqslant 1, \\ -x^2 + 6x - 6, & 1 < x \leqslant 3 + \sqrt{3}. \end{cases}$$

容易验证 f 在点 $x_0 = 0$ 处是连续半严格拟凸, 但它在 x_0 处不是拟凸. 这是因为 $f(0) = f(3 + \sqrt{3}) = 0$, 但 $f(3) = 3 > 0$.

例 3.4.2 考虑函数

$$f(x) = \begin{cases} 0, & -1 \leqslant x < 1, \\ -x + 1, & 1 \leqslant x \leqslant 2. \end{cases}$$

容易验证 f 在点 $x_0 = 0$ 处是拟凸, 但它在 x_0 处不是半严格拟凸. 这是因为 $f(x_0) = 0 > f(2) = -1$, 但 $f(1) = 0$.

注 3.4.1 在点处的拟凸性和半严格拟凸性之间不存在任何包含关系, 其原因是定义 3.4.2 只对 $f(x) \leqslant f(x_0)$ 时函数 f 在 x_0 附近的性态作出了规定, 而当 $f(x) > f(x_0)$ 时一点也没有提及. 改善这种情况的方法是对定义 3.4.2 稍稍加强: 设 S 在 $x_0 \in S$ 处是星形集, 称函数 f 在 x_0 处是拟凸和半严格拟凸, 如果它分别满足如下的条件

$$f(x_0 + \lambda(x - x_0)) \leqslant \max\{f(x), f(x_0)\}, \quad x \in S, \quad \lambda \in [0, 1], \tag{3.28}$$

$$f(x_0 + \lambda(x - x_0)) < \max\{f(x), f(x_0)\}, \quad x \in S, \quad \lambda \in [0, 1]. \tag{3.29}$$

显然, 满足这一定义的函数, 也满足定义 3.4.2; 且按照这里的定义, 在连续性假设条件下, 半严格拟凸性蕴涵拟凸性, 即: 设 $S \subset \mathbb{R}^n$ 在 $x_0 \in S$ 处是星形集, f 是 S 上的连续函数. 则若 f 在 x_0 处是半严格拟凸, 则 f 在 x_0 处是拟凸.

事实上, 设 $x \in S$, 若 $f(x) \neq f(x_0)$, 则式 (3.29) 蕴涵式 (3.28). 假设 $f(x) = f(x_0)$ 且式 (3.28) 不成立. 注意到 S 在 x_0 处是星形集, 则

$$\exists \bar{\lambda} \in (0, 1), \quad \text{使得} \ \bar{x} = x_0 + \bar{\lambda}(x - x_0) \in S, \quad \text{且} \ f(\bar{x}) > f(x) = f(x_0).$$

由 f 的连续性知其在 $[x_0, x]$ 上的限制在 $x^* \in (x_0, x)$ 处达到它的极大值, 于是有

$$f(x^*) \geqslant f(\bar{x}) > f(x_0).$$

因为在端点为 x^* 和 x 的区间 I^* 里, 连续函数 f 可取 $f(x^*)$ 和 $f(x)$ 之间的任何中间值, 故 $\exists z \in \mathrm{ri}I^*$, 使得 $f(x) < f(z) < f(x^*)$. 因此,

$$f(x^*) > \max\{f(z), f(x)\} = \max\{f(z), f(x_0)\},$$

当 $x = z$ 时, 这与式 (3.29) 相矛盾.

由于所给定义的一般性, 凸性和拟凸性的一阶刻画也不成立. 具体地, 对于函数在一个点处是凸或拟凸, 如后面的定理 3.4.2 和例 3.4.3 中所显示的, 式 (1.10) 和式 (3.2) 仅仅分别是函数在一个点处凸和拟凸的必要而非充分条件.

定理 3.4.2 设 $S \subset \mathbb{R}^n$ 在 $x_0 \in S$ 处是星形集, f 定义在包含 S 的一个开集上, 且在 x_0 处可微.

(i) 若 f 在 x_0 处是凸, 则 $\forall x \in S$,

$$f(x) \geqslant f(x_0) + (x - x_0)^\mathrm{T} \nabla f(x_0); \tag{3.30}$$

(ii) 若 f 在 x_0 处是拟凸, 则 $\forall x \in S$,

$$f(x) \leqslant f(x_0) \Rightarrow (x - x_0)^\mathrm{T} \nabla f(x_0) \leqslant 0. \tag{3.31}$$

证明 (i) 由定义 3.4.3(i) 知, $\forall x \in S, \forall \lambda \in (0, 1]$,

$$\frac{f(x_0 + \lambda(x - x_0)) - f(x_0)}{\lambda} \leqslant f(x) - f(x_0).$$

令 $\lambda \to 0^+$ 并移项得到不等式 (3.30).

(ii) 由定义 3.4.2(i) 知, $\forall x \in S, f(x) \leqslant f(x_0), \forall \lambda \in (0, 1]$,

$$\frac{f(x_0 + \lambda(x - x_0)) - f(x_0)}{\lambda} \leqslant 0.$$

令 $\lambda \to 0^+$ 得到不等式 (3.31). □

下面的例子表明, 对于在点的凸性和拟凸性, 式 (3.30) 和式 (3.31) 分别不是充分条件.

例 3.4.3 考虑函数

$$f(x) = x(1 - x)(x - 2), \quad x \in S = \{x \in \mathbb{R} : x \leqslant 3\}.$$

我们指出, f 在 $x_0 = 0 \in S$ 处满足条件 (3.30) 和 (3.31), 但它在 x_0 处不是凸, 也不是拟凸.

事实上, 易知 $f'(x_0)(x - x_0) = -2x$, 因而条件 (3.30) 等价于 $x^2(3 - x) \geqslant 0$, 故当 $x \in S$ 时, 条件 (3.30) 成立. 当 $x \in [0, 1] \cup [2, 3]$ 时, $f(x) \leqslant 0 = f(x_0)$, 有

$$f'(x_0)(x - x_0) = -2x \leqslant 0,$$

即蕴涵关系 (3.31) 成立. 但是, 按定义 3.4.3(i), f 在 x_0 处不是凸. 这是因为, 对于 $x = 2$, 式 (3.26) 的右端 $\lambda f(2) + (1 - \lambda)f(0) = 0$, 但其左端

$$f(\lambda x + (1 - \lambda)x_0) = f(2\lambda) > 0, \quad \forall \lambda \in (1/2, 1),$$

故不等式 (3.26) 不成立. 此外, 因 $f(2) = 0 = f(0)$, 并且 $f(x) > 0, \forall x \in (1, 2), f$ 在 x_0 处也不是拟凸.

在点处的伪凸性可以通过放宽蕴涵关系 (3.5) 和 (3.6) 来定义.

定义 3.4.4 设 f 定义在集合 $S \subset \mathbb{R}^n$ 上, S 在 $x_0 \in S$ 处是星形集.

(i) 称 f 在 $x_0 \in S$ 处是伪凸, 如果 f 在 x_0 处可微, 且

$$x \in S, \quad f(x) < f(x_0) \Rightarrow (x - x_0)^{\mathrm{T}} \nabla f(x_0) < 0; \tag{3.32}$$

(ii) 称 f 在 $x_0 \in S$ 处是严格伪凸, 如果 f 在 x_0 处可微, 且

$$x \in S, \quad f(x) \leqslant f(x_0) \Rightarrow (x - x_0)^{\mathrm{T}} \nabla f(x_0) < 0. \tag{3.33}$$

注 3.4.2 容易证明, 在点 x_0 处可微凸函数类真包含于在点 x_0 处伪凸函数类. 在点处的拟凸性、半严格拟凸性和伪凸性间, 不存在任何包含关系. 例如, 例 3.4.3 给出的函数 f 在 x_0 处是伪凸, 但它在 x_0 处既不是拟凸, 也不是半严格拟凸. 事实上, 当 $x \in (0, 1) \cup (2, 3)$ 时, $f(x) < 0 = f(x_0)$, 有 $f'(x_0)(x - x_0) = -2x < 0$, 即蕴涵关系 (3.32) 成立, 这意味着它在 x_0 处是伪凸. 此外, 例 3.4.3 已经指出它在 x_0 处不是拟凸, 现在验证它不满足定义 3.4.2(iii), 因而它在 x_0 处不是半严格拟凸: 取 $x = 3 \in S$, 则 $f(x) = -6 < 0 = f(x_0)$. 取 $\lambda = \dfrac{1}{2} \in (0, 1]$, 得到与 (3.25) 右边不等式相矛盾的结果 $f(x_0 + \lambda(x - x_0)) = f(3\lambda) = \dfrac{3}{8} > 0 = f(x_0)$. 对于函数

$$f(x) = \begin{cases} 0, & x = 0, \\ x^2 \ln x, & 0 < x \leqslant 1, \end{cases}$$

用定义容易验证, 函数 f 在 $x_0 = 0$ 处是拟凸且半严格拟凸, 但在 x_0 处不是伪凸.

定理 3.1.6(ii) 指出, 当梯度在可行凸集上不等于零时, 拟凸性蕴涵伪凸性. 为了推广这一性质到星形集, 除在点的可微性外, 还需要函数在其定义域上的连续性, 这就是下面的定理.

定理 3.4.3　设 f 是开集 $S \subset \mathbb{R}^n$ 上的连续函数, S 在 $x_0 \in S$ 处是星形集. 若 f 在 $x_0 \in S$ 处可微拟凸, 且 $\nabla f(x_0) \neq 0$, 则 f 在 x_0 处是伪凸.

证明　类似于定理 3.1.3 的证明 (用 x_0 代替 x_1).　　　　　　　　□

定理 3.4.3 的逆命题不真 (见例 3.4.3 和注 3.4.2). 下面的例子表明, 定理 3.4.3 中 f 的连续性假设是不可或缺.

例 3.4.4　考虑 $S = \{(x_1, x_2) \in \mathbb{R}^2 : x_1 \geqslant -1\}, x_0 = (0, 0) \in S$ 和

$$f(x_1, x_2) = \begin{cases} x_1 x_2 + x_2, & (x_1, x_2) \neq (-1, 0), \\ -1, & (x_1, x_2) = (-1, 0). \end{cases}$$

因 $S^* = \{(x_1, x_2) \in S : f(x_1, x_2) \leqslant f(0, 0)\} = \{(x_1, x_2) \in S : x_2 \leqslant 0\}$ 是凸集, 且 x_0 是 f 在 S^* 上的极大点, 由定义 3.4.2(i), 函数 f 在 x_0 处是拟凸. 然而, $f(-1, 0) = -1 < 0 = f(0, 0)$, 而 $\nabla f(0, 0)^{\mathrm{T}}(-1, 0)^{\mathrm{T}} = (0, 1)(-1, 0)^{\mathrm{T}} = 0$, 按定义 3.4.4(i), f 在 x_0 处不是伪凸.

第 4 章 广义凸性与最优性条件

本章集中介绍广义凸性在优化问题中的一些应用. 首先给出凸集分离定理的几种特殊形式, 并依靠它们证明一般的数学规划问题的 Fritz John 最优性必要条件和 Karush-Kuhn-Tucker 最优性必要条件; 然后介绍几种与广义凸性密切相关的数学规划问题的约束品性. 在数学规划问题中, 最优性条件和约束品性的重要性无论怎么强调都不会过分, 这方面的研究成果也非常丰富.

众所周知, 对于经典的凸规划问题, 已经有一套完整的理论和方法. 然而, 大量的实际问题形成的数学模型, 常常不能满足凸规划的基本要求. 于是, 引进各种各样的广义凸性, 推广凸函数所具有的、与数学规划问题相关联的一些基本性质非常必要. 在这一章将看到: 半严格拟凸性能保证局部-全局性质, 而伪凸性除了保证局部-全局性质外, 还能保证稳定点的极小性和 Karush-Kuhn-Tucker 条件的充分性.

为了得到最优性充分条件和验证约束品性, 显然只需要函数在点处的广义凸性假设条件. 因此, 本章所介绍的结果正是在这种最一般形式下给出的.

在广义凸性假设条件下, 我们将证明极大值点总是位于定义域的边界, 即借助于广义凸性和广义凹性, 得到重要结果: 极小值和极大值 (如果它们存在) 总是在可行集的边界达到.

最后介绍广义凸性在经济学中的一些经典应用.

本章的主要内容, 可以参见文献 [2]~[4],[7],[11]~[13],[34],[39]~[42].

4.1 最优性条件与约束品性

4.1.1 最优性条件

考虑一般的数学规划问题

$$(P) \quad \begin{cases} \min f(x), \\ x \in S = \{x \in X : g_i(x) \leqslant 0, \ i = 1, \cdots, m\}, \end{cases}$$

其中 $X \subset \mathbb{R}^n$ 为开集, $f, g_i, \ i = 1, \cdots, m$ 是 X 上的函数, 称集合 S 为问题 (P) 的可行集, $x_0 \in S$ 称为问题 (P) 的可行点. 对于可行点 x_0, 记

$$I(x_0) = \{i \in \{1, \cdots, m\} : g_i(x_0) = 0\},$$

称 $I(x_0)$ 为施加于点 x_0 的约束函数对应的指标集. 又设 $k, 0 \leqslant k \leqslant m$ 是 $I(x_0)$ 中的元素个数. 不失一般性, 当 $k > 0$ 时, 可以假设 $I(x_0) = \{1, \cdots, k\}$. 如果数学规划问题 (P) 是在凸集 S 上极小化凸的目标函数 $f(x)$, 我们称其为凸规划问题. 显然, 当 $f, g_i, i = 1, \cdots, m$ 都是凸函数时, (P) 是凸规划问题.

在包括数学规划问题在内的几乎所有的优化问题中, 最优性条件, 即最优解存在的必要条件、充分条件以及必要且充分条件的研究一直是优化理论与方法研究中的基础和热点课题.

当目标函数和约束函数可微且目标函数的定义域是通过约束函数来给定时, 经典的最优性必要条件是熟知的 Fritz John 条件和 Karush-Kuhn-Tucker 条件. 通常, Fritz John 条件是利用 $\mathbb{R}^s$ 中一个适当的子空间 L 与非正象限 $\mathbb{R}^s_-$ 的分离定理为工具得到的, 而 Karush-Kuhn-Tucker 条件则是使用择一定理 (例如 Farkas 引理) 得到的. 在本节通过研究子空间 L 与非正象限 $\mathbb{R}^s_-$ 的交, 得到经典的凸集分离定理的特殊形式, 并利用这些结果, 给出 Karush-Kuhn-Tucker 条件的一种不同的证明.

在 $\mathbb{R}^s$ 中, 两个向量 $x = (x_1, \cdots, x_s)^{\mathrm{T}}$ 和 $y = (y_1, \cdots, y_s)^{\mathrm{T}}$ 的序关系是指它们的坐标序, 使用以下记号

$$x \leqq y \Leftrightarrow x_j \leqslant y_j, \quad j = 1, \cdots, s;$$

$$x < y \Leftrightarrow x_j < y_j, \quad j = 1, \cdots, s;$$

$$x \leqslant y \Leftrightarrow x \leqq y \text{ 且 } x \neq y.$$

用 $\mathbb{R}^s_- = \{x \in \mathbb{R}^s : x \leqq 0\}$ 表示空间 $\mathbb{R}^s$ 的非正象限, $\mathbb{R}^s_-$ 的一个面 F 定义为

$$F = \left\{ z = \sum_{j \in J} \gamma_j(-e^j), \ \gamma_j \geqslant 0 \right\},$$

其中 e^j 是单位向量, 它的第 j 个分量等于 1, 其余都等于 0, J 是指标集 $\{1, \cdots, s\}$ 的一个真子集. 当 $J = \varnothing$ 时, 约定 $F = \{0\}$. 当 $s = 3$ 时, $\mathbb{R}^3_-$ 有七个面: 非正象限的三个面、三条棱和一个顶点 (坐标原点), 它们分别对应 $\{1, 2, 3\}$ 的七个真子集 $\{1, 2\}, \{2, 3\}, \{3, 1\}; \{1\}, \{2\}, \{3\}; \varnothing$.

引理 4.1.1　设 L 是 $\mathbb{R}^s$ 的线性子空间, 且满足 $L \cap \mathrm{int} \mathbb{R}^s_- = \varnothing$. 则存在分离 L 和 $\mathbb{R}^s_-$ 的超平面 H, 即 $\exists \alpha \in \mathbb{R}^s$,

$$\alpha \geqslant 0, \quad \alpha^{\mathrm{T}} z = 0, \quad \forall z \in L. \tag{4.1}$$

证明　因 L 和 $\mathbb{R}^s_-$ 是两个相对内部非空且互不相交的凸集, 由凸集分离定理 1.1.17, 存在分离 L 和 $\mathbb{R}^s_-$ 的超平面 H, 即 $\exists \alpha \in \mathbb{R}^s \backslash \{0\}, \alpha^{\mathrm{T}} z \geqslant 0, \forall z \in L$

且 $\alpha^{\mathrm{T}}z \leqslant 0, \forall z \in \mathbb{R}^s_-$. 后一个不等式蕴涵 $-\alpha_i = \alpha^{\mathrm{T}}(-e^i) \leqslant 0, i = 1, \cdots, s$, 即 $\alpha_i \geqslant 0$, 从而有 $\alpha \geqq 0$. 因 $\alpha \neq 0$, 故 $\alpha \gneqq 0$. 此外, L 是线性子空间, 故 $\forall z \in L$, 有 $-z \in L$, 于是由 $\alpha^{\mathrm{T}}z \geqslant 0, \forall z \in L$ 有 $\alpha^{\mathrm{T}}(-z) \geqslant 0$, 因此得到 $\alpha^{\mathrm{T}}z = 0, \forall z \in L$. □

引理 4.1.1 中的向量 $\alpha \gneqq 0$ 就是分离超平面 H 的法向量, 因此, 在后面常用 "由等式 $\alpha^{\mathrm{T}}z = 0, \alpha \gneqq 0$ 确定的分离 L 和 $\mathbb{R}^s_-$ 的超平面 H" 的说法. 这里的 α 不唯一, 还可能出现 α 的一个或多个分量为零的情况.

记 $L^* = L + \mathbb{R}^s_+$, 称 L^* 为子空间 L 的锥扩张, 显然它是闭凸锥. 借用它来研究 L 与非正象限边界的交. 下面的引理表明, 就子空间 L 和它的锥扩张 L^* 与 $\mathrm{int}\mathbb{R}^s_-$ 的交而言, 具有相同的性质.

引理 4.1.2 设 L 是 $\mathbb{R}^s$ 的线性子空间, 则下列命题成立:

(i) $L \cap \mathrm{int}\mathbb{R}^s_- = \varnothing$ 当且仅当 $L^* \cap \mathrm{int}\mathbb{R}^s_- = \varnothing$;

(ii) 超平面 H 分离 L 和 $\mathbb{R}^s_-$ 当且仅当 H 分离 L^* 和 $\mathbb{R}^s_-$.

证明 (i) 因 $L \subset L^*$, 故 $L^* \cap \mathrm{int}\mathbb{R}^s_- = \varnothing$ 蕴涵 $L \cap \mathrm{int}\mathbb{R}^s_- = \varnothing$. 反过来, 用反证法: 假设 $L^* \cap \mathrm{int}\mathbb{R}^s_- \neq \varnothing$, 则 $\exists z \in L^*, z \in \mathrm{int}\mathbb{R}^s_-$. 前者表明 $\exists v \in L, \exists w \in \mathbb{R}^s_+, z = v + w$. 因此有 $v = z - w \in \mathrm{int}\mathbb{R}^s_- + (-\mathbb{R}^s_+) = \mathrm{int}\mathbb{R}^s_- + \mathbb{R}^s_- \subset \mathrm{int}\mathbb{R}^s_-$. 综上得到 $v \in L \cap \mathrm{int}\mathbb{R}^s_-$, 这与条件相矛盾.

(ii) 设 H 是由等式 $\alpha^{\mathrm{T}}z = 0, \alpha \gneqq 0$ 确定的分离 L 和 $\mathbb{R}^s_-$ 的超平面, 满足 $\forall z \in L, \alpha^{\mathrm{T}}z = 0$. 任取 $v^* \in L^* = L + \mathbb{R}^s_+$, 则 $v^* = z + v$, 这里 $z \in L, v \in \mathbb{R}^s_+$, 且有

$$\alpha^{\mathrm{T}}v^* = \alpha^{\mathrm{T}}z + \alpha^{\mathrm{T}}v = \alpha^{\mathrm{T}}v \geqslant 0.$$

此外, 由 $\alpha \gneqq 0$, 还有 $\alpha^{\mathrm{T}}x \leqslant 0, \forall x \in \mathbb{R}^s_-$. 综上有 $\alpha^{\mathrm{T}}v^* \geqslant \alpha^{\mathrm{T}}x, \forall v^* \in L^*, \forall x \in \mathbb{R}^s_-$. 因此 H 还分离 L^* 与 $\mathbb{R}^s_-$. 反过来, 因 $L = \partial L^*$, 则论断显然成立. □

当 $L \cap \mathrm{int}\mathbb{R}^s_- = \varnothing$ 时, 定理 4.1.1 表明 L 的锥扩张 L^* 与非正象限的交是一个面; 对所有的分离 L 与 $\mathbb{R}^s_-$ 的超平面 H, 其法向量 α 的分量为零的指标可以确定集合 J; 存在这样的分离超平面, 它的指标不在 J 中的法向量的分量为正.

定理 4.1.1 设 L 是 $\mathbb{R}^s$ 的线性子空间, 且 $L \cap \mathrm{int}\mathbb{R}^s_- = \varnothing$. 则下列命题成立:

(i) $L^* \cap \mathbb{R}^s_-$ 是面 $F = \{z = \sum_{j \in J} \gamma_j(-e^j) : \gamma_j \geqslant 0\}$, 其中 J 是指标集 $\{1, \cdots, s\}$ 的一个真子集;

(ii) 若 $J \neq \varnothing$, 则对于每个由等式 $\alpha^{\mathrm{T}}z = 0, \alpha \gneqq 0$ 确定的分离 L 与 $\mathbb{R}^s_-$ 的超平面 H, 有 $\alpha_j = 0, \forall j \in J$. 与此同时, 存在满足 $\alpha_i > 0, \forall i \notin J$ 的分离超平面;

(iii) 若 $J = \varnothing$, 即 $L \cap \mathbb{R}^s_- = \{0\}$, 则存在满足 $\alpha_i > 0, \forall i \in \{1, \cdots, s\}$ 的分离超平面.

证明 (i) 若 $L \cap \mathbb{R}^s_- = \{0\}$, 则 $L^* \cap \mathbb{R}^s_- = \{0\}$. 此时 $J = \varnothing$, 按照约定, 有 $F = \{0\}$, 即 $L^* \cap \mathbb{R}^s_- = F$, 结论成立. 若 $L \cap \mathbb{R}^s_- \supsetneqq \{0\}$, 任取 $z \in (L \cap \mathbb{R}^s_-) \setminus \{0\}$,

由条件 $L \cap \text{int} \mathbb{R}_-^s = \varnothing$ 知, $z \in L$ 是 $\mathbb{R}_-^s$ 的边界点, 因此, 存在指标集的真子集 $J_z \subsetneqq \{1, \cdots, s\}$, 得 $z = \sum_{j \in J_z} \gamma_j (-e^j), \gamma_j > 0$. 显然有 $z \in L^*$, 且对任意固定的 $k \in J_z$, 有 $\sum_{j \in J_z, j \neq k} \gamma_j e^j \in L^*$. 由 L^* 是凸锥, 有

$$-e^k = (1/\gamma_k)\left(z + \sum_{j \in J_z, j \neq k} \gamma_j e^j\right) \in L^*, \quad \forall k \in J_z. \tag{4.2}$$

对 $(L \cap \mathbb{R}_-^s) \backslash \{0\}$ 的每个元素重复这一过程, 得到子集

$$J = \bigcup_{z \in (L \cap \mathbb{R}_-^s) \backslash \{0\}} J_z \subset \{1, \cdots, s\}.$$

由 J 的构造和式 (4.2) 易证 $-e^j \in L^*$ 当且仅当 $j \in J$. 因此, 当 $\gamma_j > 0, \forall j \in J$ 时, $\sum_{j \in J} \gamma_j(-e^j) \in L^*$. 假设 $J = \{1, \cdots, s\}$, 则有 $\sum_{j \in J} \gamma_j(-e^j) \in \text{int} \mathbb{R}_-^s$, 这导致 $L^* \cap \text{int} \mathbb{R}_-^s \neq \varnothing$. 由引理 4.1.2(i), 这等价于 $L \cap \text{int} \mathbb{R}_-^s \neq \varnothing$, 与条件相矛盾, 故 $J \subsetneqq \{1, \cdots, s\}$. 最后, 由 $-e^j \in L^*, \forall j \in J$, 易证

$$L^* \cap \mathbb{R}_-^s = \left\{z = \sum_{j \in J} \gamma_j(-e^j): \gamma_j \geqslant 0\right\} = F.$$

(ii) 当 $J \neq \varnothing$ 时, 设分离 L 与 $\mathbb{R}_-^s$ 的超平面由等式 $\alpha^\mathrm{T} z = 0, \alpha \geqslant 0$ 确定; 由引理 4.1.2(ii), 同一超平面分离 L^* 和 $\mathbb{R}_-^s$, 即 $\alpha^\mathrm{T} z \geqslant 0, \forall z \in L^*$. 由 (i) 的证明过程知, $\forall j \in J, -e^j \in L^*$, 故 $-\alpha_j = \alpha^\mathrm{T}(-e^j) \geqslant 0$, 即 $\forall j \in J, \alpha_j \leqslant 0$. 注意到 $\alpha \geqslant 0$, 则推出 $\forall j \in J, \alpha_j = 0$.

为证明后一论断, 不妨假设 $J = \{1, \cdots, k\}, 1 < k < s$. 任意固定 $i = k + 1, \cdots, s$, 则 $-e^i \notin L^*$. 因 L^* 是闭凸锥, 由推论 1.1.2, L^* 是它的所有过原点的支撑半空间的交. 由 $-e^i \notin L^*$ 知, 存在某个过原点的支撑半空间, 使得 $-e^i$ 不属于它的边界 H_i. 这表明, 存在由等式 $(\alpha^i)^\mathrm{T} z = 0, \alpha^i \geqslant 0$ 确定的分离 L^* 与 $\mathbb{R}_-^s$ 的且不含有 $-e^i$ 的超平面 H_i. 据此有 $\alpha_i^i = (\alpha^i)^\mathrm{T} e^i > 0$. 令 $\bar{\alpha} = \alpha^{k+1} + \cdots + \alpha^s \geqslant 0$, 则

$$\bar{\alpha}_j = (\alpha^{k+1} + \cdots + \alpha^s)_j = \alpha_j^{k+1} + \cdots + \alpha_j^s.$$

因此有

$$\forall j \in J = \{1, \cdots, k\}, \ \bar{\alpha}_j = 0; \quad \forall i \notin J, \ \bar{\alpha}_i > 0.$$

因 $\forall i \notin J, \forall z \in L, (\alpha^i)^\mathrm{T} z = 0$, 故 $\forall z \in L, \bar{\alpha}^\mathrm{T} z = 0$. 综上, 由等式 $\bar{\alpha}^\mathrm{T} z = 0, \bar{\alpha} \geqslant 0$ 确定的超平面分离 L^* 和 $\mathbb{R}_-^s$, 且 $\bar{\alpha}_i > 0, \forall i \notin J$.

(iii) 注意到 $J = \varnothing$ 蕴涵 $\bar{\alpha}_i > 0, i = 1, \cdots, s$, 立刻知道论断成立. □

推论 4.1.1 设 L 是 $\mathbb{R}^s$ 的线性子空间, 且 $L \cap \text{int}\mathbb{R}^s_- = \varnothing$, 则 $\exists \alpha \geqslant 0$, 使得 $\forall v \in L^*, \alpha^T v = 0$, 且 $\alpha_i > 0$ 当且仅当 $-e^i \notin L^*$.

证明 考虑定理 4.1.1(ii) 的分离超平面 $H, \alpha_i > 0$ 当且仅当 $i \notin J$. 注意到在该定理 (i) 的证明过程中有 $-e^i \in L^*$ 当且仅当 $i \in J$, 则 $\alpha_i > 0$ 当且仅当 $-e^i \notin L^*$. $\qquad\square$

注 4.1.1 利用定理 4.1.1, 可以得到某些择一定理.

Stiemke 择一定理 系统 $Bx \leqslant 0$ 无解当且仅当 $\exists \alpha \in \text{int}\mathbb{R}^s_+$, 使得 $\alpha^T B = 0$.

证明 设 B 是 $s \times n$ 矩阵, 记 $L = \{Bx, x \in \mathbb{R}^n\}$, 显然 L 是 $\mathbb{R}^s$ 的一个线性子空间. 易知: 系统 $Bx \leqslant 0$ 无解等价于 $L \cap (\mathbb{R}^s_- \setminus \{0\}) = \varnothing$. 因此有 $L \cap \text{int}\mathbb{R}^s_- = \varnothing$. 注意到 $L \cap (\mathbb{R}^s_- \setminus \{0\}) = \varnothing$ 蕴涵 $L \cap \mathbb{R}^s_- = \{0\}$, 即 $J = \varnothing$. 由定理 4.1.1(iii) 知, $\exists \alpha \in \text{int}\mathbb{R}^s_+$, 使得 $\forall Bx \in L, (\alpha^T B)x = \alpha^T(Bx) = 0$. 由 $x \in \mathbb{R}^n$ 的任意性, 得到 $\alpha^T B = 0$. 反过来, 假设系统 $Bx \leqslant 0$ 有解, 则 $L \cap (\mathbb{R}^s_- \setminus \{0\}) \neq \varnothing$. 因此, $\exists x \in \mathbb{R}^n$, 使得 $z = Bx \in L$ 且 $z \in \mathbb{R}^s_- \setminus \{0\}$. 因 $\alpha \in \text{int}\mathbb{R}^s_+$, 故 $\alpha^T z = \sum_{j=1}^s \alpha_j z_j < 0$. 这与

$$\alpha^T z = \alpha^T(Bx) = (\alpha^T B)x = 0$$

相矛盾. $\qquad\square$

Farkas 引理 设 A 是 $m \times n$ 矩阵, $c \in \mathbb{R}^n$. 则下列两个系统恰有一个有解:

系统 1 $\exists x \in \mathbb{R}^n, Ax \leqq 0, c^T x > 0$,

系统 2 $\exists y \in \mathbb{R}^m, A^T y = c, y \geqq 0$.

证明 容易验证这两个系统不能同时有解. 记 $L = \{(-c^T x, Ax) : x \in \mathbb{R}^n\}$, 则 L 是 $\mathbb{R} \times \mathbb{R}^m$ 的一个线性子空间. 易知系统 1 无解等价于 $L \cap (\text{int}\mathbb{R}_- \times \mathbb{R}^m_-) = \varnothing$. 因此有 $L \cap \text{int}(\mathbb{R}_- \times \mathbb{R}^m_-) = \varnothing$, 注意到 $Ax \leqq 0$ 意味着 Ax 至少有一个分量为负值, 因此 $-e^1 = (-1, 0, \cdots, 0) \notin L$. 由定理 4.1.1(ii) 知, $\exists \alpha > 0, \exists \beta \in \mathbb{R}^m_+$, 使得

$$\alpha(-c^T x) + \beta^T Ax = 0, \quad \forall x \in \mathbb{R}^n,$$

这等价于 $-\alpha c^T + \beta^T A = 0$. 令 $y = \dfrac{\beta}{\alpha}$, 则立刻得到 $\exists y \in \mathbb{R}^m, y^T A = c^T, y \geqq 0$, 即系统 2 有解. $\qquad\square$

我们对 Farkas 引理作一几何解释. 设 A 的第 i 个行向量为 $a_i, i = 1, 2, \cdots, m$, 则系统 $x \in \mathbb{R}^n, Ax \leqq 0, c^T x > 0$ 有解当且仅当用凸锥 $\{x \in \mathbb{R}^n : Ax \leqq 0\}$ 与半空间 $\{x \in \mathbb{R}^n : c^T x > 0\}$ 的交不空. 也就是说, 系统 $x \in \mathbb{R}^n, Ax \leqq 0, c^T x > 0$ 有解当且仅当存在向量 $x \in \mathbb{R}^n$, 它与各 a_i 的夹角为钝角或直角, 而与 c 的夹角为锐角. 系统 $y \in \mathbb{R}^m, A^T y = c, y \geqq 0$ 有解当且仅当 c 在由 $a_1, a_2, \cdots, a_m$ 所生成的凸锥内. 图 4.1 能够帮助我们理解这两个系统之间的关系.

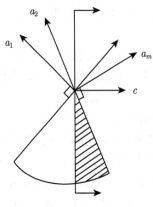

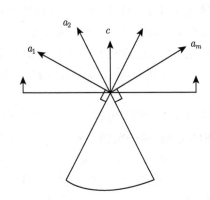

系统1有解, 系统2无解　　　　　　　　系统1无解, 系统2有解

图 4.1 Farkas 引理的几何解释

在 Farkas 引理的基础得到了 Gordan 定理.

Gordan 定理 设 A 是 $m \times n$ 矩阵, $c \in \mathbb{R}^n$. 则下列两个系统恰有一个有解:

系统 1 $\exists x \in \mathbb{R}^n, Ax < 0$,

系统 2 $\exists y \in \mathbb{R}^m, A^{\mathrm{T}}y = 0, y \geqslant 0$.

证明 如果系统 1 有解, 即存在 $\bar{x} \in \mathbb{R}^n$, 使得 $A\bar{x} < 0$, 则 $\forall y \geqslant 0$, 有 $y^{\mathrm{T}}A\bar{x} < 0$, 即 $\bar{x}^{\mathrm{T}}A^{\mathrm{T}}y < 0$, 这表明系统 2 无解.

如果系统 1 无解, 则不存在 $\alpha < 0$ 及 $x \in \mathbb{R}^n$, 使得 $Ax \leqq (\alpha, \alpha, \cdots, \alpha)^{\mathrm{T}}$. 记 $\tilde{A} = [A, -e], \tilde{b} = (0, 0, \cdots, 0, -1)^{\mathrm{T}} \in \mathbb{R}^{n+1}$, 其中 $e = (1, 1, \cdots, 1)^{\mathrm{T}} \in \mathbb{R}^m$, 于是, 不存在 $\alpha < 0$ 及 $x \in \mathbb{R}^n$, 满足

$$\tilde{A} \begin{bmatrix} x \\ \alpha \end{bmatrix} \leqslant 0, \quad \tilde{b}^{\mathrm{T}} \begin{bmatrix} x \\ \alpha \end{bmatrix} > 0,$$

即上式无解. 于是, 由 Farkas 引理, 系统 $\tilde{A}y = \tilde{b}$, $y \geqslant 0$ 有解, 即系统 $A^{\mathrm{T}}y = 0$, $e^{\mathrm{T}}y = 1, y \geqslant 0$ 有解, 这等价于系统 2 有解. □

由于择一定理在建立最优性条件时具有重要的作用, 下面我们进一步给出多种形式的择一定理. 相关内容可参见文献 [94].

Slater 择一定理 设 A 是 $m \times n$ 矩阵, B 是 $l \times n$ 矩阵, C 是 $p \times n$ 矩阵, D 是 $q \times n$ 矩阵, 且 A 和 B 是非空矩阵. 则下列两个系统恰有一个有解:

系统 1 $\exists x \in \mathbb{R}^n, Ax > 0, Bx \geqslant 0, Cx \geqq 0, Dx = 0$,

系统 2 $\exists y_1 \in \mathbb{R}^m, y_2 \in \mathbb{R}^l, y_3 \in \mathbb{R}^p, y_4 \in \mathbb{R}^q$,

$$A^{\mathrm{T}}y_1 + B^{\mathrm{T}}y_2 + C^{\mathrm{T}}y_3 + D^{\mathrm{T}}y_4 = 0, \quad y_1 \geqslant 0, y_2 \geqq 0, y_3 \geqq 0,$$

或者

$$A^{\mathrm{T}}y_1 + B^{\mathrm{T}}y_2 + C^{\mathrm{T}}y_3 + D^{\mathrm{T}}y_4 = 0, \quad y_1 \geqq 0, y_2 > 0, y_3 \geqq 0.$$

证明 如果系统 1 有解, 即存在 $\bar{x} \in \mathbb{R}^n$, 使得 $A\bar{x} > 0, B\bar{x} \geqq 0, C\bar{x} \geqq 0$, $D\bar{x} = 0$, 则 $\forall y_1 \in \mathbb{R}^m, y_2 \in \mathbb{R}^l, y_3 \in \mathbb{R}^p, y_4 \in \mathbb{R}^q, y_1 \geqq 0, y_2 \geqq 0, y_3 \geqq 0$, 有

$$\bar{x}^{\mathrm{T}}A^{\mathrm{T}}y_1 + \bar{x}^{\mathrm{T}}B^{\mathrm{T}}y_2 + \bar{x}^{\mathrm{T}}C^{\mathrm{T}}y_3 + \bar{x}^{\mathrm{T}}D^{\mathrm{T}}y_4 > 0,$$

$\forall y_1 \in \mathbb{R}^m, y_2 \in \mathbb{R}^l, y_3 \in \mathbb{R}^p, y_4 \in \mathbb{R}^q, y_1 \geqq 0, y_2 > 0, y_3 \geqq 0$, 有

$$\bar{x}^{\mathrm{T}}A^{\mathrm{T}}y_1 + \bar{x}^{\mathrm{T}}B^{\mathrm{T}}y_2 + \bar{x}^{\mathrm{T}}C^{\mathrm{T}}y_3 + \bar{x}^{\mathrm{T}}D^{\mathrm{T}}y_4 > 0,$$

这表明系统 2 无解.

如果系统 1 无解, 则系统 $Ax \geqq 0, Bx \geqq 0, Cx \geqq 0, Dx = 0$ 蕴涵 $Ax \not> 0$ 或 $Bx = 0$. 从而系统

$$Ax \geqq 0, \quad Bx \geqq 0, \quad Cx \geqq 0, \quad Dx = 0,$$
$$A^{\mathrm{T}}y_1 + B^{\mathrm{T}}y_2 + C^{\mathrm{T}}y_3 + D^{\mathrm{T}}y_4 = 0,$$
$$y_1 \geqq 0, \quad y_2 \geqq 0, \quad y_3 \geqq 0$$

蕴涵 $y_1 \neq 0$ 或 $y_2 > 0$. □

注意到, 在上述证明过程中, 当系统 1 无解, 证明系统 2 有解时, 要求 A 和 B 都是非空矩阵. 通过对上述证明稍加修改, 空矩阵 B 和空矩阵 A 分别引出了 Motzkin 择一定理和 Tucker 择一定理.

Motzkin 择一定理 设 A 是 $m \times n$ 矩阵, C 是 $p \times n$ 矩阵, D 是 $q \times n$ 矩阵, 且 A 是非空矩阵. 则下列两个系统恰有一个有解:

系统 1 $\exists x \in \mathbb{R}^n, Ax > 0, Cx \geqq 0, Dx = 0$,

系统 2 $\exists y_1 \in \mathbb{R}^m, y_3 \in \mathbb{R}^p, y_4 \in \mathbb{R}^q$,

$$A^{\mathrm{T}}y_1 + C^{\mathrm{T}}y_3 + D^{\mathrm{T}}y_4 = 0, \quad y_1 \neq 0, y_3 \geqq 0.$$

证明 如果系统 1 有解, 即存在 $\bar{x} \in \mathbb{R}^n$, 使得 $A\bar{x} > 0, C\bar{x} \geqq 0, D\bar{x} = 0$, 则 $\forall y_1 \in \mathbb{R}^m, y_3 \in \mathbb{R}^p, y_4 \in \mathbb{R}^q, y_1 \geqq 0, y_3 \geqq 0$, 有

$$\bar{x}^{\mathrm{T}}A^{\mathrm{T}}y_1 + \bar{x}^{\mathrm{T}}C^{\mathrm{T}}y_3 + \bar{x}^{\mathrm{T}}D^{\mathrm{T}}y_4 > 0,$$

这表明系统 2 无解.

如果系统 1 无解, 则系统 $Ax \geqq 0, Cx \geqq 0, Dx = 0$ 蕴涵 $Ax \not> 0$. 从而系统

$$Ax \geqq 0, \quad Cx \geqq 0, \quad Dx = 0,$$
$$A^{\mathrm{T}}y_1 + C^{\mathrm{T}}y_3 + D^{\mathrm{T}}y_4 = 0,$$
$$y_1 \geqq 0, \quad y_3 \geqq 0$$

蕴涵 $y_1 \neq 0$. □

Tucker 择一定理　设 B 是 $l \times n$ 矩阵, C 是 $p \times n$ 矩阵, D 是 $q \times n$ 矩阵, 且 B 是非空矩阵. 则下列两个系统恰有一个有解:

系统 1　$\exists x \in \mathbb{R}^n, Bx \geqslant 0, Cx \geqq 0, Dx = 0$,

系统 2　$\exists y_2 \in \mathbb{R}^l, y_3 \in \mathbb{R}^p, y_4 \in \mathbb{R}^q$,

$$B^\mathrm{T} y_2 + C^\mathrm{T} y_3 + D^\mathrm{T} y_4 = 0, \quad y_2 > 0, y_3 \geqq 0.$$

证明　证明过程类似 Motzkin 择一定理. □

类似地, 可以推导出 Slater 择一定理的另一种形式.

一般的择一定理　设 A 是 $m \times n$ 矩阵, B 是 $l \times n$ 矩阵, C 是 $p \times n$ 矩阵, D 是 $q \times n$ 矩阵, 且 A 和 B 是非空矩阵. 则下列两个系统恰有一个有解:

系统 1　$\exists x \in \mathbb{R}^n, Ax \geqslant 0, Bx \geqq 0, Cx \geqq 0, Dx = 0$ 或

$$Ax \geqq 0, \quad Bx > 0, \quad Cx \geqq 0, \quad Dx = 0,$$

系统 2　$\exists y_1 \in \mathbb{R}^m, y_2 \in \mathbb{R}^l, y_3 \in \mathbb{R}^p, y_4 \in \mathbb{R}^q$,

$$A^\mathrm{T} y_1 + B^\mathrm{T} y_2 + C^\mathrm{T} y_3 + D^\mathrm{T} y_4 = 0, \quad y_1 > 0, y_2 \geqslant 0, y_3 \geqq 0.$$

Stiemke 定理　设 B 是 $l \times n$ 矩阵. 则下列两个系统恰有一个有解:

系统 1　$\exists x \in \mathbb{R}^n, Bx \geqslant 0$,

系统 2　$\exists y \in \mathbb{R}^l, B^\mathrm{T} y = 0, y > 0$.

证明　由 Tucker 定理直接可得. □

利用 Motzkin 定理, 可获得下面择一定理.

非齐次 Farkas 定理　设 A 是 $m \times n$ 矩阵, $b \in \mathbb{R}^n, c \in \mathbb{R}^m, \beta \in \mathbb{R}$. 则下列两个系统恰有一个有解:

系统 1　$\exists x \in \mathbb{R}^n, Ax \leqq c, \ b^\mathrm{T} x > \beta$,

系统 2　$\exists y \in \mathbb{R}^m, A^\mathrm{T} y = b, c^\mathrm{T} y \leqq \beta, y \geqq 0$, 或

$$A^\mathrm{T} y = 0, \quad c^\mathrm{T} y \leqslant 0, \quad y \geqq 0.$$

线性等式的 Gale 定理　设 A 是 $m \times n$ 矩阵, $c \in \mathbb{R}^m$. 则下列两个系统恰有一个有解:

系统 1　$\exists x \in \mathbb{R}^n, Ax = c$,

系统 2　$\exists y \in \mathbb{R}^m, A^\mathrm{T} y = 0, c^\mathrm{T} y = 1$.

线性不等式的 Gale 定理　设 A 是 $m \times n$ 矩阵, $c \in \mathbb{R}^m$. 则下列两个系统恰有一个有解:

系统 1　$\exists x \in \mathbb{R}^n, Ax \leqq c,$

系统 2　$\exists y \in \mathbb{R}^m, A^\mathrm{T}y = 0, c^\mathrm{T}y = -1, y \geqq 0.$

线性不等式的择一定理　设 A 是 $m \times n$ 矩阵, $c \in \mathbb{R}^m$. 则下列两个系统恰有一个有解:

系统 1　$\exists x \in \mathbb{R}^n, Ax \leqslant c,$

系统 2　$\exists y \in \mathbb{R}^m, A^\mathrm{T}y = 0, c^\mathrm{T}y = -1, y \geqq 0,$ 或 $A^\mathrm{T}y = 0, c^\mathrm{T}y \leqslant 0, y > 0.$

最后, 总结上述择一定理如表 4.1 所示.

表 4.1　择一定理

名称	系统 1	系统 2
Farkas 引理	$Ax \leqq 0,\ c^\mathrm{T}x > 0$	$A^\mathrm{T}y = c, y \geqq 0$
Gordan 定理	$Ax < 0$	$A^\mathrm{T}y = 0, y \geqslant 0$
Slater 择一定理	$Ax > 0, Bx \geqslant 0,$ $Cx \geqq 0, Dx = 0,$ 其中 A 和 B 是非空矩阵	$A^\mathrm{T}y_1 + B^\mathrm{T}y_2 + C^\mathrm{T}y_3 + D^\mathrm{T}y_4 = 0,$ $y_1 \geqslant 0, y_2 \geqq 0, y_3 \geqslant 0,$ 或者 $A^\mathrm{T}y_1 + B^\mathrm{T}y_2 + C^\mathrm{T}y_3 + D^\mathrm{T}y_4 = 0,$ $y_1 \geqq 0, y_2 > 0, y_3 \geqq 0$
Motzkin 择一定理	$Ax > 0, Cx \geqq 0, Dx = 0,$ 其中 A 是非空矩阵	$A^\mathrm{T}y_1 + C^\mathrm{T}y_3 + D^\mathrm{T}y_4 = 0,$ $y_1 \geqslant 0, y_3 \geqq 0$
Tucker 择一定理	$Bx \geqslant 0, Cx \geqq 0, Dx = 0,$ 其中 B 是非空矩阵	$B^\mathrm{T}y_2 + C^\mathrm{T}y_3 + D^\mathrm{T}y_4 = 0,$ $y_2 > 0, y_3 \geqq 0$
一般的择一定理	$Ax \geqslant 0, Bx \geqslant 0,$ $Cx \geqq 0, Dx = 0$ 或 $Ax \geqq 0, Bx > 0,$ $Cx \geqq 0, Dx = 0,$ 其中 A 和 B 是非空矩阵	$A^\mathrm{T}y_1 + B^\mathrm{T}y_2 + C^\mathrm{T}y_3 + D^\mathrm{T}y_4 = 0,$ $y_1 > 0, y_2 \geqslant 0, y_3 \geqq 0$
Stiemke 定理	$Bx \geqslant 0$	$B^\mathrm{T}y = 0, y > 0$
非齐次 Farkas 定理	$Ax \leqq c,\ b^\mathrm{T}x > \beta$	$A^\mathrm{T}y = b, c^\mathrm{T}y \leqslant \beta, y \geqq 0,$ 或 $A^\mathrm{T}y = 0, c^\mathrm{T}y \leqslant 0, y \geqq 0$
线性等式的 Gale 定理	$Ax = c$	$A^\mathrm{T}y = 0, c^\mathrm{T}y = 1$
线性不等式的 Gale 定理	$Ax \leqq c$	$A^\mathrm{T}y = 0, c^\mathrm{T}y = -1, y \geqq 0$
线性不等式的择一定理	$Ax \leqslant c$	$A^\mathrm{T}y = 0, c^\mathrm{T}y = -1, y \geqslant 0,$ 或 $A^\mathrm{T}y = 0, c^\mathrm{T}y \leqslant 0, y > 0$

现在回到本节一开始提到的数学规划问题 (P). 下面的定理涉及两种最优性必要条件和最一般的约束品性. 在后面的一些定理中, 常常用到可行方向的概念: 称向量 $d \in \mathbb{R}^n \backslash \{0\}$ 是集合 S 在 $x_0 \in S$ 处的可行方向, 如果 $\exists \varepsilon > 0$, 使得 $x = x_0 + td \in S, \forall t \in [0, \varepsilon]$.

定理 4.1.2　设 x_0 是问题 (P) 的可行点. 假设 $f, g_i, i \in I(x_0)$ 在 x_0 处可微, $g_i, i \notin I(x_0)$ 在 x_0 处连续. 若 x_0 是问题 (P) 的局部极小点, 则下面的条件成立:

(i) 存在不全为零的乘子 $\lambda_0 \geqslant 0, \lambda_i \geqslant 0, i \in I(x_0)$, 使得

$$\lambda_0 \nabla f(x_0) + \sum_{i \in I(x_0)} \lambda_i \nabla g_i(x_0) = 0. \tag{4.3}$$

(ii) 存在满足式 (4.3) 的乘子且 $\lambda_0 > 0$ 当且仅当

$$W \cap (\mathrm{int}\mathbb{R}_- \times \mathbb{R}_-^k) = \varnothing, \tag{4.4}$$

其中 $W = \{z = (\nabla f(x_0)^{\mathrm{T}}d, \nabla g_1(x_0)^{\mathrm{T}}d, \cdots, \nabla g_k(x_0)^{\mathrm{T}}d)^{\mathrm{T}} : d \in \mathbb{R}^n\}$ (这里使用了假设 $I(x_0) = \{1, \cdots, k\}$).

证明　设 x_0 是问题 (P) 的局部极小点, 即 $\exists \varepsilon > 0$, 使得 $\forall x \in B_\varepsilon(x_0) \cap S$, $f(x) \geqslant f(x_0)$. 现在证明 x_0 还是如下问题的局部极小点:

$$(\mathrm{P}^*) \quad \begin{cases} \min \quad f(x), \\ x \in S^* = \{x \in X : g_i(x) \leqslant 0, i \in I(x_0)\}. \end{cases}$$

事实上, 不妨假设 $I(x_0) = \{1, \cdots, m-1\}$, 即 $m \notin I(x_0)$, 因此有 $g_m(x_0) < 0$. 由 g_m 在 x_0 处的连续性知, 对于充分小的 $\delta, \varepsilon > \delta > 0$, 有 $\forall x \in B_\delta(x_0), g_m(x) \leqslant 0$. 于是有 $B_\delta(x_0) \cap S^* \subset B_\varepsilon(x_0) \cap S$. 据此, $\forall x \in B_\delta(x_0) \cap S^*, f(x) \geqslant f(x_0)$. 即 x_0 还是问题 (P^*) 的局部极小点.

(i) 显然 $W \subset \mathbb{R}^{k+1}$ 是一个线性子空间, 还有 $W \cap \mathrm{int}\mathbb{R}_-^{k+1} = \varnothing$. 否则, $\exists d \in \mathbb{R}^n$, 使得 $d^{\mathrm{T}}\nabla g_i(x_0) < 0, i \in I(x_0)$ 和 $d^{\mathrm{T}}\nabla f(x_0) < 0$, 即 d 是一个可行下降方向, 这与 x_0 是问题 (P^*) 的局部极小点相矛盾. 然后, 使用推论 4.1.1, 存在不全为零的非负乘子 $\lambda_0, \lambda_i, i \in I(x_0)$, 使得

$$\lambda^{\mathrm{T}}z = \lambda_0 z_0 + \lambda_1 z_1 + \cdots + \lambda_k z_k = 0, \quad \forall z = (z_0, z_1, \cdots, z_k)^{\mathrm{T}} \in W, \tag{4.5}$$

即

$$(\lambda_0 \nabla f(x_0) + \sum_{i \in I(x_0)} \lambda_i \nabla g_i(x_0))^{\mathrm{T}}d = 0, \quad \forall d \in \mathbb{R}^n.$$

取 $d = \lambda_0 \nabla f(x_0) + \sum_{i \in I(x_0)} \lambda_i \nabla g_i(x_0) \in \mathbb{R}^n$, 由上式得到

$$\left\| \lambda_0 \nabla f(x_0) + \sum_{i \in I(x_0)} \lambda_i \nabla g_i(x_0) \right\|^2 = 0,$$

因此, 式 (4.3) 成立.

(ii) 注意到 $-e^1 = (-1, 0, \cdots, 0)^{\mathrm{T}} \in \mathrm{int}\mathbb{R}_- \times \mathbb{R}^k$, 则条件 (4.4) 蕴涵 $-e^1 \notin W$, 因此有 $-e^1 \notin W^* = W + \mathrm{int}\mathbb{R}_+^{k+1}$. 由推论 4.1.1, 可以选取由等式 (4.5) 确定的分

离超平面, 满足 $\lambda_0 > 0$. 反过来, 若在式 (4.5) 中有 $\lambda_0 > 0$, 则式 (4.4) 成立. 事实上, 假设式 (4.4) 不成立, 则 $\exists z = (z_0, \bar{z}) \in W \cap (\mathrm{int}\mathbb{R}_- \times \mathbb{R}^k_-)$. 据此和式 (4.5) 有 $0 = \lambda^{\mathrm{T}} z = \lambda_0 z_0 + \lambda^{\mathrm{T}} \bar{z} < 0$, 而这不可能. □

注 4.1.2 最优性必要条件 (4.3) 就是熟知的 Fritz John 条件, 当条件 (4.3) 还同时满足 $\lambda_0 > 0$ 时, 它就是著名的 Karush-Kuhn-Tucker 条件.

下面的例子表明, 即使 (P) 是一个凸规划问题, Fritz John 条件 (4.3) 也不能保证目标函数对应的乘子 $\lambda_0 > 0$.

例 4.1.1 考虑问题 (P), 其中

$$f(x_1, x_2) = x_1, \quad g_1(x_1, x_2) = x_1^2 - x_2, \quad g_2(x_1, x_2) = x_2.$$

显然这里的函数 f, g_1 和 g_2 在 $\mathbb{R}^2$ 上都是凸函数, 因而 (P) 是一个凸规划问题. 易知问题 (P) 的可行集是 $S = \{(0,0)\}, x_0 = (0,0)$ 是其全局极小点, 还有

$$\nabla f(x_0) = (1, 0)^{\mathrm{T}}, \quad \nabla g_1(x_0) = (0, -1)^{\mathrm{T}}, \quad \nabla g_2(x_0) = (0, 1)^{\mathrm{T}}.$$

这时, 条件 (4.3) 具体化为

$$\lambda_0(1, 0)^{\mathrm{T}} + \lambda_1(0, -1)^{\mathrm{T}} + \lambda_2(0, 1)^{\mathrm{T}} = (\lambda_0, -\lambda_1 + \lambda_2)^{\mathrm{T}} = 0.$$

这等价于 $\lambda_0 = 0, \lambda_1 = \lambda_2 > 0$. 另一方面, 由定理 4.1.2(ii) 也有同样的结论. 事实上, 式 (4.4) 中的 $W = \{z = (d_1, -d_2, d_2)^{\mathrm{T}} : d_1, d_2 \in \mathbb{R}\}$, 这表明, $W \cap (\mathrm{int}\mathbb{R}_- \times \mathbb{R}^2_-) \neq \varnothing$, 即不满足条件 (4.4), 因此不存在满足条件 (4.3) 且大于零的非负乘子 λ_0, 换言之, $\lambda_0 = 0$.

当条件 (4.3) 中的 $\lambda_0 = 0$ 时, 对目标函数在 x_0 处的性态无从知晓, 因此, 探讨保证 $\lambda_0 \neq 0$ 的条件问题就是一个基础性课题. 为此, 称任何一个保证在条件 (4.3) 中 $\lambda_0 \neq 0$ 的条件为约束品性. 4.2 节将关注凸性和广义凸性在建立某些约束品性中的重要作用.

当约束品性满足时, 在等式 (4.3) 两端同时除以 $\lambda_0 > 0$, Karush-Kuhn-Tucker 条件可以陈述如下.

定理 4.1.3 (Karush-Kuhn-Tucker 条件) 设 x_0 是问题 (P) 的一个可行点. 假设 $f, g_i, i \in I(x_0)$ 在 $x_0 \in S$ 处可微, 而 $g_i, i \notin I(x_0)$ 在 x_0 处连续. 若 x_0 是问题 (P) 的局部极小点, 且满足约束品性, 则存在乘子 $\lambda_i \geqslant 0, i \in I(x_0)$, 使得

$$\nabla f(x_0) + \sum_{i \in I(x_0)} \lambda_i \nabla g_i(x_0) = 0. \tag{4.6}$$

注 4.1.3　如果所有的约束函数在 x_0 处都可微, 可以重新定义定理 4.1.2 中的 W 为

$$W = \{z = (\nabla f(x_0)^{\mathrm{T}}d, \nabla g_1(x_0)^{\mathrm{T}}d, \cdots, \nabla g_m(x_0)^{\mathrm{T}}d)^{\mathrm{T}} : d \in \mathbb{R}^n\}.$$

与证明式 (4.3) 完全相同的方法可以证明

$$\lambda_0 \nabla f(x_0) + \sum_{i=1}^{m} \lambda_i \nabla g_i(x_0) = 0.$$

此外, 这时的式 (4.5) 形如存在不全为零的乘子 $\lambda_0 \geqslant 0, \lambda_i \geqslant 0, i \in I(x_0), \lambda_j = 0, j \notin I(x_0)$, 使得

$$\lambda^{\mathrm{T}}z = \lambda_0 z_0 + \sum_{i \in I(x_0)} \lambda_i z_i + \sum_{j \notin I(x_0)} \lambda_j z_j = 0,$$

$$\forall z = (z_0, z_1, \cdots, z_m)^{\mathrm{T}} \in W.$$

这导致 $\lambda_i g_i(x_0) = 0, \; i = 1, \cdots, m$.

于是, 定理 4.1.2 给出的 Fritz John 条件和 Karush-Kuhn-Tucker 条件可以分别重述如下

$$\begin{cases} \lambda_0 \nabla f(x_0) + \sum_{i=1}^{m} \lambda_i \nabla g_i(x_0) = 0, \\ \lambda_i g_i(x_0) = 0, \quad i = 1, \cdots, m \end{cases}$$

和

$$\begin{cases} \nabla f(x_0) + \sum_{i=1}^{m} \lambda_i \nabla g_i(x_0) = 0, \\ \lambda_i g_i(x_0) = 0, \quad i = 1, \cdots, m. \end{cases}$$

在 4.1.3 小节将证明, Karush-Kuhn-Tucker 必要条件在适当的广义凸性假设下可以成为充分条件.

4.1.2　约束品性

前面已经谈到, 约束品性是在 Fritz John 条件中保证 $\lambda_0 > 0$ 的条件. 由定理 4.1.2(ii) 知, 条件 (4.4), 即 $W \cap (\mathrm{int}\mathbb{R}_- \times \mathbb{R}^k) = \varnothing$ 是存在正乘子的必要且充分条件, 因此, 任何蕴涵条件 (4.4) 的条件都是一种约束品性.

在过去的几十年里, 学者们提出过多种约束品性, 这些约束品性之间的关系曾被广泛研究. 本节重点讨论凸性和广义凸性在建立约束品性时所扮演的重要角

色. 如同在 3.4 节开头所指出, 这里仅仅需要函数在点处的凸性和广义凸性假设条件.

设 x_0 是问题 (P) 的局部极小点, 其中 f 和 $g_i, i \in I(x_0)$ 在 x_0 处可微, $g_i, i \notin I(x_0)$ 在 x_0 处连续, X 在 x_0 处是星形集. 下面的 $I(x_0)$ 的几个子集是随后要用到的:

$$J = \{i \in I(x_0) : g_i(x) \text{ 在 } x_0 \text{处是伪凹}\};$$

$$J_1 = \{i \in I(x_0) : g_i(x) \text{ 在 } x_0 \text{处是凹}\};$$

$$I_L = \{i \in I(x_0) : g_i(x) \text{ 是线性函数}\}.$$

我们将证明, 下面的每一个假设条件都是一种约束品性.

(i) 弱反向约束品性: 函数 $g_i(x), i \in I(x_0)$ 在 x_0 处是伪凹.

(ii) 反向约束品性: 函数 $g_i(x), i \in I(x_0)$ 在 x_0 处是凹.

(iii) 弱 Arrow-Hurwicz-Uzawa 约束品性:

$$\exists d \in \mathbb{R}^n, \quad d^{\mathrm{T}} \nabla g_i(x_0) \leqslant 0, \quad \forall i \in J, \quad d^{\mathrm{T}} \nabla g_i(x_0) < 0, \quad \forall i \in I(x_0) \backslash J.$$

(iv) Arrow-Hurwicz-Uzawa 约束品性:

$$\exists d \in \mathbb{R}^n, \quad d^{\mathrm{T}} \nabla g_i(x_0) \leqslant 0, \quad \forall i \in J_1, \quad d^{\mathrm{T}} \nabla g_i(x_0) < 0, \quad \forall i \in I(x_0) \backslash J_1.$$

(v) Slater 弱约束品性: 函数 $g_i(x), i \in I(x_0)$ 在 x_0 处是伪凸, 且

$$\exists x^* \in S, \quad g_i(x^*) < 0, \quad \forall i \in I(x_0).$$

(vi) Slater 约束品性: 函数 $g_i(x), i \in I(x_0)$ 在 x_0 处是凸, 且

$$\exists x^* \in S, \quad g_i(x^*) < 0, \quad \forall i \in I(x_0).$$

(vii) Slater 第二约束品性: 函数 $g_i(x), i \in I(x_0)$ 在凸集 X 上是凸函数, 且

$$\forall i \in I(x_0), \quad \exists x^i \in S, \quad g_i(x^i) < 0.$$

(viii) 改进的 Slater-Uzawa 约束品性: 函数 $g_i(x), i \in I(x_0) \backslash I_L$ 在 x_0 处是伪凸, 且

$$\exists x^* \in S, \quad g_i(x^*) < 0, \quad \forall i \in I(x_0) \backslash I_L, \quad g_i(x^*) \leqslant 0, \quad \forall i \in I_L.$$

(ix) Martos 约束品性: 函数 $g_i(x), \forall i \in I(x_0) \backslash J$ 在 x_0 处是伪凸, 函数 $g_i(x)$, $\forall i \in J$ 在 x_0 处是拟凸, 且 $\exists x^* \in S, g_i(x^*) < 0, \forall i \in I(x_0) \backslash J$.

(x) Arrow-Enthoven 约束品性: 函数 $g_i(x), i \in I(x_0)$ 在 X 上连续, 而在 x_0 处拟凸且 $\nabla g_i(x_0) \neq 0$. 进一步, $\exists x^* \in S, \forall i \in I(x_0), g_i(x^*) < 0$.

下面的定理表明, 以上 10 个假设条件, 都是约束品性.

定理 4.1.4　如果条件 (i)～(x) 之一成立, 则 $W \cap (\text{int}\mathbb{R}_- \times \mathbb{R}^m) = \varnothing$, 即条件 (i)～(x) 中的每一个都是约束品性.

证明　注意到 x_0 是 (P) 的局部极小点, 有 $x_0 \in S \subset X$, 由定理 4.1.2 的证明过程知, x_0 还是 (P*) 的局部极小点. 在后面的证明中, 将反复使用这一结论.

下面使用反证法: 假设 $W \cap (\text{int}\mathbb{R}_- \times \mathbb{R}^m) \neq \varnothing$, 则

$$\exists d^* \in \mathbb{R}^n, \quad \nabla f(x_0)^{\mathrm{T}} d^* < 0, \quad \nabla g_i(x_0)^{\mathrm{T}} d^* \leqslant 0, \quad i \in I(x_0). \tag{4.7}$$

设条件 (i) 成立, 即 $g_i, i \in I(x_0)$ 在 x_0 处是伪凹, 由定义知,

$$x \in X, \quad g_i(x) > g_i(x_0) \Rightarrow (x - x_0)^{\mathrm{T}} \nabla g_i(x_0) > 0. \tag{4.8}$$

由 X 在 x_0 处是星形集, 记 $x = x_0 + td^*, t \in [0, 1]$, 则 $x = x_0 + td^* \in X$. 由反证假设 (4.7) 知

$$\nabla g_i(x_0)^{\mathrm{T}}(x - x_0) = t \nabla g_i(x_0)^{\mathrm{T}} d^* \leqslant 0.$$

这表明蕴涵关系 (4.8) 的右端不等式不真, 于是其左端不等式不真, 即

$$g_i(x_0 + td^*) \leqslant g_i(x_0) = 0, \quad \forall i \in I(x_0).$$

因此 $x_0 + td^* \in S^*, \forall t \in [0, 1]$, 故 d^* 是可行方向. 此外由 (4.7) 还有 $\nabla f(x_0)^{\mathrm{T}} d^* < 0$, 即 d^* 还是 f 在 x_0 处的一个可行下降方向, 这与 x_0 是 (P*) 的局部极小点相矛盾.

设条件 (ii) 成立. 因在点处的凹性蕴涵在点处的伪凹性, 故条件 (ii) 是条件 (i) 的特例.

设条件 (iii) 成立, 记 $\hat{d} = d^* + \dfrac{1}{n} d$, 则有

$$\nabla g_i(x_0)^{\mathrm{T}} \hat{d} = \nabla g_i(x_0)^{\mathrm{T}} d^* + \frac{1}{n} \nabla g_i(x_0)^{\mathrm{T}} d.$$

据此和反证假设 (4.7) 以及条件 (iii) 有

$$\nabla g_i(x_0)^{\mathrm{T}} \hat{d} \leqslant 0, \quad \forall i \in J, \quad \nabla g_i(x_0)^{\mathrm{T}} \hat{d} < 0, \quad \forall i \in I(x_0) \backslash J. \tag{4.9}$$

当 $i \in J$ 时, g_i 在 x_0 处是伪凹性, 与条件 (i) 相同, 有 $g_i(x_0 + t\hat{d}) \leqslant 0, \forall t \in [0, 1]$. 当 $i \in I(x_0) \backslash J$ 时, 考虑 g_i 在 $[x_0, x_0 + \hat{d}]$ 上的限制 $\varphi_i(\tau) = g_i(x_0 + \tau \hat{d}), \tau \in [0, 1]$, 由

式 (4.9) 有 $\varphi_i'(0) = \nabla g_i(x_0)^{\mathrm{T}} \hat{d} < 0$. 由 g_i 在 x_0 处可微知 φ_i 在 $\tau = 0$ 处连续以及 $\varphi_i'(0) < 0$ 知: $\exists \varepsilon \in (0,1]$, 使得 $\forall t \in [0,\varepsilon], g_i(x_0+t\hat{d}) = \varphi_i(t) \leqslant \varphi_i(0) = g_i(x_0) = 0$. 综合这两种情况得到 $x_0 + t\hat{d} \in S^*, \forall t \in [0,\varepsilon]$, 即 $\hat{d}$ 是可行方向. 此外, 由反证假设 (4.7), 当 n 充分大时有 $\nabla f(x_0)^{\mathrm{T}} \hat{d} = \nabla f(x_0)^{\mathrm{T}} d^* + \dfrac{1}{n} \nabla f(x_0)^{\mathrm{T}} d < 0$, 即 $\hat{d}$ 还是 f 在 x_0 处的一个可行下降方向, 这与 x_0 是 (P*) 的局部极小点相矛盾.

设条件 (iv) 成立. 因在点处的凹性蕴涵在点处的伪凹性, 故 (iv) 是条件 (iii) 的特例.

设条件 (v) 成立, 则 $\forall i \in I(x_0)$, 有 $g_i(x^*) < 0 = g_i(x_0)$. 记 $d = x^* - x_0$, 由 g_i 在 x_0 的伪凸性知 $\nabla g_i(x_0)^{\mathrm{T}} d < 0$. 记 $\hat{d} = d^* + \dfrac{1}{n} d \neq 0$, 由反证假设 (4.7) 和刚才的不等式, 有 $\nabla g_i(x_0)^{\mathrm{T}} \hat{d} < 0$. 首先, $\hat{d}$ 是一个可行方向. 事实上, 记 $x = x_0 + t\hat{d}$, 对任意固定的 $i \in I(x_0)$, 记 g_i 在 $[x_0, x_0 + \hat{d}]$ 上的限制 $\varphi_i(t) = g_i(x_0 + t\hat{d}), t \in [0,1]$, 则有 $\varphi_i'(0) = \nabla g_i(x_0)^{\mathrm{T}} \hat{d} < 0$. 注意到 g_i 在 x_0 的可微性蕴涵 φ_i 在 $t = 0$ 处的连续性, 由 $\varphi_i(0) = g_i(x_0) = 0$ 和 $\varphi_i'(0) < 0$ 推出 $\exists \varepsilon \in (0,1]$, 使得

$$\forall i \in I(x_0), \quad g_i(x_0 + t\hat{d}) \leqslant 0, \quad \forall t \in [0,\varepsilon].$$

因此, $x_0 + t\hat{d} \in S^*$, 即 $\hat{d}$ 是可行方向. 此外, 由反证假设 (4.7), 对充分大的 n, 有 $\nabla f(x_0)^{\mathrm{T}} \hat{d} < 0$, 因此 $\hat{d}$ 还是 f 在 x_0 处的一个可行下降方向, 这与 x_0 是 (P*) 的局部极小点相矛盾.

设条件 (vi) 成立, 这是条件 (v) 的特例.

设条件 (vii) 成立, 则 $\forall i \in I(x_0), \exists x^i \in S, g_i(x^i) < 0$. 设 x^* 是这些 x^i 的凸组合, 即

$$x^* = \sum_{i \in I(x_0)} \alpha_i x^i, \quad \alpha_i > 0, \quad \sum_{i \in I(x_0)} \alpha_i = 1.$$

因 X 是凸集, 故 $x^* \in X$. 因 g_i 在 X 上是凸函数, 可用 Jensen 不等式 (定理 1.2.1)

$$g_i(x^*) \leqslant \sum_{i \in I(x_0)} \alpha_i g_i(x^i) < 0, \quad \forall i \in I(x_0),$$

这导致条件 (vi) 成立, 成为 (vi) 的特例.

设条件 (viii) 成立, 记 $d = x^* - x_0, \hat{d} = d^* + \dfrac{1}{n} d$. 当 $i \in I(x_0) \backslash I_L$ 时, 由 g_i 在 x_0 处的伪凸性, 类似于 (v) 的证明知 $\exists \varepsilon \in (0,1]$, 使得

$$\forall i \in I(x_0) \backslash I_L, \quad g_i(x_0 + t\hat{d}) \leqslant 0, \quad \forall t \in [0,\varepsilon].$$

当 $i \in I_L$ 时, 由 g_i 的线性性和 $g_i(x_0) = 0$ 有

$$g_i(d) = g_i(x_0) + g_i(d) = g_i(x_0 + d) = g_i(x^*) \leqslant 0.$$

据此和式 (4.7) 推出 $\forall t \in [0,1]$,

$$g_i(x_0 + t\hat{d}) = g_i(x_0) + tg_i(d^*) + \frac{t}{n}g_i(d) = tg_i(d^*) + \frac{t}{n}g_i(d)$$

$$\leqslant tg_i(d^*) \leqslant 0.$$

综合上述两种情况得到, $\forall i \in I(x_0), g_i(x_0 + t\hat{d}) \leqslant 0, \forall t \in [0,\varepsilon]$, 即 $\hat{d}$ 是可行方向. 此外, 由反证假设 (4.7), 对充分大的 n, 有 $\nabla f(x_0)^{\mathrm{T}}\hat{d} < 0$, 因此 $\hat{d}$ 还是 f 在 x_0 处的一个可行下降方向, 这与 x_0 是 (P*) 的局部极小点相矛盾.

设条件 (ix) 成立, 记 $d = x^* - x_0$. 因 $x^* \in S$, 故 $g_i(x^*) \leqslant 0 = g_i(x_0), \forall i \in I(x_0)$. 由条件 (ix) 并注意到在点处的伪凸性蕴涵拟凸性, 则由 $g_i(x^*) \leqslant g_i(x_0)$ 推出 $\nabla g_i(x_0)^{\mathrm{T}}d \leqslant 0, \forall i \in I(x_0)$. 当 $i \in I(x_0) \backslash J$ 时, 由条件 (ix) 有 $g_i(x^*) < 0 = g_i(x_0)$, 由 g_i 的伪凸性推出 $\nabla g_i(x_0)^{\mathrm{T}}d < 0$. 据此和反证假设 (4.7), 记 $\hat{d} = d^* + \frac{1}{n}d$, 则有

$$\nabla g_i(x_0)^{\mathrm{T}}\hat{d} = \nabla g_i(x_0)^{\mathrm{T}}d^* + \frac{1}{n}\nabla g_i(x_0)^{\mathrm{T}}d < 0, \quad \forall i \in I(x_0) \backslash J. \tag{4.10}$$

$$\nabla g_i(x_0)^{\mathrm{T}}\hat{d} = \nabla g_i(x_0)^{\mathrm{T}}d^* + \frac{1}{n}\nabla g_i(x_0)^{\mathrm{T}}d \leqslant 0, \quad \forall i \in J. \tag{4.11}$$

利用证明 (v) 中的结果, 式 (4.10) 表明 $\forall i \in I(x_0) \backslash J, g_i(x_0 + t\hat{d}) \leqslant 0, \forall t \in [0,\varepsilon]$. 当 $i \in J$ 时, 假设 $\exists t \in [0,\varepsilon]$, 使得 $g_i(x_0 + t\hat{d}) > g_i(x_0)$ (此时必有 $t > 0$), 由 g_i 在 x_0 处的伪凹性有

$$t\nabla g_i(x_0)^{\mathrm{T}}\hat{d} = \nabla g_i(x_0)^{\mathrm{T}}(x_0 + t\hat{d} - x_0) > 0,$$

这与式 (4.11) 相矛盾, 因此有 $\forall i \in J, \forall t \in [0,\varepsilon], g_i(x_0 + t\hat{d}) \leqslant g_i(x_0) = 0$. 综合上述两种情况得到, $\forall i \in I(x_0), g_i(x_0 + t\hat{d}) \leqslant 0, \forall t \in [0,\varepsilon]$, 即 $\hat{d}$ 是可行方向. 此外, 由反证假设 (4.7), 对充分大的 n, 有 $\nabla f(x_0)^{\mathrm{T}}\hat{d} < 0$, 因此 $\hat{d}$ 还是 f 在 x_0 处的一个可行下降方向, 这与 x_0 是 (P*) 的局部极小点相矛盾.

设条件 (x) 成立, 因 g_i 在 x_0 处可微且 $\nabla g_i(x_0) \neq 0$, 由定理 3.4.3 知, 它在该点处的拟凸性蕴涵伪凸性, 故这是条件 (ix) 的特例. $\square$

注 4.1.4　这里, 条件 (ix) 给出的形式与 Martos[34] 最初提出的约束品性形式有所不同. 这是因为他当时引进的在点处的伪凸性概念较定义 3.4.4 有更多的限制, 他的定义如下. 称函数 h 在 x_0 处是伪凸, 如果满足下列条件:

(i) $h(x) < h(x_0) \Rightarrow \nabla h(x_0)^{\mathrm{T}}(x - x_0) < 0$;

(ii) $h(x) \leqslant h(x_0) \Rightarrow \nabla h(x_0)^{\mathrm{T}}(x - x_0) \leqslant 0.$

而定义 3.4.4 只有条件 (i).

实际上, 条件 (i) 蕴涵条件 (ii), 这是因为条件 (ii) 是 $h(x)$ 拟凸的等价性质 (见文献 [42] 的定理 3.5.4), 而在可微条件下, 伪凸性蕴涵拟凸性.

4.1.3 Karush-Kuhn-Tucker 条件的充分性

对于一般的数学规划问题 (P), 下面的例子表明, Karush-Kuhn-Tucker 条件不能保证可行点 x_0 的最优性. 然而, 目标函数和约束函数在适当的广义凸性假设条件下, 该条件为充分条件. 正因为如此, 函数的凸性和各种形式的广义凸性一直是学术界关注的热点.

例 4.1.2 在问题 (P) 中, $f(x_1, x_2) = -x_1^2 - x_2^2 + 2x_1 + 4x_2, g(x_1, x_2) = -x_2$. 显然, $x_0 = (1, 0)$ 是一个可行点且 $\nabla f(x_0) + 4\nabla g(x_0) = 0$. 因而, Karush-Kuhn-Tucker 条件 (4.6) 成立. 但是, 由 $(1 - x)^2 \geqslant 0$ 知, 不等式 $f(x_1, 0) < f(1, 0) = f(x_0)$ 对任何 $x_1 \neq 1$ 成立, 即 x_0 不是问题的局部极小点.

定理 4.1.5 设 x_0 是问题 (P) 的可行点, f 在 x_0 处是伪凸, $g_i, i = 1, \cdots, m$ 在点 x_0 处可微且拟凸. 如果 $\exists \lambda_i \geqslant 0, i = 1, \cdots, m$, 使得

$$\begin{cases} \nabla f(x_0) + \sum_{i=1}^m \lambda_i \nabla g_i(x_0) = 0, \\ \lambda_i g_i(x_0) = 0, \ i = 1, \cdots, m. \end{cases} \tag{4.12}$$

则 x_0 是问题 (P) 的全局极小点.

证明 若不是, 则 $\exists \bar{x} \in S, f(\bar{x}) < f(x_0)$. 由 f 在 x_0 处的伪凸性, 有 $\nabla f(x_0)^{\mathrm{T}}(\bar{x} - x_0) < 0$. 因 $g_i(\bar{x}) \leqslant 0 = g_i(x_0), i \in I(x_0)$, 故由 g_i 在 x_0 处的拟凸性, 还有 $\nabla g_i(x_0)^{\mathrm{T}}(\bar{x} - x_0) \leqslant 0, i \in I(x_0)$. 由互补条件 $\lambda_i g_i(x_0) = 0$ 推出 $\forall i \notin I(x_0), \lambda_i = 0$. 综上, 有

$$\nabla f(x_0)^{\mathrm{T}}(\bar{x} - x_0) + \sum_{i=1}^m \lambda_i \nabla g_i(x_0)^{\mathrm{T}}(\bar{x} - x_0) < 0,$$

这与式 (4.12) 相矛盾. □

注 4.1.5 定理 4.1.5 中的伪凸性假设不能用拟凸性或半严格拟凸性取代. 例如

$$\min(x_1 + x_2)^3, \quad (x_1, x_2) \in S = \{(x_1, x_2) \in \mathbb{R}^2 : -x_2 \leqslant 0\}.$$

由例 3.1.4(iii) 知, 目标函数是半严格拟凸函数 (因其连续, 也是拟凸函数); 显然, 约束函数 $g(x_1, x_2) = -x_2$ 是拟凸函数. 容易验证, 可行点 $x_0 = (0, 0)$ 满足条件 (4.12), 此时 $\lambda = 0$, 但它不是问题的局部极小点.

定理 4.1.5 涉及在一个点处的广义凸性, 如果在集合 X 上满足相应的广义凸性假设, 立刻有如下推论.

推论 4.1.2　考虑问题 (P), 其中 f 在开凸集 X 上是伪凸函数, $g_i, i = 1, \cdots,$ m 在 X 上是可微且拟凸函数. 如果 $x_0 \in S$ 满足式 (4.12), 则 x_0 是问题 (P) 的全局极小点.

推论 4.1.3　考虑问题 (P), 其中 $f, g_i, i = 1, \cdots, m$ 在开凸集 X 上是可微和拟凸函数, 且 $\nabla f(x) \neq 0, \forall x \in S$. 如果 $x_0 \in S$ 满足式 (4.12), 则 x_0 是问题 (P) 的全局极小点.

Karush-Kuhn-Tucker 条件的充分性在经济学中的应用将在 4.3 节中介绍.

4.2　广义凸函数的极值点

4.2.1　极小值点

众所周知, 在最优化中, 重要的问题之一是局部最优是否还是全局最优? 稳定点是否是局部或全局最优点? 如果函数是凸函数, 回答是肯定的. 然而, 这些重要性质并非是凸函数所专有的; 在适当的广义凸性假设条件下, 这些性质中部分或全部也成立. 本节关注广义凸性在建立极小点的局部-全局性质中的作用. 因为这样的性质只需要函数在点处的性态, 所以可以将在整个定义域的广义凸性假设放宽到只需要在定义域中点处的广义凸性. 使用下面的定理, 许多结果都可以在更一般的形式下给出.

定理 4.2.1　设 f 是集合 $S \subset \mathbb{R}^n$ 上的实值函数, S 在 $x_0 \in S$ 处是星形集. 则下列命题成立:

(i) 若 x_0 是 f 的严格局部极小点, 且 f 在 x_0 处是拟凸, 则 x_0 是 f 在 S 上的严格全局极小点;

(ii) 若 x_0 是 f 的局部极小点, 且 f 在 x_0 处是半严格拟凸, 则 x_0 是 f 在 S 上的全局极小点;

(iii) 若 x_0 是 f 的局部极小点, 且 f 在 x_0 处是严格拟凸, 则 x_0 是 f 在 S 上唯一的全局极小点.

证明　(i) 因 $x_0 \in S$ 是严格局部极小点, 即存在 x_0 的邻域 U, 使得 $\forall x \in U \cap S, f(x) > f(x_0)$. 假设 x_0 不是严格全局极小点, 则 $\exists \bar{x} \in S, f(\bar{x}) \leqslant f(x_0)$. 据此, 由 f 在 x_0 的拟凸性, 有 $f(x_0 + \lambda(\bar{x} - x_0)) \leqslant f(x_0), \forall \lambda \in [0, 1]$. 因 S 在 x_0 处是星形集, 故对于充分小的 λ, 有 $x_0 + \lambda(\bar{x} - x_0) \in U \cap S$. 这表明 x_0 不是严格局部极小点, 与条件矛盾.

(ii) 类似于 (i).

(iii) 因在 x_0 严格拟凸也是在 x_0 半严格拟凸, 由 (ii), 局部极小点也是全局极小点. 现在假设 $\exists x_1 \in S, x_1 \neq x_0, f(x_1) = f(x_0)$, 由 f 在 x_0 处的严格拟凸性有

$$f(x_0 + \lambda(x_1 - x_0)) < f(x_0), \quad \forall \lambda \in (0, 1),$$

这与 x_0 是局部极小点相矛盾. □

下面的例子表明: 对于拟凸函数, 非严格局部极小点不必是全局极小点; 半严格拟凸性不能保证全局极小点的唯一性.

例 4.2.1 考虑 $f(x) = \begin{cases} -x^2, & -1 \leqslant x \leqslant 0, \\ 0, & 0 < x \leqslant 2. \end{cases}$ 该函数在 $x_0 = 1$ 处是拟凸, 显然, x_0 是非严格的局部极小点, 它不是全局极小点.

例 4.2.2 考虑 $f(x) = \begin{cases} 0, & 0 \leqslant x < 2, \\ (x-2)^2, & 2 \leqslant x \leqslant 3. \end{cases}$ 该函数在 $x_0 = 0$ 处是半严格拟凸, 区间 $[0, 2]$ 上的任意点都是全局极小点, 不具有唯一性.

注 4.2.1 回忆定理 3.1.5, 在可微条件下, 函数的伪凸性保证稳定点是全局极小点. 与伪凸情形不同, 严格拟凸性对于稳定点的极小性不充分. 例如, 严格拟凸函数 $f(x) = x^3$ 有稳定点 $x_0 = 0, x_0$ 不是极小点.

下面两个定理表明, 对于函数的极小点, 在广义凸函数中, 伪凸函数是最重要的一类函数. 这一类函数保留了凸函数类相应的所有性质.

定理 4.2.2 设 f 是集合 $S \subset \mathbb{R}^n$ 上的实值函数, S 在 $x_0 \in S$ 处是星形集, f 在 x_0 处是伪凸. 若 x_0 是 f 的局部极小点, 则 x_0 是 f 在 S 上的全局极小点.

证明 假设 x_0 不是全局极小点, 即 $\exists \bar{x} \in S$, 使得 $f(\bar{x}) < f(x_0)$. 因 f 在 x_0 处是伪凸, 有 $\nabla f(x_0)^{\mathrm{T}}(\bar{x} - x_0) < 0$. 于是, f 沿可行方向 $d = \bar{x} - x_0$ 局部减少, 这与 x_0 的局部最优性相矛盾. □

在伪凸函数类中, 严格伪凸函数保证全局极小点的唯一性. 这一点, 作为前面的定理和注 3.1.2 的直接结果, 有如下定理.

定理 4.2.3 设 f 是集合 $S \subset \mathbb{R}^n$ 上的实值函数, S 在 $x_0 \in S$ 处是星形集, f 在 x_0 处是严格伪凸. 若 x_0 是 f 的局部极小点, 则 x_0 是 f 在 S 上的唯一全局极小点.

注 4.2.2 对于没有任何凸性或广义凸性假设的函数 f, 一个点不必是 f 的局部极小点, 即使它是 f 在经过这一点的每条线段上限制的局部极小点. 例如, 函数

$$f(x_1, x_2) = (x_2 - x_1^4)(x_2 - x_1^2), \quad x_1, \ x_2 \geqslant 0.$$

容易验证, $x_0 = (0, 0)$ 是 f 在从 x_0 出发的每一条线段上限制的局部极小点. 另一方面, 考虑 f 在曲线 $x_2 = x_1^3, x_1 \geqslant 0$ 上的限制, 有 $\varphi(x_1) = -x_1^5(x_1 - 1)^2$, 于是,

$\forall x_1 > 0, x_1 \neq 1, \varphi(x_1) < 0 = f(0,0) = \varphi(0)$. 因此, x_0 不是 f 的局部极小点.

广义凸函数 f 的性态和它在线段限制的性态之间存在着密切的关系. 利用这些关系, 有如下定理, 它是定理 4.2.1 和定理 4.2.2 的直接结果.

定理 4.2.4　设 f 是集合 $S \subset \mathbb{R}^n$ 上的实值函数, S 在 $x_0 \in S$ 处是星形集.

(i) 若 f 在 $x_0 \in S$ 处是拟凸, x_0 是 f 关于每一条线段 $[x_0, x] \subset S$ 的严格局部极小点, 则 x_0 是 f 在 S 上的严格全局极小点.

(ii) 若 f 在 $x_0 \in S$ 处是半严格拟凸, x_0 是 f 关于每一条线段 $[x_0, x] \subset S$ 的局部极小点, 则 x_0 是 f 在 S 上的全局极小点.

(iii) 若 f 在 $x_0 \in S$ 处是可微伪凸, x_0 是 f 关于每一条线段 $[x_0, x] \subset S$ 的局部极小点, 则 x_0 是 f 在 S 上的全局极小点.

证明　由定理 4.2.1(i)、(ii) 和定理 4.2.2, 只需证明: 若 x_0 是 f 关于每一条线段 $[x_0, x] \subset S$ 的 (严格) 局部极小点, 则 x_0 是 f 的 (严格) 局部极小点. 以 (i) 为例加以证明, 后两种情况类似. 假设若 x_0 不是 f 的严格局部极小点, 则

$$\forall \delta > 0, \quad \exists \bar{x} \in B_\delta(x_0) \cap S, \quad \bar{x} \neq x_0, \quad f(\bar{x}) \leqslant f(x_0).$$

由 x_0 是关于 $[x_0, \bar{x}] \subset S$ 的严格局部极小点, 又有

$$\exists \delta_0 > 0, \quad \forall x^* \in B_{\delta_0}(x_0) \cap S, \quad x^* \neq x_0, \quad f(x_0) < f(x^*).$$

因 f 在 x_0 处是拟凸的, 按定义, 由 $f(\bar{x}) \leqslant f(x_0)$ 有 $\forall \lambda \in [0,1], f(x_0 + \lambda(\bar{x} - x_0)) \leqslant f(x_0)$, 特别地, $f(x^*) \leqslant f(x_0)$. 这与刚才的 $f(x_0) < f(x^*)$ 相矛盾.　　□

前面的所有结果都是函数在点处的广义凸性假设条件下得到的, 因此, 换成更强的——在凸集上的广义凸性假设条件, 所有的结果也成立.

4.2.2　极大值点

本小节里讨论广义凸函数极大值点的性质 (如果它存在的话). 将会看到, 极大值点总是位于定义域的边界上, 或者等价地, 极大值在内点达到当且仅当函数在整个定义域是常值. 一般地, 对于极小值点, 这一重要性质并不成立, 这是因为极小点可以位于定义域的任何位置.

引理 4.2.1　设 f 在凸集 $S \subset \mathbb{R}^n$ 上是连续半严格拟凸函数. 若 $x_0 \in \mathrm{ri} S$ 是 f 在 S 上的极大点, 则 f 在 S 上是常值函数.

证明　假设 f 在 S 上不是常值函数, 则 $\exists \bar{x} \in S, f(\bar{x}) < f(x_0)$. 由定理 1.1.10(v), 条件 $x_0 \in \mathrm{ri} S$ 蕴涵 $\exists x^* \in S$, 使得 x_0 是线段 $[x^*, \bar{x}]$ 的内点, 因而有 $x_0 \in \mathrm{ri}[x^*, \bar{x}]$. 因 f 连续, 不失一般性, 可以假设 $f(x^*) > f(\bar{x})$. 由 f 的半严格拟凸性, 这蕴涵 $f(x) < f(x^*), \forall x \in \mathrm{ri}[x^*, \bar{x}]$. 因 $x_0 \in \mathrm{ri}[x^*, \bar{x}]$, 故 $f(x_0) < f(x^*)$, 这与 x_0 是 f 的极大点相矛盾.　　□

注意到常值函数可以在其定义域的任何点达到它的极大值, 于是由引理 4.2.1, 立刻有如下结果.

定理 4.2.5 设 f 在闭凸集 $S \subset \mathbb{R}^n$ 上是连续半严格拟凸函数. 若 f 在 S 上达到它的极大值, 则它必在 S 的边界点达到.

这一定理还可以加强到不含直线的闭凸集 S 上. 为此, 先介绍一般凸集的面的概念. 称凸集 S 的凸子集 C 是 S 的一个面, 是指对于 S 中满足 $C \cap \mathrm{ri} L \neq \varnothing$ 的任意闭线段 L, 必有 $L \subset C$. 换言之, 凸集 S 的面 C 是它的这样一个凸子集: S 中每一条有相对内点在 C 中的闭线段, 其两个端点必在 C 中. 显然, 空集和 S 自身是 S 的一个面; S 的零维面是 S 的一个极点, 从而有 $x \in S$ 是 S 的极点当且仅当它不能表为 S 中两个不同点的凸组合. 这与在 1.1 节中引入的极点概念一致. 此外, 不含任何直线的非空闭凸集至少有一个极点[3,4]. 我们曾经在例 1.1.1 中指出过, 一个凸集的极点集可以是空集、有限集或无限集.

定理 4.2.6 设 f 在不含直线的闭凸集 $S \subset \mathbb{R}^n$ 上是连续半严格拟凸函数. 若 f 在 S 上达到它的极大值, 则它必在 S 的极点达到.

证明 若 f 是常值函数, 则结论显然成立. 因 f 在闭集 S 上连续, 故 $\exists x_0 \in S, f(x_0) = \max\limits_{x \in S} f(x)$. 由定理 4.2.5, $x_0 \in \partial S$. 设 C 是 S 的含有 x_0 的最小面, 若 x_0 是极点, 结论成立; 若 x_0 不是极点, 则 $x_0 \in \mathrm{ri} C$, 由引理 4.2.1, f 在 C 上是常值的. 另一方面, C 也是不含直线的闭凸集, 它至少有一个 C 的极点 $\bar{x}$, 易证 $\bar{x}$ 还是 S 的极点. 所以, f 在 S 的极点 $\bar{x}$ 达到它的极大值. $\qquad\square$

下面的例子表明, 拟凸函数可以有不是边界点的全局极大点.

例 4.2.3 考虑函数

$$f(x) = \begin{cases} -x^2 + 2x, & 0 \leqslant x \leqslant 1, \\ 1, & x > 1, \end{cases}$$

因 f 在闭集 $S = [0, +\infty)$ 上是单增函数, 故 f 是拟凸函数. f 在任意点 $x \geqslant 1$ 达到它的全局极大值, 而这些点不是定义域 S 的边界点.

对于拟凸函数类, 将凸集 S 加强为紧凸集, 有类似于定理 4.2.6 的结果, 这就是下面的定理.

定理 4.2.7 设 f 在紧凸集 $S \subset \mathbb{R}^n$ 上是连续的拟凸函数, 则 f 在 S 的极点达到它的极大值.

证明 由 f 的连续性和 S 的紧性及 Weierstrass 定理 (紧集上的连续函数能取到最大值) 知, $\exists \bar{x} \in S$, 使得 $f(\bar{x}) = \max\limits_{x \in S} f(x)$. 因 S 是紧凸集, 由定理 1.1.11, $\bar{x}$ 是 S 的有限个极点 $x^1, \cdots, x^h$ 的凸组合, 即 $\bar{x} = \sum_{i=1}^{h} \lambda_i x^i, \sum_{i=1}^{h} \lambda_i = 1, \lambda_i \geqslant 0.$

因 f 是拟凸函数, 由定理 2.1.8, 有 $f(\bar{x}) \leqslant \max\{f(x^1), \cdots, f(x^h)\}$, 因而有

$$f(\bar{x}) = \max\{f(x^1), \cdots, f(x^h)\}.$$

这表明结论成立. ◻

考虑到广义凸函数类概念间的包含关系, 由定理 4.2.5 和定理 4.2.6, 有如下与伪凸函数相关的结果.

推论 4.2.1 设 f 在闭凸集 $S \subset \mathbb{R}^n$ 上是伪凸函数. 若 f 在 S 上达到极大值, 则它在边界点达到.

推论 4.2.2 设 f 在不含直线的闭凸集 $S \subset \mathbb{R}^n$ 上是伪凸函数. 若 f 在 S 上达到极大值, 则它在极点达到.

从计算的角度看, 上面的结果有意义. 这些结果表明, 对于某些类型的广义凸函数, 为了寻找全局极大点, 只需考虑可行集的边界. 然而, 对于一般的广义凸函数, 局部极大点未必是全局极大点, 于是, 极大化拟凸或伪凸函数的问题依然困难. 如果 f 是伪线性函数, 这类困难将不复存在 (见 4.2.3 小节).

4.2.3 伪线性函数的极值点

伪凸函数 f 的极大值只能在边界点达到, 而极小值点可以位于可行集的任何位置; 而当 f 还是伪凹函数时, 使用推论 4.2.1 到 $-f$, 如果 f 存在极小值, 则也在边界点达到. 因此, 对于伪线性函数, 它的极小值和极大值都在可行集的边界达到.

下面的定理给出伪凸函数 (伪凹函数) 边界点是全局极小 (极大) 点的必要且充分条件.

定理 4.2.8 设 f 是凸集 $S \subset \mathbb{R}^n$ 上的实值函数, x_0 是 S 的边界点.

(i) 若 f 是伪凸函数, 则 x_0 是 f 的全局极小点当且仅当

$$\nabla f(x_0)^{\mathrm{T}}(x - x_0) \geqslant 0, \quad \forall x \in S. \tag{4.13}$$

(ii) 若 f 是伪凹函数, 则 x_0 是 f 的全局极大点当且仅当

$$\nabla f(x_0)^{\mathrm{T}}(x - x_0) \leqslant 0, \quad \forall x \in S. \tag{4.14}$$

证明 (i) 若 x_0 是 f 的全局极小点, 且式 (4.13) 不真, 即 $\exists x \in S, \nabla f(x_0)^{\mathrm{T}}(x - x_0) < 0$. 由 S 的凸性有 $[x_0, x] \subset S$, 因此 $d = x - x_0$ 是 f 的可行下降方向, 这与 x_0 是 f 的全局极小点相矛盾. 相反, 若 x_0 不是 f 的全局极小点, 则 $\exists x^* \in S, f(x^*) < f(x_0)$. 由 f 的伪凸性推出 $\nabla f(x_0)^{\mathrm{T}}(x^* - x_0) < 0$, 这与式 (4.13) 相矛盾.

(ii) 注意到 $-f$ 是伪凸函数, 使用 (i) 即可. ◻

如果数学规划问题的目标函数是定义在多面体集 S 上的伪线性函数, 由推论 4.2.2 和伪凹情形下的相应结果知, 当极大值和 (或) 极小值存在时, 它们必在 S 的

顶点达到, 这一性质非常有用. 在这种特殊情形下, 定理 4.2.8 中陈述的必要且充分最优性条件可以通过如下定理更简洁地阐明.

定理 4.2.9 设 f 是多面体集 $S \subset \mathbb{R}^n$ 上的伪线性函数. 则

(i) 顶点 $x_0 \in S$ 是 f 的全局极小点当且仅当 $\nabla f(x_0)^{\mathrm{T}} d^i \geqslant 0, i = 1, \cdots, k$;

(ii) 顶点 $x_0 \in S$ 是 f 的全局极大点当且仅当 $\nabla f(x_0)^{\mathrm{T}} d^i \leqslant 0, i = 1, \cdots, k$,

其中 $d^1, \cdots, d^k$ 表示从顶点 $x_0 \in S$ 出发的所有边.

证明 注意到 $\forall x \in S, \exists \lambda_i \geqslant 0, i = 1, \cdots, k, \sum_{i=1}^{k} \lambda_i = 1, x - x_0 = \sum_{i=1}^{k} \lambda_i d^i$ 即可. □

当 S 是多面体紧集时, 这一结果可以推广到拟线性函数.

定理 4.2.10 设 f 是多面体紧集 $S \subset \mathbb{R}^n$ 上的可微拟线性函数. 则

(i) 顶点 $x_0 \in S$ 是 f 的全局极小点当且仅当 $\nabla f(x_0)^{\mathrm{T}} d^i \geqslant 0, i = 1, \cdots, k$;

(ii) 顶点 $x_0 \in S$ 是 f 的全局极大点当且仅当 $\nabla f(x_0)^{\mathrm{T}} d^i \leqslant 0, i = 1, \cdots, k$,

其中 $d^1, \cdots, d^k$ 表示从顶点 $x_0 \in S$ 出发的所有边.

证明 由定理 4.2.7 知, 连续拟凸函数 f 在 S 的顶点达到它的极大值; 因 f 也是连续拟凹函数, 将定理 4.2.7 用于 $-f$, 则 f 在 S 的顶点达到它的极小值. 从而 f 的极小点和极大点只能是 S 的顶点.

(i) 若顶点 x_0 是 f 的全局极小点, 且 $\exists i \in \{1, \cdots, k\}, \nabla f(x_0)^{\mathrm{T}} d^i < 0$, 则 d^i 是 f 的可行下降方向, 这与 x_0 是 f 的全局极小点相矛盾. 反过来, 不妨假设 $x_0 = 0$, 则因 S 是多面体紧集, 向量 $d^1, \cdots, d^k$ 线性无关, 且 S 的维数为 k. 因此, $\forall x \in S, \exists \lambda_i \geqslant 0, i = 1, \cdots, k$, 使得 $\sum_{i=1}^{k} \lambda_i = 1, x = \sum_{i=1}^{k} \lambda_i d^i$. 据此和条件, 有

$$\nabla f(x_0)^{\mathrm{T}} (x - x_0) = \sum_{i=1}^{k} \lambda_i \nabla f(0)^{\mathrm{T}} d^i \geqslant 0.$$

故 $f(x) \geqslant f(x_0), \forall x \in S$, 即 x_0 是 f 的全局极小点.

(ii) 类似于 (i) 的证明. □

上面这些定理中陈述的最优性条件对于线性规划和线性分式规划等问题显然适用, 而这类问题大量应用在诸多领域的实际问题中.

4.3 在经济学中的应用

广义凸性 (凹性) 的假设条件出现在经济学的许多问题中, 例如, 对策论中关于 Nash 均衡存在性的基本结果需要广义凹性 [39,40]: 如果策略集是欧氏空间的紧凸子集, 且任何支付函数是连续拟凹函数, 则一个对策最少具有一个 Nash 均衡. 另一个重要的应用是如下熟知的 von Neumann 极小-极大定理的推广 [41]: 如果

$X, Y \subset \mathbb{R}^n$ 是两个紧凸集, $F : X \times Y \to \mathbb{R}$ 关于第一变量是上半连续且拟凹函数, 关于第二变量是下半连续且拟凸函数, 则 F 具有鞍点 (x_0, y_0), 即

$$\min_{y \in Y} \max_{x \in X} F(x, y) = \max_{x \in X} \min_{y \in Y} F(x, y) = F(x_0, y_0).$$

4.3.1 两个参数优化问题

下面介绍两类参数优化问题, 它们在消费者和生产者的最优化理论中很有用. 在这两类问题中, 目标函数的最优值取决于参数 (外生变量) 的取值. 因此, 最优解和最优值都是参数的函数, 而经济分析的中心任务则是阐明这些函数的性质. 这两类参数优化问题是

$$\mathrm{P}(\alpha): \ \max f(x), \ x \in S = \{x \in X \subset \mathbb{R}^n : g(x, \alpha) \leqslant 0\}, \ \alpha \in A \subset \mathbb{R}^s.$$

$$\mathrm{P}(\beta): \ \min f(x, \beta), \ x \in S = \{x \in X \subset \mathbb{R}^n : g(x) \leqslant 0\}, \ \beta \in B \subset \mathbb{R}^s,$$

其中 $X, A, B \subset \mathbb{R}^n$ 是开凸集, f, g 是定义在 X 上的函数. 在 $\mathrm{P}(\alpha)$ 中, 参数出现在约束函数中; 在 $\mathrm{P}(\beta)$ 中, 参数出现在目标函数中. 总假设问题 $\mathrm{P}(\alpha)$ 和 $\mathrm{P}(\beta)$ 对于每个固定的 α, β 存在最优解. 令 $z(\alpha)$ 和 $\psi(\beta)$ 分别为 $\mathrm{P}(\alpha)$ 和 $\mathrm{P}(\beta)$ 的最优目标值, 有如下定理.

定理 4.3.1 考虑问题 $\mathrm{P}(\alpha)$. 若 $g(x, \alpha)$ 关于参数 α 是凹函数, 则 $z(\alpha)$ 是拟凸函数.

证明 任取 $\alpha_1, \alpha_2 \in A, \lambda \in [0, 1]$. 设 x_λ 是问题 $\mathrm{P}(\lambda \alpha_1 + (1 - \lambda)\alpha_2)$ 的最优解. 由 g 关于 α 的凹性有

$$0 \geqslant g(x_\lambda, \lambda \alpha_1 + (1 - \lambda)\alpha_2) \geqslant \lambda g(x_\lambda, \alpha_1) + (1 - \lambda)g(x_\lambda, \alpha_2).$$

因 λ 和 $1 - \lambda$ 同是非负, 故 $g(x_\lambda, \alpha_1)$ 和 $g(x_\lambda, \alpha_2)$ 至少一个是非正. 不失一般性, 假设 $g(x_\lambda, \alpha_1) \leqslant 0$. 则 x_λ 是问题 $\mathrm{P}(\alpha_1)$ 的可行解, 故 $z(\alpha_1) \geqslant f(x_\lambda)$. 由此推出 $\forall \lambda \in [0, 1]$,

$$\max\{z(\alpha_1), z(\alpha_2)\} \geqslant z(\alpha_1) \geqslant f(x_\lambda) = z(\lambda \alpha_1 + (1 - \lambda)\alpha_2),$$

即 $z(\alpha)$ 是拟凸函数. □

定理 4.3.2 考虑问题 $\mathrm{P}(\beta)$. 若 $f(x, \beta)$ 关于参数 β 是凹函数, 则 $\psi(\beta)$ 是凹函数.

证明 任取 $\beta_1, \beta_2 \in B, \lambda \in [0, 1]$. 设 x_λ 是问题 $\mathrm{P}(\lambda \beta_1 + (1 - \lambda)\beta_2)$ 的最优解. 因 $g(x_\lambda) \leqslant 0$, 故 x_λ 同时是问题 $\mathrm{P}(\beta_1)$ 和 $\mathrm{P}(\beta_2)$ 可行解, 这蕴涵 $f(x_\lambda, \beta_1) \geqslant \psi(\beta_1)$

和 $f(x_\lambda, \beta_2) \geqslant \psi(\beta_2)$. 用 f 关于 β 的凹性, 有

$$\psi(\lambda\beta_1 + (1-\lambda)\beta_2) = f(x_\lambda, \lambda\beta_1 + (1-\lambda)\beta_2)$$
$$\geqslant \lambda f(x_\lambda, \beta_1) + (1-\lambda)f(x_\lambda, \beta_2) \geqslant \lambda\psi(\beta_1) + (1-\lambda)\psi(\beta_2),$$

即 $\psi(\beta)$ 是凹函数. □

以上两个结果在后面的讨论中非常有用.

4.3.2 消费者理论中的最优化问题

在微观经济学中, 消费者理论的核心问题是效用最大化和费用最小化. 首先, 介绍凸 (凹) 性和广义凸 (凹) 性在消费行为理论中的作用.

一个消费者是这样一个经济实体: 他使用可以得到的资源 (收入) 购买商品, 并从商品的消费中获得满足. 消费者的问题是在总支出不大于消费者的收入的约束下, 如何选取消费束, 使其从他的消费中获得最大的满足. 为了形式化这一问题, 设 $p = (p_1, \cdots, p_n)^T$ 为价格向量, 其中 $p_i > 0$ $(i = 1, \cdots, n)$ 是商品 i 的价格, 又设 $x = (x_1, \cdots, x_n)^T$ 为消费束, 其中 $x_i \geqslant 0$ $(i = 1, \cdots, n)$ 是消费商品 i 的数量. 如果总支出 $p^T x$ 不大于消费者的收入 m, 必须有约束 $p^T x \leqslant m$, 这就是消费者的预算限制. 所有可行消费束的集合 $S = \{x \in \mathbb{R}_+^n : p^T x \leqslant m\}$ $(m > 0)$ 称为预算集.

消费者对于不同的消费束具有不同的满足感, 将其称为消费者的偏好. 经济学家采用所谓的效用函数来描述这种偏好. 确切地说, 效用函数是满足如下规定的非负数值函数 $U : \mathbb{R}_+^n \to \mathbb{R}_+$:

$U(x) > U(y)$ 意味着消费束 x 好于消费束 y;

$U(x) = U(y)$ 意味着消费束 x 相当于消费束 y;

$U(x) \geqslant U(y)$ 消费束 x 不劣于消费束 y.

现在, 消费者的效用最大化问题可以形式化为如下优化模型:

$$(\mathrm{P}_{UM}) \begin{cases} \max \quad U(x), \\ \text{s.t.} \quad x \in S = \{x \in \mathbb{R}_+^n : p^T x \leqslant m\}, \end{cases}$$

这里的 $p > 0, m > 0$. 这是 $\mathrm{P}(\alpha)$ 类型问题, 这里的参数为 (p, m). 显然, 对于任意固定的 $p > 0, m > 0$, 可行集 S 是 $\mathbb{R}^n$ 中的多面体紧集.

关于效用函数 U, 有如下基本假设:

A_1: U 在 $\mathbb{R}^n$ 上是连续函数, 这意味着消费者的选择不能发生 "跳跃";

A_2: U 的上水平集 $L_{\geqslant\alpha} = \{x \in \mathbb{R}_+^n : U(x) \geqslant \alpha\}$ 是凸集, 或等价地, U 是拟凹函数. 上水平集的凸性意味着, 如果消费者觉得 x 与 y 相当, 则商品束 x 与 y 的任何加权平均值不劣于 x 或 y.

A_3: U 在包含 $\mathbb{R}^n_+$ 的开集上是可微函数, 且 $\nabla U(x) > 0$, $\forall x \in \mathrm{int}\mathbb{R}^n_+$. 这意味着消费者面对较少的商品时有选择更多的商品的欲望.

这些假设条件的经济意义可以简要解释如下.

注意到紧集上的连续函数能取到它的最大值 (Weierstrass 定理), 而 S 是紧集, 故假设 A_1 蕴涵问题 (P_{UM}) 至少有一个解. 对于给定的价格 p 和收入 m, 问题 (P_{UM}) 的一个解记为 $x(p,m)$, 它的解集 $\{x \in S : x = x(p,m)\}$ 就是熟知的消费者的需求对应; 当解集对所有的 (p,m) 都是单元集时, 它就是熟知的消费者的需求函数. 附带指出, 由于不同商品之间的可替代性, 解集可以不是单元集. 这就是我们常常提到的: 集值映射概念的产生, 除了数学理论本身的需要, 它还产生于经济学.

容易证明, 假设 A_2 蕴涵解集 $\{x \in S : x = x(p,m)\}$ 是凸集. 此外, 如果 U 是严格拟凸函数, 则解集 $\{x \in S : x = x(p,m)\}$ 是单元集, 或等价地, $x(p,m)$ 是需求函数.

假设 A_3 蕴涵 Walras 律: $p^{\mathrm{T}} x = m$, $\forall x \in x(p,m)$. 这是因为 $\nabla U(x) > 0, \forall x \in \mathrm{int}\mathbb{R}^n_+$, (P_{UM}) 的最优解不可能是内点. 这里的 Walras 律可以直观地解释为问题 (P_{UM}) 的每个最优解都是一个使得消费者的效用达到最大且收支平衡的消费束.

若 $x(p,m)$ 是 (P_{UM}) 关于给定的 (p,m) 的解, 则 $\forall \lambda > 0$, 它也是关于 $(\lambda p, \lambda m)$ 的解, 这是因为价格和收入按比例提高或降低, 预算集不变. 这推出 $x(\lambda p, \lambda m) = x(p,m), \forall \lambda > 0$, 即需求函数是次数为零的正齐次函数.

对于每个 $p > 0$ 和 $m > 0$, 问题 (P_{UM}) 的效用值 $U(x(p,m))$ 用 $v(p,m)$ 表示, 并称它为间接效用函数. 这一函数反映了同一消费者 (因而效用函数 $U(x)$ 是确定的) 在不同的价格体系和不同的预算水平下的最大效用. 它的基本性质由下面的定理给出.

定理 4.3.3　间接效用函数 $v(p,m)$ 有如下性质:

(i) $v(p,m)$ 关于 (p,m) 是零次正齐次函数;

(ii) $v(p,m)$ 关于 (p,m) 是拟凸函数;

(iii) $v(p,m)$ 关于 m 是严格单调增函数, 关于 p_j $(j = 1, \cdots, n)$ 是单调减函数.

证明　(i) 注意到 $x(\lambda p, \lambda m) = x(p,m)$, 因而有

$$v(\lambda p, \lambda m) = U(x(\lambda p, \lambda m)) = U(x(p,m)) = v(p,m).$$

(ii) 注意到函数 $g(x; p,m) = p^{\mathrm{T}} x - m$ 关于 (p,m) 是线性函数, 也是凹函数, 对问题 (P_{UM}) 使用定理 4.3.1 知, $v(p,m) = U(x(p,m))$ 关于 (p,m) 是拟凸函数.

(iii) 首先, 设 $m_1 < m_2$, 则 $\{x \in \mathbb{R}^n_+ : p^{\mathrm{T}} x \leqslant m_1\} \subset \{x \in \mathbb{R}^n_+ : p^{\mathrm{T}} x \leqslant m_2\}$, 因此有

$$v(p, m_1) = U(x(p, m_1)) \leqslant U(x(p, m_2)) = v(p, m_2),$$

严格不等式由 Walras 律推出. 事实上,

$$\forall x_1 \in \{x \in S_1 : x = x(p, m_1)\}, \quad \forall x_2 \in \{x \in S_2 : x = x(p, m_2)\},$$

由 Walras 律有 $p^\mathrm{T} x_1 = m_1 < m_2 = p^\mathrm{T} x_2$, 因 $p > 0$, 故 $x_1 < x_2$, 这表明

$$v(p, m_1) < v(p, m_2).$$

其次, 如果对于仅有一个分量不等的价格向量 $\bar{p}$ 和 $\hat{p}$, 不妨设 $\bar{p}_j < \hat{p}_j$, 则有

$$\{x \in \mathbb{R}_+^n : \bar{p}^\mathrm{T} x \leqslant m\} \supset \{x \in \mathbb{R}_+^n : \hat{p}^\mathrm{T} x \leqslant m\},$$

于是有 $U(x_1) \geqslant U(x_2), \forall x_1 \in x(\bar{p}, m), \forall x_2 \in x(\hat{p}, m)$. 进而有 $v(\bar{p}, m) \geqslant v(\hat{p}, m)$, 即 v 关于 p_j 单调减. $\qquad\square$

费用最小化问题是指在价格 p 下选择一个消费束 x, 使得得到的效用不低于某个固定水平 u 时, 消费者支出的总费用最小, 即

$$(\mathrm{P}_e) \quad \begin{cases} \min \quad p^\mathrm{T} x, \\ \text{s.t.} \quad x \in S = \{x \in \mathbb{R}_+^n : U(x) \geqslant u\}, \end{cases}$$

这里的 $p > 0, u > 0$. 这一模型既不是 $\mathrm{P}(\alpha)$ 类型, 也不是 $\mathrm{P}(\beta)$ 类型; 其参数 (p, u) 的两个分量分别出现在目标函数和约束函数中. 问题 (P_e) 至少有一个解. 事实上, 对于任意固定的 $p > 0, u > 0$, 有 $S \neq \varnothing$, 因此, 可设 $\bar{x}$ 是一个可行解, 又设

$$S_1 = \{x \in \mathbb{R}_+^n : p^\mathrm{T} x \leqslant p^\mathrm{T} \bar{x}\}, \quad \text{记 } \bar{S} = S \cap S_1.$$

可以证明, 问题 (P_e) 等价于问题 $\min\limits_{x \in \bar{S}} p^\mathrm{T} x$. 注意到 S_1 是紧集, 而由 U 的连续性, S 是闭集, 因此它们的交集 $\bar{S}$ 也是紧集. 于是, 由 Weierstrass 定理, 函数 $p^\mathrm{T} x$ 在 $\bar{S} \subset S$ 上的最小值是可以取到的, 即问题 (P_e) 至少有一个解.

效用函数的假设条件 A_3 蕴涵最优解取决于约束条件 $U(x) \geqslant u$, 假设 A_2 蕴涵最优解集是凸集, 若 U 还是严格拟凸函数, 则它只含一个元素.

对于每个固定的 $p > 0$ 和 $u > 0$, 问题 (P_e) 的最优值用 $e(p, u)$ 表示, 并称其为消费者的支出函数. 这一函数的基本性质由下面的定理给出.

定理 4.3.4 支出函数 $e(p, u)$ 有如下性质:

(i) $e(p, u)$ 关于 p 是线性正齐次函数;

(ii) $e(p, u)$ 关于 p 是凹函数;

(iii) $e(p, u)$ 关于 u 是严格单调增函数, 关于 p_j $(j = 1, \cdots, n)$ 是单调减函数;

(iv) 若 U 是凹函数, 则 $e(p, u)$ 关于 u 是凸函数.

证明　(i) $\forall \lambda > 0$, 有

$$e(\lambda p, u) = \min_{x \in S} (\lambda p^{\mathrm{T}}) x = \lambda \min_{x \in S} p^{\mathrm{T}} x = \lambda e(p, u).$$

(ii) 函数 $f(x, p) = p^{\mathrm{T}} x$ 关于 p 是线性函数, 也是凹函数. 使用定理 4.3.2 立刻得到结论.

(iii) 类似于定理 4.3.3(iii) 给出的证明.

(iv) 设 x_1 和 x_2 分别是 (P_e) 对应于效用水平 u_1 和 u_2 的解, 则有 $e(p, u_1) = p^{\mathrm{T}} x_1, e(p, u_2) = p^{\mathrm{T}} x_2$. 因 $U(x_1) \geqslant u_1, U(x_2) \geqslant u_2$, 由 U 的凹性, 有

$$U(\lambda x_1 + (1 - \lambda) x_2) \geqslant \lambda U(x_1) + (1 - \lambda) U(x_2) \geqslant \lambda u_1 + (1 - \lambda) u_2 = u,$$

这表明, 对于效用水平 $u = \lambda u_1 + (1 - \lambda) u_2$, 有 $\lambda x_1 + (1 - \lambda) x_2 \in S$. 于是有

$$e(p, \lambda u_1 + (1 - \lambda) u_2) \leqslant p^{\mathrm{T}} (\lambda x_1 + (1 - \lambda) x_2) = \lambda p^{\mathrm{T}} x_1 + (1 - \lambda) p^{\mathrm{T}} x_2$$

$$= \lambda e(p, u_1) + (1 - \lambda) e(p, u_2).$$

因此, $e(p, u)$ 关于 u 是凸函数.　□

4.3.3　生产者理论中的最优化问题

现在介绍生产者理论中的利润最大化和成本最小化问题. 简单地看, 一个从事生产的公司经过一些生产过程将输入的商品转换为输出的商品. 假设使用 n 种输入 $x_1, \cdots, x_n$ 来进行生产活动, 仅有一种输出 y. 而生产者的技术设备和管理能力可以用生产函数 $F(x)$ 来刻画, 其中 $F(x)$ 是用输入向量 $x = (x_1, \cdots, x_n)^{\mathrm{T}}$ 可以生产出 (输出) 的最大量 (相当于设备被充分利用, 管理水平正常发挥).

在经济学中, 一个基本的假设是公司的生产集 $Y = \{(x, y) \in \mathbb{R}_+^{n+1} : F(x) \geqslant y\}$ 为凸集, 当生产函数为凹函数时, 这一假设成立. 该集合的元素 (x, y) 是公司的设备、技术和管理均可行的一个生产计划, 因而生产集的凸性意味着任意有限个可行的生产计划的凸组合依然是一个可行的生产计划.

生产者利润最大化问题是指寻求适当的输入水平 x (公司购买或使用) 和输出水平 y (生产或销售), 在给定的输出价格 p_0 和输入价格 $p_1, \cdots, p_n$ 下, 利润达到最大. 注意到公司的利润是 $p_0 y - p^{\mathrm{T}} x$, 利润最大化问题可以模型化为

$$(\mathrm{II}) \quad \begin{cases} \max & (p_0 y - p^{\mathrm{T}} x), \\ \mathrm{s.t.} & (x, y) \in Y = \{(x, y) \in \mathbb{R}_+^{n+1} : F(x) \geqslant y\}, \end{cases}$$

这里的 $p_0 > 0, p > 0$. 显然, 这是 $\mathrm{P}(\beta)$ 类型的参数优化问题, 参数 (p_0, p) 出现在目标函数中. 假设问题 (II) 对给定的 $p_0 > 0, p > 0$ 是确定的, 设 $\pi(p_0, p)$ 是它

的最大目标值. 函数 $\pi(p_0, p)$ 称为利润函数. 这一函数的基本性质由下面的定理给出.

定理 4.3.5 *利润函数 $\pi(p_0, p)$ 有如下性质:*

(i) $\pi(p_0, p)$ *是线性正齐次函数;*

(ii) $\pi(p_0, p)$ *是凸函数;*

(iii) $\pi(p_0, p)$ *关于 p_0 是单调增函数, 而关于 p_j $(j = 1, \cdots, n)$ 是单调减函数.*

证明 (i) $\forall \lambda > 0$, 有

$$\pi(\lambda p_0, \lambda p) = \max_{(x,y) \in Y} \lambda(p_0 y - p^{\mathrm{T}} x) = \lambda \max_{(x,y) \in Y} (p_0 y - p^{\mathrm{T}} x) = \lambda \pi(p_0, p).$$

(ii) 函数 $-p_0 y + p^{\mathrm{T}} x$ 关于 (p_0, p) 是线性函数, 也是凹函数, 用定理 4.3.2,

$$\min_{(x,y) \in Y} (-p_0 y + p^{\mathrm{T}} x)$$

是凹函数. 注意到

$$\pi(p_0, p) = \max_{(x,y) \in Y} (p_0 y - p^{\mathrm{T}} x) = - \min_{(x,y) \in Y} (-p_0 y + p^{\mathrm{T}} x),$$

即可推出 $\pi(p_0, p)$ 是凸函数.

(iii) 类似于前面两个定理的证明. □

成本最小化问题是指选择输入向量 x, 使得生产者在输入价格 p 下, 为达到预先制定的输出水平 y_0 所支付的总费用最小. 模型为

$$(C) \quad \begin{cases} \min & p^{\mathrm{T}} x, \\ \text{s.t.} & x \in S = \{x \in \mathbb{R}_+^n : F(x) \geqslant y\}, \end{cases}$$

这里的 $p > 0, y > 0$. 从数学角度看, 生产者的成本最小化问题和消费者的费用最小化问题是相同的, 因此 4.3.2 小节的结论可以直接移植到这里来. 问题 (C) 对于固定的 $p > 0, y > 0$ 的最优目标值记为 $c(p, y)$, 并称其为成本函数. 移植定理 4.3.4 到这里, 得到成本函数的基本性质定理.

定理 4.3.6 *成本函数 $c(p, y)$ 有如下性质:*

(i) $c(p, y)$ *关于 p 是线性正齐次函数, 关于 y 是单调增函数;*

(ii) $c(p, y)$ *关于 p 是凹函数;*

(iii) *若 F 是凹函数, 则 $c(p, y)$ 关于 y 是凸函数.*

第 5 章　不变凸性及其推广

不变凸性 (invexity) 是一类新的广义凸性. 最初, 不变凸函数的概念是 1981 年由 Hanson[43] 在推广 Karush-Kuhn-Tucker 条件的充分性时引进的. "不变凸的" 的英文写为 "invex", 它是 1981 年由 Craven[44] 按照英文 "invariant convex" 制造出来的. 自从 Hanson 和 Craven 的论文发表以来, 关于不变凸函数和它的推广及应用方面的文献大量问世. 本章的内容主要取自文献 [2], [13], [24], [43]~[59], [67].

5.1　不变凸函数

本节先引进不变凸函数的概念. 下面几节将介绍有关的一些推广.

定义 5.1.1　设开集 $S \subset \mathbb{R}^n, \eta : S \times S \to \mathbb{R}^n$, 可微函数 $f : S \to \mathbb{R}$ 称为在 S 上关于 η 是不变凸函数, 如果

$$f(x) - f(y) \geqslant \eta^{\mathrm{T}}(x, y) \nabla f(y), \quad \forall x, y \in S. \tag{5.1}$$

显然, 可微凸函数是不变凸函数, 这只要取 $\eta(x, y) = x - y$ 即可. 回忆定理 1.2.16, 我们发现: 式 (5.1) 只是将定理 1.2.16 中式 (1.19) 里的向量 $(x - x_0)$ 换成了向量值函数 $\eta(x, y)$, 殊不知这样一换, 竟然将可微函数的凸性大大地推广了. 不仅如此, 不变凸性还是可微函数的广义凸性在相当大程度的推广.

下面的定理表明, 不变凸函数的一个重要特征性质是它的每个稳定点是全局极小点.

定理 5.1.1　函数 f 关于某个 η 是不变凸函数当且仅当它的每个稳定点是全局极小点.

证明　设 f 关于某个 $\eta(x, y)$ 是不变凸函数. 如果 x_0 是 f 的稳定点, 由式 (5.1), 我们有 $f(x) - f(x_0) \geqslant \eta^{\mathrm{T}}(x, x_0) \nabla f(x_0) = 0, \forall x \in S$, 于是 x_0 是全局极小点. 反过来, 需证对于如下定义的 $\eta(x, y)$, 式 (5.1) 成立

$$\eta(x, y) = \begin{cases} \dfrac{(f(x) - f(y)) \nabla f(y)}{\|\nabla f(y)\|^2}, & \nabla f(y) \neq 0, \\ 0, & \nabla f(y) = 0. \end{cases}$$

如果 y 是稳定点, 即 $\nabla f(y) = 0$, 且是 f 的全局最小点, 则

$$f(x) - f(y) \geqslant 0 = \eta^{\mathrm{T}}(x,y)\nabla f(y), \quad \forall x \in S,$$

即式 (5.1) 成立. 如果 y 不是稳定点, 即 $\nabla f(y) \neq 0$, 则按 $\eta(x,y)$ 的定义, 有

$$\eta^{\mathrm{T}}(x,y)\nabla f(y) = \frac{(f(x) - f(y))(\nabla f(y)^{\mathrm{T}}\nabla f(y))}{\|\nabla f(y)\|^2} = f(x) - f(y),$$

也有式 (5.1) 成立. $\square$

由定理 5.1.1 立刻推出以下推论.

推论 5.1.1 任何不存在稳定点的函数是不变凸函数.

当 $f(x)$ 是已知不变凸函数时, 定理 5.1.1 的证明中已经找到了函数 $\eta(x,y)$. 但是, 后面会看到, 应用不变凸性到最优性条件和对偶性的研究, 通常只需知道函数的不变凸性, 而不需知道具体的函数 $\eta(x,y)$.

不变凸性的定义 5.1.1 中, 要求 $S \subset \mathbb{R}^n$ 为开集是本质的. 下面的例子表明, 如果 $S \subset \mathbb{R}^n$ 不开, 即使 f 在 S 上的稳定点是全局极小点, 即形式上 "满足" 定理 5.1.1 的充分必要条件, 也可能存在 f 的局部极小点不是全局的. 这同所希望的函数具有局部–全局性质相悖.

例 5.1.1 考虑函数

$$f(x,y) = y(x^2 - 1)^2, \quad S = \{(x,y) \in \mathbb{R}^2 : x \geqslant -1/2, y \geqslant 1\}.$$

显然, 这里的 S 不是开集. 因 $\nabla f(x,y) = (x^2 - 1)(4xy, x^2 - 1)^{\mathrm{T}}$, 故 f 的稳定点集为 $W = \{(x,y) \in \mathbb{R}^2 : x = 1, y \geqslant 1\}$. 注意到 $f(x,y) \geqslant 0, \forall (x,y) \in S$ 和 $f(x,y) = 0, \forall (x,y) \in W$ 知, f 的每个稳定点是它的全局极小点. 但是, $(-1/2, 1)$ 是 f 的一个局部极小点, 且 $f(-1/2, 1) = 9/16 > 0 = f(1,y), \forall y \geqslant 1$, 即 $(-1/2, 1)$ 不是 f 的全局极小点.

因伪凸函数的稳定点是全局极小点, 故由定理 5.1.1 知, 伪凸函数类包含于不变凸函数类. 但是, 在其他广义凸函数类与不变凸函数类之间, 不存在任何包含关系. 例如, 函数 $f(x) = x^3$ 是严格拟凸函数, 因其可微, 也是半严格拟凸函数和拟凸函数, 但它不是不变凸函数, 这是因为 $x = 0$ 是稳定点但不是极小点. 下面的例子表明, 不变凸函数也不必是拟凸函数.

例 5.1.2 考虑函数 $f(x,y) = x^2 y^2, (x,y) \in \mathbb{R}^2$.

显然, f 的全部稳定点有 $(x,0), (0,y)$, 这里 $x,y \in \mathbb{R}$ 可以是任意的. 易知它们都是全局极小点. 由定理 5.1.1, f 是不变凸函数. 但是, 若取 $x_1 = (0, -4)^{\mathrm{T}}, x_2 = (3, -1)^{\mathrm{T}}$, 有 $f(x_1) = 0 < 9 = f(x_2)$, 且

$$(x_1 - x_2)^{\mathrm{T}}\nabla f(x_2) = (-3, -3)(6, -18)^{\mathrm{T}} = 36 > 0,$$

故 f 不是拟凸函数.

广义凸函数的一些有用的性质, 在不变凸情形会丢失. 例如, 例 5.1.2 表明, 所有极小点之集不是凸集.

现在, 我们证明在不变凸性假设条件下, Karush-Kuhn-Tucker 条件是充分条件.

定理 5.1.2 考虑 4.1 节的问题 (P), 设 x_0 是可行点. 假设 $f, g_i, i \in I(x_0)$ 关于相同 η 是不变凸函数. 如果 $\exists \lambda_i \geqslant 0, i = 1, \cdots, m$, 使得

$$
\begin{cases}
\nabla f(x_0) + \displaystyle\sum_{i=1}^{m} \lambda_i \nabla g_i(x_0) = 0, \\
\lambda_i g_i(x_0) = 0, \quad i = 1, \cdots, m,
\end{cases}
\tag{5.2}
$$

则 x_0 是 (P) 的全局极小点.

证明 当 $i \notin I(x_0)$ 时, 有 $g_i(x_0) \neq 0$. 故由互补条件 $\lambda_i g_i(x_0) = 0, i = 1, \cdots, m$ 知 $\lambda_i = 0, \forall i \notin I(x_0)$, 因此有 $\sum_{i=1}^{m} \lambda_i \nabla g_i(x_0) = \sum_{i \in I(x_0)} \lambda_i \nabla g_i(x_0)$. 于是, 由不变凸性的定义和条件 (5.2), 有 $\forall x \in S$,

$$
f(x) - f(x_0) \geqslant \eta^{\mathrm{T}}(x, x_0) \nabla f(x_0) = - \sum_{i \in I(x_0)} \lambda_i \eta^{\mathrm{T}}(x, x_0) \nabla g_i(x_0)
$$

$$
\geqslant - \sum_{i \in I(x_0)} \lambda_i (g_i(x) - g_i(x_0)) \geqslant 0.
$$

因此, x_0 是全局极小点. □

不变凸函数在约束品性中也扮演了重要角色. 这里介绍两种新的约束品性, 第一种可以看成 4.1.2 小节中 Slater 约束品性的推广, 证明方法依然是借助于式 (4.4) 的分离条件. 然而, 第二种约束品性不能用这样的分离方法获得, 而需要利用 Fritz John 条件.

定理 5.1.3 下面的条件 (i) 和 (ii) 都是约束品性.

(i) $g_i(x), i \in I(x_0)$ 关于相同 η 在 x_0 处是不变凸函数, 且 $\exists x^* \in S$, 使得 $g_i(x^*) < 0, \forall i \in I(x_0)$;

(ii) 广义 Karlin 约束品性: $g_i(x), i \in I(x_0)$ 关于相同 η 是不变凸函数, 且不存在向量 $p \in \mathbb{R}_+^m \setminus \{0\}$, 满足 $\sum_{i \in I(x_0)} p_i g_i(x) \geqslant 0, \forall x \in X$.

证明 (i) 由定理 4.1.2(ii), 只需证明: 当 $x_0 \in S$ 是问题 (P) 的局部极小点时, 有 $W \cap (\mathrm{int}\mathbb{R}_- \times \mathbb{R}_-^k) = \varnothing$. 反证法: 假设 $W \cap (\mathrm{int}\mathbb{R}_- \times \mathbb{R}_-^k) \neq \varnothing$, 即

$$
\exists d^* \in \mathbb{R}^n, \quad \nabla f(x_0)^{\mathrm{T}} d^* < 0, \quad \nabla g_i(x_0)^{\mathrm{T}} d^* \leqslant 0, \quad \forall i \in I(x_0).
$$

由条件有 $g_i(x^*) < 0 = g_i(x_0), \forall i \in I(x_0)$, 又由 $g_i, i \in I(x_0)$ 在 x_0 处的不变凸性, 有

$$\eta(x^*, x_0)^{\mathrm{T}} \nabla g_i(x_0) \leqslant g_i(x^*) - g_i(x_0) < 0, \quad \forall i \in I(x_0),$$

则 $d = \eta(x^*, x_0)$ 是可行方向. 综上, 令 $\hat{d} = d^* + (1/n)d$, 有 $\nabla g_i(x_0)^{\mathrm{T}}\hat{d} < 0$. 于是, $\hat{d}$ 是可行方向. 对于充分大的 n, 还有 $\nabla f(x_0)^{\mathrm{T}}\hat{d} < 0$, 因此, $\hat{d}$ 还是可行下降方向, 这与 x_0 是问题 (P) 的局部极小点相矛盾.

(ii) 由定理 4.1.2(i), x_0 是问题的 (P) 的局部极小点蕴涵如下的 Fritz John 条件: 存在不全为零的 $\lambda_0 \geqslant 0, \lambda_i \geqslant 0, i \in I(x_0)$, 使得

$$\lambda_0 \nabla f(x_0) + \sum_{i \in I(x_0)} \lambda_i \nabla g_i(x_0) = 0.$$

假设 $\lambda_0 = 0$, 则有 $\lambda = (\lambda_1, \cdots, \lambda_m) \in \mathbb{R}_+^m \backslash \{0\}$, 且 $\sum_{i \in I(x_0)} \lambda_i \nabla g_i(x_0) = 0$. 由 g_i 是不变凸函数, 有

$$g_i(x) - g_i(x_0) \geqslant \eta^{\mathrm{T}}(x, x_0)\nabla g_i(x_0), \quad \forall i \in I(x_0).$$

于是,

$$\sum_{i \in I(x_0)} \lambda_i g_i(x) = \sum_{i \in I(x_0)} \lambda_i(g_i(x) - g_i(x_0))$$

$$\geqslant \eta^{\mathrm{T}}(x, x_0) \sum_{i \in I(x_0)} \lambda_i \nabla g_i(x_0) = 0,$$

将 $\lambda \in \mathbb{R}_+^m \backslash \{0\}$ 看成向量 p, 这与条件相矛盾, 故 $\lambda_0 > 0$, 即 "广义 Karlin 约束品性" 是一种约束品性. □

注 5.1.1 在对偶理论中, 不变凸性也扮演了非常重要的角色, 相关的研究成果十分丰富. 通过弱化经典的凸性要求, 可以建立包括 Wolfe 型对偶或择一型对偶等对偶模型, 并获得相应的对偶性结果.

5.2 预不变凸函数

同函数的凸性概念通过不同的途径推广为各种广义凸性概念一样, 函数的不变凸性概念提出不久, 各种广义不变凸性概念也被人们陆续提出和研究. 在这一节和后面各节, 我们主要介绍函数的预不变凸性、(半) 严格预不变凸性、拟不变凸性、(半) 严格预拟不变凸性、半预不变凸性、伪不变凸性和预伪不变凸性等概念、性质和应用; 特别地, 我们还要对所谓 "条件 C" 作较为详细的介绍.

5.2.1 概念与局部–全局性质

在这一小节, 先集中给出几个推广的不变凸性定义, 并举例说明它们之间的区别和简单的关系.

定义 5.2.1 设 $S \subset \mathbb{R}^n$, $\eta : \mathbb{R}^n \times \mathbb{R}^n \to \mathbb{R}^n$. 称 S 是关于 η 的不变凸集, 如果 $\forall x, y \in S, \forall \lambda \in [0, 1], y + \lambda \eta(x, y) \in S$.

显然, 凸集是不变凸集, 这只需取 $\eta(x, y) = x - y$ 即可知. 下面的例子表明, 其逆不真.

例 5.2.1 不变凸集不必是凸集. 令 $S = [-3, -2] \cup [-1, 2] \subset \mathbb{R}$, 则它不是凸集, 但是, 它关于如下的函数 $\eta : \mathbb{R} \times \mathbb{R} \to \mathbb{R}$ 是不变凸集:

$$\eta(x, y) = \begin{cases} x - y, & (x, y) \in [-3, -2]^2 \cup [-1, 2]^2, \\ -3 - y, & (x, y) \in [-1, 2] \times [-3, -2], \\ -1 - y, & (x, y) \in [-3, -2] \times [-1, 2]. \end{cases}$$

事实上, 当 $(x, y) \in [-3, -2]^2 \cup [-1, 2]^2$ 时, 由闭区间 $[-3, -2]$ 和 $[-1, 2]$ 的凸性, 有

$$y + \lambda \eta(x, y) = y + \lambda(x - y) \in [-3, -2] \cup [-1, 2] = S.$$

当 $(x, y) \in [-1, 2] \times [-3, -2]$ 时, 有 $y + \lambda \eta(x, y) = y - \lambda(3 + y) = (1 - \lambda)y - 3\lambda$, 在上式中, 分别取 $\lambda = 1$ 和 $\lambda = 0$ 得到 $-3 \leqslant (1 - \lambda)y - 3\lambda \leqslant y \leqslant -2$, 即

$$y + \lambda \eta(x, y) \in [-3, -2] \subset S.$$

当 $(x, y) \in [-3, -2] \times [-1, 2]$ 时, 可类似地验证 $y + \lambda \eta(x, y) \in [-1, 2] \subset S$.

定义 5.2.2 设 $S \subset \mathbb{R}^n$ 关于 $\eta : \mathbb{R}^n \times \mathbb{R}^n \to \mathbb{R}^n$ 是不变凸集, $f : S \to \mathbb{R}$. 称 f 关于 η 是预不变凸函数, 如果

$$f(y + \lambda \eta(x, y)) \leqslant \lambda f(x) + (1 - \lambda)f(y), \quad \forall \lambda \in [0, 1], \quad \forall x, y \in S.$$

下面的例子说明, 预不变凸函数不必是凸函数.

例 5.2.2 $f(x) = -|x|, x \in \mathbb{R}$. 则 f 在 $\mathbb{R}$ 上关于如下的 $\eta : \mathbb{R} \times \mathbb{R} \to \mathbb{R}$ 是预不变凸函数, 但是, 显然它不是凸函数.

$$\eta(x, y) = \begin{cases} x - y, & x \geqslant 0, y \geqslant 0, \\ x - y, & x \leqslant 0, y \leqslant 0, \\ y - x, & x > 0, y < 0, \\ y - x, & x < 0, y > 0. \end{cases}$$

事实上, 显然 $\mathbb{R}$ 是不变凸集. 任取 $\lambda \in [0,1]$, 当 $x \geqslant 0, y \geqslant 0$ 时, $y + \lambda(x-y) \geqslant 0$, 因而有

$$f(y + \lambda\eta(x,y)) = f(y + \lambda(x-y)) = -(y + \lambda(x-y))$$
$$= \lambda(-x) + (1-\lambda)(-y) = \lambda f(x) + (1-\lambda)f(y).$$

当 $x \leqslant 0, y \leqslant 0$ 时, 类似地可以得到同样的等式. 而当 $x > 0, y < 0$ 时, 有 $(1+\lambda)y \leqslant (1-\lambda)y$ 和 $y + \lambda(y-x) < 0$, 因而有

$$f(y + \lambda\eta(x,y)) = f(y + \lambda(y-x)) = y + \lambda(y-x)$$
$$= -\lambda x + (1+\lambda)y \leqslant -\lambda x + (1-\lambda)y = \lambda f(x) + (1-\lambda)f(y).$$

当 $x < 0, y > 0$ 时, 类似地可以得到同样的不等式. 综上, f 在 $\mathbb{R}$ 上关于 η 是预不变凸函数.

定义 5.2.3 设 $S \subset \mathbb{R}^n$ 关于 $\eta : \mathbb{R}^n \times \mathbb{R}^n \to \mathbb{R}^n$ 是不变凸集, $f : S \to \mathbb{R}$.

(i) 称 f 在 S 上关于 η 是预拟不变凸函数, 如果 $\forall x, y \in S, \forall \lambda \in [0,1]$,

$$f(y + \lambda\eta(x,y)) \leqslant \max\{f(x), f(y)\}.$$

(ii) 称 f 在 S 上关于 η 是半严格预拟不变凸函数, 如果

$$\forall x, y \in S, \quad f(x) \neq f(y), \quad \forall \lambda \in (0,1),$$
$$f(y + \lambda\eta(x,y)) < \max\{f(x), f(y)\}.$$

(iii) 称 f 在 S 上关于 η 是局部预拟不变凸函数, 如果

$$\forall x, y \in S, \quad \exists \delta \in [0,1), \quad \forall \lambda \in (\delta, 1),$$
$$f(y + \lambda\eta(x,y)) \leqslant \max\{f(x), f(y)\}.$$

(iv) 称 f 在 S 上关于 η 是局部半严格预拟不变凸函数, 如果

$$\forall x, y \in S, \quad f(x) > f(y), \quad \exists \delta \in [0,1), \quad \forall \lambda \in (\delta, 1),$$
$$f(y + \lambda\eta(x,y)) < f(x).$$

同凸函数一样, 预不变凸函数的任何局部极小点也是全局极小点, 预不变凸函数的非负线性组合还是预不变凸的. 由定义, 后者显然; 对于前者, 我们有如下定理.

定理 5.2.1 设 $S \subset \mathbb{R}^n$ 是关于 $\eta : \mathbb{R}^n \times \mathbb{R}^n \to \mathbb{R}^n$ 的不变凸集, f 是 S 上关于 η 的预不变凸函数, 则它的每个局部极小点是全局极小点.

证明　设 $x_0 \in S$ 是 f 的一个局部极小点, 即

$$\exists \varepsilon > 0, \quad \forall x \in B_\varepsilon(x_0) \cap S, \quad f(x_0) \leqslant f(x).$$

任取 $y \in S$, 由 S 是关于 η 的不变凸集, 则 $\forall \lambda \in [0,1], x_0 + \lambda\eta(y, x_0) \in S$. 当 $\lambda > 0$ 充分小时, 必有 $x_0 + \lambda\eta(y, x_0) \in B_\varepsilon(x_0) \cap S$. 此时, 由 f 关于 η 的预不变凸性有

$$f(x_0) \leqslant f(x_0 + \lambda\eta(y, x_0)) \leqslant \lambda f(y) + (1-\lambda)f(x_0).$$

由此得到 $f(x_0) \leqslant f(y), \forall y \in S$, 即 x_0 是 f 的一个全局极小点. □

5.2.2　条件 C

Pini[45] 指出, 若 f 是不变凸集 $S \subset \mathbb{R}^n$ 上关于 η 的预不变凸可微函数, 则它也是关于相同 η 的不变凸函数; 他还举例说明, 虽然可微预不变凸性蕴涵不变凸性, 但其逆不真. 事实上, 首先, 若 f 关于 η 是预不变凸函数, 则由定义 5.2.2 有

$$f(x) - f(y) \geqslant \frac{f(y + \lambda\eta(x, y)) - f(y)}{\lambda}, \quad \forall \lambda \in (0, 1], \quad \forall x, y \in S.$$

因 f 在 S 上的可微, 故令 $\lambda \to 0^+$ 得到 $f(x) - f(y) \geqslant \eta^{\mathrm{T}}(x, y)\nabla f(y), \forall x, y \in S$, 由定义 5.1.1 得到 f 在 S 上关于相同 η 是不变凸函数. 其次, 例 5.1.2 的可微不变凸函数

$$f(x) = x_1^2 x_2^2, \quad x = (x_1, x_2) \in \mathbb{R}^2$$

不是预不变凸函数. 这是因为对于 $\lambda = 1, x = (0, -4), y = (3, -1)$, 按定理 5.1.1 证明中给出的 $\eta(x, y)$ 的表达式, 可以计算出 $\eta(x, y) = \dfrac{3}{20}(-1, 3)^{\mathrm{T}}$, 进而有

$$f(y + \lambda\eta(x, y)) = f\left(\frac{57}{20}, -\frac{11}{20}\right) > 0.$$

另一方面, 有 $\lambda f(x) + (1-\lambda)f(y) = f(x) = 0$. 综上, f 在 $\mathbb{R}$ 上关于 η 不满足定义 5.2.2, 从而不是预不变凸函数.

为寻求其逆成立的条件, Mohan 和 Neogy[46] 引进如下的条件 C.

条件 C　设 $\eta : \mathbb{R}^n \times \mathbb{R}^n \to \mathbb{R}^n$. 称函数 η 满足条件 C, 如果 $\forall x, y \in \mathbb{R}^n, \forall \lambda \in [0, 1]$, 下列等式成立

$$C_1: \quad \eta(y, y + \lambda\eta(x, y)) = -\lambda\eta(x, y),$$

$$C_2: \quad \eta(x, y + \lambda\eta(x, y)) = (1 - \lambda)\eta(x, y).$$

他们证明了: 当条件 C 成立时, 在 S 上关于 η 的可微不变凸函数是关于相同 η 的预不变凸函数, 这就是下面的定理.

定理 5.2.2 设 $S \subset \mathbb{R}^n$ 是关于 $\eta : \mathbb{R}^n \times \mathbb{R}^n \to \mathbb{R}^n$ 的不变凸集, 开集 $X \supset S, f : X \to \mathbb{R}$ 是可微函数. 若 f 在 S 上关于 η 是不变凸函数, 且 η 满足条件 C, 则 f 在 S 上关于 η 是预不变凸函数.

证明 验证 f 满足定义 5.2.2: 当 $\lambda = 0$ 时, 定义中的不等式显然成立; 当 $\lambda = 1$ 时, 由 f 的不变凸性和条件 C_2 有

$$f(x) - f(y + \eta(x,y)) \geqslant \eta^{\mathrm{T}}(x, y + \eta(x,y)) \nabla f(y + \eta(x,y)) = 0,$$

即 $f(y + \eta(x,y)) \leqslant f(x)$, 满足定义中的不等式. 现在, 任意取定 $\lambda \in (0,1)$, 任意取定 $x, y \in S$. 令 $\bar{x} = y + \lambda\eta(x,y)$, 由 S 关于 η 的不变凸性, 有 $\bar{x} \in S$. 将 f 关于 η 的不变凸性分别用于点对 $x, \bar{x}$ 和 $y, \bar{x}$ 得到

$$f(x) - f(\bar{x}) \geqslant \eta^{\mathrm{T}}(x, \bar{x}) \nabla f(\bar{x}), \quad f(y) - f(\bar{x}) \geqslant \eta^{\mathrm{T}}(y, \bar{x}) \nabla f(\bar{x}).$$

将上面两式分别乘以 λ 和 $(1 - \lambda)$, 然后相加得到

$$\lambda f(x) + (1 - \lambda)f(y) - f(\bar{x}) \geqslant (\lambda\eta^{\mathrm{T}}(x, \bar{x}) + (1 - \lambda)\eta^{\mathrm{T}}(y, \bar{x})) \nabla f(\bar{x}),$$

注意到上式中 $\bar{x}$ 的定义, 由条件 C 并经简单的计算知上式右端等于零, 故

$$f(y + \lambda\eta(x,y)) = f(\bar{x}) \leqslant \lambda f(x) + (1 - \lambda)f(y),$$

$$\forall \lambda \in (0,1), \quad \forall x, y \in S,$$

这表明, 当 $\lambda \in (0,1)$ 时, 定义 5.2.2 中的不等式成立. 综上, f 在 S 上关于 η 是预不变凸函数. $\qquad \square$

顺便指出, 例 5.2.1 中的 η 定义在非凸集上且满足条件 C; 而例 5.2.2 中的 η 定义在凸集上且满足条件 C.

条件 C 在函数的广义不变凸性研究中频繁出现, 可见它是关于向量值函数 $\eta(x,y)$ 的一个重要的假设条件. 对于条件 C 的研究, 我们介绍文献 [47] 和文献 [53] 中的几个结果.

注意到条件 C 并不需要空间的拓扑结构, 因此文献 [47] 的研究是在线性空间中展开. 考虑下面的函数方程

$$\eta(x, y + \lambda\eta(x,y)) = (1 - \lambda)\eta(x,y), \quad \forall x, y \in X, \tag{5.3}$$

$$\eta(y, y + \lambda\eta(x,y)) = -\lambda\eta(x,y), \quad \forall x, y \in X, \tag{5.4}$$

其中 X 为任意的实线性空间, $\eta : X \times X \to X$ 为未知函数.

此外, 我们还要用到投射 (projection) 的概念. 称映射 $f : X \to X$ 是投射, 如果

$$f(f(x)) = f(x), \quad \forall x \in X.$$

例如, 在 $\mathbb{R}^3$ 中, 映射 $f(x) = f(x_1, x_2, x_3) = (x_1, x_2, 0)^{\mathrm{T}}, \forall x = (x_1, x_2, x_3)^{\mathrm{T}} \in \mathbb{R}^3$. 显然, f 是一个投射.

定理 5.2.3　函数 $\eta(x, y)$ 满足方程 (5.3) 和方程 (5.4) 当且仅当它形如

$$\eta(x, y) = \psi(x, y) - y, \quad \forall x, y \in X, \tag{5.5}$$

其中 $\psi : X \times X \to X$ 满足下列条件:

(i) 对于每一对 $x, y \in X, \psi(x, y) = x$ 当且仅当 $\psi(y, x) = y$;

(ii) 对于每个 $x \in X$ 和 $z \in X$, 水平集①$\psi^{-1}(x, \cdot)(\{z\})$ 要么是空的, 要么是含有 z 且在 z 处是星形集;

(iii) 对于每个 $y \in X$, 集合 $\psi(X \times \{y\})$ 含有 y 且在 y 处是星形集, $\psi(\cdot, y)$ 是一个投射.

因为在实际应用中, 很多时候只需要方程 (5.3) 和方程 (5.4) 中的一个, 所以, 我们通过后面的引理 5.2.1 和引理 5.2.2 来分别刻画它们; 这样也证明了定理 5.2.3.

引理 5.2.1　函数 $\eta(x, y)$ 满足方程 (5.3) 当且仅当它形如式 (5.5), 且满足定理 5.2.3 的条件 (ii).

证明　假设 $\psi : X \times X \to X$ 满足定理 5.2.3 的条件 (ii), 我们证明形如式 (5.5) 的函数 η 满足方程 (5.3). 为此, 任意固定 $x, y \in X, \lambda \in (0, 1)$. 因

$$y \in \psi^{-1}(x, \cdot)(\{\psi(x, y)\}),$$

故由条件 (ii), 水平集 $\psi^{-1}(x, \cdot)(\{\psi(x, y)\})$ 含有 $\psi(x, y)$, 即

$$\psi(x, \psi(x, y)) = \psi(x, y), \tag{5.6}$$

且它在 $\psi(x, y)$ 处是星形集. 因此, $(1 - \lambda)y + \lambda\psi(x, y) \in \psi^{-1}(x, \cdot)(\{\psi(x, y)\})$, 据此得到

$$\psi(x, (1 - \lambda)y + \lambda\psi(x, y)) = \psi(x, y). \tag{5.7}$$

---

① 显然, 我们在前面几章中使用的水平集记号 $L_{=z}$ 与这里的 $f^{-1}(\{z\})$ 是一致的. 在这里, 我们用这一记号仅仅是为了便于后面的推导.

鉴于式 (5.5) 和式 (5.7), 有

$$\eta(x, y + \lambda\eta(x,y)) = \psi(x, y + \lambda\eta(x,y)) - (y + \lambda\eta(x,y))$$

$$= \psi(x, y + \lambda(\psi(x,y) - y)) - (y + \lambda(\psi(x,y) - y))$$

$$= \psi(x, (1-\lambda)y + \lambda\psi(x,y)) - ((1-\lambda)y + \lambda\psi(x,y))$$

$$= (1-\lambda)(\psi(x,y) - y) = (1-\lambda)\eta(x,y).$$

当 $\lambda = 0$ 时, 方程 (5.3) 天然成立; 当 $\lambda = 1$ 时, 由式 (5.5) 和式 (5.6) 有

$$\eta(x, y + \eta(x,y)) = \psi(x, y + \eta(x,y)) - (y + \eta(x,y))$$

$$= \psi(x, \psi(x,y)) - \psi(x,y) = 0 = (1-\lambda)\eta(x,y).$$

综上, η 满足方程 (5.3).

现在, 假设 η 满足方程 (5.3). 给定 $\psi : X \times X \to X$ 为

$$\psi(x,y) = \eta(x,y) + y, \quad \forall x, y \in X. \tag{5.8}$$

显然, η 是形如式 (5.3) 的函数. 接下来, 任意固定 $x, y \in X$ 并假设

$$y \in \psi^{-1}(x, \cdot)(\{z\}). \tag{5.9}$$

使用式 (5.8)、式 (5.9) 和方程 (5.3) ($\lambda = 1$) 得到

$$\psi(x,z) = \eta(x,z) + z = \eta(x, \psi(x,y)) + z$$

$$= \eta(x, y + \eta(x,y)) + z = z.$$

据此有 $z \in \psi^{-1}(x, \cdot)(\{z\})$. 此外, 注意到方程 (5.3)、式 (5.8) 和式 (5.9), 有 $\forall \lambda \in (0,1)$,

$$\psi(x, (1-\lambda)y + \lambda z) = \psi(x, (1-\lambda)y + \lambda\psi(x,y))$$

$$= \psi(x, y + \lambda(\psi(x,y) - y)) = \psi(x, y + \lambda\eta(x,y))$$

$$= \eta(x, y + \lambda\eta(x,y)) + y + \lambda\eta(x,y)$$

$$= (1-\lambda)\eta(x,y) + y + \lambda\eta(x,y)$$

$$= \eta(x,y) + y = \psi(x,y) = z.$$

这意味着

$$(1-\lambda)y + \lambda z \in \psi^{-1}(x, \cdot)(\{z\}).$$

由此推出: $z \in \psi^{-1}(x, \cdot)(\{z\})$; 集合 $\psi^{-1}(x, \cdot)(\{z\})$ 在 y 处是星形的 (由 $\lambda \in (0,1)$ 的任意性), 即条件 (ii) 满足.　　　　　　　　　　　　　　　　　　　　　　　□

引理 5.2.2　函数 $\eta(x, y)$ 满足方程 (5.4) 当且仅当它形如式 (5.5), 且满足定理 5.2.3 的条件 (i) 和条件 (iii).

证明　假设 $\psi: X \times X \to X$ 满足定理 5.2.3 的条件 (i) 和条件 (iii), 我们证明形如式 (5.5) 的函数 η 满足方程 (5.4). 由条件 (iii) 有 $y \in \psi(X \times \{y\})$ 和

$$\psi(\psi(x, y), y) = \psi(x, y), \quad \forall x, y \in X. \tag{5.10}$$

式 (5.10) 蕴涵 $\psi(y, y) = y$, 对于 $y \in X$. 据此和式 (5.5) 立刻得到 $\eta(y, y) = 0$, 对于 $y \in X$. 这表明方程 (5.4) 当 $\lambda = 0$ 时成立. 将 (i) 中的 x 换成 $\psi(x, y)$, 则由式 (5.10) 立刻得到

$$\psi(y, \psi(x, y)) = y, \quad \forall x, y \in X.$$

因此, 由式 (5.5) 得到

$$\eta(y, y + \eta(x, y)) = \eta(y, \psi(x, y)) = \psi(y, \psi(x, y)) - \psi(x, y)$$
$$= y - \psi(x, y) = -\eta(x, y).$$

这表明方程 (5.4) 当 $\lambda = 1$ 时成立.

接下来, 由式 (5.5) 推出, $\forall y \in X$, 集合 $\psi(X \times \{y\}) - y$ 在 0 处是星形集. 因此, 对于任意固定的 $x, y \in X$ 和 $\lambda \in (0,1)$, 使用式 (5.5) 得到

$$\lambda \eta(x, y) = \lambda(\psi(x, y) - y) \in \lambda(\psi(X \times \{y\}) - y) \subset \psi(X \times \{y\}) - y,$$

于是, $y + \lambda\eta(x, y) \in \psi(X \times \{y\})$. 因此, 由式 (5.10), 我们得到

$$\psi(y + \lambda\eta(x, y), y) = y + \lambda\eta(x, y), \quad 对于 x, y \in X, \quad \lambda \in (0, 1).$$

据此和条件 (i),

$$\psi(y, y + \lambda\eta(x, y)) = y, \quad \forall x, y \in X, \quad \forall \lambda \in (0, 1).$$

据此和式 (5.5), 我们有

$$\eta(y, y + \lambda\eta(x, y)) = \psi(y, y + \lambda\eta(x, y)) - (y + \lambda\eta(x, y))$$
$$= y - (y + \lambda\eta(x, y)) = -\lambda\eta(x, y).$$

这表明方程 (5.4) 当 $\lambda \in (0, 1)$ 时成立.

现在, 假设 η 满足方程 (5.4). 给定 $\psi: X \times X \to X$ 形如式 (5.8). 显然, η 是形如式 (5.5) 的函数. 先证条件 (i) 成立: 设对于 $x, y \in X$, 有 $\psi(x, y) = x$. 据此, 并使用式 (5.8)、式 (5.5) 和方程 (5.4)($\lambda = 1$) 有

$$\psi(y, x) = \eta(y, x) + x = \eta(y, \psi(x, y)) + x = \eta(y, y + \eta(x, y)) + x$$

$$= -\eta(x, y) + x = -(\psi(x, y) - y) + x = -(x - y) + x = y.$$

这表明条件 (i) 成立. 下面证明条件 (iii) 成立: 任意固定 $y \in X$. 由方程 (5.4)($\lambda = 0$) 有 $\eta(y, y) = 0$. 据此和式 (5.8) 有 $\psi(y, y) = y$, 进而有 $y \in \psi(X \times \{y\})$. 任取另一个 $x \in \psi(X \times \{y\})$, 则 $\exists z \in X, x = \psi(z, y)$, 据此并使用式 (5.5) 和方程 (5.4), 我们得到 $\forall \lambda \in (0, 1)$,

$$\eta(y, \lambda x + (1 - \lambda)y) = \eta(y, \lambda \psi(z, y) + (1 - \lambda)y)$$

$$= \eta(y, \lambda(\eta(z, y) + y) + (1 - \lambda)y) = \eta(y, y + \lambda \eta(z, y))$$

$$= -\lambda \eta(z, y) = -\lambda(\psi(z, y) - y) = -\lambda(x - y)$$

$$= y - (\lambda x + (1 - \lambda)y).$$

据此和式 (5.5) 推出

$$\psi(y, \lambda x + (1 - \lambda)y) = y, \quad \forall \lambda \in (0, 1).$$

因此, 并注意到条件 (i) 得到

$$\psi(\lambda x + (1 - \lambda)y, y) = \lambda x + (1 - \lambda)y, \quad \forall \lambda \in (0, 1).$$

这表明

$$\lambda x + (1 - \lambda)y \in \psi(X \times \{y\}), \quad \forall \lambda \in (0, 1).$$

综上, 我们证明了 $\forall y \in X$, 集合 $\psi(X \times \{y\})$ 含有 y 且在 y 处是星形的. 剩下需证 $\forall y \in X, \psi(\cdot, y)$ 是投射. 使用方程 (5.4)($\lambda = 1$) 有

$$\psi(y, \psi(x, y)) = \psi(y, y + \eta(x, y))$$

$$= \eta(y, y + \eta(x, y)) + y + \eta(x, y) = -\eta(x, y) + y + \eta(x, y) = y.$$

据此和条件 (i), 得到

$$\psi(\psi(x, y), y) = \psi(x, y), \quad \forall x, y \in X,$$

即 $\psi(\cdot, y)$ 是投射. $\qquad\square$

例 5.2.3　设 X 是实线性空间, $x_0 \in X$ 为固定点. 考虑常值映射

$$\psi(x,y) = x_0, \quad \forall x,y \in X.$$

显然, $\forall x \in X, \psi^{-1}(x,\cdot)(\{z\}) = \begin{cases} X, & z = x_0, \\ \varnothing, & z \neq x_0. \end{cases}$ 因此, ψ 满足定理 5.2.3 的条件
(ii), 于是, 据引理 5.2.1, $\eta(x,y) = x_0 - y, \forall x, y \in X$ 满足方程 (5.3).

另一方面, $\forall y \in X\backslash\{x_0\}$, 我们有 $\psi(x_0, y) = x_0, \psi(y, x_0) = x_0 \neq y$ 且 $y \notin \{x_0\} = \psi(X \times \{y\})$. 因此, 定理 5.2.3 的条件 (i) 和条件 (iii) 都不成立.

例 5.2.4　设 $A = ((-\infty, 0) \times \mathbb{R}) \cup \{(0,0)\}, B = [0, \infty) \times \mathbb{R}$. 考虑映射

$$\psi(x,y) = \begin{cases} (-1, 0), & x \in B\backslash A, y \in A\backslash B, \\ (0, 1), & x \in A\backslash B, y \in B\backslash A, \\ x, & \text{其他.} \end{cases}$$

显然, 定理 5.2.3 的条件 (i) 满足. 此外, $\forall y \in \mathbb{R}^2$, 我们有

$$\psi(\mathbb{R}^2 \times \{y\}) = \begin{cases} A, & y \in A\backslash B, \\ B, & y \in B\backslash A, \\ \mathbb{R}^2, & \text{其他.} \end{cases}$$

由此得知集合 $\psi(\mathbb{R}^2 \times \{y\})$ 含有 y 且在 y 处是星形集. 由上面两个表达式可以推出 $\forall y \in \mathbb{R}^2$ 和 $z \in \psi(\mathbb{R}^2 \times \{y\})$, 有 $\psi(z, y) = z$. 因此, $\forall y \in \mathbb{R}^2, \psi(\cdot, y)$ 是投射. 于是, 定理 5.2.3 的条件 (iii) 满足. 据引理 5.2.2, 我们有

$$\eta(x,y) = \begin{cases} (-1, 0) - y, & x \in B\backslash A, y \in A\backslash B, \\ (0, 1) - y, & x \in A\backslash B, y \in B\backslash A, \\ x - y, & \text{其他,} \end{cases}$$

且满足方程 (5.4).

另一方面, $\psi((-1,0), \cdot)^{-1}(\{(0,1)\}) = B\backslash A$. 我们指出, 集合 $B\backslash A$ 在点 $(0,1)$ 处不是星形集. 事实上, $(0,-1) \in B\backslash A$, 但是 $\frac{1}{2}(0,1) + \frac{1}{2}(0,-1) = (0,0) \notin B\backslash A$. 因此, 定理 5.2.3 的条件 (ii) 不成立. 于是, 据引理 5.2.1, 这里的函数 η 不满足方程 (5.3).

下面的例子表明, 定理 5.2.3 可以用来通过函数 ψ 来构造满足方程 (5.3) 和方程 (5.4) 的函数 η.

例 5.2.5 设 X 为线性空间, $S_0 \subset X$ 为含有原点 0、在 0 处是星形集且关于 0 是对称的任一集合. 考虑函数 $\psi : X \times X \to X$ 形如

$$\psi(x,y) = \begin{cases} x, & x - y \in S_0, \\ y, & \text{其他}. \end{cases}$$

因 S_0 关于原点对称, 故 $\forall x, y \in X$, 有

$$\psi(x,y) = x \Leftrightarrow x - y \in S_0 \Leftrightarrow y - x \in S_0 \Leftrightarrow \psi(y,x) = y.$$

这表明, 定理 5.2.3 的条件 (i) 满足. 此外, $\forall x, z \in X$, 可以得到

$$\psi^{-1}(x,\cdot)(\{z\}) = \begin{cases} z + S_0, & z = x, \\ \varnothing, & z \in x + S_0, z \neq x, \\ \{z\}, & \text{其他}. \end{cases}$$

因 $\forall z \in X$, 集合 $z + S_0$ 和 $\{z\}$ 含有 z 且在 z 处是星形集, 故定理 5.2.3 的条件 (ii) 成立. 最后, $\forall y \in X$, 我们有 $\psi(X \times \{y\}) = y + S_0$ 和 $\psi(z,y) = z, \forall z \in y + S_0$. 因此, 集合 $\psi(X \times \{y\})$ 含有 y 且在 y 处是星形的, 而 $\psi(\cdot, y)$ 是投射. 于是, 定理 5.2.3 的条件 (iii) 也满足.

综上, 据定理 5.2.3 推知, 如下的函数 η 满足方程 (5.3) 和方程 (5.4):

$$\eta(x,y) = \begin{cases} x - y, & x - y \in S_0, \\ 0, & \text{其他}. \end{cases}$$

例 5.2.6 设 X 是实线性空间, $A, B \subset X$ 是非空凸真子集, 且满足 $A \backslash B$ 和 $B \backslash A$ 都是凸集, $A \cup B = X$. 任取固定的 $\alpha \in A \backslash B, \beta \in B \backslash A$. 考虑函数

$$\psi(x,y) = \begin{cases} \alpha, & x \in B \backslash A, y \in A \backslash B, \\ \beta, & x \in A \backslash B, y \in B \backslash A, \\ x, & \text{其他}. \end{cases}$$

经直接计算得知定理 5.2.3 的条件 (i) 成立. 此外, $\forall x, y, z \in X$, 我们有

$$\psi^{-1}(x, \cdot)(\{z\}) = \begin{cases} B \backslash A, & x \in A \backslash B, z = \beta, \\ B \backslash A, & x \in B \backslash A, z = \alpha, \\ A, & z = x \in A \backslash B, \\ B, & z = x \in B \backslash A, \\ X, & z = x \in A \cap B, \\ \varnothing, & \text{其他}, \end{cases}$$

$$\psi(X \times \{y\}) = \begin{cases} A, & y \in A \backslash B, \\ B, & y \in B \backslash A, \\ X, & \text{其他}, \end{cases}$$

以及 $\psi(z, y) = z, \forall z \in \psi(X \times \{y\})$. 因为 $A, B, A \backslash B, B \backslash A$ 都是凸的, 故它们在各自的每个点处是星形的. 显然, 定理 5.2.3 的条件 (ii) 和条件 (iii) 满足. 由定理 5.2.3, 如下的函数 η 满足方程 (5.3) 和方程 (5.4):

$$\eta(x, y) = \begin{cases} \alpha - y, & x \in B \backslash A, y \in A \backslash B, \\ \beta - y, & x \in A \backslash B, y \in B \backslash A, \\ x - y, & \text{其他}. \end{cases}$$

例 5.2.7　设 X 是实线性空间, 集合族 $\{C_t \subset X : t \in T\}$ 由 X 中两两互不相交的凸集组成, 且满足 $\bigcup_{t \in T} C_t = X$. 对于每个 $t \in T$, 元素 $c_t \in C_t$ 是固定的. $\forall x \in X$, 用 $t(x)$ 表示 T 中满足 $x \in C_{t(x)}$ 的唯一元素. 显然, $\forall x \in X$, 集合 $C_{t(x)}$ 含有 x 且它在它的每个元素处是星形集. 考虑映射

$$\psi(x, y) = \begin{cases} c_{t(y)}, & t(x) \neq t(y), \\ x, & t(x) = t(y). \end{cases}$$

显然, 定理 5.2.3 的条件 (i) 成立. 此外, $\forall x, y, z \in X$, 我们有

$$\psi^{-1}(x, \ \cdot \ )(\{z\}) = \begin{cases} C_{t(y)}, & \exists y \in X, t(y) \neq t(x), z = c_{t(y)}, \\ C_{t(y)}, & z = x, \\ \varnothing, & \text{其他}. \end{cases}$$

这表明, 定理 5.2.3 的条件 (ii) 成立. 再注意到

$$\psi(X \times \{y\}) = C_{t(y)}, \quad \forall y \in X.$$

于是, 若对于某个 $y \in X$ 有 $z \in \psi(X \times \{y\})$, 则 $z \in C_{t(y)}$, 进而得到 $t(y) = t(z)$, 因而有 $\psi(z, y) = y$. 这样一来, $\forall y \in X$, 集合 $\psi(X \times \{y\})$ 含有 y, 它在 y 处是星形集, $\psi(\cdot, y)$ 是投射. 因此, 定理 5.2.3 的条件 (iii) 成立. 由定理 5.2.3, 如下的函数 η 满足方程 (5.3) 和方程 (5.4):

$$\eta(x, y) = \begin{cases} c_{t(y)} - y, & t(x) \neq t(y), \\ x - y, & t(x) = t(y). \end{cases}$$

最近, Yang[53] 给出了条件 C 的一个性质, 利用这一结果, 可以简化已有的某些结果的证明.

定理 5.2.4 若函数 $\eta : \mathbb{R}^n \times \mathbb{R}^n \to \mathbb{R}^n$ 满足条件 C, 则

$$\eta(y + \lambda_1\eta(x,y), y + \lambda_2\eta(x,y)) = (\lambda_1 - \lambda_2)\eta(x,y), \quad \forall \lambda_1, \lambda_2 \in [0,1]. \quad (5.11)$$

证明 任取 $x, y \in \mathbb{R}^n$, 对于 $\lambda_1, \lambda_2 \in [0,1]$, 分以下 3 种情形得到等式 (5.11):

当 $0 \leqslant \lambda_1 = \lambda_2 \leqslant 1$ 时, 在条件 C_1 中取 $\lambda = 0$ 有 $\eta(y,y) = 0$, 此时式 (5.11) 成立.

当 $0 \leqslant \lambda_1 < \lambda_2 \leqslant 1$ 时,

$$\eta(y + \lambda_1\eta(x,y), y + \lambda_2\eta(x,y))$$
$$= \eta(y + \lambda_1\eta(x,y), y + \lambda_1\eta(x,y) + (\lambda_2 - \lambda_1)\eta(x,y))$$
$$= \eta\left(y + \lambda_1\eta(x,y), y + \lambda_1\eta(x,y) + \frac{\lambda_2 - \lambda_1}{1 - \lambda_1}\eta(x, y + \lambda_1\eta(x,y))\right)$$
$$= -\frac{\lambda_2 - \lambda_1}{1 - \lambda_1}\eta(x, y + \lambda_1\eta(x,y)) = (\lambda_1 - \lambda_2)\eta(x,y),$$

即式 (5.11) 成立. 这里, 第 2 和第 4 个等式由条件 C_2 得到, 第 3 个等式由条件 C_1 得到.

当 $0 \leqslant \lambda_2 < \lambda_1 \leqslant 1$ 时,

$$\eta(y + \lambda_1\eta(x,y), y + \lambda_2\eta(x,y))$$
$$= \eta(y + \lambda_1\eta(x,y), y + \lambda_1\eta(x,y) - (\lambda_1 - \lambda_2)\eta(x,y))$$
$$= \eta\left(y + \lambda_1\eta(x,y), y + \lambda_1\eta(x,y) + \frac{\lambda_1 - \lambda_2}{\lambda_1}\eta(y, y + \lambda_1\eta(x,y))\right)$$
$$= -\frac{\lambda_1 - \lambda_2}{\lambda_1}\eta(y, y + \lambda_1\eta(x,y)) = (\lambda_1 - \lambda_2)\eta(x,y),$$

即式 (5.11) 成立. 这里, 第 2, 3, 4 个等式由条件 C_1 得到. $\square$

5.2.3 半连续性与预不变凸性

Yang 和 Li 在文献 [54] 和文献 [55] 中较系统地研究了由 Weir, Mond 和 Jeyakumar 在文献 [56] 和文献 [57] 中引进的预不变凸函数.

在 1.2 节介绍了连续函数的中点凸定理 (定理 1.2.7), 这个定理的重要性在于, 在连续条件下, 函数的凸性只需检查其中间点是否满足凸性不等式即可. 下面, 我们在半连续条件下, 对预不变凸函数建立类似的结果.

为简洁计, 我们使用 "条件 D".

条件 D 设 $S \subset \mathbb{R}^n$ 是关于 $\eta : \mathbb{R}^n \times \mathbb{R}^n \to \mathbb{R}^n$ 的不变凸集, 称函数 $f : S \to \mathbb{R}$ 满足条件 D, 如果

$$\forall x, y \in S, \quad f(y + \eta(x, y)) \leqslant f(x).$$

引理 5.2.3 设 $S \subset \mathbb{R}^n$ 关于 $\eta : \mathbb{R}^n \times \mathbb{R}^n \to \mathbb{R}^n$ 是不变凸集, 且 η 满足条件 C. 如果 $f : S \to \mathbb{R}$ 满足条件 D, 且 $\exists \alpha \in (0, 1), \forall x, y \in S$, 使得

$$f(y + \alpha \eta(x, y)) \leqslant \alpha f(x) + (1 - \alpha) f(y), \tag{5.12}$$

则集合

$$A = \{\lambda \in [0, 1] : f(y + \lambda \eta(x, y)) \leqslant \lambda f(x) + (1 - \lambda) f(y), \ \forall x, y \in S\}$$

在 $[0, 1]$ 稠密.

证明 显然 $0 \in A$, 由条件 D 还有 $1 \in A$, 即 $A \neq \varnothing$ 且不是单元集. 下面使用反证法: 假设 A 在 $[0, 1]$ 不稠密, 则 $\exists \lambda_0 \in (0, 1)$, 且存在 λ_0 的邻域 U, 使得 $U \cap A = \varnothing$. 据此, 若令

$$\lambda_1 = \inf\{\lambda \in A : \lambda \geqslant \lambda_0\}, \quad \lambda_2 = \sup\{\lambda \in A : \lambda \leqslant \lambda_0\}.$$

则有 $0 \leqslant \lambda_2 < \lambda_1 \leqslant 1$. 因为 $\alpha, (1 - \alpha) \in (0, 1)$, 我们可以选取 $u_1, u_2 \in A$, 满足 $u_1 \geqslant \lambda_1, u_2 \leqslant \lambda_2$, 且

$$\max\{\alpha(u_1 - u_2), (1 - \alpha)(u_1 - u_2)\} < \lambda_1 - \lambda_2. \tag{5.13}$$

记 $\bar{\lambda} = \alpha u_1 + (1 - \alpha) u_2$. 由条件 C 和定理 5.2.4, 我们有

$$y + u_2 \eta(x, y) + \alpha \eta(y + u_1 \eta(x, y), y + u_2 \eta(x, y))$$

$$= y + (u_2 + \alpha(u_1 - u_2)) \eta(x, y) = y + \bar{\lambda} \eta(x, y), \quad \forall x, y \in S.$$

因此, 结合式 (5.12) 和 $u_1, u_2 \in A$, 我们得到

$$f(y + \bar{\lambda} \eta(x, y)) = f(y + u_2 \eta(x, y) + \alpha \eta(y + u_1 \eta(x, y), y + u_2 \eta(x, y)))$$

$$\leqslant \alpha f(y + u_1 \eta(x, y)) + (1 - \alpha) f(y + u_2 \eta(x, y))$$

$$\leqslant \alpha(u_1 f(x) + (1 - u_1) f(y)) + (1 - \alpha)(u_2 f(x) + (1 - u_2) f(y))$$

$$= \bar{\lambda} f(x) + (1 - \bar{\lambda}) f(y).$$

据此推出 $\bar{\lambda} \in A$. 如果 $\bar{\lambda} \geqslant \lambda_0$, 则由 λ_1 的定义有 $\lambda_1 \leqslant \bar{\lambda}$. 另一方面, 由式 (5.13) 又得到 $\bar{\lambda} - u_2 = \alpha(u_1 - u_2) < \lambda_1 - \lambda_2$, 进而有 $\lambda_1 > \bar{\lambda} - u_2 + \lambda_2 \geqslant \bar{\lambda} - \lambda_2 + \lambda_2 = \bar{\lambda}$. 这两者矛盾. 如果 $\bar{\lambda} \leqslant \lambda_0$, 可类似地导出矛盾. 因此, A 在 $[0,1]$ 中稠密. $\qquad\square$

在函数的上半连续假设条件下, 函数的预不变凸性由下面的定理刻画.

定理 5.2.5 设 $S \subset \mathbb{R}^n$ 关于 $\eta : \mathbb{R}^n \times \mathbb{R}^n \to \mathbb{R}^n$ 是不变凸集, η 满足条件 C. 假设 f 在 S 上是上半连续函数, 且满足条件 D, 则 f 在 S 上关于 η 是预不变凸函数当且仅当 $\exists \alpha \in (0,1), \forall x, y \in S$, 使得

$$f(y + \alpha \eta(x,y)) \leqslant \alpha f(x) + (1-\alpha) f(y).$$

证明 必要性由预不变凸函数定义直接推出, 只证充分性. 由引理 5.2.3, A 在区间 $[0,1]$ 中稠密, 故 $\forall \bar{\lambda} \in (0,1), \exists \{\lambda_n\} \subset (0,1) \cap A$, 满足 $\lambda_n < \bar{\lambda}, \lambda_n \to \bar{\lambda}$. 任意给定 $x, y \in S$, 记 $z = y + \bar{\lambda} \eta(x,y)$. 定义序列

$$y_n = y + \frac{\bar{\lambda} - \lambda_n}{1 - \lambda_n} \eta(x,y), \quad n = 1, 2, \cdots.$$

则 $y_n \to y$. 因 $0 < \lambda_n < \bar{\lambda} < 1$, 故 $0 < \dfrac{\bar{\lambda} - \lambda_n}{1 - \lambda_n} < 1$. 注意到 S 是关于 η 的不变凸集, 按定义有 $y_n \in S$. 由条件 C 得到

$$\begin{aligned}
y_n + \lambda_n \eta(x, y_n) &= y + \frac{\bar{\lambda} - \lambda_n}{1 - \lambda_n} \eta(x,y) + \lambda_n \eta\left(x, y + \frac{\bar{\lambda} - \lambda_n}{1 - \lambda_n} \eta(x,y)\right) \\
&= y + \frac{\bar{\lambda} - \lambda_n}{1 - \lambda_n} \eta(x,y) + \lambda_n \left(1 - \frac{\bar{\lambda} - \lambda_n}{1 - \lambda_n}\right) \eta(x,y) \\
&= y + \bar{\lambda} \eta(x,y) := z.
\end{aligned} \tag{5.14}$$

这里的第 2 个等式用到条件 C_2. 由 f 在 S 上的上半连续性和 $y_n \to y$, 我们有 $\forall \varepsilon > 0, \exists N > 0$, 当 $n > N$ 时, 有 $f(y_n) \leqslant f(y) + \varepsilon$. 由此和式 (5.14) 以及 $\lambda_n \in A$ 有

$$\begin{aligned}
f(z) = f(y_n + \lambda_n \eta(x, y_n)) &\leqslant \lambda_n f(x) + (1 - \lambda_n) f(y_n) \\
&\leqslant \lambda_n f(x) + (1 - \lambda_n)(f(y) + \varepsilon) \\
&\to \bar{\lambda} f(x) + (1 - \bar{\lambda})(f(y) + \varepsilon).
\end{aligned}$$

因为 $\varepsilon > 0$ 可以任意小, 故

$$f(y + \bar{\lambda} \eta(x,y)) = f(z) \leqslant \bar{\lambda} f(x) + (1 - \bar{\lambda}) f(y).$$

由 $x, y \in S$ 的任意性和定义知, f 在 S 上关于 η 是预不变凸函数.   □

在函数的上半连续假设条件下, 函数的预拟不变凸性也有类似的刻画, 这就是下面的定理.

对于下半连续函数, 定理 5.2.5 的论断依然成立, 即我们有如下定理.

定理 5.2.6 设 S 是 $\mathbb{R}^n$ 中关于 $\eta : \mathbb{R}^n \times \mathbb{R}^n \to \mathbb{R}^n$ 的不变凸集, η 满足条件 C. 假设 f 在 S 上是下半连续函数, 且满足条件 D, 则 f 在 S 上关于 η 是预不变凸函数当且仅当 $\forall x, y \in S, \exists \alpha \in (0, 1)$, 使得

$$f(y + \alpha \eta(x, y)) \leqslant \alpha f(x) + (1 - \alpha) f(y).$$

证明 由预不变凸函数的定义, 必要性显然, 只证充分性. 假设 f 关于 η 不是预不变凸函数, 则 $\exists x, y \in S, \exists \bar{\lambda} \in [0, 1]$, 使得

$$f(y + \bar{\lambda} \eta(x, y)) > \bar{\lambda} f(x) + (1 - \bar{\lambda}) f(y). \tag{5.15}$$

同定理 5.2.5 的证明一样, 只有 $\bar{\lambda} \in (0, 1)$. 令

$$x_t = y + t\eta(x, y), \quad t \in (\bar{\lambda}, 1],$$

$$B = \{x_t \in S : t \in (\bar{\lambda}, 1], f(x_t) = f(y + t\eta(x, y)) \leqslant t f(x) + (1 - t) f(y)\},$$

$$u = \inf\{t \in (\bar{\lambda}, 1] : x_t \in B\}.$$

由条件 D, 有 $x_1 \in B$, 因而 $B \neq \varnothing$; 由式 (5.15) 知 $x_{\bar{\lambda}} \notin B$. 因此, $x_t \notin B, \forall t \in [\bar{\lambda}, u)$, 且存在序列 $\{t_n\}, t_n \geqslant u, x_{t_n} \in B$, 使得 $t_n \to u$. 因 f 是下半连续函数, 有

$$f(x_u) \leqslant \lim_{n \to \infty} f(x_{t_n}) \leqslant \lim_{n \to \infty} [t_n f(x) + (1 - t_n) f(y)]$$

$$= u f(x) + (1 - u) f(y). \tag{5.16}$$

因此有 $x_u \in B$.

类似地, 令

$$y_t = y + t\eta(x, y), \quad t \in [0, \bar{\lambda}),$$

$$D = \{y_t \in S : t \in [0, \bar{\lambda}), f(y_t) = f(y + t\eta(x, y)) \leqslant t f(x) + (1 - t) f(y)\},$$

$$v = \sup\{t \in [0, \bar{\lambda}) : y_t \in D\}.$$

显然有 $y_0 \in D$, 因而 $D \neq \varnothing$; 由式 (5.15) 易见 $y_{\bar{\lambda}} = y + \bar{\lambda} \eta(x, y) \notin D$. 因此, $y_t \notin D, \forall t \in (v, \bar{\lambda}]$, 且存在序列 $\{t_n\}, t_n \leqslant v, y_{t_n} \in D$, 使得 $t_n \to v$. 因 f 是下半连续函数, 有

$$f(y_v) \leqslant \lim_{n \to \infty} f(y_{t_n}) \leqslant \lim_{n \to \infty} [t_n f(x) + (1 - t_n) f(y)]$$

$$= v f(x) + (1 - v) f(y). \tag{5.17}$$

因此有 $y_v \in D$.

由 u, v 的定义, 有 $0 \leqslant v < \bar{\lambda} < u \leqslant 1$. 由 x_u, y_v 的定义和条件 C 及定理 5.2.4, 有

$$x_u + \lambda \eta(y_v, x_u) = y + u\eta(x, y) + \lambda \eta(y + v\eta(x, y), y + u\eta(x, y))$$

$$= y + [u - \lambda(u - v)]\eta(x, y)$$

$$= y + (\lambda v + (1 - \lambda)u)\eta(x, y), \quad \forall \lambda \in [0, 1].$$

由上式和式 (5.15) $\sim$ 式 (5.17) 有

$$f(x_u + \lambda \eta(y_v, x_u)) = f(y + (\lambda v + (1 - \lambda)u)\eta(x, y))$$

$$> (\lambda v + (1 - \lambda)u)f(x) + (1 - \lambda v - (1 - \lambda)u)f(y)$$

$$= \lambda(vf(x) + (1 - v)f(y)) + (1 - \lambda)(uf(x) + (1 - u)f(y))$$

$$\geqslant \lambda f(y_v) + (1 - \lambda)f(x_u), \quad \forall \lambda \in (0, 1).$$

注意到上式两端的 $x_u \in B \subset S$ 和 $y_v \in D \subset S$, 导致它与定理的条件相矛盾. $\quad\square$

下面的推论 5.2.1 是定理 5.2.6 的逻辑结果.

推论 5.2.1 设 S 是 $\mathbb{R}^n$ 中关于 $\eta: \mathbb{R}^n \times \mathbb{R}^n \to \mathbb{R}^n$ 的不变凸集, η 满足条件 C. 假设 f 在 S 上是下半连续函数, 且满足条件 D, 则 f 在 S 上关于 η 是预不变凸函数当且仅当 $\exists \alpha \in (0, 1), \forall x, y \in S$,

$$f(y + \alpha \eta(x, y)) \leqslant \alpha f(x) + (1 - \alpha)f(y).$$

5.2.4 预不变凸函数的特征性质

引理 5.2.4 f 是开凸集 S 上的凸函数当且仅当它在 S 上是拟凸函数, 且

$$f\left(\frac{1}{2}x + \frac{1}{2}y\right) \leqslant \frac{1}{2}f(x) + \frac{1}{2}f(y), \quad \forall x, y \in S.$$

关于预不变凸函数的特征性质, 文献 [24] 有系统的研究, 这里介绍下面的一组定理.

定理 5.2.7 (特征性质 1)　设 $S \subset \mathbb{R}^n$ 是关于 $\eta : \mathbb{R}^n \times \mathbb{R}^n \to \mathbb{R}^n$ 的不变凸集，η 满足条件 C，函数 f 满足条件 D. 则 f 在 S 上关于 η 是预不变凸函数当且仅当它在 S 上关于相同的 η 是预拟不变凸函数，且 $\exists \alpha \in (0,1), \forall x, y \in S$，

$$f(y + \alpha \eta(x,y)) \leqslant \alpha f(x) + (1-\alpha)f(y). \tag{5.18}$$

证明　由定义，必要性显见，只需证充分性. 设 f 在 S 上关于 η 是预拟不变凸函数，且式 (5.18) 成立. 任意固定 $x, y \in S$，令 $z_\lambda = y + \lambda \eta(x,y), \forall \lambda \in [0,1]$.

下面按 $f(x) = f(y)$ 和 $f(x) \neq f(y)$ 两种情况分别使用反证法.

(1) $f(x) = f(y)$. 由定义，为证 f 在 S 上关于 η 是预不变凸函数，只需证明：$\forall \lambda \in [0,1]$，

$$f(y + \lambda \eta(x,y)) \leqslant \lambda f(x) + (1-\lambda)f(y).$$

若其不然，则 $\exists \beta \in [0,1]$，使得

$$f(z_\beta) = f(y + \beta \eta(x,y)) > \beta f(x) + (1-\beta)f(y) = f(x) = f(y). \tag{5.19}$$

显然，式 (5.19) 中的 $\beta \neq 0$，故 $\beta \in (0,1]$；此外由条件 (5.18) 知，式 (5.19) 中的 $\beta \neq \alpha$.

(i) 假设 $0 < \alpha < \beta \leqslant 1$. 令 $u = \dfrac{\beta - \alpha}{1 - \alpha}$. 由条件 C_2，经计算得到 $z_\beta = z_u + \alpha \eta(x, z_u)$. 因此，由条件 (5.18) 有

$$f(z_\beta) = f(z_u + \alpha \eta(x, z_u)) \leqslant \alpha f(x) + (1-\alpha)f(z_u).$$

由反证假设 (5.19) 和上式得到

$$f(x) < f(z_\beta) \leqslant \alpha f(x) + (1-\alpha)f(z_u),$$

由此推出 $f(x) < f(z_u)$. 综上，我们有

$$f(z_\beta) \leqslant \alpha f(x) + (1-\alpha)f(z_u) < f(z_u). \tag{5.20}$$

另一方面，令 $t = \dfrac{\beta - u}{\beta}$，由条件 C_1，经计算得到 $z_u = z_\beta + t\eta(y, z_\beta)$. 因此，由 f 关于 η 的预拟不变凸性和式 (5.19) 有

$$f(z_u) = f(z_\beta + t\eta(y, z_\beta)) \leqslant \max\{f(z_\beta), f(y)\} = f(z_\beta).$$

这与不等式 (5.20) 矛盾.

(ii) 假设 $0 < \beta < \alpha < 1$. 令 $u = \dfrac{\beta}{\alpha}$, 反复使用条件 C_1, 经计算得到 $z_\beta = y + \alpha\eta(z_u, y)$. 因此, 由条件 (5.18) 得到

$$f(z_\beta) = f(y + \alpha\eta(z_u, y)) \leqslant \alpha f(z_u) + (1 - \alpha)f(y).$$

由反证假设 (5.19) 和上式得到

$$f(y) < f(z_\beta) \leqslant \alpha f(z_u) + (1 - \alpha)f(y),$$

由此推出 $f(y) < f(z_u)$. 综上, 我们有

$$f(z_\beta) \leqslant \alpha f(z_u) + (1 - \alpha)f(y) < f(z_u). \tag{5.21}$$

令 $t = \dfrac{u - \beta}{1 - \beta}$. 由条件 C_1, 经计算得到 $z_u = z_\beta + t\eta(x, z_\beta)$. 因此, 由 f 关于 η 的预拟不变凸性以及 $f(x) < f(z_\beta)$ 得到

$$f(z_u) = f(z_\beta + t\eta(x, z_\beta)) \leqslant tf(x) + (1 - t)f(z_\beta) < f(z_\beta).$$

这与不等式 (5.21) 矛盾.

(2) $f(x) \neq f(y)$. 同情形 (1), 我们只需证明

$$f(y + \lambda\eta(x, y)) \leqslant \lambda f(x) + (1 - \lambda)f(y), \quad \forall \lambda \in [0, 1].$$

若其不然, 则 $\exists \beta \in [0, 1]$, 使得

$$f(y + \beta\eta(x, y)) > \beta f(x) + (1 - \beta)f(y). \tag{5.22}$$

显然, 满足式 (5.22) 的 $\beta \neq 0$. 由引理 5.2.3, 对于该引理中的集合 A, 有 $\forall \lambda \in A$,

$$f(y + \lambda\eta(x, y)) \leqslant \lambda f(x) + (1 - \lambda)f(y), \quad \forall x, y \in S. \tag{5.23}$$

(i) 任意取定 $x, y \in S$, 假设 $f(x) < f(y)$. 注意到 $\beta \in (0, 1]$, 由集合 A 在区间 $[0, 1]$ 中的稠密性, 可以取 $\{u_n\} \subset A, u_n < \beta, u_n \to \beta$. 于是有

$$u_n f(x) + (1 - u_n)f(y) \to \beta f(x) + (1 - \beta)f(y).$$

由式 (5.22), 对于充分大的 n, 有

$$u_n f(x) + (1 - u_n)f(y) < f(y + \beta\eta(x, y)) = f(z_\beta).$$

任意取定满足上式的一个 $u_n = u$, 则由式 (5.23) 得到

$$f(z_u) = f(y + u\eta(x, y)) \leqslant uf(x) + (1-u)f(y) < f(z_\beta). \qquad (5.24)$$

令 $t = \dfrac{\beta - u}{1 - u}$, 显然 $0 < t < 1$, 由条件 C_2, 经计算得到 $z_\beta = z_u + t\eta(x, z_u)$.

(a) 如果 $f(x) \leqslant f(z_u)$, 由 f 关于 η 的预拟不变凸性, 得到

$$f(z_\beta) = f(z_u + t\eta(x, z_u)) \leqslant \max\{f(x), f(z_u)\} = f(z_u),$$

这与不等式 (5.24) 相矛盾.

(b) 如果 $f(x) > f(z_u)$, 由 f 关于 η 的预拟不变凸性、不等式 $f(x) < f(y)$ 和式 (5.22) 得到

$$f(z_\beta) = f(z_u + t\eta(x, z_u)) \leqslant \max\{f(x), f(z_u)\}$$
$$= f(x) < \beta f(x) + (1-\beta)f(y) < f(z_\beta).$$

显然矛盾.

(ii) 任意取定 $x, y \in S$, 假设 $f(y) < f(x)$. 这时, 满足式 (5.22) 的 $\beta < 1$. 事实上, 若 $\beta = 1$, 则有 $f(y + \eta(x, y)) > f(x)$; 由 f 关于 η 的预拟不变凸性, 又有 $f(y + \eta(x, y)) \leqslant \max\{f(x), f(y)\} = f(x)$, 这两者相矛盾. 同 (i) 类似, 因 $\beta \in (0, 1)$ 和式 (5.22), 由集合 A 在区间 $[0, 1]$ 中的稠密性, 我们得到, $\exists u \in A$ 且 $u > \beta$, 使得

$$f(z_u) = f(y + u\eta(x, y)) \leqslant uf(x) + (1-u)f(y) < f(z_\beta). \qquad (5.25)$$

令 $t = \dfrac{u - \beta}{u}$, 显然有 $0 < t < 1$, 且由条件 C_1, 经计算得到 $z_\beta = z_u + t\eta(y, z_u)$.

(a) 如果 $f(y) \leqslant f(z_u)$, 由 f 关于 η 的预拟不变凸性, 得到

$$f(z_\beta) = f(z_u + t\eta(x, z_u)) \leqslant \max\{f(y), f(z_u)\} = f(z_u),$$

这与不等式 (5.25) 相矛盾.

(b) 如果 $f(y) > f(z_u)$, 由 f 关于 η 的预拟不变凸性、不等式 $f(y) < f(x)$ 和式 (5.22) 得到

$$f(z_\beta) = f(z_u + t\eta(y, z_u)) \leqslant \max\{f(y), f(z_u)\}$$
$$= f(y) < \beta f(x) + (1-\beta)f(y) < f(z_\beta),$$

显然矛盾. □

定理 5.2.8 (特征性质 2) 设 $S \subset \mathbb{R}^n$ 是关于 $\eta : \mathbb{R}^n \times \mathbb{R}^n \to \mathbb{R}^n$ 的不变凸集, η 满足条件 C. 则函数 f 在 S 上关于 η 是预不变凸函数当且仅当它在 S 上关于相同的 η 是半严格预拟不变凸函数, 且 $\exists \alpha \in (0, 1)$, 使得

$$f(y + \alpha \eta(x, y)) \leqslant \alpha f(x) + (1 - \alpha) f(y), \quad \forall x, y \in S. \tag{5.26}$$

证明 必要性是显然的, 需证充分性. 反证法: 假设 f 关于 η 不是预不变凸函数, 则 $\exists x, y \in S, \exists \beta \in (0, 1)$, 使得

$$f(y + \beta \eta(x, y)) > \beta f(x) + (1 - \beta) f(y). \tag{5.27}$$

下面分两种情形导出矛盾.

情形一 $f(x) = f(y)$.

(i) 假设 $0 < \alpha < \beta \leqslant 1$. 记 $u = \dfrac{\beta - \alpha}{1 - \alpha}$, $z_u = y + u\eta(x, y)$, $z_\beta = y + \beta\eta(x, y)$. 据此和条件 C, 有

$$z_u + \alpha\eta(x, z_u) = y + u\eta(x, y) + \alpha\eta(x, y + u\eta(x, y))$$
$$= y + (u + \alpha(1 - u))\eta(x, y) = y + \beta\eta(x, y) = z_\beta.$$

由上式、条件 (5.26)、式 (5.27) 和 $f(x) = f(y)$, 得到

$$f(z_\beta) = f(z_u + \alpha\eta(x, z_u)) \leqslant \alpha f(x) + (1 - \alpha) f(z_u) < f(z_u). \tag{5.28}$$

在第 2 个不等式中用到 $f(x) < f(z_u)$. 否则, 将导致与式 (5.27) 相矛盾. 此外, 记 $t = \dfrac{\beta - u}{\beta}$, 据此和条件 C, 有

$$z_\beta + t\eta(y, z_\beta) = y + \beta\eta(x, y) + t\eta(y, y + \beta\eta(x, y))$$
$$= y + (\beta - t\beta)\eta(x, y) = y + u\eta(x, y) = z_u.$$

因此, 由 f 关于 η 的半严格预拟不变凸性和 $f(y) < f(z_\beta)$, 得到

$$f(z_u) = f(z_\beta + t\eta(y, z_\beta)) < f(z_\beta),$$

这与不等式 (5.28) 相矛盾.

(ii) 假设 $0 < \beta < \alpha < 1$. 记 $u = \dfrac{\beta}{\alpha} > \beta$, $z_u = y + u\eta(x, y)$, $z_\beta = y + \beta\eta(x, y)$. 据此和条件 C 及定理 5.2.4, 有

$$y + \alpha\eta(z_u, y) = y + \alpha u\eta(x, y) = y + \beta\eta(x, y) = z_\beta.$$

由上式、条件 (5.26) 和式 (5.27), 得到

$$f(z_\beta) = f(y + \alpha\eta(z_u, y)) \leqslant \alpha f(z_u) + (1-\alpha)f(y) < f(z_u). \tag{5.29}$$

记 $t = \dfrac{u-\beta}{1-\beta}$, 据此和条件 C, 有

$$z_\beta + t\eta(x, z_\beta) = y + \beta\eta(x, y) + t\eta(x, y + \beta\eta(x, y))$$

$$= y + (\beta + t(1-\beta))\eta(x, y) = y + u\eta(x, y) = z_u.$$

因此, 由 f 关于 η 的半严格预拟不变凸性和 $f(x) < f(z_\beta)$, 得到

$$f(z_u) = f(z_\beta + t\eta(x, z_\beta)) < f(z_\beta),$$

这与不等式 (5.29) 相矛盾.

情形二 $f(x) \neq f(y)$.

由引理 5.2.3, 集合 A 在 $[0,1]$ 稠密, 故

$$\forall \lambda \in A, \quad f(y + \lambda\eta(x, y)) \leqslant \lambda f(x) + (1-\lambda)f(y).$$

仍分两种情形讨论.

(i) 假设 $f(x) < f(y)$. 则由式 (5.27) 和集合 A 在 $[0,1]$ 中的稠密性, $\exists u \in A$, $u < \beta$, 使得 $uf(x) + (1-u)f(y) < f(y + \beta\eta(x, y))$. 于是, 有

$$f(z_u) = f(y + u\eta(x, y)) \leqslant uf(x) + (1-u)f(y)$$

$$< f(y + \beta\eta(x, y)) = f(z_\beta). \tag{5.30}$$

记 $t = \dfrac{\beta - u}{1-u}$, 则 $0 < t < 1$. 据此和条件 C, 有

$$z_u + t\eta(x, z_u) = y + u\eta(x, y) + t\eta(x, y + u\eta(x, y))$$

$$= y + (u + t(1-u))\eta(x, y) = y + \beta\eta(x, y) = z_\beta.$$

(a) 如果 $f(x) < f(z_u)$, 则由 f 关于 η 的半严格预拟不变凸性得到

$$f(z_\beta) = f(z_u + t\eta(y, z_u)) \leqslant f(z_u),$$

这与不等式 (5.30) 相矛盾.

(b) 如果 $f(x) > f(z_u)$, 则由 f 关于 η 的半严格预拟不变凸性和 $f(x) < f(y)$, 有

$$f(z_\beta) = f(z_u + t\eta(x, z_u)) < f(x) < \beta f(x) + (1 - \beta)f(y) < f(z_\beta),$$

显然矛盾.

(c) 如果 $f(x) = f(z_u)$, 则由 $z_u + t\eta(x, z_u) = z_\beta$ 和式 (5.27) 有

$$
\begin{aligned}
f(z_u + t\eta(x, z_u)) &= f(z_\beta) = f(y + \beta\eta(x, y)) \\
&> \beta f(x) + (1 - \beta)f(y) = tf(x) + (1 - t)(uf(x) + (1 - u)f(y)) \\
&\geqslant tf(x) + (1 - t)f(z_u) = f(x) = f(z_u),
\end{aligned}
$$

据此, 可以使用类似于情形一中的方法导出矛盾.

(ii) 假设 $f(y) < f(x)$. 则由式 (5.27) 和集合 A 在 $[0, 1]$ 中的稠密性, $\exists u \in A, u > \beta$, 使得 $uf(x) + (1 - u)f(y) < f(\beta x + (1 - \beta)y)$. 于是, 有

$$
\begin{aligned}
f(z_u) = f(y + u\eta(x, y)) &\leqslant uf(x) + (1 - u)f(y) \\
&< f(\beta x + (1 - \beta)y) = f(z_\beta).
\end{aligned}
\tag{5.31}
$$

记 $t = \dfrac{u - \beta}{u}$, 则 $0 < t < 1$. 据此和条件 C, 有

$$
\begin{aligned}
z_u + t\eta(x, z_u) &= y + u\eta(x, y) + t\eta(y, y + u\eta(x, y)) \\
&= y + (u - tu)\eta(x, y) = y + \beta\eta(x, y) = z_\beta.
\end{aligned}
$$

(a) 如果 $f(x) < f(z_u)$, 则由 f 关于 η 的半严格预拟不变凸性得到

$$f(z_\beta) = f(z_u + t\eta(x, z_u)) < f(z_u),$$

这与不等式 (5.31) 相矛盾.

(b) 如果 $f(y) > f(z_u)$, 则由 f 关于 η 的半严格预拟不变凸性、不等式 $f(y) < f(x)$ 和不等式 (5.27), 有

$$f(z_\beta) = f(z_u + t\eta(y, z_u)) \leqslant f(y) < \beta f(x) + (1 - \beta)f(y) < f(z_\beta),$$

显然矛盾.

(c) 如果 $f(y) = f(z_u)$, 则由 $z_u + t\eta(y, z_u) = z_\beta$ 和不等式 (5.27) 有

$$
\begin{aligned}
f(z_u + t\eta(y, z_u)) &= f(z_\beta) = f(y + \beta\eta(x, y)) \\
&> \beta f(x) + (1 - \beta)f(y) = tf(y) + (1 - t)(uf(x) + (1 - u)f(y))
\end{aligned}
$$

$$\geqslant tf(y) + (1-t)f(y + u\eta(x,y))$$

$$= tf(y) + (1-t)f(z_u) = f(y) = f(z_u),$$

据此, 可以使用类似于情形一中的方法导出矛盾.　　　　　　　　　　　　□

定理 5.2.9 (特征性质 3)　设 $S \subset \mathbb{R}^n$ 是关于 $\eta : \mathbb{R}^n \times \mathbb{R}^n \to \mathbb{R}^n$ 的不变凸集, η 满足条件 C. 则函数 f 在 S 上关于 η 是预不变凸函数当且仅当它在 S 上关于相同 η 是局部半严格预拟不变凸函数, 且 $\exists \alpha \in (0,1)$,

$$f(y + \alpha\eta(x,y)) \leqslant \alpha f(x) + (1-\alpha)f(y), \quad \forall x, y \in S. \tag{5.32}$$

证明　必要性显然, 需证充分性. 反证法: 假设 f 不是预不变凸函数, 则 $\exists x, y \in S, \exists \beta \in (0,1)$, 使得

$$f(y + \beta\eta(x,y)) > \beta f(x) + (1-\beta)f(y). \tag{5.33}$$

不失一般性, 假设 $f(y) \leqslant f(x)$. 由引理 5.2.3 和式 (5.33) 知, $\exists \delta_1 \in A, \delta_1 > \beta$, 使得 $uf(x) + (1-u)f(y) < f(y + \beta\eta(x,y))$, $\forall u \in (\beta, \delta_1]$. 据此得到

$$f(y + u\eta(x,y)) \leqslant uf(x) + (1-u)f(y)$$

$$< f(y + \beta\eta(x,y)), \quad \forall u \in (\beta, \delta_1] \cap A. \tag{5.34}$$

此外, 由 $f(y) \leqslant f(x)$ 和式 (5.33), 有 $f(y + \beta\eta(x,y)) > f(y)$. 由 f 关于 η 的局部半严格预拟不变凸性, $\exists \delta_2 \in (0, \beta)$, 使得

$$f(y + \lambda\eta(x,y)) < f(y + \beta\eta(x,y)), \quad \forall \lambda \in (\delta_2, \beta). \tag{5.35}$$

显然还有 $\exists \bar{u} \in (\beta, \delta_1] \cap A$ 和 $\bar{\lambda} \in (\delta_2, \beta)$, 使得 $\beta = \alpha\bar{u} + (1-\alpha)\bar{\lambda}$. 据此和条件 C 及定理 5.2.4, 有

$$y + \bar{\lambda}\eta(x,y) + \alpha\eta(y + \bar{u}\eta(x,y), y + \bar{\lambda}\eta(x,y))$$

$$= y + (\alpha\bar{u} + (1-\alpha)\bar{\lambda})\eta(x,y) = y + \beta\eta(x,y).$$

由条件 (5.32)、式 (5.34)、式 (5.35) 和上面的等式, 得到

$$f(y + \beta\eta(x,y))$$

$$= f(y + \bar{\lambda}\eta(x,y) + \alpha\eta(y + \bar{u}\eta(x,y), y + \bar{\lambda}\eta(x,y)))$$

$$\leqslant (1-\alpha)f(y + \bar{\lambda}\eta(x,y)) + \alpha f(y + \bar{u}\eta(x,y)) < f(y + \beta\eta(x,y)).$$

显然矛盾. □

引理 5.2.5 设 $S \subset \mathbb{R}^n$ 是关于 $\eta : \mathbb{R}^n \times \mathbb{R}^n \to \mathbb{R}^n$ 的不变凸集, η 满足条件 C. 如果函数 f 在 S 上关于 η 是局部预拟不变凸函数, 且 $\exists \alpha \in (0, 1)$,

$$f(y + \alpha\eta(x, y)) \leqslant \alpha f(x) + (1 - \alpha) f(y), \quad \forall x, y \in S,$$

则 f 在 S 上关于相同 η 是预拟不变凸函数.

证明 反证法. f 关于 η 不是预拟不变凸函数, 即 $\exists x, y \in S, x \neq y, \exists \beta \in (0, 1)$, 使得 $f(y + \beta\eta(x, y)) > \max\{f(x), f(y)\}$. 不失一般性, 假设 $f(x) \leqslant f(y)$. 则有

$$f(y + \beta\eta(x, y)) > f(y) \geqslant f(x). \tag{5.36}$$

由式 (5.36) 和 f 关于 η 的局部预拟不变凸性知, $\exists \delta \in (\beta, 1)$, 使得

$$f(y + \lambda\eta(x, y)) \leqslant f(y + \beta\eta(x, y)), \quad \forall \lambda \in (\delta, \beta). \tag{5.37}$$

适当选取 $u \in (\delta, \beta)$, 满足 $t = \dfrac{u - \beta}{u} \in A$(这里的集合 A 由引理 5.2.3 定义). 则由条件 C 有 $z_u + t\eta(y, z_u) = y + u\eta(x, y) + t\eta(y, y + u\eta(x, y)) = y + \beta\eta(x, y)$. 因 $t \in A$, 由式 (5.36)、式 (5.37) 和引理 5.2.3 推出

$$f(y + \beta\eta(x, y)) = f(z_u + t\eta(y, z_u)) \leqslant (1 - t)f(z_u) + tf(y) < f(y + \beta\eta(x, y)),$$

显然矛盾. □

由引理 5.2.5 和定理 5.2.7, 立刻得到下面的定理.

定理 5.2.10(特征性质 4) 设 $S \subset \mathbb{R}^n$ 是关于 $\eta : \mathbb{R}^n \times \mathbb{R}^n \to \mathbb{R}^n$ 的不变凸集, η 满足条件 C. 则函数 f 在 S 上关于 η 是预不变凸函数当且仅当它在 S 上关于相同 η 是局部预拟不变凸函数, 且 $\exists \alpha \in (0, 1)$,

$$f(y + \alpha\eta(x, y)) \leqslant \alpha f(x) + (1 - \alpha) f(y), \quad \forall x, y \in S.$$

5.3 半严格预不变凸函数

5.3.1 基本概念

Yang 和 Li 在文献 [55] 提出了半严格预不变凸函数的概念, 文献 [24] 和文献 [51] 等对此进行了深入研究. 在本节介绍这种广义不变凸性及其相关结果.

定义 5.3.1 设 $S \subset \mathbb{R}^n$ 关于 $\eta : \mathbb{R}^n \times \mathbb{R}^n \to \mathbb{R}^n$ 是不变凸集. 称 $f : S \to \mathbb{R}$ 关于 η 是半严格预不变凸函数, 如果 $\forall x, y \in S, f(x) \neq f(y)$,

$$f(y + \lambda\eta(x, y)) < \lambda f(x) + (1 - \lambda)f(y), \quad \forall \lambda \in (0, 1).$$

定义 5.3.2 设 $S \subset \mathbb{R}^n$ 关于 $\eta : \mathbb{R}^n \times \mathbb{R}^n \to \mathbb{R}^n$ 是不变凸集. 称 $f : S \to \mathbb{R}$ 关于 η 是严格预不变凸函数, 如果 $\forall x, y \in S, x \neq y$,

$$f(y + \lambda\eta(x, y)) < \lambda f(x) + (1 - \lambda)f(y), \quad \forall \lambda \in (0, 1).$$

定义 5.3.3 称集合 $S \subset \mathbb{R}^n \times \mathbb{R}$ 是 G-不变凸集, 如果

$$\exists \eta : \mathbb{R}^n \times \mathbb{R}^n \to \mathbb{R}^n, \quad \forall (x, \alpha), (y, \beta) \in S,$$

$$(y + \lambda\eta(x, y), \lambda\alpha + (1 - \lambda)\beta) \in S, \quad \forall \lambda \in [0, 1].$$

我们指出, 半严格预不变凸函数不必是预不变凸函数. 下面的例 5.3.1 即可佐证这一论断.

例 5.3.1 考虑函数

$$f(x) = \begin{cases} 1, & x = 0, \\ 0, & x \neq 0, x \in [-6, -2] \cup [-1, 6] \end{cases}$$

和

$$\eta(x, y) = \begin{cases} x - y, & -1 \leqslant x \leqslant 6, -1 \leqslant y \leqslant 6, \\ x - y, & -6 \leqslant x \leqslant -2, -6 \leqslant y \leqslant -2, \\ -7 - y, & -1 \leqslant x \leqslant 6, -6 \leqslant y \leqslant -2, \\ -y, & -6 \leqslant x \leqslant -2, -1 \leqslant y \leqslant 6, y \neq 0, \\ \dfrac{x}{6}, & -6 \leqslant x \leqslant -2, y = 0. \end{cases}$$

容易验证 f 关于 η 是半严格预不变凸函数. 然而, 它对于相同 η 不是预不变凸函数. 事实上, 取 $x = -1, y = 1, \lambda = \dfrac{1}{2}$. 因

$$f(y + \lambda\eta(x, y)) = f(0) = 1 > 0 = \frac{1}{2}f(x) + \frac{1}{2}f(y),$$

故 f 对于相同 η 不是预不变凸函数.

5.3.2 半严格预不变凸函数的性质

下面的定理表明, 半严格预不变凸函数具有局部–全局性质.

定理 5.3.1 设 $S \subset \mathbb{R}^n$ 关于 $\eta : \mathbb{R}^n \times \mathbb{R}^n \to \mathbb{R}^n$ 是不变凸集, 设 $f : S \to \mathbb{R}$ 关于 η 是半严格预不变凸函数. 如果 $\bar{x} \in S$ 是 f 的局部极小点, 则 $\bar{x}$ 是 f 的全局极小点.

证明 由条件知, 存在 $\bar{x}$ 的邻域 $B_\varepsilon(\bar{x})$, 使得

$$f(\bar{x}) \leqslant f(x), \quad \forall x \in S \cap B_\varepsilon(\bar{x}). \tag{5.38}$$

如果 $\bar{x}$ 不是 f 的全局极小点, 则 $\exists x^* \in S$, 使得 $f(x^*) < f(\bar{x})$. 由 f 关于 η 的半严格预不变凸性有

$$f(\bar{x} + \lambda\eta(x^*, \bar{x})) < \lambda f(x^*) + (1-\lambda)f(\bar{x}) < f(\bar{x}), \quad \forall\lambda \in (0,1).$$

对于充分小的 $\lambda > 0$, 有 $\bar{x} + \lambda\eta(x^*, \bar{x}) \in S \cap B_\varepsilon(\bar{x})$, 这与 (5.38) 相矛盾. □

根据例 5.3.1 和定理 5.3.1, 我们可以说: 在数学规划中, 半严格预不变凸函数是广义凸函数的一个重要的子类. 下面是关于复合函数的定理.

定理 5.3.2 设 $S \subset \mathbb{R}^n$ 关于 $\eta : \mathbb{R}^n \times \mathbb{R}^n \to \mathbb{R}^n$ 是不变凸集. 设 $f : S \to \mathbb{R}$ 关于 η 是半严格预不变凸函数, 又设 $g : A \to \mathbb{R}$ 是严格单调增的凸函数, 且 $f(S) \subset A$. 则复合函数 $g \circ f$ 在 S 上关于相同 η 是半严格预不变凸函数.

证明 $\forall x, y \in S, (g \circ f)(x) \neq (g \circ f)(y), \forall\lambda \in (0,1)$, 由 g 的严格单调性, 有 $f(x) \neq f(y)$. 因 f 关于 η 是半严格预不变凸函数, 我们有

$$f(y + \lambda\eta(x, y)) < \lambda f(x) + (1-\lambda)f(y).$$

由 g 的凸性和严格单调性, 我们得到

$$g(f(y + \lambda\eta(x, y))) < g(\lambda f(x) + (1-\lambda)f(y))$$
$$\leqslant \lambda g(f(x)) + (1-\lambda)g(f(y)).$$

因此, $g \circ f$ 在 S 上关于相同 η 是半严格预不变凸函数. □

类似地, 我们可以证明下面两个结果.

定理 5.3.3 设 $S \subset \mathbb{R}^n$ 关于 $\eta : \mathbb{R}^n \times \mathbb{R}^n \to \mathbb{R}^n$ 是不变凸集. 设 $f : S \to \mathbb{R}$ 关于 η 是半严格预不变凸函数, 又设 $g : A \to \mathbb{R}$ 是单调增严格凸函数, 且 $f(S) \subset A$. 则复合函数 $g \circ f$ 在 S 上关于相同 η 是半严格预不变凸函数.

定理 5.3.4 设 $S \subset \mathbb{R}^n$ 关于 $\eta : \mathbb{R}^n \times \mathbb{R}^n \to \mathbb{R}^n$ 是不变凸集. 设 $f_i : S \to \mathbb{R}, i = 1, \cdots, p$ 关于相同的 η 同是预不变凸和半严格预不变凸函数. 则

$$f = \sum_{i=1}^{p} \lambda_i f_i, \quad \forall\lambda_i > 0, \quad i = 1, \cdots, p,$$

在 S 上关于相同的 η 同是预不变凸和半严格预不变凸函数.

我们知道, 函数 f 的凸性可以用它的上图 $\mathrm{epi}f$ 来刻画. 下面的定理表明, 函数 f 的预不变凸性也可以用它的上图 $\mathrm{epi}f$ 来刻画.

定理 5.3.5　设 $S \subset \mathbb{R}^n$ 关于 $\eta : \mathbb{R}^n \times \mathbb{R}^n \to \mathbb{R}^n$ 是不变凸集. 则 $f : S \to \mathbb{R}$ 关于 η 是预不变凸函数当且仅当 $\mathrm{epi} f$ 是 $\mathbb{R}^n \times \mathbb{R}$ 中的 G-不变凸集.

证明　假设 f 在 S 上关于 η 是预不变凸函数. 设 $(x, \alpha), (y, \beta) \in \mathrm{epi} f$, 则有 $f(x) \leqslant \alpha, f(y) \leqslant \beta$. 因 f 在 S 上关于 η 是预不变凸函数, 故 $\forall \lambda \in [0,1]$ 有

$$f(y + \lambda \eta(x,y)) \leqslant \lambda f(x) + (1 - \lambda) f(y) \leqslant \lambda \alpha + (1 - \lambda) \beta.$$

因此,

$$(y + \lambda \eta(x,y), \lambda \alpha + (1 - \lambda) \beta) \in \mathrm{epi} f, \quad \forall \lambda \in [0,1].$$

由定义 5.3.3, $\mathrm{epi} f$ 是 G-不变凸集.

相反, 假设 $\mathrm{epi} f$ 是 G-不变凸集. 任取 $x, y \in S$, $\lambda \in [0,1]$, 则有 $(x, f(x)) \in \mathrm{epi} f$, $(y, f(y)) \in \mathrm{epi} f$ 和

$$(y + \lambda \eta(x,y), \lambda f(x) + (1 - \lambda) f(y)) \in \mathrm{epi} f.$$

这蕴涵

$$f(y + \lambda \eta(x,y)) \leqslant \lambda f(x) + (1 - \lambda) f(y).$$

从而 f 在 S 上关于 η 是预不变凸函数.　　　　　　　　　　　　　　□

定理 5.3.6　设 $\{S_i\}_{i \in I}$ 是 $\mathbb{R}^n \times \mathbb{R}$ 中关于相同 $\eta : \mathbb{R}^n \times \mathbb{R}^n \to \mathbb{R}^n$ 的 G-不变凸集族, 则它们的交集 $S = \bigcap_{i \in I} S_i$ 是 G-不变凸集.

证明　设 $(x, \alpha), (y, \beta) \in S$. 则 $\forall i \in I, (x, \alpha), (y, \beta) \in S_i$. 因 $\forall i \in I, S_i$ 是 G-不变凸集, 故

$$(y + \lambda \eta(x,y), \lambda \alpha + (1 - \lambda) \beta) \in S_i, \quad \forall \lambda \in [0,1].$$

于是有

$$(y + \lambda \eta(x,y), \lambda \alpha + (1 - \lambda) \beta) \in \bigcap_{i \in I} S_i = S, \quad \forall \lambda \in [0,1].$$

这表明 $S = \bigcap_{i \in I} S_i$ 是 G-不变凸集.　　　　　　　　　　　　　□

定理 5.3.7　设 $S \subset \mathbb{R}^n$ 是关于 $\eta : \mathbb{R}^n \times \mathbb{R}^n \to \mathbb{R}^n$ 的不变凸集, $\{f_i\}_{i \in I}$ 是关于相同 η 的预不变凸函数, 且在 S 上有上界. 则函数 $f(x) = \sup_{i \in I} f_i(x)$ 在 S 上关于相同 η 是预不变凸函数.

证明　由 $\{f_i\}_{i \in I}$ 在 S 有上界知, $f(x) < +\infty, \forall x \in S$. 因为每个 f_i 在 S 上关于相同 η 是预不变凸函数, 故它们的上图

$$\mathrm{epi} f_i = \{(x, \alpha) \in S \times \mathbb{R} : f_i(x) \leqslant \alpha\}$$

是 $\mathbb{R}^n \times \mathbb{R}$ 中的 G-不变凸集. 由定理 5.3.6, 它们的交集

$$\bigcap_{i \in I} \text{epi} f_i = \{(x, \alpha) \in S \times \mathbb{R} : f_i(x) \leqslant \alpha, \forall i \in I\}$$

$$= \{(x, \alpha) \in S \times \mathbb{R} : f(x) \leqslant \alpha\} = \text{epi} f$$

也是 $\mathbb{R}^n \times \mathbb{R}$ 中的 G-不变凸集. 再由定理 5.3.5, f 在 S 上关于 η 是预不变凸函数. □

下面的例子表明, 半严格预不变凸函数没有类似的性质.

例 5.3.2 考虑函数

$$f_1(x) = \begin{cases} 1, & x = 0, \\ 0, & x \neq 0, x \in [-6, -2] \cup [-1, 6], \end{cases}$$

$$f_2(x) = \begin{cases} 1, & x = 1, \\ 0, & x \neq 1, x \in [-6, -2] \cup [-1, 6], \end{cases}$$

$\eta(x, y)$ 与例 5.3.1 相同. 显然, f_1 和 f_2 在 $[-6, -2] \cup [-1, 6]$ 上关于相同 η 是半严格预不变凸函数. 可以验证

$$f(x) = \sup\{f_i(x), \ 1 \leqslant i \leqslant 2\}$$

$$= \begin{cases} 1, & x = 0, 1, \\ 0, & x \neq 0 \text{ 且 } x \neq 1, x \in [-6, -2] \cup [-1, 6]. \end{cases}$$

取 $x = -1, y = 1, \lambda = \dfrac{1}{2}$, 有

$$f(x) = f(-1) = 0 < 1 = f(1) = f(y).$$

但是

$$f(y + \lambda \eta(x, y)) = f(0) = 1 > \frac{1}{2} = \frac{1}{2}f(-1) + \frac{1}{2}f(1) = \lambda f(x) + (1 - \lambda)f(y).$$

于是, f 在 $[-6, -2] \cup [-1, 6]$ 上关于相同 η 不是半严格预不变凸函数.

尽管如此, 我们有如下结果.

定理 5.3.8 设 $S \subset \mathbb{R}^n$ 关于 $\eta : \mathbb{R}^n \times \mathbb{R}^n \to \mathbb{R}^n$ 是不变凸集, 又设 $\forall i \in I, f_i : S \to \mathrm{R}$ 在 S 上关于相同 η 同时是半严格预不变凸和预不变凸函数. 假设 $\forall x \in S, \exists i(x) \in I$, 使得 $f_{i(x)}(x) = \sup\limits_{i \in I} f_i(x)$. 定义 $f(x) = \sup\limits_{i \in I} f_i(x), \forall x \in S$. 则 f 在 S 上关于相同 η 同时是半严格预不变凸和预不变凸函数.

证明　由定理 5.3.7 知 f 在 S 上关于 η 是预不变凸函数, 只需再证它关于相同 η 还是半严格预不变凸函数. 若其不然, 则 $\exists x, y \in S, f(x) \neq f(y), \exists \alpha \in (0,1)$,

$$f(y + \alpha\eta(x,y)) \geqslant \alpha f(x) + (1-\alpha)f(y).$$

由 f 关于 η 的预不变凸性, 又有

$$f(y + \alpha\eta(x,y)) \leqslant \alpha f(x) + (1-\alpha)f(y).$$

于是

$$f(y + \alpha\eta(x,y)) = \alpha f(x) + (1-\alpha)f(y). \tag{5.39}$$

记 $z = y + \alpha\eta(x,y)$. 由假设条件, $\exists i(z), i(x), i(y) \in I$, 使得

$$f(z) = f_{i(z)}(z), \quad f(x) = f_{i(x)}(x), \quad f(y) = f_{i(y)}(y).$$

则式 (5.39) 变成

$$f_{i(z)}(z) = \alpha f_{i(x)}(x) + (1-\alpha)f_{i(y)}(y). \tag{5.40}$$

(i) 如果 $f_{i(z)}(x) \neq f_{i(z)}(y)$, 由 $f_{i(z)}$ 关于 η 的半严格预不变凸性, 有

$$f_{i(z)}(z) < \alpha f_{i(z)}(x) + (1-\alpha)f_{i(z)}(y).$$

由 $f_{i(z)}(x) \leqslant \sup\limits_{i \in I} f_i(x) = f_{i(x)}(x), f_{i(z)}(y) \leqslant f_{i(y)}(y)$ 和上式, 我们得到

$$f_{i(z)}(z) < \alpha f_{i(x)}(x) + (1-\alpha)f_{i(y)}(y).$$

这与式 (5.40) 相矛盾.

(ii) 如果 $f_{i(z)}(x) = f_{i(z)}(y)$, 由 $f_{i(z)}$ 关于 η 的预不变凸性, 有

$$f_{i(z)}(z) \leqslant \alpha f_{i(z)}(x) + (1-\alpha)f_{i(z)}(y) = f_{i(z)}(x) = f_{i(z)}(y). \tag{5.41}$$

因 $f(x) \neq f(y)$, 由式 (5.41) 知, 不等式 $f_{i(z)}(x) \leqslant f_{i(x)}(x) = f(x)$ 和 $f_{i(z)}(y) \leqslant f_{i(y)}(y) = f(y)$ 至少有一个是严格不等式. 由式 (5.41), 得到

$$f(z) = f_{i(z)}(z) < \alpha f_{i(x)}(x) + (1-\alpha)f_{i(y)}(y),$$

这与式 (5.40) 相矛盾.　　　　　　　　　　　　　　　　　　　　　　　　　□

5.3.3 预不变凸性与半严格预不变凸性间的关系

对于预不变凸性与半严格预不变凸性间的关系, 我们有如下几个结果.

定理 5.3.9 设 $S \subset \mathbb{R}^n$ 关于 $\eta : \mathbb{R}^n \times \mathbb{R}^n \to \mathbb{R}^n$ 是不变凸集, 且 η 满足条件 C. 又设 $f : S \to \mathbb{R}$ 在 S 上关于 η 是半严格预不变凸函数且满足条件 D. 如果

$$\exists \alpha \in (0,1), \quad \forall x, y \in S,$$

$$f(y + \alpha \eta(x,y)) \leqslant \alpha f(x) + (1-\alpha) f(y), \tag{5.42}$$

则 f 在 S 上关于相同 η 是预不变凸函数.

证明 反证法. 假设 f 关于 η 不是预不变凸函数, 则 $\exists x, y \in S, \exists \lambda \in [0,1]$,

$$f(y + \lambda \eta(x,y)) > \lambda f(x) + (1-\lambda) f(y). \tag{5.43}$$

显然这里的 $\lambda \neq 0$ 且 $\lambda \neq 1$; 由式 (5.42) 和式 (5.43), 还有 $\lambda \neq \alpha$. 记 $z = y + \lambda \eta(x,y)$.

如果 $f(x) \neq f(y)$, 因 f 关于 η 是半严格预不变凸函数, 故

$$f(z) < \lambda f(x) + (1-\lambda) f(y),$$

这与式 (5.43) 矛盾, 因此, $f(x) = f(y)$. 再次使用式 (5.43) 得到

$$f(z) > f(x) = f(y). \tag{5.44}$$

归纳地定义序列 $z_1 = z + (1-\alpha)\eta(x,z), z_k = z_{k-1} + \alpha \eta(z, z_{k-1}), \forall k \geqslant 2$. 由 f 关于 η 的半严格预不变凸性和 $f(x) < f(z)$, 有

$$f(z_1) = f(z + (1-\alpha)\eta(x,z)) < (1-\alpha)f(x) + \alpha f(z) < f(z),$$

$$\cdots \cdots$$

$$f(z_k) = f(z_{k-1} + \alpha \eta(z, z_{k-1})) < \alpha f(z) + (1-\alpha) f(z_{k-1}) < f(z), \quad \forall k \geqslant 2.$$

由条件 C, 有

$$z_k = z + (1-\alpha)^k \eta(x,z) = y + (\lambda + (1-\alpha)^k (1-\lambda))\eta(x,y).$$

适当选取 $k_1 \in \mathbb{N}$, 满足 $\dfrac{(1-\alpha)^{k_1}}{\alpha} < \dfrac{\lambda}{1-\lambda}$. 令

$$\bar{\beta}_1 = \lambda + (1-\alpha)^{k_1}(1-\lambda),$$

$$\bar{\beta}_2 = \lambda - \frac{(1-\lambda)(1-\alpha)^{k_1+1}}{\alpha},$$

$$\bar{x} = y + \bar{\beta}_1\eta(x,y),$$

$$\bar{y} = y + \bar{\beta}_2\eta(x,y).$$

不难验证 $0 < \bar{\beta}_2 < \lambda < \bar{\beta}_1 < 1$. 依然由条件 C, 又有

$$z + (1-\alpha)^{k_1}\eta(x,z) = y + \bar{\beta}_1\eta(x,y) = \bar{x}.$$

由上面的结果, 有

$$f(\bar{x}) = f(z + (1-\alpha)^{k_1}\eta(x,z)) = f(z_{k_1}) < f(z). \tag{5.45}$$

再次使用条件 C, 得到

$$\bar{x} + \alpha\eta(\bar{y},\bar{x}) = y + (\bar{\beta}_1 - \alpha(\bar{\beta}_1 - \bar{\beta}_2))\eta(x,y) = y + \lambda\eta(x,y) = z. \tag{5.46}$$

下面分两种情况导出矛盾.

情形一　$f(\bar{x}) = f(\bar{y})$. 由条件 (5.42) 和等式 (5.46) 得到

$$f(z) \leqslant \alpha f(\bar{y}) + (1-\alpha)f(\bar{x}) = f(\bar{x}),$$

这与式 (5.45) 相矛盾.

情形二　$f(\bar{x}) \neq f(\bar{y})$. 由 f 关于 η 的半严格预不变凸性和等式 (5.46) 推知

$$f(z) < \alpha f(\bar{y}) + (1-\alpha)f(\bar{x}),$$

据此和不等式 (5.45) 导致

$$f(z) < f(\bar{y}). \tag{5.47}$$

由条件 C, 我们有

$$y + \frac{\bar{\beta}_2}{\lambda}\eta(z,y) = y + \bar{\beta}_2\eta(x,y) = \bar{y}.$$

注意到 $0 < \dfrac{\bar{\beta}_2}{\lambda} < 1$, 由 f 关于 η 的半严格预不变凸性和式 (5.44), 得到

$$f(\bar{y}) < \frac{\bar{\beta}_2}{\lambda}f(z) + \left(1 - \frac{\bar{\beta}_2}{\lambda}\right)f(y) < f(z),$$

这与式 (5.47) 相矛盾. □

定理 5.3.10 设 $S \subset \mathbb{R}^n$ 关于 $\eta : \mathbb{R}^n \times \mathbb{R}^n \to \mathbb{R}^n$ 是不变凸集, 且 η 满足条件 C. 又设 $f : S \to \mathbb{R}$ 关于 η 是预不变凸函数. 如果

$$\exists \alpha \in (0,1), \quad \forall x, y \in S, \quad f(x) \neq f(y),$$

$$f(y + \alpha \eta(x,y)) < \alpha f(x) + (1 - \alpha) f(y), \tag{5.48}$$

则 f 在 S 上是关于相同的 η 半严格预不变凸函数.

证明 反证法. 假设 f 关于 η 不是半严格预不变凸函数, 则 $\exists x, y \in S, f(x) \neq f(y), \exists \lambda \in (0,1)$, 且

$$f(y + \lambda \eta(x,y)) \geqslant \lambda f(x) + (1 - \lambda) f(y). \tag{5.49}$$

令 $z = y + \lambda \eta(x,y)$. 我们分两种情形导出矛盾.

情形一 $f(x) > f(y)$. 不等式 (5.49) 蕴涵

$$f(z) \geqslant \lambda f(x) + (1 - \lambda) f(y) > f(y). \tag{5.50}$$

由 f 关于 η 的预不变凸性, 我们有

$$f(z) \leqslant \lambda f(x) + (1 - \lambda) f(y).$$

据此和式 (5.50) 推出

$$f(y) < f(z) = \lambda f(x) + (1 - \lambda) f(y). \tag{5.51}$$

归纳地定义如下序列:

$$z_1 = y + \alpha \eta(z, y), \quad z_2 = z_1 + \alpha \eta(z, z_1),$$

$$\cdots\cdots$$

$$z_k = z_{k-1} + \alpha \eta(z, z_{k-1}), \quad \forall k \geqslant 2.$$

由条件 (5.48), $f(y) < f(z)$ 蕴涵

$$f(z_1) = f(y + \alpha \eta(z, y)) < \alpha f(z) + (1 - \alpha) f(y) < f(z),$$

$$f(z_2) = f(z_1 + \alpha \eta(z, z_1)) < \alpha f(z) + (1 - \alpha) f(z_1) < f(z),$$

$$\cdots\cdots$$

$$f(z_k) = f(z_{k-1} + \alpha \eta(z, z_{k-1})) < \alpha f(z) + (1 - \alpha) f(z_{k-1}) < f(z), \quad \forall k \in \mathbb{N}. \tag{5.52}$$

由条件 C, 我们有

$$z_k = y + \left(\alpha \sum_{i=0}^{k-1} (1-\alpha)^i \right) \eta(z, y) = y + \lambda(1 - (1-\alpha)^k)\eta(x, y).$$

因 $0 < \alpha < 1$, 上式表明: $z_k \to y + \lambda\eta(x, y) = z$ $(k \to +\infty)$. 适当选取 $k_1 \in \mathbb{N}$, 满足 $\alpha(1-\alpha)^{k_1-1} < \dfrac{1-\lambda}{\lambda}$. 记

$$\beta_1 = \lambda(1 - (1-\alpha)^{k_1}), \quad \beta_2 = \lambda(1 + \alpha(1-\alpha)^{k_1-1}),$$

$$\hat{x} = y + \beta_1\eta(x, y), \quad \hat{y} = y + \beta_2\eta(x, y).$$

不难验证 $0 < \beta_1 < \lambda < \beta_2 < 1$. 由条件 C, 我们又有

$$y + \left(\alpha \sum_{i=0}^{k_1-1} (1-\alpha)^i \right) \eta(z, y) = y + \beta_1\eta(x, y) = \hat{x}.$$

据此和式 (5.52) 推出

$$f(\hat{x}) = f(z_{k_1}) < f(z). \tag{5.53}$$

由条件 C, 还有

$$\hat{y} + \alpha\eta(\hat{x}, \hat{y}) = y + (\beta_2 - \alpha(\beta_2 - \beta_1))\eta(x, y) = y + \lambda\eta(x, y) = z. \tag{5.54}$$

针对 f 在点 $\hat{x}, \hat{y}$ 的取值, 下面分两种情况展开进一步的推导. 若 $f(\hat{x}) \geqslant f(\hat{y})$, 由 f 关于 η 的预不变凸性和等式 (5.54) 得到 $f(z) \leqslant \alpha f(\hat{x}) + (1-\alpha)f(\hat{y}) \leqslant f(\hat{x})$, 这与不等式 (5.53) 相矛盾.

若 $f(\hat{x}) < f(\hat{y})$, 由等式 (5.54) 和条件 (5.48) 得到

$$f(z) < \alpha f(\hat{x}) + (1-\alpha)f(\hat{y}).$$

注意到 $\hat{x}, \hat{y}$ 的表达式和 f 的预不变凸性, 我们有

$$f(\hat{x}) \leqslant \beta_1 f(x) + (1-\beta_1)f(y),$$

$$f(\hat{y}) \leqslant \beta_2 f(x) + (1-\beta_2)f(y).$$

将这两个等式分别乘以 α 和 $1-\alpha$ 后相加, 并注意到 $\alpha\beta_1 + (1-\alpha)\beta_2 = \lambda$, 我们可以得到 $f(z) < \lambda f(x) + (1-\lambda)f(y)$, 这与不等式 (5.51) 相矛盾.

情形二　$f(x) < f(y)$. 类似地, 我们有

$$f(x) < f(z) = \lambda f(x) + (1-\lambda)f(y). \tag{5.55}$$

定义序列

$$z_1 = z + (1 - \alpha)\eta(x, z),$$

$$\cdots\cdots$$

$$z_k = z_{k-1} + \alpha\eta(z, z_{k-1}), \quad \forall k \geqslant 2.$$

由 f 关于 η 的预不变凸性, $f(x) < f(z)$ 蕴涵

$$f(z_1) = f(z + (1 - \alpha)\eta(x, z)) \leqslant (1 - \alpha)f(x) + \alpha f(z) < f(z),$$

$$\cdots\cdots$$

$$f(z_k) = f(z_{k-1} + \alpha\eta(z, z_{k-1})) \leqslant \alpha f(z) + (1 - \alpha)f(z_{k-1}) < f(z), \quad \forall k \geqslant 2.$$
$$\tag{5.56}$$

由条件 C, 我们有

$$z_k = z + (1 - \alpha)^k\eta(x, z) = y + (\lambda + (1 - \alpha)^k(1 - \lambda))\eta(x, y).$$

适当选取 $k_1 \in \mathbb{N}$, 满足 $\dfrac{(1 - \alpha)^{k_1}}{\alpha} < \dfrac{\lambda}{1 - \lambda}$. 记

$$\bar{\beta}_1 = \lambda + (1 - \alpha)^{k_1}(1 - \lambda),$$

$$\bar{\beta}_2 = \lambda - \frac{(1 - \lambda)(1 - \alpha)^{k_1+1}}{\alpha},$$

$$\bar{x} = y + \bar{\beta}_1\eta(x, y),$$

$$\bar{y} = y + \bar{\beta}_2\eta(x, y).$$

不难验证 $0 < \bar{\beta}_2 < \lambda < \bar{\beta}_1 < 1$. 由条件 C, 我们有

$$z + (1 - \alpha)^{k_1}\eta(x, z) = y + \bar{\beta}_1\eta(x, y) = \bar{x}.$$

据此和式 (5.56) 推出

$$f(\bar{x}) = f(z_{k_1}) < f(z).\tag{5.57}$$

再次使用条件 C, 我们导出

$$\bar{x} + \alpha\eta(\bar{y}, \bar{x}) = y + (\bar{\beta}_1 - \alpha(\bar{\beta}_1 - \bar{\beta}_2))\eta(x, y) = y + \lambda\eta(x, y) = z.\tag{5.58}$$

针对 f 在点 $\bar{x}, \bar{y}$ 的取值, 依然分两种情况展开进一步的推导. 若 $f(\bar{x}) \geqslant f(\bar{y})$, 由 f 关于 η 的预不变凸性和等式 (5.58) 可以导出与不等式 (5.7) 相矛盾的结果;

若 $f(\bar{x}) < f(\bar{y})$, 由式 (5.58) 和条件 (5.48), 类似于情形一的对应部分, 可以推出与不等式 (5.55) 相矛盾的结果. □

注 5.3.1 (i) 类似于定理 5.3.10, 预拟不变凸函数成为半严格预拟不变凸函数的条件, 我们有如下的结果:

设 $S \subset \mathbb{R}^n$ 关于 $\eta: \mathbb{R}^n \times \mathbb{R}^n \to \mathbb{R}^n$ 是不变凸集, 且 η 满足条件 C. 又设 $f: S \to \mathbb{R}$ 关于 η 是预拟不变凸函数且满足条件 D, 如果

$$\exists \alpha \in (0,1), \quad \forall x, u \in S, \quad f(x) \neq f(u),$$

$$f(u + \alpha\eta(x,u)) < \max\{f(x), f(u)\},$$

则 f 在 S 上关于相同 η 是半严格预拟不变凸函数.

(ii) 在文献 [55] 中, Yang 和 Li 给出了预不变凸函数为严格预不变凸函数的一个充分条件 (请对比定理 5.3.10), 这里引述该结果:

设 $S \subset \mathbb{R}^n$ 关于 $\eta: \mathbb{R}^n \times \mathbb{R}^n \to \mathbb{R}^n$ 是不变凸集, $f: S \to \mathbb{R}$ 关于 η 是预不变凸函数, 如果

$$\exists \alpha \in (0,1), \quad \forall x, y \in S, \quad f(x) \neq f(y),$$

$$f(y + \alpha\eta(x,y)) < \alpha f(x) + (1-\alpha)f(y),$$

则 f 在 S 上关于相同 η 是严格预不变凸函数.

5.3.4 下半连续性与半严格预不变凸性

本节我们给出函数 f 下半连续时与半严格预不变凸性相关的几个结果.

定理 5.3.11 设 $S \subset \mathbb{R}^n$ 关于 $\eta: \mathbb{R}^n \times \mathbb{R}^n \to \mathbb{R}^n$ 是不变凸集, 且 η 满足条件 C. 又设 $f: S \to \mathbb{R}$ 在 S 上关于 η 是半严格预不变凸函数, 且满足条件 D, 如果 f 是下半连续函数, 则 f 在 S 上关于相同 η 是预不变凸函数.

证明 任取 $x, y \in S$. 如果 $f(x) \neq f(y)$, 则由 f 关于 η 的半严格预不变凸性, 我们有

$$f(y + \lambda\eta(x,y)) < \lambda f(x) + (1-\lambda)f(y), \quad \forall \lambda \in (0,1).$$

如果 $f(x) = f(y)$, 需证 $f(y + \lambda\eta(x,y)) \leqslant f(x), \forall \lambda \in [0,1]$. 反证法: 假设

$$\exists \alpha \in [0,1], \quad f(y + \alpha\eta(x,y)) > f(x) = f(y). \tag{5.59}$$

显然, 这里的 $\alpha \neq 0$; 由条件 D 还有 $\alpha \neq 1$. 令 $z_\alpha = y + \alpha\eta(x,y)$. 由上式和 f 的下半连续性知, $\exists \beta: \alpha < \beta < 1$, 使得

$$f(z_\beta) = f(y + \beta\eta(x,y)) > f(x) = f(y). \tag{5.60}$$

由条件 C_2 得到

$$z_\beta = y + \alpha\eta(x,y) + \frac{\beta-\alpha}{1-\alpha}(1-\alpha)\eta(x,y)$$

$$= z_\alpha + \frac{\beta-\alpha}{1-\alpha}\eta(x, y+\alpha\eta(x,y)) = z_\alpha + \frac{\beta-\alpha}{1-\alpha}\eta(x, z_\alpha).$$

由上式、f 关于 η 的半严格预不变凸性和式 (5.59),有

$$f(z_\beta) = f\left(z_\alpha + \frac{\beta-\alpha}{1-\alpha}\eta(x, z_\alpha)\right)$$

$$< \frac{\beta-\alpha}{1-\alpha}f(x) + \left(1 - \frac{\beta-\alpha}{1-\alpha}\right)f(z_\alpha) < f(z_\alpha). \tag{5.61}$$

另一方面,由条件 C_1 有

$$z_\alpha = y + \beta\eta(x,y) + (\alpha-\beta)\eta(x,y)$$

$$= z_\beta + \frac{\beta-\alpha}{\beta}(-\beta\eta(x,y)) = z_\beta + \left(1 - \frac{\alpha}{\beta}\right)\eta(y, z_\beta).$$

由上式、f 关于 η 的半严格预不变凸性和式 (5.60),得

$$f(z_\alpha) = f\left(z_\beta + \left(1 - \frac{\alpha}{\beta}\right)\eta(y, z_\beta)\right) < \left(1 - \frac{\alpha}{\beta}\right)f(y) + \frac{\alpha}{\beta}f(z_\beta) < f(z_\beta),$$

这与式 (5.61) 相矛盾. $\qquad\square$

定理 5.3.12 设 $S \subset \mathbb{R}^n$ 关于 $\eta: \mathbb{R}^n \times \mathbb{R}^n \to \mathbb{R}^n$ 是不变凸集,η 满足条件 C. 又设 $f: S \to \mathbb{R}$ 是下半连续函数且满足条件 D. 如果

$$\exists \alpha \in (0,1), \quad \forall x, y \in S, \quad f(x) \neq f(y),$$

$$f(y + \alpha\eta(x,y)) < \alpha f(x) + (1-\alpha)f(y), \tag{5.62}$$

则 f 在 S 上关于 η 是预不变凸函数.

证明 根据定理 5.2.6, 需证 $\forall x, y \in S$, $\exists \lambda \in (0,1)$, 使得

$$f(y + \lambda\eta(x,y)) \leqslant f(x) + (1-\lambda)f(y).$$

若其不然, 即 $\exists x, y \in S$, $\forall \lambda \in (0,1)$, 使得

$$f(y + \lambda\eta(x,y)) > f(x) + (1-\lambda)f(y). \tag{5.63}$$

如果 $f(x) \neq f(y)$, 则式 (5.63) 与式 (5.62) 相矛盾. 如果 $f(x) = f(y)$, 则由式 (5.63) 推出

$$f(y + \lambda\eta(x, y)) > f(x) = f(y), \quad \forall \lambda \in (0, 1). \tag{5.64}$$

据此和条件 C, 得到

$$f(y + \lambda\eta(x, y) + \alpha\eta(x, y + \lambda\eta(x, y)))$$
$$= f(y + (\lambda + \alpha(1 - \lambda))\eta(x, y)) > f(y), \quad \forall \lambda \in (0, 1). \tag{5.65}$$

由式 (5.62) 和式 (5.64), 有

$$f(y + \lambda\eta(x, y) + \alpha\eta(x, y + \lambda\eta(x, y)))$$
$$< (1 - \alpha)f(y + \lambda\eta(x, y)) + \alpha f(x)$$
$$< f(y + \lambda\eta(x, y)), \quad \forall \lambda \in (0, 1). \tag{5.66}$$

由式 (5.62)、式 (5.65) 和式 (5.66), 有

$$f(y + (1 - \alpha)(\lambda + \alpha(1 - \lambda))\eta(x, y))$$
$$= f(y + \lambda\eta(x, y) + \alpha\eta(x, y + \lambda\eta(x, y))$$
$$\quad + \alpha\eta(y, y + \lambda\eta(x, y) + \alpha\eta(x, y + \lambda\eta(x, y))))$$
$$< \alpha f(y) + (1 - \alpha)f(y + \lambda\eta(x, y) + \alpha\eta(x, y + \lambda\eta(x, y)))$$
$$< f(y + \lambda\eta(x, y) + \alpha\eta(x, y + \lambda\eta(x, y)))$$
$$< f(y + \lambda\eta(x, y)), \quad \forall \lambda \in (0, 1).$$

取 $\lambda = \dfrac{1 - \alpha}{2 - \alpha} \in (0, 1)$, 则由上面的不等式推出

$$f\left(y + \frac{1 - \alpha}{2 - \alpha}\eta(x, y)\right) < f\left(y + \frac{1 - \alpha}{2 - \alpha}\eta(x, y)\right).$$

这是不可能的. □

5.3.5　(半) 严格预不变凸函数的梯度性质

下面我们建立半严格预不变凸函数和严格预不变凸函数的梯度性质定理.

引理 5.3.1 设 $S \subset \mathbb{R}^n$ 关于 $\eta : \mathbb{R}^n \times \mathbb{R}^n \to \mathbb{R}^n$ 是不变凸集, 且 η 满足条件 C. 设 $f : S \to \mathbb{R}$ 是关于 η 的预不变凸函数, 任意固定 $x, y \in S$, 令

$$g(\lambda) = f(y + \lambda \eta(x, y)), \quad \lambda \in [0, 1].$$

则有

$$\frac{g(\alpha) - g(0)}{\alpha} \leqslant \frac{g(\beta) - g(0)}{\beta}, \quad 0 < \alpha < \beta \leqslant 1,$$

即

$$\frac{f(y + \alpha\eta(x, y)) - f(y)}{\alpha} \leqslant \frac{f(y + \beta\eta(x, y)) - f(y)}{\beta}, \quad 0 < \alpha < \beta \leqslant 1.$$

证明 令 $z_\alpha = y + \alpha\eta(x, y), z_\beta = y + \beta\eta(x, y), u = 1 - \dfrac{\alpha}{\beta}$. 由条件 C_1 有

$$z_\beta + u\eta(y, z_\beta) = y + \beta\eta(x, y) + u\eta(y, y + \beta\eta(x, y))$$

$$= y + \beta\eta(x, y) - u\beta\eta(x, y) = y + (\beta - u\beta)\eta(x, y)$$

$$= y + \alpha\eta(x, y) = z_\alpha.$$

由此和 f 关于 η 的预不变凸性, 有

$$g(\alpha) = f(z_\alpha) = f(z_\beta + u\eta(y, z_\beta)) \leqslant uf(y) + (1 - u)f(z_\beta)$$

$$= \left(1 - \frac{\alpha}{\beta}\right)g(0) + \frac{\alpha}{\beta}g(\beta).$$

因此有

$$\frac{g(\alpha) - g(0)}{\alpha} \leqslant \frac{g(\beta) - g(0)}{\beta}. \qquad \Box$$

为简洁计, 我们使用如下的假设条件.

条件 A 设 $S \subset \mathbb{R}^n$ 关于 $\eta : \mathbb{R}^n \times \mathbb{R}^n \to \mathbb{R}^n$ 是不变凸集. 函数 f 称为满足条件 A, 如果 $\forall x, y \in S, f(x) < f(y), f(y + \eta(x, y)) < f(y)$.

下面是满足条件 A 的一个简单的例子.

例 5.3.3 考虑函数

$$f(x) = -|x|, \quad \forall x \in [-1, 1] \quad 和$$

$$\eta(x, y) = \begin{cases} x - y, & x \geqslant 0, y \geqslant 0; \quad x \leqslant 0, y \leqslant 0. \\ y - x, & x > 0, y < 0; \quad x < 0, y > 0. \end{cases}$$

易知 f 满足条件 A.

定理 5.3.13 设 $S \subset \mathbb{R}^n$ 关于 $\eta : \mathbb{R}^n \times \mathbb{R}^n \to \mathbb{R}^n$ 是开不变凸集, 且 η 满足条件 C. 又设 $f : S \to \mathbb{R}$ 是可微函数. 则 f 在 S 上是关于 η 的严格预不变凸函数当且仅当它关于相同 η 是严格不变凸函数, 即

$$\forall x, y \in S, \quad x \neq y, \quad f(y) > f(x) + \eta^{\mathrm{T}}(y, x) \nabla f(x).$$

证明 假设 f 关于 η 是严格预不变凸函数, 按定义, $\forall x, y \in S, x \neq y$, 有

$$f(x + \lambda \eta(y, x)) < \lambda f(y) + (1 - \lambda) f(x), \quad \forall \lambda \in (0, 1).$$

由此得到

$$\frac{f(x + \lambda \eta(y, x)) - f(x)}{\lambda} < f(y) - f(x), \quad \forall \lambda \in (0, 1).$$

据此和引理 5.3.1 知,

$$\eta^{\mathrm{T}}(x, y) \nabla f(x) = \inf_{\lambda \geqslant 0} \frac{f(x + \lambda \eta(y, x)) - f(x)}{\lambda} < f(y) - f(x),$$

因此有 $f(y) > f(x) + \eta^{\mathrm{T}}(x, y) \nabla f(x)$.

反过来, 假设 $x, y \in S, x \neq y, \lambda \in (0, 1)$. 由 f 关于 η 的严格不变凸性, 有

$$f(x) - f(y + \lambda \eta(x, y)) > \eta^{\mathrm{T}}(x, y + \lambda \eta(x, y)) \nabla f(y + \lambda \eta(x, y)).$$

类似地, 将严格不变凸性条件用到 y 和 $y + \lambda \eta(x, y)$, 可以得到

$$f(y) - f(y + \lambda \eta(x, y)) > \eta^{\mathrm{T}}(y, y + \lambda \eta(x, y)) \nabla f(y + \lambda \eta(x, y)).$$

将上面两个不等式的两端分别乘以 λ 和 $(1 - \lambda)$, 然后相加, 得到

$$\lambda f(x) + (1 - \lambda) f(y) - f(y + \lambda \eta(x, y))$$
$$> (\lambda \eta^{\mathrm{T}}(x, y + \lambda \eta(x, y)) + (1 - \lambda) \eta^{\mathrm{T}}(y, y + \lambda \eta(x, y))) \nabla f(y + \lambda \eta(x, y)).$$

然而, 由条件 C, 可以得到

$$\lambda \eta(x, y + \lambda \eta(x, y)) + (1 - \lambda) \eta(y, y + \lambda \eta(x, y)) = 0.$$

据此和上面的不等式立刻得知 f 关于 η 是严格预不变凸函数. $\qquad \square$

定理 5.3.14 设 $S \subset \mathbb{R}^n$ 关于 $\eta : \mathbb{R}^n \times \mathbb{R}^n \to \mathbb{R}^n$ 是不变凸集, 且 η 满足条件 C. 又设 $f : S \to \mathbb{R}$ 是可微函数, 且满足条件 A 和条件 D. 则 f 在 S 上是关于 η 的半严格预不变凸函数当且仅当 $\forall x, y \in S, f(x) \neq f(y)$,

$$f(y) > f(x) + \eta^{\mathrm{T}}(y, x) \nabla f(x).$$

证明 假设 f 在 S 上关于 η 是半严格预不变凸函数, 按定义, $\forall x, y \in S, f(x) \neq f(y)$,

$$f(x + \lambda\eta(y, x)) < \lambda f(y) + (1 - \lambda)f(x), \quad \forall \lambda \in (0, 1).$$

由此得到

$$\frac{f(x + \lambda\eta(y, x)) - f(x)}{\lambda} < f(y) - f(x), \quad \forall \lambda \in (0, 1).$$

由定理 5.3.11 知, f 关于 η 还是预不变凸函数; 再用引理 5.3.1, 令

$$g(\lambda) = f(x + \lambda\eta(y, x)), \quad \lambda \in [0, 1],$$

则函数 $\dfrac{g(\lambda) - g(0)}{\lambda}$ 关于 λ 是单增函数, 从而有

$$g'(0) = \lim_{\lambda \to 0^+} \frac{g(\lambda) - g(0)}{\lambda} = \inf_{\lambda > 0} \frac{g(\lambda) - g(0)}{\lambda}$$
$$= \inf_{\lambda > 0} \frac{f(x + \lambda\eta(y, x)) - f(x)}{\lambda}.$$

另外, 因 $g'(\lambda) = \dfrac{df}{du} \cdot \dfrac{du}{d\lambda} = \nabla f(u)^{\mathrm{T}}\eta(y, x)$, 故 $g'(0) = \nabla f(x)^{\mathrm{T}}\eta(y, x)$. 综上得到

$$\eta^{\mathrm{T}}(y, x)\nabla f(x) = \inf_{\lambda > 0} \frac{f(x + \lambda\eta(y, x)) - f(x)}{\lambda} < f(y) - f(x),$$

这就是

$$f(y) > f(x) + \eta(y, x)^{\mathrm{T}}\nabla f(x).$$

反过来, 假设 $\forall x, y \in S, f(x) \neq f(y)$,

$$f(y) > f(x) + \eta(y, x)^{\mathrm{T}}\nabla f(x).$$

我们要证明 f 关于 η 是半严格预不变凸函数.

令 $z_\alpha = y + \alpha\eta(x, y), \forall \alpha \in (0, 1)$. 不失一般性, 假设 $f(x) < f(y)$.

我们指出, $f(z_\alpha) \neq f(y), \forall \alpha \in (0, 1)$ (这一证明较长, 我们将其放到最后). 因此, 当 $f(z_\alpha) = f(x)$ 时, 则从假设 $f(x) < f(y)$ 推出

$$f(y + \alpha\eta(x, y)) = f(z_\alpha) < \alpha f(x) + (1 - \alpha)f(y), \quad \forall \alpha \in (0, 1).$$

当 $f(z_\alpha) \neq f(x)$ 时, 则从假设条件和条件 C, 有

$$f(x) > f(z_\alpha) + \eta^{\mathrm{T}}(x, z_\alpha)\nabla f(z_\alpha) = f(z_\alpha) + (1 - \alpha)\eta^{\mathrm{T}}(x, y)\nabla f(z_\alpha)$$

和

$$f(y) > f(z_\alpha) + \eta^T(y, z_\alpha) \nabla f(z_\alpha) = f(z_\alpha) - \alpha \eta^T(x, y) \nabla f(z_\alpha).$$

上面两式分别乘以 α 和 $(1 - \alpha)$, 然后将它们相加, 得到

$$f(y + \alpha \eta(x, y)) = f(z_\alpha) < \alpha f(x) + (1 - \alpha) f(y), \quad \forall \alpha \in (0, 1).$$

综上, f 关于 η 是半严格预不变凸函数, 完成证明.

最后, 我们证明 $f(z_\alpha) \neq f(y), \forall \alpha \in (0, 1)$. 反证法. 假设 $\exists \alpha_0 \in (0, 1)$, 满足

$$f(z_{\alpha_0}) = f(y). \tag{5.67}$$

则由式 (5.67) 可以证明

$$f(z_{\alpha_0} + \lambda \eta(y, z_{\alpha_0})) = f(y), \quad \forall \lambda \in (0, 1). \tag{5.68}$$

若其不然, 则 $\exists \bar{\lambda} \in (0, 1)$, 有 $f(z_{\alpha_0} + \bar{\lambda} \eta(y, z_{\alpha_0})) \neq f(y)$. 下面, 我们分两种情况导出矛盾.

(i) 如果 $f(z_{\alpha_0} + \bar{\lambda} \eta(y, z_{\alpha_0})) > f(y)$, 令

$$g(\lambda) = f(z_{\alpha_0} + \lambda \eta(y, z_{\alpha_0})), \quad \lambda \in [0, 1].$$

由式 (5.67) 有 $g(0) = f(z_{\alpha_0}) = f(y)$. 又由条件 C_1 有

$$g(1) = f(z_{\alpha_0} + \eta(y, z_{\alpha_0})) = f(y + \alpha_0 \eta(x, y) + \eta(y, y + \alpha_0 \eta(x, y)))$$

$$= f(y + \alpha_0 \eta(x, y) - \alpha_0 \eta(x, y)) = f(y).$$

综上知 $g(\lambda)$ 在 $(0, 1)$ 达到极大值. 设 $g(\lambda)$ 在 $\lambda_0 \in (0, 1)$ 达到它的极大值, 则有

$$0 = g'(\lambda_0) = \eta^T(y, z_{\alpha_0}) \nabla f(z_{\alpha_0} + \lambda_0 \eta(y, z_{\alpha_0})).$$

由条件 C_1 有 $\eta(y, z_{\alpha_0}) = \eta(y, y + \alpha_0 \eta(x, y)) = -\alpha_0 \eta(x, y)$, 代入上式得到

$$\eta^T(x, y) \nabla f(z_{\alpha_0} + \lambda_0 \eta(y, z_{\alpha_0})) = 0.$$

再次使用条件 C_1 有

$$\eta(y, z_{\alpha_0} + \lambda_0 \eta(y, z_{\alpha_0})) = \eta(y, y + \alpha_0 \eta(x, y) + \lambda_0 \eta(y, y + \alpha_0 \eta(x, y)))$$

$$= \eta(y, y + (\alpha_0 - \lambda_0 \alpha_0) \eta(x, y)) = -(\alpha_0 - \lambda_0 \alpha_0) \eta(x, y).$$

综合上面两个等式得到

$$\eta^T(y, z_{\alpha_0} + \lambda_0 \eta(y, z_{\alpha_0})) \nabla f(z_{\alpha_0} + \lambda_0 \eta(y, z_{\alpha_0})) = 0. \tag{5.69}$$

因 $g(\lambda)$ 在 λ_0 取到极大值, 故

$$g(\lambda_0) = f(z_{\alpha_0} + \lambda_0 \eta(y, z_{\alpha_0})) \geqslant f(z_{\alpha_0} + \bar{\lambda} \eta(y, z_{\alpha_0})) > f(y).$$

另一方面, 由假设条件和式 (5.69) 得到

$$f(y) > f(z_{\alpha_0} + \lambda_0 \eta(y, z_{\alpha_0})) + \eta^{\mathrm{T}}(y, z_{\alpha_0} + \lambda_0 \eta(y, z_{\alpha_0})) \nabla f(z_{\alpha_0} + \lambda_0 \eta(y, z_{\alpha_0}))$$

$$= f(z_{\alpha_0} + \lambda_0 \eta(y, z_{\alpha_0})) = g(\lambda_0),$$

这导致矛盾.

(ii) 如果 $f(z_{\alpha_0} + \bar{\lambda} \eta(y, z_{\alpha_0})) < f(y)$, 由条件 $f(x) < f(y)$、条件 A 和式 (5.67), 我们有 $f(y + \eta(x, y)) < f(y) = f(z_{\alpha_0})$. 令

$$h(\lambda) = f(z_{\alpha_0} + \bar{\lambda} \eta(y, z_{\alpha_0}) + \lambda \eta(x, z_{\alpha_0} + \bar{\lambda} \eta(y, z_{\alpha_0}))), \quad \lambda \in [0, 1].$$

则有

$$h(0) = f(z_{\alpha_0} + \bar{\lambda} \eta(y, z_{\alpha_0})) < f(y) = f(z_{\alpha_0}).$$

由条件 C 有

$$z_{\alpha_0} + \bar{\lambda} \eta(y, z_{\alpha_0}) + \eta(x, z_{\alpha_0} + \bar{\lambda} \eta(y, z_{\alpha_0}))$$

$$= y + \alpha_0 \eta(x, y) + \bar{\lambda} \eta(y, y + \alpha_0 \eta(x, y))$$

$$\quad + \eta(x, y + \alpha_0 \eta(x, y) + \bar{\lambda} \eta(y, y + \alpha_0 \eta(x, y)))$$

$$= y + \alpha_0 \eta(x, y) - \alpha_0 \bar{\lambda} \eta(x, y) + \eta(x, y + \alpha_0 \eta(x, y) - \alpha_0 \bar{\lambda} \eta(x, y))$$

$$= y + \alpha_0 (1 - \bar{\lambda}) \eta(x, y) + \eta(x, y + \alpha_0 (1 - \bar{\lambda}) \eta(x, y))$$

$$= y + \alpha_0 (1 - \bar{\lambda}) \eta(x, y) + (1 - \alpha_0 (1 - \bar{\lambda})) \eta(x, y) = y + \eta(x, y).$$

据此和条件 A 有

$$h(1) = f(z_{\alpha_0} + \bar{\lambda} \eta(y, z_{\alpha_0}) + \eta(x, z_{\alpha_0} + \bar{\lambda} \eta(y, z_{\alpha_0})))$$

$$= f(y + \eta(x, y)) < f(y) = f(z_{\alpha_0}).$$

注意到 $0 < \dfrac{\alpha_0 \bar{\lambda}}{1 - \alpha_0 (1 - \bar{\lambda})} < 1$ 并使用条件 C, 类似于刚才的推导, 可以得到

$$z_{\alpha_0} + \bar{\lambda} \eta(y, z_{\alpha_0}) + \frac{\alpha_0 \bar{\lambda}}{1 - \alpha_0 (1 - \bar{\lambda})} \eta(x, z_{\alpha_0} + \bar{\lambda} \eta(y, z_{\alpha_0}))$$

$$= y + \alpha_0 \eta(x, y) = z_{\alpha_0}.$$

由此得到 $h\left(\dfrac{\alpha_0\bar{\lambda}}{1-\alpha_0(1-\bar{\lambda})}\right) = f(z_{\alpha_0})$. 综上可知 $h(\lambda)$ 在 $(0,1)$ 取到极大值. 设 $h(\lambda)$ 在 $\lambda_0 \in (0,1)$ 达到它的极大值, 则有

$$0 = h'(\lambda_0)$$
$$= \eta^{\mathrm{T}}(x, z_{\alpha_0} + \bar{\lambda}\eta(y, z_{\alpha_0}))\nabla f(z_{\alpha_0} + \bar{\lambda}\eta(y, z_{\alpha_0}) + \lambda_0\eta(x, z_{\alpha_0} + \bar{\lambda}\eta(y, z_{\alpha_0}))),$$

且

$$f(z_{\alpha_0} + \bar{\lambda}\eta(y, z_{\alpha_0}) + \lambda_0\eta(x, z_{\alpha_0} + \bar{\lambda}\eta(y, z_{\alpha_0}))) = h(\lambda_0)$$
$$\geqslant h\left(\frac{\alpha_0\bar{\lambda}}{1-\alpha_0(1-\bar{\lambda})}\right) = f(z_{\alpha_0}) > h(0) = f(z_{\alpha_0} + \bar{\lambda}\eta(y, z_{\alpha_0})). \qquad (5.70)$$

记

$$x' = z_{\alpha_0} + \bar{\lambda}\eta(y, z_{\alpha_0}) + \lambda_0\eta(x, z_{\alpha_0} + \bar{\lambda}\eta(y, z_{\alpha_0})),$$
$$y' = z_{\alpha_0} + \bar{\lambda}\eta(y, z_{\alpha_0}),$$

由假设条件

$$\forall x', y' \in K, \quad f(x') \neq f(y'), \quad f(y') > f(x') + \eta(y', x')^{\mathrm{T}}\nabla f(x')$$

和条件 C_1, 我们有

$$f(z_{\alpha_0} + \bar{\lambda}\eta(y, z_{\alpha_0})) > f(z_{\alpha_0} + \bar{\lambda}\eta(y, z_{\alpha_0}) + \lambda_0\eta(x, z_{\alpha_0} + \bar{\lambda}\eta(y, z_{\alpha_0})))$$
$$+ \eta^{\mathrm{T}}(z_{\alpha_0} + \bar{\lambda}\eta(y, z_{\alpha_0}), z_{\alpha_0} + \bar{\lambda}\eta(y, z_{\alpha_0})$$
$$+ \lambda_0\eta(x, z_{\alpha_0} + \bar{\lambda}\eta(y, z_{\alpha_0})))$$
$$\cdot \nabla f(z_{\alpha_0} + \bar{\lambda}\eta(y, z_{\alpha_0}) + \lambda_0\eta(x, z_{\alpha_0} + \bar{\lambda}\eta(y, z_{\alpha_0})))$$
$$= f(z_{\alpha_0} + \bar{\lambda}\eta(y, z_{\alpha_0}) + \lambda_0\eta^{\mathrm{T}}(x, z_{\alpha_0} + \bar{\lambda}\eta(y, z_{\alpha_0})))$$
$$- \lambda_0\eta(x, z_{\alpha_0} + \bar{\lambda}\eta(y, z_{\alpha_0}))$$
$$\cdot \nabla f(z_{\alpha_0} + \bar{\lambda}\eta(y, z_{\alpha_0}) + \lambda_0\eta(x, z_{\alpha_0} + \bar{\lambda}\eta(y, z_{\alpha_0})))$$
$$= f(z_{\alpha_0} + \bar{\lambda}\eta(y, z_{\alpha_0}) + \lambda_0\eta(x, z_{\alpha_0} + \bar{\lambda}\eta(y, z_{\alpha_0}))),$$

这与不等式 (5.70) 相矛盾.

综合 (i) 和 (ii), 我们证明了等式 (5.68) 成立.

令

$$\varphi(\lambda) = f(z_{\alpha_0} + \lambda\eta(y, z_{\alpha_0})), \quad \lambda \in [0, 1].$$

由等式 (5.68) 得到

$$0 = \varphi'(1) = \eta^{\mathrm{T}}(y, z_{\alpha_0})\nabla f(z_{\alpha_0} + \eta(y, z_{\alpha_0}))$$

$$= \eta^{\mathrm{T}}(y, z_{\alpha_0})\nabla f(y) = -\alpha_0 \eta^{\mathrm{T}}(x, y)\nabla f(y).$$

这就是 $\eta^{\mathrm{T}}(x, y)\nabla f(y) = 0$. 据此和假设条件我们得到

$$f(x) > f(y) + \eta^{\mathrm{T}}(x, y)\nabla f(y) = f(y),$$

这与假设 $f(x) < f(y)$ 相矛盾. 于是, 我们证明了 $f(z_\alpha) \neq f(y), \forall \alpha \in (0, 1)$. □

定理 5.3.15 设 $S \subset \mathbb{R}^n$ 关于 $\eta : \mathbb{R}^n \times \mathbb{R}^n \to \mathbb{R}^n$ 是不变凸集, 且 η 满足条件 C. 又设 $f : S \to \mathbb{R}$ 是可微函数, 且满足条件 A 和 $f(x + \eta(y, x)) = f(y), \forall x, y \in S$. 则 f 在 S 上是关于 η 的半严格预不变凸函数当且仅当

$$\forall x, y \in S, \quad f(x) \neq f(y),$$

$$\eta^{\mathrm{T}}(y, x)\nabla f(x) + \eta^{\mathrm{T}}(x, y)\nabla f(y) < 0.$$

证明 假设 f 在 S 上关于 η 是半严格预不变凸函数, 任取 $x, y \in S, f(x) \neq f(y)$, 由定理 5.3.14, 有 $f(y) > f(x) + \eta^{\mathrm{T}}(y, x)\nabla f(x), f(x) > f(y) + \eta^{\mathrm{T}}(x, y)\nabla f(y)$. 据此立刻得到 $\eta^{\mathrm{T}}(y, x)\nabla f(x) + \eta^{\mathrm{T}}(x, y)\nabla f(y) < 0$.

反过来, 假设 $\forall x, y \in S, \ f(x) \neq f(y)$, 有

$$\eta^{\mathrm{T}}(y, x)\nabla f(x) + \eta^{\mathrm{T}}(x, y)\nabla f(y) < 0. \tag{5.71}$$

根据定理 5.3.14, 需证 $f(y) > f(x) + \eta^{\mathrm{T}}(y, x)\nabla f(x)$. 反证法: 设 $\exists x, y \in S, f(x) \neq f(y)$, 使得

$$f(y) \leqslant f(x) + \eta^{\mathrm{T}}(y, x)\nabla f(x). \tag{5.72}$$

由条件 $f(x + \eta(y, x)) = f(y)$, 有

$$f(x + \eta(y, x)) = f(y) \leqslant f(x) + \eta^{\mathrm{T}}(y, x)\nabla f(x). \tag{5.73}$$

使用中值定理得到

$$f(x + \eta(y, x)) - f(x) = \eta^{\mathrm{T}}(y, x)\nabla f(x + \bar{\lambda}\eta(y, x)). \tag{5.74}$$

据此, 由式 (5.73) 和式 (5.74) 有

$$\eta^{\mathrm{T}}(y, x)\nabla f(x + \bar{\lambda}\eta(y, x)) \leqslant \eta^{\mathrm{T}}(y, x)\nabla f(x). \tag{5.75}$$

下面分两种情况导出矛盾.

(i) 如果 $f(x + \bar{\lambda}\eta(y,x)) \neq f(x)$, 则由式 (5.71) 得到

$$\eta^{\mathrm{T}}(x + \bar{\lambda}\eta(y,x), x)\nabla f(x) + \eta^{\mathrm{T}}(x, x + \bar{\lambda}\eta(y,x))\nabla f(x + \bar{\lambda}\eta(y,x)) < 0.$$

据此并使用条件 C, 可以推出 $\eta^{\mathrm{T}}(y,x)\nabla f(x) < \eta^{\mathrm{T}}(y,x)\nabla f(x + \bar{\lambda}\eta(y,x))$, 而这与式 (5.75) 相矛盾.

(ii) 如果 $f(x + \bar{\lambda}\eta(y,x)) = f(x)$, 先证

$$\exists \alpha \in (0, \bar{\lambda}), \quad f(x + \bar{\lambda}\eta(y,x)) = f(x) \neq f(x + \alpha\eta(y,x)).$$

若其不然, 即

$$f(x + \bar{\lambda}\eta(y,x)) = f(x) = f(x + \alpha\eta(y,x)), \quad \forall \alpha \in (0, \bar{\lambda}). \tag{5.76}$$

记 $\varphi(\alpha) = f(x + \alpha\eta(y,x)), \forall \alpha \in [0, \bar{\lambda}]$. 则由式 (5.76) 知 $\varphi(\alpha)$ 为常值函数, 于是有 $0 = \varphi'(\bar{\lambda}) = \eta^{\mathrm{T}}(y,x)\nabla f(x + \bar{\lambda}\eta(y,x))$. 据此和式 (5.74) 得到 $f(x) = f(x + \eta(y,x))$. 注意到定理的假设条件 $f(y) = f(x + \eta(y,x))$, 则 $f(x) = f(y)$, 这与 $f(x) \neq f(y)$ 相矛盾. 因此有: $\exists \alpha \in (0, \bar{\lambda})$,

$$f(x + \bar{\lambda}\eta(y,x)) = f(x) \neq f(x + \alpha\eta(y,x)). \tag{5.77}$$

由式 (5.71) 和式 (5.77) 得到

$$\eta^{\mathrm{T}}(x + \bar{\lambda}\eta(y,x), x + \alpha\eta(y,x))\nabla f(x + \alpha\eta(y,x))$$
$$+ \eta^{\mathrm{T}}(x + \alpha\eta(y,x), x + \bar{\lambda}\eta(y,x))\nabla f(x + \bar{\lambda}\eta(y,x)) < 0$$

和

$$\eta^{\mathrm{T}}(x, x + \alpha\eta(y,x))\nabla f(x + \alpha\eta(y,x)) + \eta^{\mathrm{T}}(x + \alpha\eta(y,x), x)\nabla f(x) < 0.$$

由条件 C 和上面两个不等式可以推出

$$\eta^{\mathrm{T}}(x + \bar{\lambda}\eta(y,x), x)\nabla f(x + \alpha\eta(y,x))$$
$$+ \eta^{\mathrm{T}}(x, x + \bar{\lambda}\eta(y,x))\nabla f(x + \bar{\lambda}\eta(y,x)) < 0,$$

$$\eta^{\mathrm{T}}(x, x + \bar{\lambda}\eta(y,x))\nabla f(x + \alpha\eta(y,x)) + \eta^{\mathrm{T}}(x + \bar{\lambda}\eta(y,x), x)\nabla f(x) < 0.$$

由上面两个不等式并再次使用条件 C, 可以推出

$$\eta^{\mathrm{T}}(y,x)\nabla f(x + \bar{\lambda}\eta(y,x)) > \eta^{\mathrm{T}}(y,x)\nabla f(x).$$

由式 (5.74) 和上式, 得到 $f(y) > f(x) + \eta^{\mathrm{T}}(y, x)\nabla f(x)$, 而这与式 (5.72) 相矛盾. □

下面的例子表明, 存在满足定理 5.3.15 条件的函数 f 和 η.

例 5.3.4　考虑函数

$$f(x) = \begin{cases} -1, & x \neq 0, \\ 0, & x = 0, \end{cases}$$

$$\eta(x, y) = \begin{cases} x - y, & x \geqslant 0, y \geqslant 0, \\ x - y, & x \leqslant 0, y \leqslant 0, \\ 1 - y, & x < 0, y \geqslant 0, \\ -1 - y, & x > 0, y \leqslant 0. \end{cases}$$

易知函数 f 和 η 满足条件 A、条件 C 和条件 $f(x + \eta(y, x)) = f(y)$.

5.4　预拟不变凸函数

5.4.1　基本概念与简单性质

函数的预拟不变凸性概念是 Pini 在文献 [45] 中引进的, 后续的研究很多, 例如文献 [24], [46], [49], [52].

定义 5.4.1　设 $S \subset \mathbb{R}^n, \eta : \mathbb{R}^n \times \mathbb{R}^n \to \mathbb{R}^n, f : S \to \mathbb{R}$ 是可微函数. 称 f 在 S 上关于 η 是拟不变凸函数, 如果

$$f(x) \leqslant f(y) \Rightarrow \eta^{\mathrm{T}}(x, y)\nabla f(y) \leqslant 0.$$

定义 5.4.2　设 $S \subset \mathbb{R}^n$ 关于 $\eta : \mathbb{R}^n \times \mathbb{R}^n \to \mathbb{R}^n$ 是不变凸集, $f : S \to \mathbb{R}$.

(i) 称 f 在 S 上关于 η 是预拟不变凸函数, 如果 $\forall x, y \in S, \forall \lambda \in [0, 1]$,

$$f(y + \lambda\eta(x, y)) \leqslant \max\{f(x), f(y)\}.$$

(ii) 称 f 在 S 上关于 η 是严格预拟不变凸函数, 如果

$$\forall x, y \in S, x \neq y, \quad \forall \lambda \in (0, 1),$$

$$f(y + \lambda\eta(x, y)) < \max\{f(x), f(y)\}.$$

(iii) 称 f 在 S 上关于 η 是半严格预拟不变凸函数, 如果

$$\forall x, y \in S, f(x) \neq f(y), \quad \forall \lambda \in (0, 1),$$

$$f(y + \lambda\eta(x, y)) < \max\{f(x), f(y)\}.$$

定义 5.4.3 设 $S \subset \mathbb{R}^n$ 关于 $\eta : \mathbb{R}^n \times \mathbb{R}^n \to \mathbb{R}^n$ 是不变凸集, $f : S \to \mathbb{R}$ 是可微函数.

(i) 称 f 在 S 上关于 η 是伪不变凸函数, 如果

$$\eta^{\mathrm{T}}(x, y)\nabla f(y) \geqslant 0 \Rightarrow f(x) \geqslant f(y).$$

(ii) 称 f 在 S 上关于 η 是预伪不变凸函数, 如果 $\forall \lambda \in [0, 1]$,

$$f(x) < f(y) \Rightarrow f(y + \lambda\eta(x, y)) \leqslant \lambda f(x) + \lambda(1 - \lambda)b(x, y),$$

其中 $b : S \times S \to \mathbb{R}$ 是正值函数.

由定义显见, 严格预拟不变凸性蕴涵半严格预拟不变凸性; 但是, 有例子显示, 预拟不变凸性与半严格预拟不变凸性互不蕴涵. 此外, 预拟不变凸性不蕴涵拟凸性, 严格预拟不变凸性不蕴涵严格拟凸性, 预不变凸性不蕴涵预不变凸性 (见文献 [24]).

下面的定理表明, 若 η 满足条件 C, 则可微函数的拟不变凸性蕴涵预拟不变凸性.

定理 5.4.1 设 $S \subset \mathbb{R}^n$ 是关于 $\eta : \mathbb{R}^n \times \mathbb{R}^n \to \mathbb{R}^n$ 的不变凸集, $X \subset \mathbb{R}^n$ 是包含 S 的开集, $f : X \to \mathbb{R}$ 是可微函数. 若 f 在 S 上关于 η 是拟不变凸函数, 且 η 满足条件 C, 则 f 在 S 上关于相同 η 是预拟不变凸函数.

证明 设 f 在 S 上关于 η 是拟不变凸函数. 任取固定的 $x, y \in S$, 不妨设 $f(x) \leqslant f(y)$. 考虑集合

$$M = \{z \in S : z = y + \lambda\eta(x, y), f(z) > f(y), \lambda \in [0, 1]\}.$$

如果 $M \neq \varnothing$, 则存在 $z \in S, \exists \lambda \in [0, 1]$, 满足 $z = y + \lambda\eta(x, y), f(z) > f(y)$, 即 $f(y + \lambda\eta(x, y)) > f(y) = \max\{f(x), f(y)\}$. 这与定义 5.2.3(i) 相矛盾, 因此, 为了证明 f 关于 η 是预拟不变凸函数, 只需证明 $M = \varnothing$. 令

$$M' = \{z \in S : z = y + \lambda\eta(x, y), f(z) > f(y), \lambda \in (0, 1)\},$$

则由 f 的连续性有, $M \neq \varnothing$ 蕴涵 $M' \neq \varnothing$. 事实上, 设 $z = y + \lambda\eta(x, y) \in M$, 则因 $f(z) > f(y)$, 知 $\lambda \neq 0$. 当 $\lambda = 1$ 时, 由 $f(y + \eta(x, y)) = f(z) > f(y)$ 和 f 的连续性, $\exists \lambda' \in (0, 1)$, 使得 $f(y + \lambda'\eta(x, y)) > f(y)$. 这表明 $M' \neq \varnothing$. 当 $\lambda \in (0, 1)$ 时, 显然有 $z \in M'$. 基于此, 我们转而证明 $M' = \varnothing$, 从而完成证明.

反证法. 假设 $\bar{x} \in M'$, 则有 $\bar{x} = y + \bar{\lambda}\eta(x, y), 0 < \bar{\lambda} < 1, f(\bar{x}) > f(y) \geqslant f(x)$. 由定义 5.2.4, 将 f 关于 η 的拟不变凸性分别用于点对 $x, \bar{x}$ 和 $y, \bar{x}$ 得到

$$\eta^{\mathrm{T}}(x, \bar{x})\nabla f(\bar{x}) \leqslant 0, \quad \eta^{\mathrm{T}}(y, \bar{x})\nabla f(\bar{x}) \leqslant 0.$$

据此和条件 C 得到

$$(1-\bar{\lambda})\eta^{\mathrm{T}}(x,y)\nabla f(\bar{x}) \leqslant 0, \quad -\bar{\lambda}\eta^{\mathrm{T}}(x,y)\nabla f(\bar{x}) \leqslant 0.$$

注意到 $\bar{\lambda} > 0$ 和 $1-\bar{\lambda} > 0$, 由上面两式推出

$$\eta^{\mathrm{T}}(x,y)\nabla f(\bar{x}) = 0. \tag{5.78}$$

由 f 的连续性, $\exists \lambda^*, \hat{\lambda}, \lambda^* < \bar{\lambda} < \hat{\lambda} < 1$, 使得

$$\forall \lambda \in (\lambda^*, \hat{\lambda}), \quad f(y + \lambda\eta(x,y)) > f(y), \tag{5.79}$$

$$f(y + \lambda^*\eta(x,y)) = f(y) \quad (\text{可能有} \lambda^* = 0).$$

记 $h(\lambda) = f(y + \lambda\eta(x,y))$, 有 $h(\lambda^*) = f(y)$. 使用微分中值定理, $\exists \tilde{\lambda} \in (\lambda^*, \hat{\lambda})$, 使得

$$f(\bar{x}) - f(y) = f(y + \bar{\lambda}\eta(x,y)) - f(y)$$

$$= h(\bar{\lambda}) - h(\lambda^*) = \frac{dh}{d\lambda}\bigg|_{\lambda=\tilde{\lambda}} = \eta^{\mathrm{T}}(x,y)\nabla f(y + \tilde{\lambda}\eta(x,y)).$$

由式 (5.79) 知 $f(y + \tilde{\lambda}\eta(x,y)) > f(y)$, 因而有 $y + \tilde{\lambda}\eta(x,y) \in M'$, 再注意到式 (5.78) 对任意的 $\bar{x} \in M'$ 成立, 推出上式右端等于零; 而由反证假设, 上式左端大于零. 这导致矛盾, 故 $M' = \varnothing$. □

下面的推论在约束极小化问题中很有用.

推论 5.4.1 假设 $\eta : S \times S \to \mathbb{R}^n$ 且满足条件 C, 若 $g : \mathbb{R}^n \to \mathbb{R}$ 关于 η 是可微的拟不变凸函数, 则 $S = \{x \in \mathbb{R}^n : g(x) \leqslant 0\}$ 是关于相同 η 的不变凸集.

证明 由定理 5.4.1, g 关于 η 是预拟不变凸函数. 任取 $x, y \in S, \lambda \in [0, 1]$, 由定义有 $g(y + \lambda\eta(x,y)) \leqslant \max\{g(x), g(y)\} \leqslant 0$, 因此有 $y + \lambda\eta(x,y) \in S$. 按定义, S 关于相同 η 是不变凸集. □

下面的定理容易证明.

定理 5.4.2 设 $S \subset \mathbb{R}^n$ 关于 $\eta : \mathbb{R}^n \times \mathbb{R}^n \to \mathbb{R}^n$ 是不变凸集, $f : \mathbb{R}^n \to \mathbb{R}$ 可微, 如果 f 在 S 上关于 η 是预伪不变凸函数, 则 f 在 S 上关于相同 η 是拟不变凸函数.

注意到 $\mathbb{R}^n$ 是不变凸集, 我们有如下推论.

推论 5.4.2 设 $\eta : \mathbb{R}^n \times \mathbb{R}^n \to \mathbb{R}^n$, 若 $f : \mathbb{R}^n \to \mathbb{R}$ 关于 η 是预伪不变凸函数, 则 f 在 $\mathbb{R}^n$ 上关于相同 η 是拟不变凸函数.

下面的定理的证明是简单的, 它表明, 预伪 (拟) 不变凸性具有局部-全局性质.

定理 5.4.3　设 $S \subset \mathbb{R}^n$ 关于 $\eta : \mathbb{R}^n \times \mathbb{R}^n \to \mathbb{R}^n$ 是不变凸集, $f : \mathbb{R}^n \to \mathbb{R}$ 在 S 上关于 η 是预伪 (拟) 不变凸函数. 假设 $\forall x \neq y, \eta(x,y) \neq 0$. 则 f 的每个严格局部极小点还是严格全局极小点; 严格全局极小点的集合是关于相同 η 的不变凸集.

5.4.2　预拟不变凸函数的性质

引理 5.4.1　设 $S \subset \mathbb{R}^n$ 关于 $\eta : \mathbb{R}^n \times \mathbb{R}^n \to \mathbb{R}^n$ 是不变凸集, 且 η 满足条件 C. 如果 $f : S \to \mathbb{R}$ 满足条件 D, 且 $\forall x, y \in S, \exists \alpha \in (0,1)$, 使得

$$f(y + \alpha \eta(x,y)) \leqslant \max\{f(x), f(y)\},$$

则集合

$$A = \{\lambda \in [0,1], f(y + \lambda \eta(x,y)) \leqslant \max\{f(x), f(y)\}, \forall x, y \in S\}$$

在 $[0,1]$ 中稠密.

证明　类似于引理 5.2.3 的证明, 这里从略. 　　　　　　　　　　　　□

定理 5.4.4　设 $S \subset \mathbb{R}^n$ 关于 $\eta : \mathbb{R}^n \times \mathbb{R}^n \to \mathbb{R}^n$ 是不变凸集, η 满足条件 C. 假设 f 在 S 上是上半连续函数, 且满足条件 D, 则 f 在 S 上关于 η 是预拟不变凸函数当且仅当 $\exists \alpha \in (0,1), \forall x, y \in S$, 使得

$$f(y + \alpha \eta(x,y)) \leqslant \max\{f(x), f(y)\}.$$

证明　类似于定理 5.2.5 的证明 (需将那里引用引理 5.2.3 的部分换成引用引理 5.4.1 即可), 这里从略. 　　　　　　　　　　　　□

定理 5.4.5　设 $S \subset \mathbb{R}^n$ 关于 $\eta : \mathbb{R}^n \times \mathbb{R}^n \to \mathbb{R}^n$ 是不变凸集, 且 η 满足条件 C. 假设 f 在 S 上是下半连续函数, 且满足条件 D, 则 f 在 S 上关于 η 是预拟不变凸函数当且仅当 $\forall x, y \in S, \exists \alpha \in (0,1)$, 使得

$$f(y + \alpha \eta(x,y)) \leqslant \max\{f(x), f(y)\}.$$

证明　由预拟不变凸函数的定义, 必要性显然, 只证充分性. 假设 f 关于 η 不是预拟不变凸函数, 则 $\exists x, y \in S, \exists \bar{\alpha} \in [0,1]$, 使得

$$f(y + \bar{\alpha} \eta(x,y)) > \max\{f(x), f(y)\}.$$

显然有 $\bar{\alpha} \neq 0$, 由条件 D, 又有 $\bar{\alpha} \neq 1$, 故 $\bar{\alpha} \in (0,1)$. 令

$$z = y + \bar{\alpha} \eta(x,y), \quad x_t = z + t\eta(x,z).$$

由条件 C, 有 $x_t = y + (\bar{\alpha} + t(1 - \bar{\alpha}))\eta(x,y)$. 令

$$B = \{x_t \in S : t \in (0,1], f(x_t) \leqslant \max\{f(x), f(y)\}\},$$

$$u = \inf\{t \in (0,1] : x_t \in B\}.$$

由条件 D, 有 $x_1 \in B$; 由反证假设知 $x_{\bar{\lambda}} \notin B$. 因此, $x_t \notin B, \forall t \in [0, u)$. 由引理 5.4.1, 存在序列 $\{t_n\}, t_n \geqslant u, x_{t_n} \in B$, 使得 $t_n \to u$. 因 f 是下半连续函数, 有

$$f(x_u) \leqslant \liminf_{n \to \infty} f(x_{t_n}) \leqslant \{f(x), f(y)\},$$

因此有 $x_u \in B$.

类似地, 令 $y_t = z + (1-t)\eta(y, z)$, 则由条件 C 得到 $y_t = y + t\bar{\alpha}\eta(x, y)$. 令

$$D = \{y_t \in S : t \in [0,1), f(y_t) = f(y + t\bar{\alpha}\eta(x, y)) \leqslant \max\{f(x), f(y)\}\},$$

$$v = \sup\{t \in [0,1) : y_t \in D\}.$$

显然有 $y_0 = y \in D, y_1 = y + \bar{\alpha}\eta(x, y) = z \notin D$. 因此, $y_t \notin D, \forall t \in (v, 1]$. 由引理 5.4.1, 存在序列 $\{t_n\}, t_n \leqslant v, y_{t_n} \in D$, 使得 $t_n \to v$. 因 f 是下半连续函数, 有

$$f(y_v) \leqslant \liminf_{n \to \infty} f(y_{t_n}) \leqslant \max\{f(x), f(y)\},$$

因此有 $y_v \in D$.

令 $\alpha_1 = v\bar{\alpha}, \alpha_2 = \bar{\alpha} + u - u\bar{\alpha}$, 则有 $0 \leqslant \alpha_1 < \bar{\alpha} < \alpha_2 \leqslant 1$. 由条件 C, 进一步得到

$$x_u + \lambda\eta(y_v, x_u) = y + \alpha_2\eta(x, y) + \lambda\eta(y + \alpha_1\eta(x, y), y + \alpha_2\eta(x, y))$$

$$= y + (\lambda\alpha_1 + (1 - \lambda)\alpha_2)\eta(x, y), \quad \forall \lambda \in [0, 1].$$

由上式以及 α_1 和 α_2 的定义, 得到

$$f(x_u + \lambda\eta(y_v, x_u)) = f(y + (\lambda\alpha_1 + (1 - \lambda)\alpha_2)\eta(x, y))$$

$$> \max\{f(x), f(y)\} \geqslant \max\{f(y_v), f(x_u)\}, \quad \forall \lambda \in (0, 1),$$

这与定理的假设条件相矛盾. □

定理 5.4.6 设 $S \subset \mathbb{R}^n$ 是关于 $\eta : \mathbb{R}^n \times \mathbb{R}^n \to \mathbb{R}^n$ 的不变凸集, 且 η 满足条件 C. 又设函数 f 在 S 上关于 η 是半严格预拟不变凸函数. 则 f 在 S 上关于相同 η 是预拟不变凸函数当且仅当 $\forall x, y \in S, \exists \alpha \in (0, 1)$, 使得

$$f(y + \alpha\eta(x, y)) \leqslant \max\{f(x), f(y)\}.$$

证明 必要性显然, 需证充分性. 反证法. 假设 f 关于 η 不是预拟不变凸函数, 则 $\exists x, y \in S, \exists \lambda \in (0, 1)$, 使得

$$f(y + \lambda \eta(x, y)) > \max\{f(x), f(y)\}.$$

不失一般性, 假设 $f(x) \geqslant f(y)$. 记 $z = y + \lambda \eta(x, y)$, 则

$$f(z) > f(x). \tag{5.80}$$

如果 $f(x) > f(y)$, 则由 f 关于 η 的半严格预拟不变凸性, 有 $f(z) < f(x)$, 这与式 (5.80) 相矛盾. 如果 $f(x) = f(y)$, 则式 (5.80) 蕴涵

$$f(z) > f(x) = f(y). \tag{5.81}$$

下面分两种情形导出矛盾.

情形一 考虑 $0 < \lambda < \alpha < 1$. 记 $z_1 = y + \dfrac{\lambda}{\alpha} \eta(x, y)$, 据此和条件 C 及定理 5.2.4, 有

$$y + \alpha \eta(z_1, y) = y + \alpha \eta \left(y + \frac{\lambda}{\alpha} \eta(x, y), y \right)$$

$$= y + \lambda \eta(x, y) = z.$$

因此, 据定理的假设条件有 $f(z) \leqslant \max\{f(z_1), f(y)\}$. 据此和式 (5.81) 推出

$$f(z) \leqslant f(z_1). \tag{5.82}$$

记 $b = \dfrac{\lambda(1 - \alpha)}{\alpha(1 - \lambda)}$, 由于 $0 < \lambda < \alpha < 1$, 知 $0 < b < 1$. 据此和条件 C, 有

$$z + b\eta(x, z) = y + \lambda \eta(x, y) + b\eta(x, y + \lambda \eta(x, y))$$

$$= y + (\lambda + b(1 - \lambda))\eta(x, y) = y + \left(\lambda + \frac{\lambda(1 - \alpha)}{\alpha} \right) \eta(x, y)$$

$$= y + \frac{\lambda}{\alpha} \eta(x, y) = z_1.$$

由 f 关于 η 的半严格预拟不变凸性, 由不等式 (5.81) 和上面的等式得到

$$f(z_1) < \max\{f(x), f(y)\} = f(y),$$

这与式 (5.82) 相矛盾.

情形二 考虑 $0 < \alpha < \lambda < 1$. 这时, 将情形一中的 α 与 $(1-\alpha)$ 和 λ 与 $(\lambda - \alpha)$ 互换, 可以导出矛盾. □

下面的结果是对 Karamardian 定理 (定理 2.2.2) 的推广.

定理 5.4.7 设 $S \subset \mathbb{R}^n$ 关于 $\eta : \mathbb{R}^n \times \mathbb{R}^n \to \mathbb{R}^n$ 是不变凸集, 且 η 满足条件 C. 设 $f : S \to \mathbb{R}$ 是下半连续函数且满足条件 D. 如果 $\exists \alpha \in (0,1)$, 使得 $\forall x, y \in S, f(x) \neq f(y)$,

$$f(y + (1-\alpha)\eta(x,y)) < \max\{f(x), f(y)\}, \tag{5.83}$$

则 f 在 S 上关于 η 是预拟不变凸函数.

证明 由定理 5.4.5 知, 只需证明 $\forall x, y \in S, \exists \lambda \in (0,1)$, 使得

$$f(y + \lambda\eta(x,y)) \leqslant \max\{f(x), f(y)\}.$$

反证法: 假设 $\exists x, y \in S, \forall \lambda \in (0,1)$, 有

$$f(y + \lambda\eta(x,y)) > \max\{f(x), f(y)\}. \tag{5.84}$$

如果 $f(x) \neq f(y)$, 由条件 (5.83) 得到 $f(y + (1-\alpha)\eta(x,y)) < \max\{f(x), f(y)\}$, 这与式 (5.84) 相矛盾. 如果 $f(x) = f(y)$, 则由式 (5.84) 推出

$$f(y + \lambda\eta(x,y)) > f(x) = f(y), \quad \forall \lambda \in (0,1). \tag{5.85}$$

据此得到

$$f(y + \lambda\eta(x,y) + \alpha\eta(x, y + \lambda\eta(x,y))) = f(y + (\lambda + \alpha(1-\lambda))\eta(x,y))$$
$$> f(y), \quad \forall \lambda \in (0,1). \tag{5.86}$$

由式 (5.83) 和式 (5.85), 有

$$f(y + \lambda\eta(x,y) + \alpha\eta(x, y + \lambda\eta(x,y))) < \max\{f(y + \lambda\eta(x,y)), f(x)\}$$
$$= f(y + \lambda\eta(x,y)), \quad \forall \lambda \in (0,1).$$

综上, 由式 (5.83)、式 (5.86) 和上式, 有

$$f(y + (1-\alpha)(\lambda + \alpha(1-\lambda))\eta(x,y))$$
$$= f(y + \lambda\eta(x,y) + \alpha\eta(x, y + \lambda\eta(x,y))$$
$$+ \alpha\eta(y, y + \lambda\eta(x,y) + \alpha\eta(x, y + \lambda\eta(x,y))))$$

$$< \max\{f(y), \alpha f(y + \lambda\eta(x, y)) + \alpha\eta(x, y + \lambda\eta(x, y)))\}$$

$$= f(y + \lambda\eta(x, y) + \alpha\eta(x, y + \lambda\eta(x, y)))$$

$$< f(y + \lambda\eta(x, y)), \quad \forall\lambda \in (0, 1).$$

取 $\lambda = \dfrac{1-\alpha}{2-\alpha} \in (0, 1)$, 则由上面的不等式推出

$$f\left(y + \frac{1-\alpha}{2-\alpha}\eta(x, y)\right) < f\left(y + \frac{1-\alpha}{2-\alpha}\eta(x, y)\right),$$

显然矛盾. □

5.4.3 半严格预拟不变凸函数的性质

将定理 5.4.6 中的 "半严格预拟不变凸" 与 "预拟不变凸" 互换, 有下面有趣的结果.

定理 5.4.8 设 $S \subset \mathbb{R}^n$ 关于 $\eta : \mathbb{R}^n \times \mathbb{R}^n \to \mathbb{R}^n$ 是不变凸集, η 满足条件 C. 又设函数 f 在 S 上关于 η 是预拟不变凸函数. 则 f 在 S 上关于相同 η 是半严格预拟不变凸函数当且仅当 $\exists\alpha \in (0, 1), \forall x, y \in S, f(x) \neq f(y)$, 使得

$$f(y + \alpha\eta(x, y)) < \max\{f(x), f(y)\},$$

证明 按定义, 必要性显然. 充分性的证明使用反证法: 其方法大体上与定理 5.4.6 的证明类似 (见文献 [49]), 这里从略. □

定理 5.4.8 改进了文献 [52] 定理 3.1 的结果. 由定理 5.4.8 和定理 5.4.7, 有下面的推论.

推论 5.4.3 设 $S \subset \mathbb{R}^n$ 关于 $\eta : \mathbb{R}^n \times \mathbb{R}^n \to \mathbb{R}^n$ 是不变凸集, η 满足条件 C. 设 $f : S \to \mathbb{R}$ 是下半连续函数且满足条件 D. 则 f 在 S 上关于 η 是半严格预拟不变凸函数当且仅当

$$\exists\alpha \in (0, 1), \quad \forall x, y \in S, \quad f(x) \neq f(y),$$

$$f(y + (1 - \alpha)\eta(x, y)) < \max\{f(x), f(y)\}.$$

当函数 f 可微时, 伪不变凸性蕴涵半严格预拟不变凸性, 有下面的定理.

定理 5.4.9 设 $S \subset \mathbb{R}^n$ 关于 $\eta : \mathbb{R}^n \times \mathbb{R}^n \to \mathbb{R}^n$ 是不变凸集, η 满足条件 C, $f : \mathbb{R}^n \to \mathbb{R}$ 是可微函数. 如果 f 在 S 上关于 η 是伪不变凸函数, 则它在 S 上关于相同 η 是半严格预拟不变凸函数.

证明 反证法: 假设 f 关于 η 不是半严格预拟不变凸函数, 即 $\exists x, y \in S, f(x) \neq f(y), \exists\lambda \in (0, 1)$,

$$f(y + \lambda\eta(x,y)) \geqslant \max\{f(x), f(y)\}.$$

不失一般性, 假设 $f(x) < f(y)$, 则由上式有

$$f(y + \lambda\eta(x,y)) \geqslant f(y) > f(x). \tag{5.87}$$

由式 (5.87) 和 f 关于 η 的伪不变凸性, 有

$$\nabla f(y + \lambda\eta(x,y))^{\mathrm{T}}\eta(x, y + \lambda\eta(x,y)) < 0.$$

由上式和条件 C 得到

$$\nabla f(y + \lambda\eta(x,y))^{\mathrm{T}}\eta(y, y + \lambda\eta(x,y)) > 0. \tag{5.88}$$

由式 (5.88) 和 f 关于 η 的伪不变凸性有

$$f(y) \geqslant f(y + \lambda\eta(x,y)). \tag{5.89}$$

由式 (5.87) 和式 (5.89) 有 $f(y) = f(y+\lambda\eta(x,y))$. 据此和式 (5.88) 知, $\exists \alpha \in (0,1)$, 使得

$$f(y + \alpha\eta(y, \lambda\eta(x,y), y)) > f(y + \lambda\eta(x,y)) = f(y). \tag{5.90}$$

据此和 f 关于 η 的伪不变凸性得到

$$\nabla f(y + \alpha\eta(y + \lambda\eta(x,y), y))^{\mathrm{T}}\eta(y, y + \alpha\eta(y + \lambda\eta(x,y), y)) < 0,$$

再使用条件 C, 推出 $\nabla f(y + \alpha\lambda\eta(x,y))^{\mathrm{T}}(-\alpha\lambda\eta(x,y)) < 0$, 进而有

$$\nabla f(y + \alpha\lambda\eta(x,y))^{\mathrm{T}}\eta(x,y) > 0. \tag{5.91}$$

类似地, 由式 (5.90) 和 f 关于 η 的伪不变凸性有

$$\nabla f(y + \alpha\eta(y + \lambda\eta(x,y), y))^{\mathrm{T}}\eta(y + \lambda\eta(x,y), y + \alpha\eta(y + \lambda\eta(x,y), y)) < 0. \tag{5.92}$$

由条件 C 和定理 5.2.4 有

$$\eta(y + \lambda\eta(x,y), y + \alpha\eta(y + \lambda\eta(x,y), y))$$
$$= \eta(y + \lambda\eta(x,y), y + \alpha\lambda\eta(x,y))$$
$$= (1 - \alpha)\lambda\eta(x,y).$$

据此和式 (5.92), 得到 $(1 - \alpha)\lambda\nabla f(y + \alpha\lambda\eta(x,y))^{\mathrm{T}}\eta(x,y) < 0$, 进而有

$$\nabla f(y + \alpha\lambda\eta(x,y))^{\mathrm{T}}\eta(x,y) < 0.$$

这与式 (5.91) 相矛盾. □

5.4.4　严格预拟不变凸函数的性质

关于预拟不变凸性与严格预拟不变凸性之间的关系, 我们有如下定理. 该定理的证明类似于定理 5.2.7, 详见文献 [48].

定理 5.4.10　设 $S \subset \mathbb{R}^n$ 关于 $\eta : \mathbb{R}^n \times \mathbb{R}^n \to \mathbb{R}^n$ 是不变凸集, 且 η 满足条件 C. 则函数 f 在 S 上关于 η 是严格预拟不变凸函数当且仅当下列条件成立:

(i) f 在 S 上关于 η 是预拟不变凸函数;

(ii) $\exists \alpha \in (0,1), \forall x, y \in S, x \neq y, f(y + \alpha\eta(x,y)) < \max\{f(x), f(y)\}$.

证明　根据定义, 必要性显然, 证明充分性. 利用反证法: 假设 f 关于 η 不是严格预拟凸函数, 则 $\exists x, y \in S, x \neq y, \exists \lambda \in (0,1)$, 使得 $f(y + \lambda\eta(x,y)) \geqslant \max\{f(x), f(y)\}$. 由 f 关于 η 的预拟不变凸性, 有 $f(y + \lambda\eta(x,y)) \leqslant \max\{f(x), f(y)\}$, 因此得到等式

$$f(y + \lambda\eta(x,y)) = \max\{f(x), f(y)\}. \tag{5.93}$$

选取 β_1, β_2 满足 $0 < \beta_1 < \lambda < \beta_2 < 1$ 和 $\lambda = \alpha\beta_1 + (1-\alpha)\beta_2$. 记 $\bar{x} = y + \beta_1\eta(x,y)$, $\bar{y} = y + \beta_2\eta(x,y)$. 使用条件 C, 可以证明

$$\bar{y} + \alpha\eta(\bar{x}, \bar{y}) = y + \lambda\eta(x,y). \tag{5.94}$$

再次使用 f 关于 η 的预拟不变凸性, 由式 (5.94) 有

$$f(\bar{x}) \leqslant \max\{f(x), f(y)\}, \quad f(\bar{y}) \leqslant \max\{f(x), f(y)\}.$$

由条件 (ii)、式 (5.94) 和上面两个不等式, 得到 $f(y + \lambda\eta(x,y)) < \max\{f(x), f(y)\}$, 这与式 (5.93) 相矛盾. $\qquad\square$

将定理 5.4.7 证明中的 $x \neq y$ 换成 $f(x) \neq f(y)$, 可以得到类似的结果:

定理 5.4.11　设 $S \subset \mathbb{R}^n$ 关于 $\eta : \mathbb{R}^n \times \mathbb{R}^n \to \mathbb{R}^n$ 是不变凸集, 且 η 满足条件 C. 则满足条件 D 的下半连续函数 f 在 S 上关于 η 是严格预拟不变凸函数当且仅当

$$\exists \alpha \in (0,1), \quad \forall x, y \in S, \quad f(x) \neq f(y),$$
$$f(y + \alpha\eta(x,y)) < \max\{f(x), f(y)\}.$$

由定义知严格预拟不变凸性蕴涵半严格预拟不变凸性, 反之不真. 然而, 有下面的结果.

定理 5.4.12　设 $S \subset \mathbb{R}^n$ 关于 $\eta : \mathbb{R}^n \times \mathbb{R}^n \to \mathbb{R}^n$ 是不变凸集, 且 η 满足条件 C. 则函数 f 在 S 上关于 η 是严格预拟不变凸函数当且仅当它关于相同 η 是半严格预拟不变凸函数且满足

$$\exists \alpha \in (0,1), \quad \forall x, y \in S, \quad x \neq y, \quad f(y + \alpha\eta(x,y)) < \max\{f(x), f(y)\}.$$

证明 根据定义, 必要性显然, 证明充分性. 因为 f 关于 η 是半严格预拟不变凸的, 只需证明: 当 $f(x) = f(y), x \neq y$ 时, 有

$$f(y + \lambda\eta(x,y)) < \max\{f(x), f(y)\}, \quad \forall\lambda \in (0,1).$$

这时, 由定理的假设条件有

$$f(y + \alpha\eta(x,y)) < f(x) = f(y), \quad \forall x, y \in S, \quad x \neq y. \tag{5.95}$$

记 $\bar{x} = y + \alpha\eta(x,y)$ 任取 $\forall\lambda \in (0,1)$. 如果 $\lambda < \alpha$, 则 $\mu = \dfrac{\alpha - \lambda}{\alpha} \in (0,1)$. 由条件 C, 有 $\bar{x} + \mu\eta(y,\bar{x}) = y + \lambda\eta(x,y)$. 使用 f 关于 η 的半严格预拟不变凸性和式 (5.95), 有 $f(y + \lambda\eta(x,y)) = f(\bar{x} + \mu\eta(y,\bar{x})) < \max\{f(y), f(\bar{x})\} = f(y)$. 如果 $\lambda > \alpha$, 则 $\nu = \dfrac{\lambda - \alpha}{1 - \alpha} \in (0,1)$. 由条件 C, 有 $\bar{x} + \nu\eta(x,\bar{x}) = y + \lambda\eta(x,y)$. 使用 f 关于 η 的半严格预拟不变凸性和式 (5.95), 有 $f(y + \lambda\eta(x,y)) = f(\bar{x} + \nu\eta(x,\bar{x})) < \max\{f(x), f(\bar{x})\} = f(x)$. 综上, 完成证明. $\square$

5.4.5 在多目标规划中的应用

考虑如下多目标规划问题 (MP):

$$\min \quad f(x) = (f_1(x), \cdots, f_m(x))^{\mathrm{T}}, \quad \text{s.t.} \quad x \in \Gamma,$$

其中 $f : \Gamma \to \mathbb{R}^m$ 是向量值函数, $\Gamma \subset \mathbb{R}^n$ 是关于 $\eta : \mathbb{R}^n \times \mathbb{R}^n \to \mathbb{R}^n$ 的不变凸集. 记

$$\mathbb{R}^m_+ = \{\lambda = (\lambda_1, \cdots, \lambda_m) \in \mathbb{R}^m : \lambda_i \geqslant 0, i = 1, \cdots, m\},$$

$$\mathbb{R}^m_{++} = \{\lambda = (\lambda_1, \cdots, \lambda_m) \in \mathbb{R}^m : \lambda_i > 0, i = 1, \cdots, m\}.$$

定义 5.4.4 (i) 点 $\bar{x} \in \Gamma$ 称为问题 (MP) 的全局有效解, 如果不存在任何点 $y \in \Gamma$, 使得 $f(y) \in f(\bar{x}) - \mathbb{R}^m_+ \backslash \{0\}$.

(ii) 点 $\bar{x} \in \Gamma$ 称为问题 (MP) 的局部有效解, 如果存在 $\bar{x}$ 的邻域 $N(\bar{x})$, 使得不存在任何点 $y \in \Gamma \cap N(\bar{x})$, 满足 $f(y) \in f(\bar{x}) - \mathbb{R}^m_+ \backslash \{0\}$.

定义 5.4.5 (i) 点 $\bar{x} \in \Gamma$ 称为问题 (MP) 的全局弱有效解, 如果不存在任何点 $y \in \Gamma$, 使得 $f(y) \in f(\bar{x}) - \mathbb{R}^m_{++}$.

(ii) 点 $\bar{x} \in \Gamma$ 称为问题 (MP) 的局部弱有效解, 如果存在 $\bar{x}$ 的邻域 $N(\bar{x})$, 使得不存在任何点 $y \in \Gamma \cap N(\bar{x})$, 满足 $f(y) \in f(\bar{x}) - \mathbb{R}^m_{++}$.

定理 5.4.13 设 $f_i(x), i = 1, \cdots, m$ 是关于相同的向量值函数 η 的预拟不变凸和半严格预拟不变凸函数. 则问题 (MP) 的任何局部有效解是它的全局有效解.

证明 若其不然, 则存在问题 (MP) 的局部有效解 $\bar{x} \in \Gamma$, 它不是 (MP) 的全局有效解. 这表明, $\exists u \in \Gamma$, 使得

$$f_i(u) \leqslant f_i(\bar{x}), \quad 1 \leqslant i \leqslant m, \tag{5.96}$$

且 $\exists j \in \{1, \cdots, m\}$ 使得

$$f_j(u) < f_j(\bar{x}). \tag{5.97}$$

由 $f_1(x), \cdots, f_m(x)$ 关于相同 η 的预拟不变凸性和式 (5.96), 有

$$f_i(\bar{x} + \beta \eta(u, \bar{x})) \leqslant f_i(\bar{x}), \quad 1 \leqslant i \leqslant m, \quad \forall \beta \in [0, 1], \tag{5.98}$$

而由 f_j 的半严格预拟不变凸性和式 (5.97) 得到

$$f_j(\bar{x} + \beta \eta(u, \bar{x})) < f_j(\bar{x}), \quad \forall \beta \in [0, 1].$$

由式 (5.98) 和上式推出: $\bar{x}$ 不是问题 (MP) 的局部有效解, 这导致矛盾. $\qquad \square$

定理 5.4.13 用半严格预拟不变凸性和预拟不变凸性代替了文献 [60] 中定理 1 的预不变凸性条件, 因而推广了该定理.

定理 5.4.14 设 $f_i(x), i = 1, \cdots, m$ 是关于向量值函数 η 的预拟不变凸函数, 且 $\exists k \in \{1, \cdots, m\}, f_k(x)$ 是关于相同的向量值函数 η 的严格预拟不变凸函数. 假设 $\exists \lambda = (\lambda_1, \cdots, \lambda_m) \geqslant 0$, 且 $\lambda_k > 0$, 使得 $\bar{x} \in \Gamma$ 是问题 $\min\limits_{x \in \Gamma} \lambda^{\mathrm{T}} f(x)$ 的局部解, 则 $\bar{x}$ 还是问题 (MP) 的全局有效解.

证明 若其不然, 即 $\bar{x}$ 不是 (MP) 的全局有效解. 这表明, $\exists \hat{x} \in \Gamma, f(\hat{x}) \neq f(\bar{x})$, 使得 $f_i(\hat{x}) \leqslant f_i(\bar{x}), 1 \leqslant i \leqslant m$. $\forall \beta \in [0, 1]$, 由 $f_1(x), \cdots, f_m(x)$ 的预拟不变凸性有 $f_i(\bar{x} + \beta \eta(\hat{x}, \bar{x})) \leqslant f_i(\bar{x}), 1 \leqslant i \leqslant m$. 而由 f_k 的严格预拟不变凸性得到 $f_k(\bar{x} + \beta \eta(\hat{x}, \bar{x})) < f_k(\bar{x})$. 因此, 由 $\lambda = (\lambda_1, \cdots, \lambda_m) \geqslant 0, \lambda_k > 0$ 得到

$$\sum_{i=1}^{m} \lambda_i f_i(\bar{x} + \beta \eta(\hat{x}, \bar{x})) < \sum_{i=1}^{m} \lambda_i f_i(\bar{x}), \quad 0 < \beta < 1,$$

即 $\lambda^{\mathrm{T}} f(\bar{x} + \beta \eta(\hat{x}, \bar{x})) < \lambda^{\mathrm{T}} f(\bar{x}), 0 < \beta < 1$. 这与 $\bar{x}$ 是 $\min\limits_{x \in \Gamma} \lambda^{\mathrm{T}} f(x)$ 的局部解相矛盾. $\qquad \square$

容易证明下面几个定理.

定理 5.4.15 设 $f_i(x), i = 1, \cdots, m$ 是关于向量值函数 η 的预拟不变凸函数, 且 $\exists k \in \{1, \cdots, m\}, f_k(x)$ 是关于相同的向量值函数 η 的严格预拟不变凸函数. 则问题 (MP) 的任一局部有效解也是它的一个全局有效解.

定理 5.4.16 设 $f_i(x), i = 1, \cdots, m$ 是关于向量值函数 η 的半严格预拟不变凸函数. 则问题 (MP) 的任一局部弱有效解也是它的一个全局弱有效解.

定理 5.4.16 用半严格预拟不变凸性代替了文献 [62] 定理 1 中的预不变凸性条件, 因而推广了该定理.

定理 5.4.17 设 $f_i(x), i = 1, \cdots, m$ 是关于向量值函数 η 的半严格预拟不变凸函数. 假设 $\exists \lambda = (\lambda_1, \cdots, \lambda_m) \geqslant 0$, 对于某个 $k, 1 \leqslant k \leqslant m$ 有 $\lambda_k > 0$, 使得 $\bar{x} \in \Gamma$ 是问题 $\min\limits_{x \in \Gamma} \lambda^{\mathrm{T}} f(x)$ 的局部解, 则 $\bar{x}$ 还是问题 (MP) 的全局有效解.

如果在问题 (MP) 中, $m = 1$, 则多目标规划问题 (MP) 退化为单目标规划问题 $(\mathrm{MP})_1$:

$$\min_{x \in \Gamma} f(x),$$

其中 $f : \Gamma \to \mathbb{R}$ 是实值函数, $\Gamma \subset \mathbb{R}^n$ 是关于 $\eta : \mathbb{R}^n \times \mathbb{R}^n \longrightarrow \mathbb{R}^n$ 的不变凸集.

定理 5.4.18 设 $f(x)$ 在 Γ 上是关于向量值函数 η 的严格预拟不变凸函数. 则 $(\mathrm{MP})_1$ 的解是唯一的.

证明 设 $\bar{x} \in \Gamma$ 是 $(\mathrm{MP})_1$ 的一个解, 又设 $y \in \Gamma, y \neq \bar{x}$ 也是它的一个解, 即 $f(y) = f(\bar{x})$. 由 f 的严格预拟不变凸性知 $f(\bar{x} + \lambda \eta(y, \bar{x})) < f(\bar{x}), \forall \lambda \in (0, 1)$. 这与 $\bar{x}$ 是 $(\mathrm{MP})_1$ 的解相矛盾, 故 $(\mathrm{MP})_1$ 的解是唯一的. $\qquad\square$

定理 5.4.19 设 $f(x)$ 在 Γ 上是关于向量值函数 η 的预拟不变凸函数. 则 $(\mathrm{MP})_1$ 的解集是关于相同 η 的不变凸集.

证明 记 $\alpha = \inf\limits_{x = \Gamma} f(x), K = \{x \in \Gamma, f(x) = \alpha\}$. 由 f 在 Γ 上关于 η 的预拟不变凸性知, $\forall x_1, x_2 \in K$,

$$f(x_1 + \lambda \eta(x_2, x_1)) \leqslant \max\{f(x_1), f(x_2)\} = \alpha, \quad 0 \leqslant \lambda \leqslant 1$$

$$\Rightarrow x_1 + \lambda \eta(x_2, x_1) \in K, \quad 0 \leqslant \lambda \leqslant 1.$$

因此, $(\mathrm{MP})_1$ 的解集是关于 η 的不变凸集. $\qquad\square$

5.5 半预不变凸函数

5.5.1 半预不变凸函数的若干新性质

1992 年, Yang 和 Chen 在文献 [61] 中引进了称之为 "半预不变凸函数" 这样一类新的广义凸函数概念. 半预不变凸函数类包含预不变凸函数类和弧连通函数类为其特例. 在这一节里, 只介绍半预不变凸函数的若干新性质.

定义 5.5.1 设 $\eta : \mathbb{R}^n \times \mathbb{R}^n \times [0, 1] \to \mathbb{R}^n$ 称集合 $S \subset \mathbb{R}^n$ 关于 η 是半连通集, 如果 $\forall x, y \in S, \forall \alpha \in [0, 1]$ 使得 $y + \alpha \eta(x, y, \alpha) \in S$.

定义 5.5.2 设集合 $S \subset \mathbb{R}^n$ 是关于向量值函数 $\eta : \mathbb{R}^n \times \mathbb{R}^n \times [0, 1] \to \mathbb{R}^n$ 的半连通集, 实值函数 $f : S \to \mathbb{R}$. 称 f 关于 η 是半预不变凸函数, 如果 $\forall x, y \in S, \forall \alpha \in [0, 1]$ 有

$$f(y + \alpha\eta(x, y, \alpha)) \leqslant \alpha f(x) + (1 - \alpha)f(y),$$

其中 $\lim\limits_{\alpha\downarrow 0} \alpha\eta(x, y, \alpha) = 0$.

下面三个定理是半预不变凸性的特征刻画.

定理 5.5.1 设 $S \subset \mathbb{R}^n$ 是关于 $\eta : \mathbb{R}^n \times \mathbb{R}^n \times [0, 1] \to \mathbb{R}^n$ 的半连通集. 函数 $f : S \to \mathbb{R}$ 关于 η 是半预不变凸函数当且仅当 $\forall x, y \in S, \forall \alpha \in [0, 1], \forall u, v \in \mathbb{R}$,

$$f(x) < u, \quad f(y) < v \Rightarrow f(y + \alpha\eta(x, y, \alpha)) < \alpha u + (1 - \alpha)v.$$

证明 由定义, 必要性显然, 只证充分性. 设 $x, y \in S, \alpha \in [0, 1]$ 对任意的 $\delta > 0$, 有 $f(x) < f(x) + \delta, f(y) < f(y) + \delta$. 由定理的假设条件知, 对于 $\alpha \in (0, 1)$, 有

$$f(y + \alpha\eta(x, y, \alpha)) < \alpha(f(x) + \delta) + (1 - \alpha)(f(y) + \delta)$$

$$= \alpha f(x) + (1 - \alpha)f(y) + \delta.$$

因 $\delta > 0$ 可以任意小, 故由上式得到 $f(y + \alpha\eta(x, y, \alpha)) \leqslant \alpha f(x) + (1 - \alpha)f(y)$, $\alpha \in (0, 1)$. 因此, f 在 S 上关于 η 是半预不变凸函数. $\qquad\square$

定理 5.5.2 设 $S \subset \mathbb{R}^n$ 是关于 $\eta : \mathbb{R}^n \times \mathbb{R}^n \times [0, 1] \to \mathbb{R}^n$ 的半连通集. 函数 $f : S \to \mathbb{R}$ 关于 η 是半预不变凸函数当且仅当集合

$$F(f) = \{(x, u) \in S \times \mathbb{R} : f(x) < u\}$$

关于 $\eta' : F(f) \times F(f) \times [0, 1] \to \mathbb{R}^{n+1}$ 是半连通集, 其中

$$\eta'((y, v), (x, u), \alpha) = (\eta(y, x, \alpha), v - u), \quad \forall(x, u), (y, v) \in F(f).$$

证明 必要性: 设 $(x, u) \in F(f), (y, v) \in F(f)$, 即 $f(x) < u, f(y) < v$. 由 f 关于 η 的半预不变凸性, 有

$$f(x + \alpha\eta(y, x, \alpha)) \leqslant (1 - \alpha)f(x) + \alpha f(y) < (1 - \alpha)u + \alpha v, \quad \alpha \in (0, 1).$$

这表明 $(x + \alpha\eta(y, x, \alpha), (1 - \alpha)u + \alpha v) \in F(f), \alpha \in (0, 1)$. 这导致

$$(x, u) + \alpha(\eta(y, x, \alpha), v - u) \in F(f), \quad \alpha \in (0, 1).$$

因此, $F(f)$ 关于 $\eta'((y, v), (x, u), \alpha) = (\eta(y, x, \alpha), v - u)$ 是半连通集.

充分性: 设 $F(f)$ 关于 $\eta'((y, v), (x, u), \alpha) = (\eta(y, x, \alpha), v - u)$ 是半连通集. 设 $x, y \in S, u, v \in \mathbb{R}$, 使得 $f(x) < u, f(y) < v$. 则 $(x, u) \in F(f), (y, v) \in F(f)$, 由 $F(f)$ 关于 η' 的半连通性, 有

$$(x, u) + \alpha\eta'((y, v), (x, u), \alpha) \in F(f), \quad \alpha \in (0, 1).$$

由此推出

$$(x + \alpha\eta(y, x, \alpha), (1-\alpha)u + \alpha v) \in F(f), \quad \alpha \in (0, 1),$$

即 $f(y + \alpha\eta(x, y, \alpha)) < \alpha u + (1-\alpha)v$. 由定理 5.5.1, f 在 S 上关于 η 是半预不变凸函数. $\qquad\square$

在文献 [62] 中, Noor 给出了一个通过上图对半预不变凸函数的特征刻画: 函数 $f: S \to \mathbb{R}$ 关于 $\eta: \mathbb{R}^n \times \mathbb{R}^n \times [0, 1] \to \mathbb{R}^n$ 是半预不变凸函数当且仅当集合 f 的上图

$$\mathrm{epi}f = \{(x, u) \in S \times \mathbb{R}, f(x) \leqslant u\}$$

关于相同 η 是半连通集.

这一结果有瑕疵. 下面的定理纠正了其中的错误.

定理 5.5.3 设 $S \subset \mathbb{R}^n$ 是关于 $\eta: \mathbb{R}^n \times \mathbb{R}^n \times [0, 1] \to \mathbb{R}^n$ 的半连通集. 函数 $f: S \to \mathbb{R}$ 关于 η 是半预不变凸函数当且仅当集合

$$\mathrm{epi}f = \{(x, u) \in S \times \mathbb{R} : f(x) \leqslant u\}$$

关于 $\eta': \mathrm{epi}f \times \mathrm{epi}f \to \mathbb{R}^{n+1}$ 是半连通集, 其中

$$\eta'((y, v), (x, u), \alpha) = (\eta(y, x, \alpha), v - u), \quad \forall (x, u), (y, v) \in \mathrm{epi}f.$$

证明 必要性: 设 $(x, u) \in \mathrm{epi}f, (y, v) \in \mathrm{epi}f$, 即 $f(x) \leqslant u, f(y) \leqslant v$. 由 f 关于 η 的半预不变凸性, 有

$$f(x + \alpha\eta(y, x, \alpha)) \leqslant (1-\alpha)f(x) + \alpha f(y) \leqslant (1-\alpha)u + \alpha v, \quad \alpha \in (0, 1).$$

这表明 $(x + \alpha\eta(y, x, \alpha), (1-\alpha)u + \alpha v) \in \mathrm{epi}f, \alpha \in (0, 1)$. 这导致

$$(x, u) + \alpha(\eta(y, x, \alpha), v - u) \in \mathrm{epi}f, \quad \alpha \in (0, 1).$$

因此, $\mathrm{epi}f$ 关于 $\eta'((y, v), (x, u), \alpha) = (\eta(y, x, \alpha), v - u)$ 是半连通集.

充分性: 设 $\mathrm{epi}f$ 关于 $\eta'((y, v), (x, u), \alpha) = (\eta(y, x, \alpha), v - u)$ 是半连通集. 设 $x, y \in S, u, v \in \mathbb{R}$, 使得 $f(x) \leqslant u, f(y) \leqslant v$. 则 $(x, u) \in \mathrm{epi}f, (y, v) \in \mathrm{epi}f$, 由 $\mathrm{epi}f$ 关于 η' 的半连通性, 有

$$(x, u) + \alpha\eta'((y, v), (x, u), \alpha) \in \mathrm{epi}f, \quad \alpha \in (0, 1).$$

由此推出

$$(x + \alpha\eta(y, x, \alpha), (1-\alpha)u + \alpha v) \in \mathrm{epi}f, \quad \alpha \in (0, 1).$$

因此有 $f(y + \alpha\eta(x, y, \alpha)) \leqslant \alpha u + (1-\alpha)v, \forall \alpha \in [0, 1]$. 由定义 5.5.2, f 在 S 上关于 η 是半预不变凸函数. $\qquad\square$

定理 5.5.4　设 $S \subset \mathbb{R}^{n+1}$, 向量值函数 $\eta : \mathbb{R}^n \times \mathbb{R}^n \times [0,1] \to \mathbb{R}^n$ 和 $\eta' : S \times S \times [0,1] \to \mathbb{R}^{n+1}$ 满足条件

$$\eta'((y,v),(x,u),\alpha) = (\eta(y,x,\alpha), v - u), \quad \forall (x,u), (y,v) \in S.$$

构造函数 $f : \mathbb{R}^n \to \mathbb{R}$ 如下

$$f(x) = \inf\{u \in \mathbb{R} : (x,u) \in S\}, \quad \forall x \in \mathbb{R}^n.$$

如果 S 关于 η' 是半连通集, 则 f 在 $\mathbb{R}^n$ 上关于 η 是半预不变凸函数.

证明　任取 $x, y \in \mathbb{R}^n$, 由 S 关于 η' 是半连通集知, $\forall (x,u), (y,v) \in S$, 有

$$(x,u) + \alpha\eta'((y,v),(x,u),\alpha) \in S, \quad \forall \alpha \in (0,1).$$

由条件 $\eta'((y,v),(x,u),\alpha) = (\eta(y,x,\alpha), v - u)$ 推出

$$(x,u) + \alpha\eta'((y,v),(x,u),\alpha)$$
$$= (x + \alpha\eta(x,y,\alpha), (1-\alpha)u + \alpha v) \in S, \quad \forall \alpha \in (0,1).$$

由 f 的定义, 得到 $f(x + \alpha\eta(x,y,\alpha)) \leqslant \alpha f(y) + (1-\alpha)f(x), \forall \alpha \in (0,1)$. 因此, f 在 $\mathbb{R}^n$ 上关于 η 是半预不变凸函数. □

定理 5.5.5　设 $\{S_i\}_{i \in I}$ 是 $\mathbb{R}^{n+1}$ 中关于相同向量值函数 $\eta' : \mathbb{R}^{n+1} \times \mathbb{R}^{n+1} \times [0,1] \to \mathbb{R}^{n+1}$ 的半连通子集族, 则它们的交集 $\bigcap_{i=I} S_i$ 关于相同的 η' 是半连通集.

证明　设 $(x,\alpha), (y,\beta) \in \bigcap_{i \in I} S_i$, 则 $\forall i \in I, (x,\alpha), (y,\beta) \in S_i$. 注意到 $\forall i \in I, S_i$ 关于相同的 η' 是半连通集, 故

$$(y + \alpha\eta'(x,y,\alpha), \alpha\alpha + (1-\alpha)\beta) \in S_i, \quad \forall \alpha \in [0,1].$$

据此得到

$$(y + \alpha\eta'(x,y,\alpha), \alpha\alpha + (1-\alpha)\beta) \in \bigcap_{i \in I} S_i, \quad \forall \alpha \in [0,1].$$

于是论断获证. □

定理 5.5.6　设 $S \subset \mathbb{R}^n$ 是关于 $\eta : \mathbb{R}^n \times \mathbb{R}^n \times [0,1] \to \mathbb{R}^n$ 的半连通集, 实值函数族 $\{f_i\}_{i \in I}$ 中所有函数 f_i 在 S 上关于相同的 η 是有上界的半预不变凸函数. 则函数

$$f(x) = \sup_{i \in I} f_i(x)$$

在 S 上关于相同的 η 是半预不变凸函数.

证明 因每个函数 f_i 在 S 上关于相同的 η 都是半预不变凸函数, 故由定理 5.4.3 知, 上图 $\mathrm{epi} f_i = \{(x, \alpha) \in S \times \mathbb{R} : f_i(x) \leqslant \alpha\}$ 是 $\mathbb{R}^n \times \mathbb{R}$ 上关于 $\eta' = (\eta(y, x, \alpha), v - u)$ 的半连通集. 由定理 5.4.5, 交集

$$\bigcap_{i \in I} \mathrm{epi} f_i = \{(x, \alpha) \in S \times \mathbb{R} : f_i(x) \leqslant \alpha, i \in I\}$$

$$= \{(x, \alpha) \in S \times \mathbb{R} : f(x) \leqslant \alpha\} = \mathrm{epi} f$$

也是 $\mathbb{R}^n \times \mathbb{R}$ 上关于 $\eta' = (\eta(y, x, \alpha), v - u)$ 的半连通集. 因此, 由定理 5.4.3, f 在 S 上关于 η 是半预不变凸函数. $\qquad\square$

不变凸性和广义不变凸性常常应用于研究分式规划. 下面的定理 5.5.7 由 Khan 和 Hanson 给出 (见文献 [63]).

定理 5.5.7 设 $X_0 \subset \mathbb{R}^n$ 是关于 $\eta : \mathbb{R}^n \times \mathbb{R}^n \times [0, 1] \to \mathbb{R}^n$ 的半连通集, f 和 g 是 X_0 上的实值函数. 如果 $\forall x \in X_0, f(x) \geqslant 0, g(x) > 0, f(x)$ 和 $-g(x)$ 在 X_0 上关于相同的 $\eta(x, y)$ 是不变凸函数, 则 $\dfrac{f(x)}{g(x)}$ 在 X_0 上关于 $\bar{\eta}(x, y) = \dfrac{g(y)}{g(x)}\eta(x, y)$ 是不变凸函数.

下面的定理给出一个类似的结果.

定理 5.5.8 设 $X_0 \subset \mathbb{R}^n$ 是关于 $\eta : \mathbb{R}^n \times \mathbb{R}^n \times [0, 1] \to \mathbb{R}^n$ 的半连通集, f 和 g 是 X_0 上的实值函数. 如果 $\forall x \in X_0, f(x) \geqslant 0, g(x) > 0, f(x)$ 和 $-g(x)$ 在 X_0 上关于相同的 $\eta(x, y, \alpha)$ 是半预不变凸函数, 则 $\dfrac{f(x)}{g(x)}$ 在 X_0 上关于 $\bar{\eta}(x, y, \alpha) = \dfrac{g(y)}{\alpha g(y) + (1 - \alpha)g(x)}\eta(x, y, \alpha)$ 是半预不变凸函数.

证明 因 $f(x)$ 和 $-g(x)$ 在 X_0 上关于相同的 $\eta(x, y, \alpha)$ 是半预不变凸函数, 以及 $\forall x \in X_0, f(x) \geqslant 0, g(x) > 0$ 知, $\forall x, y \in X_0, \forall \alpha \in [0, 1]$ 有

$$\left(\frac{f}{g}\right)(y + \alpha \bar{\eta}(x, y, \alpha)) = \frac{f(y + \alpha \bar{\eta}(x, y, \alpha))}{g(y + \alpha \bar{\eta}(x, y, \alpha))}$$

$$= \frac{f\left(y + \alpha \dfrac{g(y)}{\alpha g(y) + (1 - \alpha)g(x)} \bar{\eta}(x, y, \alpha)\right)}{g\left(y + \alpha \dfrac{g(y)}{\alpha g(y) + (1 - \alpha)g(x)} \bar{\eta}(x, y, \alpha)\right)}$$

$$\leqslant \frac{\dfrac{\alpha g(y)}{\alpha g(y) + (1 - \alpha)g(x)} f(x) + \left(1 - \dfrac{\alpha g(y)}{\alpha g(y) + (1 - \alpha)g(x)}\right) f(y)}{\dfrac{\alpha g(y)}{\alpha g(y) + (1 - \alpha)g(x)} g(x) + \left(1 - \dfrac{\alpha g(y)}{\alpha g(y) + (1 - \alpha)g(x)}\right) g(y)}$$

$$= \alpha \frac{f(x)}{g(x)} + (1-\alpha)\frac{f(y)}{g(y)} = \alpha\left(\frac{f}{g}\right)(x) + (1-\alpha)\left(\frac{f}{g}\right)(y).$$

因此, $\dfrac{f(x)}{g(x)}$ 在 X_0 上关于 $\bar{\eta}(x,y,\alpha)$ 是半预不变凸函数. □

使用定理 5.5.8, 容易证明下面的结果.

定理 5.5.9 设 $X_0 \subset \mathbb{R}^n$ 是关于 $\eta : \mathbb{R}^n \times \mathbb{R}^n \times [0,1] \to \mathbb{R}^n$ 的半连通集, f 和 g 是 X_0 上的实值函数. 如果 $\forall x \in X_0, f(x) \geqslant 0, g(x) > 0, f(x)$ 和 $-g(x)$ 在 X_0 上关于相同的 $\eta(x,y,\alpha)$ 是半预不变凸函数, 且 $\lim\limits_{\alpha \to 0} \eta(x,y,\alpha) = \eta(x,y)$ 则 $\dfrac{f(x)}{g(x)}$ 在 X_0 上关于 $\bar{\eta}(x,y) = \dfrac{g(y)}{g(x)}\eta(x,y)$ 是不变凸函数.

5.5.2 在多目标分式规划中的应用

首先约定 $\mathbb{R}^n$ 中的向量序关系记号:

$$x > y \Leftrightarrow x_i > y_i, \quad i = 1, \cdots, n;$$

$$x \geqq y \Leftrightarrow x_i \geqslant y_i, \quad i = 1, \cdots, n;$$

$$x \geqslant y \Leftrightarrow x_i \geqslant y_i, \quad i = 1, \cdots, n, x \neq y;$$

$$x \ngeqslant y \Leftrightarrow x \geqslant y \text{ 的否定};$$

$$x \ngtr y \Leftrightarrow x > y \text{ 的否定}.$$

考虑多目标分式规划问题 (FP):

$$\min \quad \frac{f(x)}{g(x)} := \left(\frac{f_1(x)}{g_1(x)}, \cdots, \frac{f_k(x)}{g_k(x)}\right),$$

$$\text{s.t.} \quad h(x) \leqq 0, \quad x \in X.$$

总假设 $\forall x \in X, \forall j \in \{1, \cdots, k\}, f_j(x) \geqslant 0, g_j(x) > 0.$

定义 5.5.3 (i) 点 $x^* \in X$ 称为问题 (FP) 的有效解, 如果它是 (FP) 的可行解且不存在另一个可行解 $x \in X$ 使得 $\dfrac{f(x)}{g(x)} \leqslant \dfrac{f(x^*)}{g(x^*)}$.

(ii) 点 $x^* \in X$ 称为问题 (FP) 的真有效解, 如果它是 (FP) 的有效解且存在标量 $M > 0$ 使得 $\forall i \in \{1, \cdots, k\}, \dfrac{\dfrac{f_i(x^*)}{g_i(x^*)} - \dfrac{f_i(x)}{g_i(x)}}{\dfrac{f_j(x)}{g_j(x)} - \dfrac{f_j(x^*)}{g_j(x^*)}} \leqslant M$ 对某个满足 $\dfrac{f_j(x)}{g_j(x)} > \dfrac{f_j(x^*)}{g_j(x^*)}$ 的 $j \in \{1, \cdots, k\}$ 成立, 其中 x 是 (FP) 的可行解, 且 $\dfrac{f_i(x^*)}{g_i(x^*)} > \dfrac{f_i(x)}{g_i(x)}$.

按照 Bector 在文献 [64] 中提出的参数化方法, 需要考虑下面的多目标优化问题 (MP_v):

$$\min \quad (f_1(x) - v_1 g_1(x), \cdots, f_k(x) - v_k g_k(x)),$$
$$\text{s.t.} \quad h(x) \leqq 0, x \in X.$$

下面的引理可以使用与文献 [65] 类似的路径加以证明.

引理 5.5.1 如果 x^* 是问题 (FP) 的真有效解, 则 x^* 是问题 (MP_{v^*}) 的真有效解, 其中 $v_j^* = \dfrac{f_j(x^*)}{g_j(x^*)}, j = 1, \cdots, k$. 反过来, 如果 x^* 是问题 (MP_{v^*}) 的真有效解, 其中 $v_j^* = \dfrac{f_j(x^*)}{g_j(x^*)}, j = 1, \cdots, k$, 则 x^* 是问题 (FP) 的真有效解.

按照 Geoffrion 在文献 [66] 的思路, 考虑问题 (FP) 和 (MP_{v^*}) 对应的标量化问题.

问题 $(\mathrm{FP})_\alpha$:

$$\min \quad \alpha^{\mathrm{T}} \left(\frac{f(x)}{g(x)} \right),$$
$$\text{s.t.} \quad h(x) \leqq 0, \quad x \in X.$$

问题 $(\mathrm{MP}_{v^*})_\alpha$:

$$\min \quad \alpha^{\mathrm{T}} \left(f(x) - v^* g(x) \right),$$
$$\text{s.t.} \quad h(x) \leqq 0, \quad x \in X.$$

关于多目标分式规划问题 (FP) 与这两个标量化问题解的关系, Geoffrion 在文献 [66] 中给出了如下的结果.

引理 5.5.2 如果 x^* 是问题 $(\mathrm{FP})_\alpha$ 对于某个严格正分量的 $\alpha^* \in \mathbb{R}^k$ 的最优解, 则 x^* 是问题 (FP) 的真有效解.

引理 5.5.3 如果 x^* 是问题 $(\mathrm{MP}_{v^*})_\alpha$ 对于某个严格正分量的 $\alpha^* \in \mathbb{R}^k$ 的最优解, 则 x^* 是问题 (FP) 的真有效解.

下面的引理表明, 在半预不变凸条件下, 引理 5.5.3 的逆成立.

引理 5.5.4 如果 x^* 是问题 (FP) 的真有效解, 且 $f_i, -g_i, i = 1, \cdots, k$ 和 $h_j, j = 1, \cdots, m$ 在 X 上关于相同的 η 是半预不变凸函数, 则 x^* 是问题 $(\mathrm{MP}_{v^*})_{\alpha^*}$ 的最优解, 其中

$$v_j^* = \frac{f_j(x^*)}{g_j(x^*)}, j = 1, \cdots, k,$$

$$\alpha^* \in \alpha^+ = \left\{ \alpha \in \mathbb{R}^k : \alpha > 0, \sum_{i=1}^{k} \alpha_i = 1 \right\}.$$

证明　设 x^* 是问题 (FP) 的真有效解, 则由引理 5.5.1, x^* 是问题 (MP$_{v^*}$) 的真有效解, 其中 $v_j^* = \dfrac{f_j(x^*)}{g_j(x^*)}, j = 1, \cdots, k.$ 因 $f_i, -g_i, i = 1, \cdots, k, h_j, j = 1, \cdots, m$ 关于相同的 η 是半预不变凸函数, 故 $f_i - v_i^* g_i$ 对每个 $i = 1, \cdots, k$ 关于相同的 η 是半预不变凸函数. 由文献 [61] 的引理 1 知, x^* 是问题 (MP$_{v^*}$)$_{\alpha^*}$ 的最优解, 其中 $\alpha^* \in \alpha^+$.　　　　□

定义问题 (FP) 的向量鞍点 Lagrange 算子如下

$$\phi(x, y) = \frac{f(x) + y^{\mathrm{T}} h(x) e}{g(x)} =: \left(\frac{f_1(x) + y^{\mathrm{T}} h(x)}{g_1(x)}, \cdots, \frac{f_k(x) + y^{\mathrm{T}} h(x)}{g_k(x)} \right),$$

其中 $e = (1, \cdots, 1) \in \mathbb{R}^k.$

(FP) 的向量鞍点问题是求 $(x^*, y^*) \in X \times \mathbb{R}^m, y^* \geqq 0$ 使得 (FP) 的 Lagrange 算子满足 $\phi(x^*, y) \ngeqq \phi(x^*, y^*) \ngeqq \phi(x, y^*)$, 即

$$\frac{f(x^*) + y^{\mathrm{T}} h(x^*) e}{g(x^*)} \ngeqq \frac{f(x^*) + y^{*\mathrm{T}} h(x^*) e}{g(x^*)}, \tag{5.99}$$

$$\frac{f(x^*) + y^{*\mathrm{T}} h(x^*) e}{g(x^*)} \ngeqq \frac{f(x) + y^{*\mathrm{T}} h(x) e}{g(x)}, \tag{5.100}$$

$\forall (x, y) \in X \times \mathbb{R}^m, y \geqq 0.$

定理 5.5.10　如果 (x^*, y^*) 是向量鞍点问题的解, 且 $f, -g$ 和 h 关于相同 η 是半预不变凸函数, 则 x^* 是 (FP) 的真有效解.

证明　显然, 不等式 (5.99) 蕴涵 $h(x^*) \leqq 0$, 否则, 适当地选取 y 的分量充分大会导致不等式 (5.99) 不成立. 在式 (5.99) 中, 取 $y = 0$ 得到 $y^{*\mathrm{T}} h(x^*) \geqq 0$. 注意到 $y^* \geqq 0$ 加上 $h(x^*) \leqq 0$ 蕴涵 $y^{*\mathrm{T}} h(x^*) \leqq 0$, 故 $y^{*\mathrm{T}} h(x^*) = 0$. 因而 x^* 是 (FP) 的可行解. 不等式 (5.100) 等价于命题: 不等式

$$\left(f_1(x) + y^{*\mathrm{T}} h(x) - \frac{f_1(x^*) + y^{*\mathrm{T}} h(x^*) e}{g_1(x^*)} g_1(x), \cdots, \right.$$
$$\left. f_k(x) + y^{*\mathrm{T}} h(x) - \frac{f_k(x^*) + y^{*\mathrm{T}} h(x^*) e}{g_k(x^*)} g_k(x) \right) \leqq 0$$

在 X 上无解. 使用文献 [61] 的引理 1 知, 由 $f, -g$ 和 h 关于相同的 η 是半预不变凸函数, 可以找到标量 $\alpha_i^* > 0, i = 1, \cdots, k$, 使得

$$\sum_{i=1}^{k} \alpha^* \frac{f_i\left(x^*\right)}{g_i\left(x^*\right)} + \sum_{i=1}^{k} \alpha^* \frac{y^{*\mathrm{T}} h\left(x^*\right)}{g_i\left(x^*\right)} \leqq \sum_{i=1}^{k} \alpha^* \frac{f_i(x)}{g_i(x)} + \sum_{i=1}^{k} \alpha^* \frac{y^{*\mathrm{T}} h(x)}{g_i(x)},$$
$$\forall x \in X.$$

由 $y^{*\mathrm{T}} h\left(x^*\right) = 0$ 和上式知, 对于 (FP) 的可行解 x 有

$$\sum_{i=1}^{k} \alpha^* \frac{f_i\left(x^*\right)}{g_i\left(x^*\right)} \leqq \sum_{i=1}^{k} \alpha^* \frac{f_i(x)}{g_i(x)}.$$

这表明, x^* 是 $(\text{FP})_{\alpha^*}$ 的最优解. 由引理 5.5.2 知, x^* 是 (FP) 的真有效解. □

称问题 (FP) 满足广义 Slater 约束品性, 如果 h 关于 η 是半预不变凸函数, 且 $\exists x_1 \in X$, 使得 $g\left(x_1\right) < 0$.

定理 5.5.11 设 x^* 是 (FP) 的真有效解. 如果满足广义 Slater 约束品性, 且 $f, -g$ 和 h 关于相同的 η 是半预不变凸函数, 则 $\exists y^* \geqq 0$, 使得 $\left(x^*, y^*\right)$ 是向量鞍点问题的解.

证明 因 x^* 是 (FP) 的真有效解, 由引理 5.5.4, 它还是 $(\text{MP}_{v^*})_{\alpha^*}$ 的最优解, 其中 $v_j^* = \dfrac{f_j\left(x^*\right)}{g_j\left(x^*\right)}, j = 1, \cdots, k, \alpha^* \in \alpha^+$. 因 $\alpha^{*\mathrm{T}}\left(f - v^* g\right)$ 在 X 上关于 η 是半预不变凸函数, 可以按文献 [58] 中定理 4.1 类似的思路证明: $\exists y^* \in \mathbb{R}^m, y^* \geqq 0$, 使得 $y^{*\mathrm{T}} h\left(x^*\right) = 0$ 且 $\forall x \in X, y \in \mathbb{R}^m, y \geqq 0$, 有

$$L\left(x^*, y\right) \leqslant L\left(x^*, y^*\right) \leqslant L\left(x, y^*\right), \tag{5.101}$$

其中 $L(x, y) = \alpha^*\left(f(x) - v^* g(x) + y^{\mathrm{T}} h(x) e\right)$.

如果不等式 (5.99) 不真, 则 $\exists i \in \{1, \cdots, k\}, \exists \bar{y} \in \mathbb{R}^m, \bar{y} \geqq 0$, 使得 $\forall j \neq i$ 有

$$\frac{f_i\left(x^*\right)}{g_i\left(x^*\right)} + \frac{\bar{y}^{\mathrm{T}} h\left(x^*\right)}{g_i\left(x^*\right)} > \frac{f_i\left(x^*\right)}{g_i\left(x^*\right)} + \frac{y^{*\mathrm{T}} h\left(x^*\right)}{g_i\left(x^*\right)}, \tag{5.102}$$

$$\frac{f_j\left(x^*\right)}{g_j\left(x^*\right)} + \frac{y^{*\mathrm{T}} h\left(x^*\right)}{g_j\left(x^*\right)} \leqq \frac{f_j\left(x^*\right)}{g_j\left(x^*\right)} + \frac{\bar{y}^{\mathrm{T}} h\left(x^*\right)}{g_j\left(x^*\right)}. \tag{5.103}$$

将式 (5.102) 乘以 $\alpha^* g_i\left(x^*\right)$, 将式 (5.103) 乘以 $\alpha_j^* g_j\left(x^*\right)$, 然后将它们相加并取 $\bar{y} = y$, 得到与式 (5.101) 的第一个不等式相矛盾的结果. 类似地, 如果式 (5.100) 不真, 则 $\exists i \in \{1, \cdots, k\}, \exists \bar{x} \in X$, 使得 $\forall j \neq i$ 有

$$\frac{f_i\left(x^*\right)}{g_i\left(x^*\right)} + \frac{y^{*\mathrm{T}} h\left(x^*\right)}{g_i\left(x^*\right)} > \frac{f_i(\bar{x})}{g_i(\bar{x})} + \frac{y^{*\mathrm{T}} h(\bar{x})}{g_i(\bar{x})}, \tag{5.104}$$

$$\frac{f_j(\bar{x})}{g_j(\bar{x})} + \frac{y^{*\mathrm{T}} h(\bar{x})}{g_j(\bar{x})} \leqq \frac{f_j\left(x^*\right)}{g_j\left(x^*\right)} + \frac{y^{*\mathrm{T}} h\left(x^*\right)}{g_j\left(x^*\right)}. \tag{5.105}$$

将式 (5.104) 和式 (5.105) 乘以 $\alpha_i^* g_i(\bar{x}), i = 1, \cdots, k$, 然后将它们相加. 注意到 $y^{*\mathrm{T}} h(x^*) = 0$ 和 $v_i^* = \dfrac{f_i(x^*)}{g_i(x^*)}, i = 1, \cdots, k$, 得到与式 (5.101) 的第二个不等式相矛盾的结果. 因此, 式 (5.99) 和式 (5.100) 成立. 于是 (x^*, y^*) 是向量鞍点问题的解. □

5.6　可微伪不变凸函数

5.6.1　可微伪不变凸函数的性质

与凸函数情形一样, 伪不变凸性具有局部-全局性质. 此外, 伪不变凸函数的稳定点是全局极小点. 伪不变凸性的相关重要性质如下.

定理 5.6.1　设 $S \subset \mathbb{R}^n$ 是关于 $\eta: \mathbb{R}^n \times \mathbb{R}^n \to \mathbb{R}^n$ 的不变凸集, 开集 $X \supset S, f: X \to \mathbb{R}$ 是可微函数. 如果 f 在 S 上关于 η 是伪不变凸函数, 那么 f 在 S 上的每个局部极小点是全局极小点.

证明　设 $x_0 \in S$ 是 f 的一个局部极小点, 即

$$\exists \varepsilon > 0, \quad \forall x \in B_\varepsilon(x_0) \cap S, \quad f(x_0) \leqslant f(x).$$

任取 $y \in S$, 由 S 关于 η 是不变凸集, 则 $\forall \lambda \in [0, 1], x_0 + \lambda \eta(y, x_0) \in S$. 当 $\lambda > 0$ 充分小时, 必有 $x_0 + \lambda \eta(y, x_0) \in B_\varepsilon(x_0) \cap S$, 进而

$$\frac{1}{\lambda}\left(f(x_0 + \lambda \eta(y, x_0)) - f(x_0)\right) = \eta(y, x_0)^{\mathrm{T}} f(x_0) + \alpha(x_0, \lambda \eta(y, x_0))\|\eta(y, x_0)\| \geqslant 0.$$

令 $\lambda \to 0$, 得到 $\eta(y, x_0)^{\mathrm{T}} \nabla f(x_0) \geqslant 0$. 由 f 关于 η 的伪不变凸性有 $f(x_0) \leqslant f(y), \forall y \in S$, 即 x_0 是 f 的一个全局极小点. □

注 5.6.1　由上述定理的证明过程, 我们可以获得如下关于全局极小点的等价刻画.

设 $S \subset \mathbb{R}^n$ 关于 $\eta: \mathbb{R}^n \times \mathbb{R}^n \to \mathbb{R}^n$ 是不变凸集, 开集 $X \supset S, f: X \to \mathbb{R}$ 是可微函数. 若 f 在 S 上关于 η 是伪不变凸函数, 则 x_0 是 f 的全局极小点当且仅当

$$\eta(x, x_0)^{\mathrm{T}} \nabla f(x_0) \geqslant 0, \quad \forall x \in S. \tag{5.106}$$

定理 5.6.2　设 $S \subset \mathbb{R}^n$ 是关于 $\eta: \mathbb{R}^n \times \mathbb{R}^n \to \mathbb{R}^n$ 的不变凸集, 开集 $X \supset S, f: X \to \mathbb{R}$ 是可微函数, $x_0 \in S$ 是 f 的一个稳定点, 即 $\nabla f(x_0) = 0$. 如果 f 在 S 上关于 η 是伪不变凸函数, 则 x_0 是 f 在 S 上的全局极小点.

证明　由注 5.6.1 易证得. □

5.6.2　在非线性规划中的应用

在文献 [67] 中, Yang 进一步研究了伪不变凸性在非线性规划中的应用, 建立了最优解集的等价刻画.

引理 5.6.1　设开集 $S \subset \mathbb{R}^n$ 是关于 $\eta : \mathbb{R}^n \times \mathbb{R}^n \to \mathbb{R}^n$ 的不变凸集, $f : S \to \mathbb{R}$ 是可微函数, f 满足条件 D, 且 η 满足条件 C. 则 f 在 S 上关于 η 是伪不变凸函数当且仅当

$$x_1, x_2 \in S, \quad \eta (x_2, x_1)^{\mathrm{T}} \nabla f (x_1) \geqslant 0 \Rightarrow \eta (x_1, x_2)^{\mathrm{T}} \nabla f (x_2) \leqslant 0. \tag{5.107}$$

证明　必要性: 任取 $x_1, x_2 \in S$, 满足 $\eta (x_2, x_1)^{\mathrm{T}} \nabla f (x_1) \geqslant 0$. 由 f 在 S 上关于 η 的伪不变凸性知, $f (x_2) \geqslant f (x_1)$. 不妨假设 $\eta (x_1, x_2)^{\mathrm{T}} \nabla f (x_2) > 0$. 由 S 关于 η 是不变凸集, 则 $\forall \lambda \in (0, 1), x_1 + \lambda \eta (x_1, x_2) \in S$, 且

$$\frac{1}{\lambda} (f (x_2 + \lambda \eta (x_1, x_2)) - f (x_2)) = \eta (x_1, x_2)^{\mathrm{T}} f (x_2) + \alpha (x_2, \lambda \eta (x_1, x_2)) \|\eta (x_1, x_2)\|.$$

由假设条件 $\eta (x_1, x_2)^{\mathrm{T}} \nabla f (x_2) > 0$ 知, 当 $\lambda > 0$ 充分小时,

$$f (x_2 + \lambda \eta (x_1, x_2)) > f (x_2) \geqslant f (x_1).$$

由 f 在 S 上关于 η 的伪不变凸性知,

$$\eta (x_1, x_2 + \lambda \eta (x_1, x_2))^{\mathrm{T}} f (x_2 + \lambda \eta (x_1, x_2)) < 0,$$

$$\eta (x_2, x_2 + \lambda \eta (x_1, x_2))^{\mathrm{T}} f (x_2 + \lambda \eta (x_1, x_2)) < 0.$$

根据条件 C 知,

$$\eta (x_1, x_2 + \lambda \eta (x_1, x_2)) = (1 - \lambda) \eta (x_1, x_2), \quad \eta (x_2, x_2 + \lambda \eta (x_1, x_2)) = -\lambda \eta (x_1, x_2).$$

将上式分别代入前面两个不等式, 得到

$$(1 - \lambda) \eta (x_1, x_2)^{\mathrm{T}} f (x_2 + \lambda \eta (x_1, x_2)) < 0,$$

且

$$-\lambda \eta (x_1, x_2)^{\mathrm{T}} f (x_2 + \lambda \eta (x_1, x_2)) < 0.$$

由于 $\lambda \in (0, 1)$, 则有 $\eta (x_1, x_2)^{\mathrm{T}} f (x_2 + \lambda \eta (x_1, x_2)) < 0$ 且

$$\eta (x_1, x_2)^{\mathrm{T}} f (x_2 + \lambda \eta (x_1, x_2)) > 0,$$

显然矛盾. 故 $\eta (x_1, x_2)^{\mathrm{T}} \nabla f (x_2) \leqslant 0$. 从而式 (5.107) 成立.

充分性: 假设 $x_1, x_2 \in S, \eta(x_2, x_1)^{\mathrm{T}} \nabla f(x_1) \geqslant 0$, 只需证 $f(x_2) \geqslant f(x_1)$. 反证法. 反设 $f(x_2) < f(x_1)$. 由条件 D, $f(x_1 + \eta(x_2, x_1)) \leqslant f(x_2) < f(x_1)$. 根据微分中值定理, 存在 $\bar{\lambda} \in (0, 1)$, 使得

$$0 > f(x_1 + \eta(x_2, x_1)) - f(x_1) = \eta(x_2, x_1)^{\mathrm{T}} \nabla f(x_1 + \bar{\lambda} \eta(x_2, x_1)).$$

由条件 C 知, $\eta(x_1, x_1 + \bar{\lambda} \eta(x_2, x_1)) = -\bar{\lambda} \eta(x_2, x_1)$. 从而

$$\eta(x_1, x_1 + \bar{\lambda} \eta(x_2, x_1))^{\mathrm{T}} \nabla f(x_1 + \bar{\lambda} \eta(x_2, x_1)) > 0.$$

由式 (5.107), 得 $\eta(x_1 + \bar{\lambda} \eta(x_2, x_1), x_1)^{\mathrm{T}} \nabla f(x_1) < 0$. 再由条件 C 知,

$$\eta(x_1 + \bar{\lambda} \eta(x_2, x_1), x_1)^{\mathrm{T}} \nabla f(x_1) = \bar{\lambda} \eta(x_2, x_1)^{\mathrm{T}} \nabla f(x_1) < 0,$$

矛盾. 故 $f(x_2) \geqslant f(x_1)$. □

引理 5.6.2 设 $S \subset \mathbb{R}^n$ 是关于 $\eta : \mathbb{R}^n \times \mathbb{R}^n \to \mathbb{R}^n$ 的不变凸集, 开集 $X \supset S, f : X \to \mathbb{R}$ 是可微函数, 且 f 满足条件 D, η 满足条件 C. 记 $\bar{S}$ 为 f 在 S 上的所有极小值点构成的非空集合. 如果 f 在 S 上关于 η 是伪不变凸函数, 且 $x_1, x_2 \in \bar{S}$, 则

$$\eta(x_2, x_1)^{\mathrm{T}} \nabla f(x_1) = \eta(x_1, x_2)^{\mathrm{T}} \nabla f(x_2) = 0.$$

证明 由注 5.6.1 知, $\eta(x_2, x_1)^{\mathrm{T}} \nabla f(x_1) \geqslant 0$ 且 $\eta(x_1, x_2)^{\mathrm{T}} \nabla f(x_2) \geqslant 0$. 再由引理 5.6.1, $\eta(x_1, x_2)^{\mathrm{T}} \nabla f(x_2) \leqslant 0$ 且 $\eta(x_2, x_1)^{\mathrm{T}} \nabla f(x_1) \leqslant 0$. 故得证. □

下面定理建立了伪不变凸极值问题的解集的重要性质.

定理 5.6.3 设 $S \subset \mathbb{R}^n$ 是关于 $\eta : \mathbb{R}^n \times \mathbb{R}^n \to \mathbb{R}^n$ 的不变凸集, 开集 $X \supset S, f : X \to \mathbb{R}$ 是可微函数, 且 f 满足条件 D, η 满足条件 C. 记 $\bar{S}$ 为 f 在 S 上的所有极小值点构成的非空集合. 如果 f 在 S 上关于 η 是伪不变凸函数, 且 $\bar{x} \in \bar{S}$. 则 $\bar{S} = \bar{M} = \hat{M}$, 其中

$$\bar{M} = \left\{ x \in S : \eta(\bar{x}, x)^{\mathrm{T}} \nabla f(x) = 0 \right\},$$

$$\hat{M} = \left\{ x \in S : \eta(\bar{x}, x)^{\mathrm{T}} \nabla f(x) \geqslant 0 \right\}.$$

证明 显然 $\bar{M} \subset \hat{M}$. 下面只需证 $\bar{S} \subset \bar{M}$ 且 $\hat{M} \subset \bar{S}$.

任取 $x \in \bar{S}$. 由引理 5.6.2 知, $\eta(\bar{x}, x)^{\mathrm{T}} \nabla f(x) = 0$, 进而 $x \in \bar{M}$. 故 $\bar{S} \subset \bar{M}$.

任取 $x \in \hat{M}$. 因 f 在 S 上关于 η 的伪不变凸性, 有 $f(\bar{x}) \geqslant f(x)$. 注意到 $\bar{x} \in \bar{S}$, 则有 $f(\bar{x}) = f(x)$, 进而 $x \in \bar{S}$, 故 $\hat{M} \subset \bar{S}$. □

定理 5.6.4 设 $S \subset \mathbb{R}^n$ 是关于 $\eta: \mathbb{R}^n \times \mathbb{R}^n \to \mathbb{R}^n$ 的不变凸集, 开集 $X \supset S$, $f: X \to \mathbb{R}$ 是可微函数, 且 f 满足条件 D, η 满足条件 C. 记 $\bar{S}$ 为 f 在 S 上的所有极小值点构成的非空集合. 如果 f 在 S 上关于 η 是伪不变凸函数, 且 $\bar{x} \in \bar{S}$. 则 $\bar{S} = \bar{M}^* = \hat{M}^*$, 其中

$$\bar{M}^* = \left\{ x \in S : \eta(\bar{x}, x)^{\mathrm{T}} \nabla f(x) = \eta(x, \bar{x})^{\mathrm{T}} \nabla f(\bar{x}) \right\},$$

$$\hat{M}^* = \left\{ x \in S : \eta(\bar{x}, x)^{\mathrm{T}} \nabla f(x) \geqslant \eta(x, \bar{x})^{\mathrm{T}} \nabla f(\bar{x}) \right\}.$$

证明 显然 $\bar{M}^* \subset \hat{M}^*$. 下面只需证 $\bar{S} \subset \bar{M}^*$ 且 $\hat{M}^* \subset \bar{S}$.

任取 $x \in \bar{S}$. 由定理 5.6.3 知, $\eta(\bar{x}, x)^{\mathrm{T}} \nabla f(x) = \eta(x, \bar{x})^{\mathrm{T}} \nabla f(\bar{x}) = 0$, 进而 $x \in \bar{M}^*$. 故 $\bar{S} \subset \bar{M}^*$.

任取 $x \in \hat{M}^*$. 因 $\bar{x} \in \bar{S}$, 由定理 5.6.3, $\eta(x, \bar{x})^{\mathrm{T}} \nabla f(\bar{x}) \geqslant 0$, 从而

$$\eta(\bar{x}, x)^{\mathrm{T}} \nabla f(x) \geqslant \eta(x, \bar{x})^{\mathrm{T}} \nabla f(\bar{x}) \geqslant 0.$$

再 f 在 S 上关于 η 的伪不变凸性, 有 $f(\bar{x}) \geqslant f(x)$. 注意到 $\bar{x} \in \bar{S}$, 则 $f(\bar{x}) = f(x)$, 进而 $x \in \bar{S}$, 故 $\hat{M}^* \subset \bar{S}$. $\qquad \square$

第 6 章　广义单调性与广义凸性

同广义凸性在研究数学规划问题中扮演了重要角色一样, 广义单调性在研究变分不等式和非线性互补问题中具有非常重要的作用.

凸性和广义凸性在运筹学的很多分支中都是核心课题, 而凸函数和广义凸函数的梯度映射的单调性与映射的广义单调性密切关联. 事实上, 梯度映射的单调性和广义单调性是由函数的凸性和广义凸性得到的; 后来, 单调性和广义单调性被推广到一般的映射, 提出了各种单调性概念, 并开展了系统的研究.

本章简单介绍广义单调性的基本概念和它们与广义凸性概念之间的关系. 本章的主要参考文献有 [2], [33], [68]~[75].

6.1　广义单调性的概念

本节介绍映射的单调性和几种广义单调性概念. 在 6.2 节将看到, 它们与前几章研究过的函数的广义凸性概念是相关联的.

映射的单调和严格单调概念其实是单变量单调增和严格单调增函数经典概念的天然推广.

定义 6.1.1　设 $S \subset \mathbb{R}^n$, $F: S \to \mathbb{R}^n$ 是向量值映射.

(i) 称 F 在 S 上是单调映射, 如果

$$\forall x_1, x_2 \in S, \quad (x_2 - x_1)^{\mathrm{T}}(F(x_2) - F(x_1)) \geqslant 0. \tag{6.1}$$

(ii) 称 F 在 S 上是严格单调映射, 如果

$$\forall x_1, x_2 \in S, \quad x_1 \neq x_2, \quad (x_2 - x_1)^{\mathrm{T}}(F(x_2) - F(x_1)) > 0. \tag{6.2}$$

显然, 严格单调映射是单调映射, 但是, 反之不真.

下面介绍几种广义单调性概念, 包括由 Karamardian[71] 引进的伪单调性, 由 Hassouni[72]、Karamardian 和 Schaible[73] 各自独立引进的拟单调性, Hadjisavvas 和 Schaible[74] 引进的严格拟单调性和半严格拟单调性.

定义 6.1.2　设 $S \subset \mathbb{R}^n$, $F: S \to \mathbb{R}^n$ 是向量值映射, 称 F 在 S 上是伪单调映射, 如果

$$\forall x_1, x_2 \in S, \quad (x_2 - x_1)^{\mathrm{T}} F(x_1) \geqslant 0 \Rightarrow (x_2 - x_1)^{\mathrm{T}} F(x_2) \geqslant 0. \tag{6.3}$$

或者, 等价地,

$$\forall x_1, x_2 \in S, \quad (x_2 - x_1)^{\mathrm{T}} F(x_1) > 0 \Rightarrow (x_2 - x_1)^{\mathrm{T}} F(x_2) > 0. \tag{6.4}$$

定义 6.1.3 设 $S \subset \mathbb{R}^n, F : S \to \mathbb{R}^n$ 是向量值映射, 称 F 在 S 上是拟单调映射, 如果

$$\forall x_1, x_2 \in S, \quad (x_2 - x_1)^{\mathrm{T}} F(x_1) > 0 \Rightarrow (x_2 - x_1)^{\mathrm{T}} F(x_2) \geqslant 0. \tag{6.5}$$

定义 6.1.4 设 $S \subset \mathbb{R}^n$ 是凸集, $F : S \to \mathbb{R}^n$ 是向量值映射.

(i) 称 F 在 S 上是严格拟单调映射, 如果 F 在 S 上是拟单调映射, 且

$$\forall x_1, x_2 \in S, \quad \exists \bar{x} \in \mathrm{ri}[x_1, x_2], \quad (x_2 - x_1)^{\mathrm{T}} F(\bar{x}) \neq 0. \tag{6.6}$$

(ii) 称 F 在 S 上是半严格拟单调映射, 如果 F 在 S 上是拟单调映射, 且 $\forall x_1, x_2 \in S, x_1 \neq x_2$, 下面的蕴涵关系成立

$$(x_2 - x_1)^{\mathrm{T}} F(x_1) > 0 \Rightarrow \exists \bar{x} \in \mathrm{ri}\left[\frac{x_1 + x_2}{2}, x_2\right], \quad (x_2 - x_1)^{\mathrm{T}} F(\bar{x}) > 0. \tag{6.7}$$

下面的定理概括了刚才介绍的几种广义单调性概念之间的蕴涵关系.

定理 6.1.1 设 $S \subset \mathbb{R}^n$ 是凸集, $F : S \to \mathbb{R}^n$ 是向量值映射.

(i) 若 F 在 S 上是单调映射, 则 F 在 S 上是伪单调映射;

(ii) 若 F 在 S 上是伪单调映射, 则 F 在 S 上是半严格拟单调映射;

(iii) 若 F 在 S 上是半严格拟单调映射, 则 F 在 S 上是拟单调映射;

(iv) 若 F 在 S 上是严格单调映射, 则 F 在 S 上是严格拟单调映射;

(v) 若 F 在 S 上是严格拟单调映射, 则 F 在 S 上是半严格拟单调映射.

证明 (i) 和 (iii) 由定义直接推出.

(ii) 由定义知伪单调性蕴涵拟单调性, 剩下只需再证式 (6.7) 成立. 设 $x_1, x_2 \in S, x_1 \neq x_2, (x_2 - x_1)^{\mathrm{T}} F(x_1) > 0$. 取 $\bar{x} = x_1 + \dfrac{3}{4}(x_2 - x_1)$, 则有

$$\bar{x} \in \mathrm{ri}\left[\frac{x_1 + x_2}{2}, x_2\right], \quad (\bar{x} - x_1)^{\mathrm{T}} F(x_1) = \frac{3}{4}(x_2 - x_1)^{\mathrm{T}} F(x_1) > 0.$$

再由 F 伪单调有 $(\bar{x} - x_1)^{\mathrm{T}} F(\bar{x}) > 0$, 因 $\bar{x} - x_1 = \dfrac{3}{4}(x_2 - x_1)$, 故 $(x_2 - x_1)^{\mathrm{T}} F(\bar{x}) > 0$. 因此, 式 (6.7) 成立.

(iv) 由定义显见严格单调性蕴涵拟单调性, 剩下只需再证式 (6.6) 成立. 反证法: 假设 $\exists x_1, x_2 \in S, \forall \bar{x} \in \mathrm{ri}[x_1, x_2], (x_2 - x_1)^{\mathrm{T}} F(\bar{x}) = 0$. 记

$$\bar{x}_1 = x_1 + t_1(x_2 - x_1), \quad \bar{x}_2 = x_1 + t_2(x_2 - x_1), \quad 0 < t_1 < t_2 < 1.$$

由 F 的严格单调性, 得到 $(\bar{x}_2 - \bar{x}_1)^{\mathrm{T}}(F(\bar{x}_2) - F(\bar{x}_1)) > 0$, 即

$$(t_2 - t_1)(x_2 - x_1)^{\mathrm{T}}(F(\bar{x}_2) - F(\bar{x}_1)) > 0.$$

因此有

$$(x_2 - x_1)^{\mathrm{T}}F(\bar{x}_2) > (x_2 - x_1)^{\mathrm{T}}F(\bar{x}_1) = 0.$$

因 $\bar{x}_2 \in \mathrm{ri}[x_1, x_2]$, 由反证假设又有 $(x_2 - x_1)^{\mathrm{T}}F(\bar{x}_2) = 0$, 显然矛盾.

(v) 设 $x_1, x_2 \in S, (x_2 - x_1)^{\mathrm{T}}F(x_1) > 0$. F 的严格拟单调性蕴涵 F 的拟单调性. 由刚才的不等式和 F 的拟单调性有 $(x_2 - x_1)^{\mathrm{T}}F(x_2) \geqslant 0$. 因此推出

$$(x_2 - x_1)^{\mathrm{T}}F(z) \geqslant 0, \quad \forall z \in \mathrm{ri}[x_1, x_2].$$

将 F 的严格拟单调性用到点 $\dfrac{x_1 + x_2}{2}$ 和 x_2 可以得到 $\exists \bar{x} \in \mathrm{ri}\left[\dfrac{x_1 + x_2}{2}, x_2\right]$,

$$\frac{1}{2}(x_2 - x_1)^{\mathrm{T}}F(\bar{x}) = \left(x_2 - \frac{x_1 + x_2}{2}\right)^{\mathrm{T}}F(\bar{x}) \neq 0,$$

综上得到 $(x_2 - x_1)^{\mathrm{T}}F(\bar{x}) > 0$.   □

各种单调性和广义单调性概念之间蕴涵关系如图 6.1 所示.

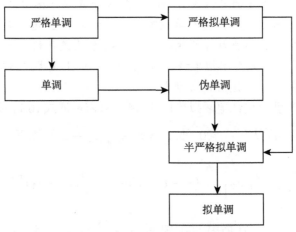

图 6.1　各种单调性概念之间的蕴涵关系

下面的例子表明, 图示的所有蕴涵关系都不可逆.

例 6.1.1　(i) 映射 $F(x) = \begin{cases} 0, & 0 \leqslant x \leqslant 1, \\ x - 1, & 1 < x \leqslant 2 \end{cases}$ 是半严格拟单调映射和伪单调映射, 但不是严格拟单调映射.

(ii) 映射 $F(x) = \begin{cases} -x+1, & 0 \leqslant x \leqslant 1, \\ 0, & 1 < x \leqslant 2 \end{cases}$ 是拟单调映射, 但不是半严格拟单调映射.

(iii) 映射 $F(x) = -|x|$ 是严格拟单调映射, 但不是伪单调映射.

(iv) 映射 $F(x) = \begin{cases} 0, & 0 \leqslant x < 1, \\ -1+x, & 1 \leqslant x < 2, \\ -x+3, & 2 \leqslant x \leqslant 3 \end{cases}$ 是半严格拟单调映射, 但不是伪单调映射.

下面的定理表明, 开凸集上处处非零的连续映射的拟单调性和伪单调性等价.

定理 6.1.2 设 $S \subset \mathbb{R}^n$ 是开凸集, 又设 $F : S \to \mathbb{R}^n$ 是连续映射, 且 $F(x) \neq 0, \forall x \in S$. 则 F 在 S 上是伪单调映射当且仅当 F 在 S 上是拟单调映射.

证明 由定义, 伪单调性显然蕴涵拟单调性. 反过来, 假设 F 是拟单调映射, 但不是伪单调映射, 即 $\exists x_1, x_2 \in S, (x_2 - x_1)^{\mathrm{T}} F(x_1) \geqslant 0$ 且 $(x_2 - x_1)^{\mathrm{T}} F(x_2) < 0$. 因 $F(x_1) \neq 0$, 故 $\exists u \in \mathbb{R}^n$, 使得 $u^{\mathrm{T}} F(x_1) > 0$. 由 F 的连续性和向量的标量积的连续性知, $\exists \varepsilon > 0$, 使得 $(x_2 + \varepsilon u - x_1)^{\mathrm{T}} F(x_2 + \varepsilon u) < 0$. 因 F 是拟单调映射, 按定义, 有 $(x_2 + \varepsilon u - x_1)^{\mathrm{T}} F(x_1) \leqslant 0$, 于是 $\varepsilon u^{\mathrm{T}} F(x_1) \leqslant (x_1 - x_2)^{\mathrm{T}} F(x_1) \leqslant 0$. 这与前面的不等式 $u^{\mathrm{T}} F(x_1) > 0$ 相矛盾. $\square$

拟单调映射不必连续. 而在连续性假设下, 在开凸集 S 上的拟单调性在 S 的闭包 $\mathrm{cl}S$ 上依然保留.

定理 6.1.3 设 $S \subset \mathbb{R}^n$ 是内部非空的凸集, 又设 $F : \mathrm{cl}S \to \mathbb{R}^n$ 是连续映射. 若 F 在 $\mathrm{int}S$ 上是拟单调映射, 则 F 在 $\mathrm{cl}S$ 上也是拟单调映射.

证明 按定义, 需证: 若 $x, y \in \mathrm{cl}S, (y - x)^{\mathrm{T}} F(x) > 0$, 则 $(y - x)^{\mathrm{T}} F(y) \geqslant 0$. 当 $x, y \in \mathrm{int}S$ 时, 由假设条件知其成立. 否则, 由定理 1.1.3 (iii), 存在序列 $\{x_n\}, \{y_n\} \subset \mathrm{int}S$, 且满足 $x_n \to x, y_n \to y$. 由映射 F 和向量的标量积的连续性推出, 对于充分大的 n, 有 $(y_n - x_n)^{\mathrm{T}} F(x_n) > 0$. 再由 F 在 $\mathrm{int}S$ 上的拟单调性, 有

$$(y_n - x_n)^{\mathrm{T}} F(y_n) \geqslant 0.$$

再次使用映射 F 和向量的标量积的连续性推出

$$(y - x)^{\mathrm{T}} F(y) = \lim_{n \to +\infty} (y_n - x_n)^{\mathrm{T}} F(y_n) \geqslant 0. \qquad \square$$

一般地, 各种广义单调性定义中的不等式难以验证. 但是, 对于可微拟单调映射和伪单调映射, 有如下一些必要条件及必要且充分条件, 这些条件在映射可微时比较容易验证.

定理 6.1.4　设 F 是凸集 $S \subset \mathbb{R}^n$ 上的可微映射. 若 F 在 S 上是拟单调映射, 则

$$x \in \text{int}S, \quad v \in \mathbb{R}^n, \quad v^{\mathrm{T}}F(x) = 0 \Rightarrow v^{\mathrm{T}}J_F(x)v \geqslant 0. \tag{6.8}$$

这里, $J_F(x)$ 表示 F 的 Jacobi 矩阵在 x 处的值.

证明　反证法: 假设条件 (6.8) 不成立, 即 $\exists x \in \text{int}S, \exists v \in \mathbb{R}^n$, 使得 $v^{\mathrm{T}}F(x) = 0$, 且 $v^{\mathrm{T}}J_F(x)v < 0$. 设 $t > 0$, 满足 $x \pm tv \in S$. 由 F 的可微性有

$$F(x + tv) = F(x) + tJ_F(x)v + o(tv).$$

综上得到

$$v^{\mathrm{T}}F(x + tv) = v^{\mathrm{T}}F(x) + tv^{\mathrm{T}}J_F(x)v + v^{\mathrm{T}}o(tv)$$
$$= tv^{\mathrm{T}}J_F(x)v + v^{\mathrm{T}}o(tv),$$

由 $v^{\mathrm{T}}J_F(x)v < 0$ 和 $o(tv)$ 是 t 的高阶无穷小知, 存在充分小的 $t > 0$, 使得

$$\frac{v^{\mathrm{T}}F(x + tv)}{t} = v^{\mathrm{T}}J_F(x)v + v^{\mathrm{T}}\frac{o(tv)}{t} < 0,$$

因此推出 $v^{\mathrm{T}}F(x + tv) < 0$. 类似地有 $v^{\mathrm{T}}F(x - tv) > 0$. 令 $x_1 = x - tv, x_2 = x + tv$, 则定义 6.1.3 中的条件 (6.5) 不成立, 即 F 不是拟单调映射, 这与定理的条件相矛盾. □

定理 6.1.4 的条件不充分. 例如, 可微函数 $f(t) = -4t^3, t \in \mathbb{R}$. 容易验证: f 不是拟单调映射, 但条件 (6.8) 成立.

为了得到拟单调性和伪单调性的充分条件, 需要在条件 (6.8) 的基础上增加某些条件. 这就是下面的定理 6.1.5, 它的证明可以见文献 [33] 等.

定理 6.1.5　设 F 是开凸集 $S \subset \mathbb{R}^n$ 上的连续可微映射. 则

(i) F 在 S 上是拟单调映射当且仅当式 (6.8) 和如下的蕴涵关系 (6.9) 成立:

$$x, x - v \in S, \ F(x) = 0, \ J_F(x)v = 0, \ v^{\mathrm{T}}F(x - v) > 0$$
$$\Rightarrow \forall \bar{t} > 0, \ \exists t \in (0, \bar{t}], \ v^{\mathrm{T}}F(x + tv) \geqslant 0. \tag{6.9}$$

(ii) F 在 S 上是伪单调映射当且仅当式 (6.8) 和如下的蕴涵关系 (6.10) 成立:

$$x \in S, F(x) = 0, J_F(x)v = 0 \Rightarrow \forall \bar{t} > 0, \exists t \in (0, \bar{t}], v^{\mathrm{T}}F(x + tv) \geqslant 0. \tag{6.10}$$

6.2 单变量映射的广义单调性

本节集中介绍单变量函数的广义单调性.

定理 6.2.1 设函数 $f : \mathbb{R} \to \mathbb{R}$.

(i) f 是单调函数当且仅当它是单调增函数;

(ii) f 是严格单调函数当且仅当它是严格单调增函数;

(iii) f 是伪单调函数当且仅当存在互不相交的区间 I_1, I_2 和 I_3 (其中可能有的是空的), 使得 $I_1 \cup I_2 \cup I_3 = \mathbb{R}$, 且 f 在 I_1 上为负, 在 I_2 上为零, 在 I_3 上为正;

(iv) f 是拟单调函数当且仅当存在互不相交的区间 I_1 和 I_2 (其中一个可以为空), 使得 $I_1 \cup I_2 = \mathbb{R}$, 且 f 在 I_1 上非正, 在 I_2 上非负;

(v) f 是严格拟单调函数当且仅当存在互不相交的区间 I_1 和 I_2 (其中一个可以为空), 使得 $I_1 \cup I_2 = \mathbb{R}$, 且 f 在 I_1 上非正, 在 I_2 上非负, 不存在开区间 I 使得 $\forall x \in I, f(x) = 0$;

(vi) f 是半严格拟单调函数当且仅当存在互不相交的区间 I_1 和 I_2 (其中一个可以为空), 使得 $I_1 \cup I_2 = \mathbb{R}$, 且 f 在 I_1 上非正, 在 I_2 上非负; 此外, 若 $f(x) > 0$ ($f(x) < 0$), 则不存在开区间 $I \subset (x, +\infty)$ ($I \subset (-\infty, x)$), 使得 $\forall z \in I, f(z) = 0$.

证明 (i) 和 (ii) 由定义直接推出.

(iii) 令

$$I_1 = \{x \in \mathbb{R} : f(x) < 0\},$$

$$I_2 = \{x \in \mathbb{R} : f(x) = 0\},$$

$$I_3 = \{x \in \mathbb{R} : f(x) > 0\}.$$

由 f 的伪单调性知, 若 $x_1 \in I_1$, 则 $\forall y < x_1$, 有 $y \in I_1$. 于是, I_1 (若非空) 是区间, 且 $\inf I_1 = -\infty$. 类似地, 可以推出 I_3 (若非空) 是区间, 且 $\sup I_3 = +\infty$. 据此得到 $I_2 = \mathbb{R} \backslash (I_1 \cup I_3)$. 若 $I_2 \neq \varnothing$, 则它是区间, 其端点为 l_1 和 l_2, 这里 $l_1 = \sup I_1$ 或 $-\infty$ (当 $I_1 = \varnothing$ 时), $l_2 = \inf I_3$ 或 $+\infty$ (当 $I_3 = \varnothing$ 时). 反过来, 由 $(y - x)f(x) > 0$ 推出 $x, y \in I_1$ 或 $x, y \in I_3$, 因此有 $(y - x)f(y) > 0$. 由定义, f 是伪单调函数.

(iv) 类似于 (iii) 的证明.

(v) 由条件和 (iv), f 是拟单调函数. 此外, 由定理的条件知 $\forall x_1, x_2 \in \mathbb{R}$, 不妨假设 $x_1 < x_2, \exists \bar{x} \in (x_1, x_2), f(\bar{x}) \neq 0$. 这表明, $(x_2 - x_1)f(\bar{x}) \neq 0$. 由定义, f 是严格拟单调函数. 反过来, 若 f 是严格拟单调函数, 则它是拟单调函数. 由 (iv) 知只需再证不存在开区间 I 使得 $\forall x \in I, f(x) = 0$. 由条件 (6.6), 这显然成立.

(vi) 假设 f 是半严格拟单调函数, 则它是拟单调函数, 由 (iv) 知必要条件的第一部分成立. 现在证明后一部分. 反证: 设 $x \in \mathbb{R}, f(x) > 0$ 且存在 $I = [a, b] \subset (x, +\infty)$, 满足 $f(z) = 0, \forall z \in I$. 令 $\bar{a} = \inf\{z : f(y) = 0, \forall y \in [z, b]\}$. 显然, $x < \bar{a} \leqslant a$, 且对于充分小的 $\varepsilon > 0, \exists \bar{x} \in [\bar{a} - \varepsilon, \bar{a}]$, 使得 $f(\bar{x}) > 0$. 取 $x_1 = \bar{x}, x_2 = b$, 有 $(b - \bar{x})f(\bar{x}) > 0$, 由式 (6.7) 得到 $\exists \bar{y} \in \left(\dfrac{\bar{x} + b}{2}, b\right), (b - \bar{x})f(\bar{y}) > 0$. 注意到 $b > \dfrac{\bar{x} + b}{2} > \bar{a}$, 又有 $f(\bar{y}) = 0$, 这导致矛盾.

反过来, I_1, I_2 的存在性假设蕴涵 f 的拟单调性, 只需再证式 (6.7) 成立. 假设式 (6.7) 不成立, 即 $\exists x_1, x_2 \in \mathbb{R}, (x_2 - x_1)f(x_1) > 0$ 且 $f(\bar{x}) = 0, \forall \bar{x} \in \left(\dfrac{x_1 + x_2}{2}, x_2\right)$, 这与定理的假设条件相矛盾. $\qquad\square$

根据定理 6.2.1, 我们可以通过函数的图象来识别单变量函数的广义单调性. 图 6.2(a) 是拟单调但不半严格拟单调、严格拟单调或伪单调的函数图象; 图 6.2(b) 是严格拟单调但既不严格单调也不伪单调的函数图象.

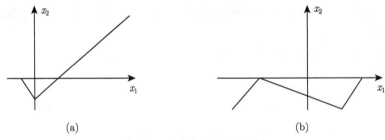

图 6.2　广义单调映射的图象

函数的广义凸性可以用它在线段上的限制来刻画. 下面会看到, 函数的广义单调性也可以使用类似的方法来处理.

设 $S \subset \mathbb{R}^n$ 是凸集, $F : S \to \mathbb{R}^n$ 是向量值映射. 对任意固定的 $z \in S$, 考虑通过点 z 沿方向 $u \in \mathbb{R}^n$ 的线段 (可能是射线或直线):

$$I_{z,u} = \{t \in \mathbb{R} : z + tu \in S\}$$

和单变量映射

$$F_{z,u}(t) = u^{\mathrm{T}} F(z + tu), \quad t \in I_{z,u}.$$

F 的广义单调性与 $F_{z,u}$ 的广义单调性之间的关系, 有如下的定理.

定理 6.2.2 F 在 S 上是单调映射、严格单调映射、伪单调映射、拟单调映射、严格拟单调映射和半严格拟单调映射当且仅当 $\forall z \in S, \forall u \in \mathbb{R}^n, F_{z,u}$ 在 $I_{z,u}$

上分别是单调映射、严格单调映射、伪单调映射、拟单调映射、严格拟单调映射和半严格拟单调映射.

证明 记 $x_1 = z + t_1 u, x_2 = z + t_2 u, t_1, t_2 \in I_{z,u}$, 有

$$(t_2 - t_1)F_{z,u}(t_1) = (x_2 - x_1)^{\mathrm{T}}F(x_1), \quad (t_2 - t_1)F_{z,u}(t_2) = (x_2 - x_1)^{\mathrm{T}}F(x_2).$$

于是, 对于 F 的任何一类广义单调性假设, 对应于 $F_{z,u}$ 的同类广义单调性.

反过来, 记 $z = x_1, u = x_2 - x_1$, 并作类似的推导可知, 对于 $F_{z,u}$ 的任何一类广义单调性假设, 对应于 F 的同类广义单调性. □

6.3 仿射映射的广义单调性

仿射映射是指形如 $F(x) = Mx + q$ 的向量值映射, 其中 M 为 $n \times n$ 矩阵, $q \in \mathbb{R}^n$. 仿射映射在形式上比较简单, 且具有良好的分析性质. 本节介绍仿射映射的广义单调性的刻画. 对照定理 6.1.2, 下面的定理表明, 对于仿射映射, 即使存在一些点取零值, 拟单调性与伪单调性也等价.

定理 6.3.1 设 $S \subset \mathbb{R}^n$ 是开凸集, $F(x) = Mx + q$. 则 F 在 S 上是伪单调映射当且仅当 F 在 S 上是拟单调映射.

证明 因伪单调性蕴涵拟单调性, 剩下只需再证相反的蕴涵关系. 因仿射映射是连续映射, 故当 $\forall x \in S, F(x) \neq 0$ 时, 由定理 6.1.2, 论断成立. 如果 $\exists x_0 \in S, F(x_0)Mx_0 + q = 0$, 则 $(y - x_0)^{\mathrm{T}}F(x_0) = 0, \forall y \in S$. 据此, 若 F 在 S 上是伪单调映射, 则有 $(y - x_0)^{\mathrm{T}}F(y) \geqslant 0, \forall y \in S$. 现在假设 F 不是伪单调映射, 则有

$$\exists y_0 \in S, \quad (y_0 - x_0)^{\mathrm{T}}(My_0 + q) < 0.$$

因 S 是开凸集, 可以取 $x_1 = x_0 + t_1(y_0 - x_0)$, 这里 $t_1 < 0$ 使得 $x_1 \in S$. 因 $(1 - t_1)(y_0 - x_0) = (y_0 - x_1)$, 故 $(y_0 - x_1)^{\mathrm{T}}F(y_0) < 0$, 于是, 由 F 的拟单调性, 有 $(y_0 - x_1)^{\mathrm{T}}F(x_1) \leqslant 0$. 此外, 注意到 $Mx_0 + q = 0$, 有

$$\begin{aligned}
0 &\geqslant (y_0 - x_1)^{\mathrm{T}}F(x_1) \\
&= (1 - t_1)(y_0 - x_0)^{\mathrm{T}}(Mx_0 + q + t_1 M(y_0 - x_0)) \\
&= (1 - t_1)(y_0 - x_0)^{\mathrm{T}}((1 - t_1)(Mx_0 + q) + t_1(My_0 + q)) \\
&= t_1(1 - t_1)(y_0 - x_0)^{\mathrm{T}}(My_0 + q).
\end{aligned}$$

因此, 由 $t_1 < 0$ 推出 $(y_0 - x_0)^{\mathrm{T}}(My_0 + q) \geqslant 0$, 与反证假设 $(y_0 - x_0)^{\mathrm{T}}(My_0 + q) < 0$ 相矛盾. □

对于一般的连续可微映射, 定理 6.1.5 给出了伪单调性的充分必要条件为式 (6.8) 和式 (6.10) 均满足; 然而对于仿射映射, 其伪单调性的刻画仅仅需要式 (6.8). 有如下的定理.

定理 6.3.2　设 $S \subset \mathbb{R}^n$ 是开凸集, $F(x) = Mx + q$. 则 F 在 S 上是伪单调映射当且仅当

$$x \in S, \quad v \in \mathbb{R}^n, \quad v^{\mathrm{T}}(Mx + q) = 0 \Rightarrow v^{\mathrm{T}} Mv \geqslant 0. \tag{6.11}$$

证明　假设 F 在 S 上是伪单调映射, 又设 $x \in S, v \in \mathbb{R}^n$, 使得 $v^{\mathrm{T}}(Mx+q) = 0$. 考虑点 $y = x + tv$, 其中 $t \in \mathbb{R} \backslash \{0\}$ 满足 $y \in S$ (因 S 是开集). 有

$$(y - x)^{\mathrm{T}}(Mx + q) = tv^{\mathrm{T}}(Mx + q) = 0.$$

于是, 由映射的伪单调性, 有 $(y - x)^{\mathrm{T}}(My + q) \geqslant 0$. 注意到

$$(y - x)^{\mathrm{T}}(My + q) = tv^{\mathrm{T}}(Mx + q + tMv) = t^2 v^{\mathrm{T}} Mv,$$

得到 $v^{\mathrm{T}} Mv \geqslant 0$. 综上, 式 (6.11) 成立.

反过来, 用反证法: 假设 F 不是伪单调映射, 则 $\exists x, y \in S, (y-x)^{\mathrm{T}}(Mx+q) \geqslant 0$, 且 $(y - x)^{\mathrm{T}}(My + q) < 0$. 由仿射映射的连续性知, $\exists \bar{x} = x + \bar{t}(y - x)$, 这里的 $\bar{t} \in [0, 1)$, 使得 $(y - x)^{\mathrm{T}}(M\bar{x} + q) = 0$. 因此有

$$
\begin{aligned}
(y - x)^{\mathrm{T}} M(y - x) &= (y - x)^{\mathrm{T}} M \left(\frac{y - \bar{x}}{1 - \bar{t}} \right) \\
&= \frac{1}{1 - \bar{t}}(y - x)^{\mathrm{T}}(My + q - M\bar{x} - q) \\
&= \frac{1}{1 - \bar{t}}(y - x)^{\mathrm{T}}(My + q) < 0.
\end{aligned}
$$

在上式中, 令 $v = y - x$ 立刻得到与条件 (6.11) 相矛盾的结果.　　　□

注 6.3.1　综合定理 6.3.1 和定理 6.3.2, 对于开凸集上的仿射映射, 我们有

$$\text{拟单调性} \Leftrightarrow \text{伪单调性} \Leftrightarrow \text{条件 (6.11)}.$$

因此, 定理 6.3.2 给出的仿射映射伪单调性的特征刻画也是它的拟单调性的特征刻画. 此外, 注意到在定理 6.3.2 的证明中, 证明 "条件 (6.11) 蕴涵 F 的伪单调性" 时, 并未用到定义域 S 的开性, 可见即使 S 不开, 条件 (6.11) 对 F 的伪单调性因而对它的拟单调性也都是充分条件. 下面的例子表明, 在内部非空的凸集上的仿射映射的拟单调性不必满足条件 (6.11). 因此, 对于不开凸集上的仿射映射, 我们有

$$\text{条件 (6.11)} \Rightarrow \text{伪单调性} \Rightarrow \text{拟单调性} \nRightarrow \text{条件 (6.11)}.$$

例 6.3.1 考虑仿射映射 $F(x) = Mx, x \in \mathbb{R}_+^2$, 其中 $M = \begin{bmatrix} 0 & -1 \\ -2 & 0 \end{bmatrix}$.

F 在闭凸集 $\mathbb{R}_+^2$ 上是拟单调映射; 然而, 在 $\mathbb{R}_+^2$ 的边界点 $(0,0)^{\mathrm{T}}$, 条件 (6.11) 不满足. 先验证 F 满足定义 6.1.3, 因而它是拟单调映射. 任取 $x = (x_1, x_2)^{\mathrm{T}} \in \mathbb{R}_+^2$, $y = (y_1, y_2)^{\mathrm{T}} \in \mathbb{R}_+^2$. 假设

$$(y - x)^{\mathrm{T}} F(x) = -x_2(y_1 - x_1) - 2x_1(y_2 - x_2) > 0, \tag{6.12}$$

需证

$$(y - x)^{\mathrm{T}} F(y) = -y_2(y_1 - x_1) - 2y_1(y_2 - x_2) \geqslant 0. \tag{6.13}$$

首先, 向量 $y - x = (y_1 - x_1, y_2 - x_2)^{\mathrm{T}}$ 按其方向有 4 种情况:

(i) $y_1 - x_1 \geqslant 0, y_2 - x_2 \geqslant 0$;

(ii) $y_1 - x_1 < 0, y_2 - x_2 < 0$;

(iii) $y_1 - x_1 > 0, y_2 - x_2 \leqslant 0$;

(iv) $y_1 - x_1 \leqslant 0, y_2 - x_2 > 0$.

由于假设式 (6.12) 成立, 故情形 (i) 不可能发生. 对于情形 (ii), 显然式 (6.13) 成立. 对于情形 (iii) 和 (iv), 容易推出

$$-y_2(y_1 - x_1) \geqslant -x_2(y_1 - x_1), \quad -2y_1(y_2 - x_2) \geqslant -2x_1(y_2 - x_2).$$

利用这两个不等式和式 (6.12), 立刻得到式 (6.13) . 故映射 F 在 $\mathbb{R}_+^2$ 上拟单调.

现在, 验证式 (6.11) 在边界点 $x = (0,0)^{\mathrm{T}} \in \mathbb{R}_+^2$ 不成立: 显然 $Mx = 0$, 因此 $v^{\mathrm{T}} Mx = 0, \forall v \in \mathbb{R}^2$. 但是, 对于 $v = (v_1, v_2)^{\mathrm{T}}, v_1 \cdot v_2 > 0$, 则 $v^{\mathrm{T}} Mv = -3v_1 v_2 < 0$. 因此, 条件 (6.11) 不满足.

最后, 注意拟单调映射 $F(x) = Mx$ 在开凸集 $\mathrm{int}\mathbb{R}_+^2$ 上是伪单调映射, 但在闭凸集 $\mathbb{R}_+^2$ 上不是伪单调映射, 因为取 $x = (0,0)^{\mathrm{T}}, y = (1,1)^{\mathrm{T}}$, 有 $(y-x)^{\mathrm{T}} F(x) = 0$ 且 $(y-x)^{\mathrm{T}} F(y) = -3 < 0$.

例 6.3.1 表明, 若凸集 $S \subset \mathbb{R}^n$ 不开, 其上的仿射映射 $F(x) = Mx + q$ 是拟单调映射, 条件 (6.11) 在 S 的边界点不必成立. 一般地, 有如下定理 [75].

定理 6.3.3 设 $S \subset \mathbb{R}^n$ 是内部非空的凸集, $F(x) = Mx + q$ 在 S 上是拟单调映射.

(i) 如果 $\exists x \in S, v \in \mathbb{R}^n$, 使得式 (6.11) 不成立, 则 x 是 S 的边界点, 且 $F(x) = 0$;

(ii) 若 F 在 S 的边界上有非零点, 则 F 在 S 上也是伪单调映射.

考虑仿射变换 $z = Ax + b$, 这里 A 是 $m \times n$ 矩阵, $b \in \mathbb{R}^m$. 下面的定理表明, 在仿射变换下, 映射的广义单调性保持不变.

定理 6.3.4 设 $Z \subset \mathbb{R}^m$ 是凸集, 映射 $G: Z \to \mathbb{R}^m, F(x) = A^T G(Ax+b), x \in S = \{x \in \mathbb{R}^n : Ax + b \in Z\}$. 若 G 在 Z 上是拟单调映射 (伪单调映射、严格拟单调映射和半严格拟单调映射), 则 F 在 S 上是拟单调映射 (伪单调映射、严格拟单调映射和半严格拟单调映射).

证明 $\forall x_1, x_2 \in S$, 记 $z_1 = Ax_1 + b, z_2 = Ax_2 + b$, 有如下等式

$$(x_2 - x_1)^T F(x_1) = (x_2 - x_1)^T A^T G(Ax_1 + b)$$

$$= (A(x_2 - x_1))^T G(Ax_1 + b)$$

$$= (z_2 - z_1)^T G(z_1),$$

$$(x_2 - x_1)^T F(x_2) = (z_2 - z_1)^T G(z_2),$$

因此, 关于 G 的任何广义单调性假设等同于关于 F 的同类型广义单调性. $\qquad\square$

6.4 广义单调性和广义凸性间的关系

函数的广义凸性与它的梯度映射 ∇f 的广义单调性间存在密切的联系, 本节介绍几个基本结果.

定理 6.4.1 设 f 在开凸集 $S \subset \mathbb{R}^n$ 上是可微函数.

(i) f 在 S 上是凸函数当且仅当 ∇f 在 S 上是单调映射.

(ii) f 在 S 上是严格凸函数当且仅当 ∇f 在 S 上是严格单调映射.

证明 (i) 假设 f 在 S 上是凸函数, 又设 $x_1, x_2 \in S$. 由定理 1.2.11, 有

$$f(x_2) \geqslant f(x_1) + (x_2 - x_1)^T \nabla f(x_1), \tag{6.14}$$

$$f(x_1) \geqslant f(x_2) + (x_1 - x_2)^T \nabla f(x_2). \tag{6.15}$$

将式 (6.14) 和式 (6.15) 相加得到 $(x_2 - x_1)^T(\nabla f(x_2) - \nabla f(x_1)) \geqslant 0$, 即 ∇f 在 S 上单调映射.

反过来, 假设 f 不是凸函数, 则由定理 1.2.11 知, $\exists x_1, x_2 \in S$, 使得 $f(x_2) < f(x_1) + (x_2 - x_1)^T \nabla f(x_1)$. 由微分中值定理, $\exists \bar{x} = x_1 + \bar{t}(x_2 - x_1), \bar{t} \in (0,1)$, 使得 $f(x_2) = f(x_1) + (x_2 - x_1)^T \nabla f(\bar{x})$. 综上得到

$$(x_2 - x_1)^T \nabla f(\bar{x}) = f(x_2) - f(x_1) < (x_2 - x_1)^T \nabla f(x_1),$$

因此有

$$0 > (x_2 - x_1)^T(\nabla f(\bar{x}) - \nabla f(x_1)) = \frac{1}{\bar{t}}(\bar{x} - x_1)^T(\nabla f(\bar{x}) - \nabla f(x_1)).$$

因 $\bar{t} > 0$, 故 $(\bar{x} - x_1)^T(\nabla f(\bar{x}) - \nabla f(x_1)) < 0$, 这与 ∇f 的单调性假设相矛盾.

类似地, 可以证明 (ii).　□

为了建立函数的伪凸性 (拟凸性) 与它的梯度映射的伪单调性 (拟单调性) 间的联系, 需要如下的引理.

引理 6.4.1 设 f 在凸集 $S \subset \mathbb{R}^n$ 上是可微函数.

(i) 假设 ∇f 在 S 上是伪单调映射. 若 $x_1, x_2 \in S$, 使得 $(x_2 - x_1)^{\mathrm{T}} \nabla f(x_1) \geqslant 0$, 则 f 在闭区间 $[x_1, x_2]$ 上的限制是单调增函数; 若 $x_1, x_2 \in S$, 使得 $(x_2 - x_1)^{\mathrm{T}} \nabla f(x_1) > 0$, 则 f 在 $[x_1, x_2]$ 上的限制是严格单调增函数.

(ii) 假设 ∇f 在 S 上是拟单调映射. 若 $x_1, x_2 \in S$, 使得 $(x_2 - x_1)^{\mathrm{T}} \nabla f(x_1) > 0$, 则 f 在闭区间 $[x_1, x_2]$ 上的限制是单调增函数, 且 $f(x_1) < f(x_2)$.

证明 (i) 令 $\varphi(t) = f(x_1 + t(x_2 - x_1)), t \in [0,1]$, 记 $y = x_1 + t(x_2 - x_1)$. 于是, 若 $(x_2 - x_1)^{\mathrm{T}} \nabla f(x_1) \geqslant 0$, 则 $(y - x_1)^{\mathrm{T}} \nabla f(x_1) \geqslant 0, \forall y \in [x_1, x_2]$. 由 ∇f 的伪单调性知, $(y - x_1)^{\mathrm{T}} \nabla f(y) \geqslant 0, \forall y \in [x_1, x_2]$. 由此推出

$$0 \leqslant (y - x_1)^{\mathrm{T}} \nabla f(y) = t(x_2 - x_1)^{\mathrm{T}} \nabla f(y) = t\varphi'(t), \quad \forall t \in [0,1].$$

这表明, $\varphi'(t) \geqslant 0, \forall t \in [0,1]$. 因此 $\varphi(t)$ 在 $[0,1]$ 上是单调增函数.

类似地, 由条件 $(x_2 - x_1)^{\mathrm{T}} \nabla f(x_1) > 0$ 和 ∇f 的伪单调性推出 $\varphi(t)$ 在 $[0,1]$ 上是严格单调增函数.

(ii) 类似于 (i), 由条件 $(x_2 - x_1)^{\mathrm{T}} \nabla f(x_1) > 0$ 和 ∇f 的拟单调性推出 $\varphi(t)$ 在 $[0,1]$ 上是单调增函数; 而 $\varphi'(0) = (x_2 - x_1)^{\mathrm{T}} \nabla f(x_1) > 0$ 蕴涵 $\varphi(t)$ 在 $t = 0$ 上是局部严格单调增函数, 于是 $\exists \varepsilon \in (0,1), f(x_1) = \varphi(0) < \varphi(\varepsilon) \leqslant \varphi(1) = f(x_2)$.　□

定理 6.4.2 设 f 在凸集 $S \subset \mathbb{R}^n$ 上是可微函数.

(i) f 在 S 上是伪凸函数当且仅当 ∇f 在 S 上是伪单调映射.

(ii) f 在 S 上是拟凸函数当且仅当 ∇f 在 S 上是拟单调映射.

证明 (i) 假设 f 在 S 上是伪凸函数. 设 $x_1, x_2 \in S$, 满足 $(x_2 - x_1)^{\mathrm{T}} \nabla f(x_1) \geqslant 0$, 则由 f 的伪凸性有 $f(x_1) \leqslant f(x_2)$. 因伪凸性蕴涵拟凸性, 故 f 还是拟凸函数, 由定理 3.1.2, 有 $(x_1 - x_2)^{\mathrm{T}} \nabla f(x_2) \leqslant 0$, 即 $(x_2 - x_1)^{\mathrm{T}} \nabla f(x_2) \geqslant 0$. 因此, $\nabla f(x)$ 在 S 上是伪单调映射.

反过来, 若 ∇f 是伪单调映射, 假设 f 不是伪凸函数, 则 $\exists x_1, x_2 \in S, f(x_1) > f(x_2)$ 且 $(x_2 - x_1)^{\mathrm{T}} \nabla f(x_1) \geqslant 0$. 由引理 6.4.1(i), f 在 $[x_1, x_2]$ 上是单调增函数, 故 $f(x_1) \leqslant f(x_2)$, 这导致矛盾.

(ii) 假设 f 在 S 上是拟凸函数, 设 $x_1, x_2 \in S$, 满足 $(x_2 - x_1)^{\mathrm{T}} \nabla f(x_1) > 0$. 则由定理 3.1.2 有 $f(x_1) < f(x_2)$. 据此, 再次使用定理 3.1.2, 又有 $(x_1 - x_2)^{\mathrm{T}} \nabla f(x_2) \leqslant 0$, 即 $(x_2 - x_1)^{\mathrm{T}} \nabla f(x_2) \geqslant 0$, 因此 $\nabla f(x)$ 在 S 上是拟单调映射. 反过来, 假设 $\exists x_1, x_2 \in S$, 使得 $f(x_1) \geqslant f(x_2)$ 且 $(x_2 - x_1)^{\mathrm{T}} \nabla f(x_1) > 0$. 使用引理 6.4.1(ii) 导出矛盾.　□

定理 6.4.3 设 f 在凸集 $S \subset \mathbb{R}^n$ 上是可微函数.

(i) f 在 S 上是严格拟凸函数当且仅当 ∇f 在 S 上是严格拟单调映射.

(ii) f 在 S 上是半严格拟凸函数当且仅当 ∇f 在 S 上是半严格拟单调映射.

证明 (i) 若 f 在 S 上是严格拟凸函数, 则 f 还是拟凸函数, 因此, 由定理 6.4.2(ii), $\nabla f(x)$ 在 S 上是拟单调映射. 假设条件 (6.6) 不成立, 则

$$\exists x_1, x_2 \in S, \quad \forall \bar{x} \in [x_1, x_2], \quad (x_2 - x_1)^{\mathrm{T}} \nabla f(\bar{x}) = 0.$$

而这蕴涵 f 在 $[x_1, x_2]$ 上取常值, 由定理 2.1.14, f 不是严格拟凸函数. 这与假设条件相矛盾, 故条件 (6.6) 成立, 从而 ∇f 是严格拟单调映射.

反过来, 若 $\nabla f(x)$ 是严格拟单调映射, 则它还是拟单调映射. 由定理 6.4.2(ii), f 是拟凸函数. 此外, 条件 (6.6) $(F = \nabla f)$ 蕴涵 f 在任一区间 $[x_1, x_2] \subset S$ 上的限制不是常值的, 由定理 2.1.14, f 是严格拟凸函数.

(ii) 若 f 在 S 上是半严格拟凸函数, 因 f 连续, 故 f 还是拟凸函数. 由定理 6.4.2(ii) 知, $\nabla f(x)$ 在 S 上是拟单调映射. 假设 $\nabla f(x)$ 不是半严格拟单调映射, 则 $\exists x_1, x_2 \in S$, 满足 $(x_2 - x_1)^{\mathrm{T}} \nabla f(x_1) > 0$ 且 $(x_2 - x_1)^{\mathrm{T}} \nabla f(\bar{x}) \leqslant 0, \forall \bar{x} \in \mathrm{ri}\left[\dfrac{x_1 + x_2}{2}, x_2\right]$. 此外, 由引理 6.4.1(ii), $\nabla f(x)$ 的拟单调性蕴涵

$$(x_2 - x_1)^{\mathrm{T}} \nabla f(\bar{x}) \geqslant 0, \quad \forall \bar{x} \in \mathrm{ri}\left[\frac{x_1 + x_2}{2}, x_2\right].$$

从而有 $(x_2 - x_1)^{\mathrm{T}} \nabla f(\bar{x}) = 0, \forall \bar{x} \in \mathrm{ri}\left[\dfrac{x_1 + x_2}{2}, x_2\right]$. 因此 f 在线段 $\left[\dfrac{x_1 + x_2}{2}, x_2\right]$ 上是常值函数. 再次使用引理 6.4.1(ii) 有 $f(x_1) < f(x_2)$, 由 f 在 $[x_1, x_2]$ 上的半严格拟凸性有 $f(x_2) > f(x_2 + \lambda(x_1 - x_2)), \forall \lambda \in (0, 1)$. 特别地, 取 $\lambda = \dfrac{1}{2}$ 时, 有 $f(x_2) > f\left(\dfrac{x_1 + x_2}{2}\right)$, 这与 f 在 $\left[\dfrac{x_1 + x_2}{2}, x_2\right]$ 上是常值的相矛盾.

反过来, 假设 f 不是半严格拟凸函数, 则 $\exists x_1, x_2 \in S, \exists \bar{x} \in \mathrm{ri}[x_1, x_2]$, 满足 $f(x_1) > f(x_2)$ 且 $f(x_1) \leqslant f(\bar{x})$. 设 $\varphi(t) = f(x_1 + t(x_2 - x_1)), t \in [0, 1]$, 令

$$\tilde{t} = \max\{t \in [0, 1] : \varphi(t) = f(x_1) = \varphi(0)\},$$

显然有 $\tilde{t} \in (0, 1)$. 设 $\varepsilon > 0$, 满足 $\varepsilon < \dfrac{\tilde{t}}{2}$ 和 $\tilde{t} + \varepsilon < 1$, 则 $\exists \bar{t} \in (\tilde{t}, \tilde{t} + \varepsilon)$, 使得 $\varphi'(\bar{t}) < 0$. 令 $\bar{y} = x_1 + \bar{t}(x_2 - x_1)$, 有

$$0 > \varphi'(\bar{t}) = (x_2 - x_1)^{\mathrm{T}} \nabla f(\bar{y}) = \frac{1}{\bar{t}}(\bar{y} - x_1)^{\mathrm{T}} \nabla f(\bar{y}),$$

由此得到 $(x_1 - \bar{y})^{\mathrm{T}} \nabla f(\bar{y}) > 0$. 由 $\nabla f(x)$ 的半严格拟单调性, 用式 (6.7) 得到

$$\exists \hat{x} \in \mathrm{ri}\left[x_1, \frac{x_1 + \bar{y}}{2}\right], \quad (x_1 - \bar{y})^{\mathrm{T}} \nabla f(\hat{x}) > 0. \tag{6.16}$$

记 $\tilde{x} = x_1 + \tilde{t}(x_2 - x_1)$, 注意到 $\dfrac{x_1 + \bar{y}}{2} = x_1 + \dfrac{\bar{t}}{2}(x_2 - x_1)$, 则由 $\hat{x} \in \mathrm{ri}\left[x_1, \dfrac{x_1 + \bar{y}}{2}\right]$ 知 $\hat{x} \in \mathrm{ri}[x_1, \tilde{x}]$. 因此, ∇f 在 S 上拟单调, 从而 f 在 S 上拟凸, 再注意到 $\tilde{t}$ 的定义, f 在 $[x, \tilde{x}\,]$ 上是常值函数, 则 $\nabla f(\hat{x}) = 0$, 故 $(x_1 - \bar{y})^{\mathrm{T}} \nabla f(\hat{x}) = 0$. 这与式 (6.16) 相矛盾. □

6.5　广义 Charnes-Cooper 变换

函数伪凸性的验证常常是困难的. 映射的伪单调性的验证也面临同样的困难. 本节引进一种非线性变量变换: 广义 Charnes-Cooper 变换. 经过这一变换, 可微函数 f 的梯度映射的伪单调性保持不变, 或者等价地, f 的伪凸性保持不变. 在第 7 章, 应用这一变换, 可以得到某些特殊函数类的伪凸性结果.

考虑下面的变换

$$y = \frac{Ax}{b^{\mathrm{T}}x + b_0}, \tag{6.17}$$

其中 $x \in \Gamma = \{x \in \mathbb{R}^n : b^{\mathrm{T}}x + b_0 > 0\}$, A 是非奇异 n 阶矩阵, $b \in \mathbb{R}^n, b_0 \neq 0$. 将式 (6.17) 称为广义 Charnes-Cooper 变换, 这是因为当 $A = I$ 时, 它退化为最初由 Charnes 和 Cooper 提出的变量变换 $y = \dfrac{x}{b^{\mathrm{T}}x + b_0}$ (8.3 节).

定理 6.5.1　变换 (6.17) 的逆变换为

$$x(y) = \frac{b_0 A^{-1}y}{1 - b^{\mathrm{T}}A^{-1}y}, \tag{6.18}$$

其中 $y \in \Gamma^* = \left\{y \in \mathbb{R}^n : \dfrac{b_0}{1 - b^{\mathrm{T}}A^{-1}y} > 0\right\}$.

证明　由式 (6.17), 有

$$A^{-1}y = \frac{x}{b^{\mathrm{T}}x + b_0}, \quad b^{\mathrm{T}}A^{-1}y = \frac{b^{\mathrm{T}}x}{b^{\mathrm{T}}x + b_0} = 1 - \frac{b_0}{b^{\mathrm{T}}x + b_0}.$$

由此推出 $\dfrac{1}{b^{\mathrm{T}}x + b_0} = \dfrac{1 - b^{\mathrm{T}}A^{-1}y}{b_0}$ 和 $x = \dfrac{b_0 A^{-1}y}{1 - b^{\mathrm{T}}A^{-1}y}$. 前者加上条件 $b^{\mathrm{T}}x + b_0 > 0$ 推出 $\dfrac{b_0}{1 - b^{\mathrm{T}}A^{-1}y} > 0$, 即 $y \in \Gamma^*$. □

设 f 是开凸集 $S \subset \mathbb{R}^n$ 上的可微函数, 对 $f(x)$ 使用广义 Charnes-Cooper 变换, 即用逆变换 (6.18) 得到关于变量 y 的函数 $\psi(y)$. 后面总假设 $S \subset \Gamma$. 下面的定理表明, 广义 Charnes-Cooper 变换保持函数 f 的梯度映射 ∇f 的伪单调性, 其证明见文献 [68].

定理 6.5.2 设 f 是开凸集 $S \subset \Gamma$ 上的可微函数, 则 $\nabla f(x)$ 是伪单调映射当且仅当 $\nabla \psi(y)$ 是伪单调映射.

由定理 6.4.2(i) 知, 函数是伪凸当且仅当它的梯度映射是伪单调, 因此定理 6.5.2 有如下推论.

推论 6.5.1 广义 Charnes-Cooper 变换 (6.17) 保持任意可微函数 f 的伪凸性不变, 即 $f(x)$ 是伪凸函数当且仅当 $\psi(y)$ 是伪凸函数.

一般地, 广义 Charnes-Cooper 变换和经典 Charnes-Cooper 变换 (即 $A = I$) 都不能保持映射的伪单调性, 这可以用下面的例 6.5.1 佐证.

例 6.5.1 映射 $F(x) = x^3, x \in \mathbb{R}$. 由定理 6.2.1(iii), 它是伪单调映射. 考虑变换.

$$y = -\frac{x}{x+1}, \quad x > -1.$$

它的逆变换为 $x = -\dfrac{y}{y+1}, y > -1$. 则 $F(x(y)) = \left(-\dfrac{y}{y+1}\right)^3$ (当 $y > -1$ 时) 不是伪单调映射. 事实上, 取 $y_1 = -\dfrac{1}{2}, y_2 = 1$, 有

$$(y_2 - y_1)F(x(y_1)) = \frac{3}{2} > 0,$$

但是

$$(y_2 - y_1)F(x(y_2)) = -\frac{3}{16} < 0.$$

尽管如此, 在一定的假设条件下, 经典的 Charnes-Cooper 变换可以保持映射的伪单调性. 这就是下面的定理.

定理 6.5.3 如果映射 $F(y)$ 在锥 $C \subset \mathbb{R}^n$ 上是线性正齐次且伪单调映射, 则映射

$$\Phi(x) = F\left(\frac{x}{b^{\mathrm{T}}x + b_0}\right)$$

在 $\bar{C} = C \cap \{x \in \mathbb{R}^n : b^{\mathrm{T}}x + b_0 > 0\}$ 上是伪单调映射.

证明 设 $x, z \in \bar{C}, (z-x)^{\mathrm{T}}\Phi(x) > 0$, 需证 $(z-x)^{\mathrm{T}}\Phi(z) > 0$. 由 F 的线性正齐次性, 有

$$0 < (z-x)^{\mathrm{T}}\Phi(x) = (z-x)^{\mathrm{T}}F\left(\frac{x}{b^{\mathrm{T}}x + b_0}\right) = \frac{1}{b^{\mathrm{T}}x + b_0}(z-x)^{\mathrm{T}}F(x).$$

注意到 $x \in \bar{C}$ 蕴涵 $b^{\mathrm{T}}x + b_0 > 0$, 由上式得到 $(z-x)^{\mathrm{T}}F(x) > 0$. 再由 F 的伪单调性有 $(z-x)^{\mathrm{T}}F(z) > 0$. 据此, 并再次使用 F 的线性正齐次性得到

$$(z-x)^{\mathrm{T}}\Phi(z) = (z-x)^{\mathrm{T}}F\left(\frac{z}{b^{\mathrm{T}}z+b_0}\right) = \frac{1}{b^{\mathrm{T}}z+b_0}(z-x)^{\mathrm{T}}F(z) > 0. \qquad \square$$

推论 6.5.2 如果 My 在锥 $C \subset \mathbb{R}^n$ 上是伪单调映射, 则映射

$$\frac{Mx}{b^{\mathrm{T}}x+b_0}$$

在 $\bar{C} = C \cap \{x \in \mathbb{R}^n : b^{\mathrm{T}}x + b_0 > 0\}$ 上是伪单调映射.

注 6.5.1 定理 6.5.3 不能推广到广义 Charnes-Cooper 变换 (即 $A \neq I$). 例如映射 $\Phi(y) = My$, 其中 $M = \begin{bmatrix} 0 & 2 \\ -1 & 0 \end{bmatrix}$. 同例 6.3.1 类似, 容易验证它在 $\mathrm{int}\mathbb{R}_+^2$ 上是伪单调映射. 对它使用广义 Charnes-Cooper 变换 $y = \dfrac{Ax}{b^{\mathrm{T}}x+b_0}$, 其中

$$A = \begin{bmatrix} 3 & 0 \\ 0 & 1 \end{bmatrix}, \quad b = \begin{bmatrix} 1 \\ 1 \end{bmatrix}, \quad b_0 = 1,$$

得到的映射 $\Phi(x) = M\left(\dfrac{Ax}{b^{\mathrm{T}}x+b_0}\right)$ 在 $\mathrm{int}\mathbb{R}_+^2$ 上不是伪单调, 这是因为对于 $z = (1,2)^{\mathrm{T}}, x = \left(\dfrac{1}{3}, 1\right)^{\mathrm{T}}$ 有

$$(z-x)^{\mathrm{T}}M\left(\frac{Ax}{b^{\mathrm{T}}x+b_0}\right) = \frac{1}{7} > 0, \quad (z-x)^{\mathrm{T}}M\left(\frac{Az}{b^{\mathrm{T}}z+b_0}\right) = -\frac{1}{12} < 0.$$

即 $\Phi(x)$ 不满足条件 (6.4), 因而它不是伪单调映射.

最后, 将广义 Charnes-Cooper 变换作为映射, 而不是作为变量变换时, 给出它是伪单调的条件. 为此, 先建立一个更一般的结果.

定理 6.5.4 设 $G : \mathbb{R}^n \to \mathbb{R}^n, g : \mathbb{R}^n \to \mathbb{R}$, 映射 $F(x) = \dfrac{G(x)}{g(x)}$ 定义在半空间 $H = \{x \in \mathbb{R}^n : g(x) > 0\}$ 上. 如果 G 在 $S \subset \mathbb{R}^n$ 上是伪单调映射, 则 F 在 $\bar{S} = S \cap H$ 上是伪单调映射.

证明 只需证明 $x, z \in \bar{S}, (z-x)^{\mathrm{T}}F(x) > 0$ 蕴涵 $(z-x)^{\mathrm{T}}F(z) > 0$. 由

$$0 < (z-x)^{\mathrm{T}}F(x) = (z-x)^{\mathrm{T}}\frac{G(x)}{g(x)},$$

得到 $(z-x)^{\mathrm{T}}G(x) > 0$. 再由 G 的伪单调性得到 $(z-x)^{\mathrm{T}}G(z) > 0$, 即

$$(z-x)^{\mathrm{T}}F(z) = (z-x)^{\mathrm{T}}\frac{G(z)}{g(z)} > 0. \qquad \square$$

推论 6.5.3　如果仿射映射 Ax 在 $S \subset \mathbb{R}^n$ 上是伪单调映射, 则映射 $y = \dfrac{Ax}{b^{\mathrm{T}}x + b_0}$ 在 $\bar{S} = S \cap \{x \in \mathbb{R}^n : b^{\mathrm{T}}x + b_0 > 0\}$ 上是伪单调映射.

下面的推论对广义 Charnes-Cooper 变换的伪单调性给出一个充分条件.

推论 6.5.4　如果矩阵 A 是半正定, 则映射 $y = \dfrac{Ax}{b^{\mathrm{T}}x + b_0}$ 在半空间

$$\Gamma = \{x \in \mathbb{R}^n : b^{\mathrm{T}}x + b_0 > 0\}$$

上是伪单调映射.

推论 6.5.4 表明, 经典的 Charnes-Cooper 变换 (即 $A = I$) 是伪单调映射.

第 7 章 二次函数的广义凸性

在数学规划中, 二次规划因其广泛的应用价值, 成为学术界和应用工作者的研究热点. 与此相应, 在过去的几十年里, 二次函数的广义凸性有过广泛而深入的研究, 获得了许多有意义结果, 其中, 具有代表性的文献有 Martos 的文献 [34], [76], [77]; Ferland 的文献 [78]; Cottle 和 Ferland 的文献 [79]; Schaible 的文献 [26], [80]~[82]. 除此之外, 本章的主要内容还可以参见文献 [2], [12], [13], [79], [83]~[101].

本章比较系统地介绍二次函数广义凸性的一些结果. 7.2 节指出二次函数的凸性和广义凸性有许多一般函数没有的特点, 例如, 在全空间 $\mathbb{R}^n$ 上, 凸性与拟凸性等价; 在开凸集 S 上, 拟凸性与伪凸性等价. 在介绍这些特点之后, 将讨论二次函数拟凸性和伪凸性的最大定义域. 7.3 节详细地介绍非负变量二次函数广义凸性的判断准则; 在闭集上二次函数的伪凸性; 一种具有特殊结构的二次函数的广义凸性等. 为了展开对伪凸二次函数二阶特征的研究, 7.4 节比较系统地介绍了二次函数通过仿射变换化为标准形的研究路径.

7.1 预 备 知 识

7.1.1 二次函数的凸性

众所周知, 相差一个常数的两个函数有相同的极值点, 还有相同的凸性或广义凸性, 因此, 一般只考虑不含常数项的二次函数:

$$Q(x) = \frac{1}{2}x^{\mathrm{T}}Qx + q^{\mathrm{T}}x, \tag{7.1}$$

其中 Q 是 $n \times n$(实) 对称矩阵, $q \in \mathbb{R}^n$. 我们称

$$Q_0(x) = \frac{1}{2}x^{\mathrm{T}}Qx \tag{7.2}$$

是与式 (7.1) 相对应的二次型.

不论是二次函数 $Q(x)$ 还是其对应的二次型 $Q_0(x)$, 其 Hessian 矩阵均为

$$\nabla^2 Q(x) = Q, \quad \nabla^2 Q_0(x) = Q.$$

于是, 根据定理 1.2.13, 有以下定理.

定理 7.1.1   在任何开凸集 $S \subset \mathbb{R}^n$ 上, 二次函数 $Q(x)$ 或二次型 $Q_0(x)$ 是凸 (严格凸) 函数当且仅当矩阵 Q 是半正定 (正定) 矩阵.

为了研究二次规划, 文献 [83] 还给出了在凸集上二次型为凸函数的特征 (不要求凸集是开集). 这就是如下的定理 7.1.2.

定理 7.1.2   二次型 $Q_0(x) = \frac{1}{2} x^{\mathrm{T}} Q x$ 在凸集 $S \subset \mathbb{R}^n$ 上是凸函数当且仅当

$$Q_0(x - y) \geqslant 0, \quad \forall x, y \in S.$$

证明 Q_0 是凸函数, 即 $\forall x, y \in S, \forall \lambda \in (0, 1)$,

$$Q_0(\lambda x + (1 - \lambda) y) \leqslant \lambda Q_0(x) + (1 - \lambda) Q_0(y).$$

上式等价于

$$\lambda (1 - \lambda)(x^{\mathrm{T}} Q x + y^{\mathrm{T}} Q y - 2 x^{\mathrm{T}} Q y) \geqslant 0.$$

因 $\lambda(1 - \lambda) > 0$, 这等价于

$$Q_0(x - y) = \frac{1}{2}(x^{\mathrm{T}} Q x + y^{\mathrm{T}} Q y - 2 x^{\mathrm{T}} Q y) \geqslant 0, \quad \forall x, y \in S. \qquad \square$$

下面的推论是定理 7.1.2 的直接结果.

推论 7.1.1 $Q_0(x)$ 在线性子空间 $L \subset \mathbb{R}^n$ 上是凸函数当且仅当

$$Q_0(x) \geqslant 0, \quad \forall x \in L.$$

推论 7.1.2 $Q_0(x)$ 在凸集 $S \subset \mathbb{R}^n$ 上是凸函数当且仅当 $\forall a \in \mathbb{R}^n, Q_0(x)$ 在 $S + a$ 上是凸函数.

因线性子空间是凸集, 由推论 7.1.2, 又有如下推论.

推论 7.1.3 $Q_0(x)$ 在线性子空间 $L \subset \mathbb{R}^n$ 上是凸函数当且仅当它在每个仿射集 $A = L + a$ 上是凸函数.

一个集合的仿射包是包含它的最小仿射集, 因此, 有下面的定理.

定理 7.1.3   如果 $Q_0(x)$ 在凸集 $S \subset \mathbb{R}^n$ 上是凸函数, 则它在 S 的仿射包 aff$S$ 上是凸函数.

证明   显然, 有 $\forall x, y \in \mathrm{aff}S, \exists u, v \in S, \exists \xi > 0$, 使得 $x - y = \xi(u - v)$. 由定理 7.1.2, $Q_0(u - v) \geqslant 0$, 于是有 $Q_0(x - y) = \xi^2 Q_0(u - v) \geqslant 0$. 因 aff$S$ 是凸集, 再次使用定理 7.1.2, $Q_0(x)$ 在 aff$S$ 上是凸函数. $\square$

当 S 的维数小于 n (或 int$S = \varnothing$) 时, 定理 7.1.3 可能有用.

由前面的定理和推论, 二次型的凸性只依赖于矩阵 Q. 后面, 将会看到, 二次型和二次函数广义凸性的性质及特征刻画, 远比它的凸性刻画复杂得多.

因为凸性蕴涵拟凸性、伪凸性等广义凸性, 所以后面用 "仅拟凸""仅伪凸" 来特指 "非凸拟凸""非凸伪凸" 等非凸广义凸性.

7.1.2 基本概念

由定理 3.3.1 知, 与非凸且拟凸二次型相关联的对称矩阵 Q 有且仅有一个负特征值. 本节将介绍这一类矩阵的性质, 这些性质在刻画二次函数的广义凸性时将扮演基础的角色.

为此, 使用如下一些记号:

(i) $\lambda_1, \cdots, \lambda_n$ 是 $n \times n$ (实) 对称矩阵 Q 的特征值. 我们知道, 对称矩阵的每个特征值均为实数. 设 $\text{rank} Q = p$, 则 $p \leqslant n$. 不妨假设

$$\lambda_i < 0, \quad i = 1, \cdots, k, \quad \lambda_i > 0, i = k+1, \cdots, p, \quad \lambda_i = 0, i = p+1, \cdots, n.$$

(ii) $v^1, \cdots, v^n$ 是 Q 的与特征值 $\lambda_1, \cdots, \lambda_n$ 相对应的特征向量的标准正交基. 对于对称矩阵, 它的不相等的特征值对应的特征向量彼此正交, 于是, 在有些场合, 也将 $v^1, \cdots, v^n$ 视为特征向量. 为了唯一确定每个特征向量, 假设它们的第一分量取正值 (必要时可以将它乘以 (-1) 得到).

(iii) $\ker Q$ 是 Q 的核, 即 $\ker Q = \{x \in \mathbb{R}^n : Qx = 0\}$.

(iv) $v_-(Q)$ 是 Q 的负特征值的个数 (若是重根, 则按重数计数). 按 (i) 中的假设, 有 $v_-(Q) = k$.

关于对称矩阵 Q 的负特征值的个数, 有如下有用的引理.

引理 7.1.1 设 Q 是 $n \times n$ 对称矩阵, 假设存在两个向量 u, w, 使得

$$u^{\mathrm{T}} Q u < 0, \quad w^{\mathrm{T}} Q w < 0, \quad u^{\mathrm{T}} Q w = 0.$$

则 Q 至少有两个负特征值.

证明 设 $u = \sum_{i=1}^{n} \alpha_i v^i, w = \sum_{i=1}^{n} \beta_i v^i, \alpha_i, \beta_i \in \mathbb{R}, i = 1, \cdots, n.$ 则有

$$u^{\mathrm{T}} Q u = \sum_{i=1}^{n} \alpha_i^2 \lambda_i, \quad w^{\mathrm{T}} Q w = \sum_{i=1}^{n} \beta_i^2 \lambda_i, \quad u^{\mathrm{T}} Q w = \sum_{i=1}^{n} \alpha_i \beta_i \lambda_i.$$

而假设条件蕴涵 $\sum_{i=1}^{n} \alpha_i^2 \lambda_i < 0$ 和 $\sum_{i=1}^{n} \beta_i^2 \lambda_i < 0$, 因此至少一个特征值是负值. 不失一般性, 假设 $\lambda_1 < 0$. 如果 $\alpha_1 = 0$ 或 $\beta_1 = 0$, 则显然还有第二个负特征值. 如果 $\alpha_1 \beta_1 \neq 0$, 由假设条件有

$$\sum_{i=1}^{n} (\beta_1\alpha_i - \alpha_1\beta_i)^2 \lambda_i$$

$$= \beta_1^2 \sum_{i=1}^{n} \alpha_i^2 \lambda_i + \alpha_1^2 \sum_{i=1}^{n} \beta_i^2 \lambda_i - 2\alpha_1\beta_1 \sum_{i=1}^{n} \alpha_i\beta_i\lambda_i$$

$$= \beta_1^2 \sum_{i=1}^{n} \alpha_i^2 \lambda_i + \alpha_1^2 \sum_{i=1}^{n} \beta_i^2 \lambda_i < 0,$$

由此得到 $\sum_{i=2}^{n} (\beta_1\alpha_i - \alpha_1\beta_i)^2 \lambda_i < 0$, 故第二个负特征值存在. □

现在先讨论与仅有一个负特征值的对称矩阵相关联的二次型的若干性质, 这些性质将在 7.2~7.4 节用于二次函数拟凸性和伪凸性的刻画.

假设 $\lambda_1 < 0, \lambda_i > 0, i = 2, \cdots, p, \lambda_i = 0, i = p+1, \cdots, n$.

引理 7.1.2 设 Q 是 $n \times n$ 对称矩阵, 假设 $v_-(Q) = 1$. 则下列条件成立:

(i) 若 $u \in \mathbb{R}^n$, 且满足 $u^{\mathrm{T}}v^1 = 0$, 则 $u \in \ker Q$ 和 $u^{\mathrm{T}}Qu > 0$ 二者之一成立;

(ii) $u \in \ker Q$ 当且仅当 $u^{\mathrm{T}}Qu = 0$ 且 $u^{\mathrm{T}}v^1 = 0$.

证明 (i) 设 $u = \sum_{i=1}^{n} \alpha_i v^i$, 由条件有 $0 = u^{\mathrm{T}}v^1 = \sum_{i=1}^{n} \alpha_i (v^i)^{\mathrm{T}} v^1 = \alpha_1$, 由此得到 $u = \sum_{i=2}^{n} \alpha_i v^i$. 若 $u = \sum_{i=2}^{n} \alpha_i v^i \notin \ker Q$, 则 $\exists i \in \{2, \cdots, p\}$, 使得 $\alpha_i \neq 0$. 这推出 $u^{\mathrm{T}}Qu = \sum_{i=2}^{p} \alpha_i^2 \lambda_i > 0$.

(ii) 显然, 如果 $u \in \ker Q$, 则 $Qu = 0$, 因而有 $u^{\mathrm{T}}Qu = 0$. 不妨假设 v^1 本身就是 Q 的与特征值 $\lambda_1 < 0$ 相对应的特征向量, 则有 $Qv^1 = \lambda_1 v^1$. 于是有 $u^{\mathrm{T}}Qv^1 = \lambda_1 u^{\mathrm{T}}v^1$, 进而有 $\lambda_1 u^{\mathrm{T}}v^1 = u^{\mathrm{T}}Qv^1 = ((v^1)^{\mathrm{T}}Qu)^{\mathrm{T}} = 0$. 由此得到 $u^{\mathrm{T}}v^1 = 0$. 反过来, 由 (i) 可以推出结论. □

现在引进如下的与矩阵 Q 相关联的一对对顶锥:

$$T = \{x \in \mathbb{R}^n : x^{\mathrm{T}}Qx \leqslant 0, x^{\mathrm{T}}v^1 \geqslant 0\},$$

$$-T = \{x \in \mathbb{R}^n : x^{\mathrm{T}}Qx \leqslant 0, x^{\mathrm{T}}v^1 \leqslant 0\}.$$

在 7.4 节, 我们将介绍使用二次函数的标准形来研究它的广义凸性. 关于对顶锥 T 和 $-T$ 的定义, 可以从那里看到其背景. 此外, 尽管我们使用了 "对顶锥" 这一名称, 但从后面的定理 7.1.4(i) 可以看到, 一般情况下, 并不满足 $T \cap (-T) = \{0\}$. 现在用两个实例加以解释.

例 7.1.1 (i) 设 $Q = \begin{bmatrix} 4 & -1 \\ -1 & -2 \end{bmatrix}$. 不难得到

$$\lambda_1 = 1 - \sqrt{10} < 0, \quad \lambda_2 = 1 + \sqrt{10} > 0, \quad v^1 = v/\|v\|, \text{其中} v = (1, 3+\sqrt{10})^{\mathrm{T}};$$

$$\ker Q = \{0\}, \quad T = \{x = \alpha(1,1)^{\mathrm{T}} + \beta(-1,2)^{\mathrm{T}} : \alpha, \beta \geqslant 0\}.$$

(ii) 设 $Q = \begin{bmatrix} -2 & -2 \\ -2 & -2 \end{bmatrix}$. 不难得到

$$\lambda_1 = -4 < 0, \quad \lambda_2 = 0, \quad v^1 = v/\|v\|, \quad \text{其中} v = (1,1)^{\mathrm{T}};$$

$$\ker Q = \{x \in \mathbb{R}^2 : x_1 + x_2 = 0\}, \quad T = \{x \in \mathbb{R}^2 : x_1 + x_2 \geqslant 0\}.$$

这两例如图 7.1 所示.

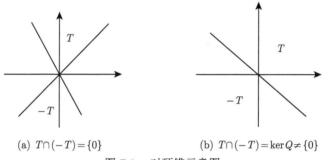

(a) $T \cap (-T) = \{0\}$ (b) $T \cap (-T) = \ker Q \neq \{0\}$

图 7.1　对顶锥示意图

在后面将看到, 锥 T 和 $-T$ 在刻画二次函数的拟凸性及伪凸性的最大定义域中扮演着重要角色. 关于这一对对顶锥, 有如下的定理, 其中 ∂T 表示 T 的边界. 因 T 和 $-T$ 是对顶锥, $-T$ 的性质容易从 T 的性质得到.

定理 7.1.4　设 Q 是 $n \times n$ 对称矩阵, 假设 $v_-(Q) = 1$. 则下列条件成立:

(i) $\ker Q = T \cap (-T)$;

(ii) T 是点锥当且仅当 $\ker Q = \{0\}$.

证明　(i) 由引理 7.1.2(ii), 若 $u \in \ker Q$, 则 $u \in T$ 且 $u \in -T$, 因此有 $\ker Q \subset T \cap (-T)$. 相反地, 若 $x \in T \cap (-T)$, 则有 $x^{\mathrm{T}} Q x \leqslant 0$ 且 $x^{\mathrm{T}} v^1 = 0$, 再由引理 7.1.2(i) 推出 $x \in \ker Q$.

(ii) 因 T 是点锥当且仅当 $T \cap (-T) = \{0\}$, 于是论断由 (i) 推出. □

定理 7.1.5　设 Q 是 $n \times n$ 对称矩阵, 假设 $v_-(Q) = 1$. 则下列条件成立:

(i) $x_0 \in \mathrm{int}\, T$ 当且仅当 $x_0^{\mathrm{T}} Q x_0 < 0$ 且 $x_0^{\mathrm{T}} v^1 > 0$;

(ii) $x_0 \in \partial T \backslash \ker Q$ 当且仅当 $x_0^{\mathrm{T}} Q x_0 = 0$ 且 $x_0^{\mathrm{T}} v^1 > 0$;

(iii) $\mathrm{int}\, T \cap \mathrm{int}(-T) = \varnothing$;

(iv) $T \cup (-T) = \{x \in \mathbb{R}^n : x^{\mathrm{T}} Q x \leqslant 0\}$;

(v) $\mathrm{int}(T \cup (-T)) = \mathrm{int}\, T \cup \mathrm{int}(-T)$.

证明　(i) 这是显然的.

(ii) 注意到 $x_0^{\mathrm{T}} Q x_0 = 0$ 当且仅当 $x_0 \in \partial T \cup \partial(-T)$, 以及 $x_0 \notin \ker Q$ 当且仅当 $x_0^{\mathrm{T}} v^1 \neq 0$ 就可以了.

(iii) 由 (i) 和关于锥 $-T$ 的类似结果推出.

(iv) 直接从 T 和 $-T$ 的定义推出.

(v) 由 (iv) 及 T 与 $-T$ 的定义, 不难得到

$$\text{int}(T \cup (-T)) = \{x \in \mathbb{R}^n : x^\mathrm{T} Q x < 0\} \supset \{x \in \mathbb{R}^n : x^\mathrm{T} Q x < 0, x^\mathrm{T} v^1 \neq 0\}$$

$$= \text{int} T \cup \text{int}(-T).$$

此外, 若 x 满足 $x^\mathrm{T} Q x < 0$, 由引理 7.1.2(i) 必有 $x^\mathrm{T} v^1 \neq 0$, 于是还有相反的包含关系

$$\{x \in \mathbb{R}^n : x^\mathrm{T} Q x < 0\} \subset \{x \in \mathbb{R}^n : x^\mathrm{T} Q x < 0, x^\mathrm{T} v^1 \neq 0\}.$$

因此, $\text{int}(T \cup (-T)) = \text{int} T \cup \text{int}(-T)$.   □

下面的定理指出了锥 T 和 $-T$ 的闭性和凸性.

定理 7.1.6 设 Q 是 $n \times n$ 对称矩阵. 若 $v_-(Q) = 1$, 则 T 是闭凸锥.

证明 设 P 是标准正交矩阵, 它有特征向量 $v^1, \cdots, v^n$, 又设 H 是对角阵, 它的前 p 个对角元为 $(-\lambda_1)^{-\frac{1}{2}}, (\lambda_2)^{-\frac{1}{2}}, \cdots, (\lambda_p)^{-\frac{1}{2}}$, 其余的都等于 1. 众所周知, 线性变换 $x = PHy$ 将二次型 $x^\mathrm{T} Q x$ 转换成标准形 $\sum_{i=2}^p y_i^2 - y_1^2 = \|\bar{y}\|^2 - y_1^2$, 其中 $\bar{y} = (y_2, \cdots, y_p)^\mathrm{T}$. 令

$$C = \{(y_1, \bar{y}) : \|\bar{y}\|^2 - y_1^2 \leqslant 0, y_1 \geqslant 0\} = \{(y_1, \bar{y}) : \|\bar{y}\| \leqslant y_1, y_1 \geqslant 0\}.$$

容易验证 C 是闭锥, 剩下证明 C 是凸集. 设 $z = (z_1, \bar{z}) \in C, w = (w_1, \bar{w}) \in C$. 因 $\|\bar{z}\| \leqslant z_1, \|\bar{w}\| \leqslant w_1$, 有

$$\|\lambda \bar{z} + (1 - \lambda) \bar{w}\| \leqslant \lambda \|\bar{z}\| + (1 - \lambda) \|\bar{w}\| \leqslant \lambda z_1 + (1 - \lambda) w_1, \quad \forall \lambda \in [0, 1].$$

因此, $\lambda z + (1 - \lambda) w \in C, \forall \lambda \in [0, 1]$, 于是 C 是凸集.

注意到 $x^\mathrm{T} v^1 = (PHy)^\mathrm{T} v^1 = y^\mathrm{T} H^\mathrm{T} P^\mathrm{T} v^1$ 和 $v^1 = P e^1$, 其中 $e^1 = (1, 0, \cdots, 0)^\mathrm{T}$, 我们有 $x^\mathrm{T} v^1 = y^\mathrm{T} H^\mathrm{T} (P^\mathrm{T} P) e^1 = y^\mathrm{T} H^\mathrm{T} I e^1 = y^\mathrm{T} H e^1 = (-\lambda_1)^{-1/2} y_1$. 由假设 $\lambda_1 < 0$ 知, $y_1 \geqslant 0$ 当且仅当 $x^\mathrm{T} v^1 \geqslant 0$. 这蕴涵 $PH(C) = T$. 因线性变换 PH 保持集合的凸性, 故由 C 是凸集知 T 也是凸集.   □

注 7.1.1 由文献 [3] 知: 对于凸集 C 和线性变换 A, 有 $A(\text{ri} C) = \text{ri} A(C)$. 但是, 一般地, 闭凸集的线性映射像不是闭集; 而当 C 是闭凸锥且 $C \cap (-C) = \ker A$ 时, 有 $A(\text{cl} C) = \text{cl} A(C)$. 因此, 由定理 7.1.4(i) 和定理 7.1.6, 有如下推论.

推论 7.1.4 设 Q 是 $n \times n$ 对称矩阵, 假设 $v_-(Q) = 1$. 则下列条件成立:

(i) $Q(\text{int} T) = \text{ri} Q(T), Q(\text{int}(-T)) = \text{ri} Q(-T)$;

(ii) $Q(T)$ 和 $Q(-T)$ 是闭凸锥.

现在考虑集合

$$Z = \{z \in \mathbb{R}^n \backslash \{0\} : \exists w \in \mathrm{int}\, T, z^{\mathrm{T}} w = 0\}.$$

显然, 集合 Z 是锥. 下面的定理表明, Z 可以用 T 的正极锥 T^+ 和负极锥 T^- 来刻画.

定理 7.1.7 设 Q 是 $n \times n$ 对称矩阵. 若 $v_-(Q) = 1$, 则 $Z = (T^+ \cup T^-)^c$. 其中记号 A^c 为集合 A 的补集, 即 $A^c = \mathbb{R}^n \backslash A$.

证明 由定理 7.1.6 知 T 是闭凸锥, 再用定理 1.1.19(iii) 知: $w \in \mathrm{int}\, T$ 当且仅当

$$z^{\mathrm{T}} w > 0, \quad \forall z \in T^+ \backslash \{0\} \quad 和 \quad z^{\mathrm{T}} w < 0, \quad \forall z \in T^- \backslash \{0\}.$$

因此有 $Z \cap T^+ = \varnothing$ 和 $Z \cap T^- = \varnothing$. 于是 $Z \subset (T^+ \cup T^-)^c$. 假设相反的包含关系不成立, 即 $\exists z \in (T^+ \cup T^-)^c$, 但 $w \notin Z$. 后者表明, $\forall w \in \mathrm{int}\, T, z^{\mathrm{T}} w \neq 0$. 若

$$\exists w_1, w_2 \in \mathrm{int}\, T, \quad 使得 \quad z^{\mathrm{T}} w_1 > 0, z^{\mathrm{T}} w_2 < 0,$$

则 $\exists \lambda \in (0,1)$, 满足 $\lambda z^{\mathrm{T}} w_1 + (1-\lambda) z^{\mathrm{T}} w_2 = 0$, 即 $z^{\mathrm{T}} (\lambda w_1 + (1-\lambda) w_2) = 0$. 由 $\mathrm{int}\, T$ 的凸性, 有 $\lambda w_1 + (1-\lambda) w_2 \in \mathrm{int}\, T$. 这与 $\forall w \in \mathrm{int}\, T, z^{\mathrm{T}} w \neq 0$ 相矛盾, 故只能有

$$\forall w \in \mathrm{int}\, T, \quad z^{\mathrm{T}} w > 0 \quad 或 \quad \forall w \in \mathrm{int}\, T, \quad z^{\mathrm{T}} w < 0.$$

由极锥的定义, 这表明 $z \in T^+ \cup T^-$, 这与假设 $z \in (T^+ \cup T^-)^c$ 相矛盾. $\qquad\square$

当 $v_-(Q) = 1$ 时, 在线性变换 $z = Qx$ 下, 有关锥 T 和 $-T$ 的像的几个结果由下面的引理给出 (参见文献 [2]). 这些结果在刻画二次函数拟凸性的最大定义域中起着重要作用.

引理 7.1.3 设 Q 是 $n \times n$ 对称矩阵, 假设 $v_-(Q) = 1$. 则有

(i) $Q(\mathrm{int}\, T) = \mathrm{ri}\, T^-, Q(T) = T^-$;

(ii) $Q(\mathrm{int}(-T)) = \mathrm{ri}\, T^+, Q(-T) = T^+$;

(iii) $Q((T \cup (-T))^c) = Z \cap (\ker Q)^{\perp}$.

在二次函数的广义凸性研究中, 有许多工作是通过转化为标准形展开的. 例如 Martos[77]、Cottle 和 Ferland[79,96]、Ferland[78]、Schaible[85-87] 等. 我们将在 7.4 节中, 较为系统地介绍这一方法.

7.2 一般情形下的广义凸性

本节将讨论一般形式的二次型和二次函数的广义凸性. 由于二次函数本身的特殊性, 它的广义凸性呈现出许多特色. 在随后的几节里, 我们再针对一些较为特殊的情形展开讨论.

7.2.1　二次函数广义凸性的特殊性

下面的定理表明, 对于二次函数, 如果定义域是整个空间 $\mathbb{R}^n$, 则拟凸性与凸性等价.

定理 7.2.1　二次函数 $Q(x)$ 在 $\mathbb{R}^n$ 上是拟凸函数当且仅当 $Q(x)$ 在 $\mathbb{R}^n$ 上是凸函数.

证明　因凸性蕴涵拟凸性, 只需再证拟凸性蕴涵凸性. 反证法: 假设 $Q(x)$ 拟凸但非凸, 则由定理 3.3.1 知 Q 有负特征值 λ_1. 设 w 是与 λ_1 相关联的标准化特征向量, 又设 $\varphi(t) = Q(tw) = \frac{1}{2}\lambda_1 t^2 + tq^{\mathrm{T}}w, t \in \mathbb{R}$. 因 $\lambda_1 < 0$, 故限制 $\varphi(t)$ 有严格局部极大点 $\bar{t} = -\dfrac{q^{\mathrm{T}}w}{\lambda_1}$. 因此, $\varphi(t)$ 不是拟凸函数, 相应地 $Q(x)$ 不是拟凸的, 这与假设矛盾.　□

定理 7.2.1 提醒我们, 对于二次函数 $Q(x)$, 只有在 $\mathbb{R}^n$ 中的真子集 S 上才可能有不同于凸性的拟凸性 (即我们前面所说的仅拟凸性).

注 7.2.1　根据定理 3.3.1, 二次函数是仅拟凸的必要条件是矩阵 Q 只有一个单负特征值, 即 $v_-(Q) = 1$.

注 7.2.2　对于二次函数 $Q(x)$, 其拟凸性与半严格拟凸性等价. 首先, 由二次函数的连续性知, 半严格拟凸性蕴涵拟凸性. 其次, 若 $Q(x)$ 是拟凸函数, 则可以证明: 条件 $x_1, x_2 \in S, Q(x_1) > Q(x_2)$ 蕴涵 $Q(x)$ 在线段 $[x_1, x_2]$ 上的限制 $\varphi(t) = Q(x_1 + t(x_2 - x_1)), t \in [0,1]$ 是严格凸的或严格单调减的二次函数. 若是前者, 则 $\varphi(t)$ 必是半严格拟凸函数, 进而 $Q(x)$ 是半严格拟凸函数; 若是后者, 则有 $\varphi(0) > \varphi(t)$, 即 $Q(x_1) > Q(x_1 + t(x_2 - x_1)), \forall t \in (0,1)$, 按定义, $Q(x)$ 是半严格拟凸函数. 下面证明 $\varphi(t)$ 在 $[0,1]$ 上是严格凸函数或严格单调减函数. 经计算, 有

$$\varphi(t) = Q(x_1 + t(x_2 - x_1))$$
$$= Q(x_1) + t(x_2 - x_1)^{\mathrm{T}}Qx_1 + \frac{1}{2}t^2(x_2 - x_1)^{\mathrm{T}}Q(x_2 - x_1) + tq^{\mathrm{T}}(x_2 - x_1). \tag{7.3}$$

于是有

$$\varphi'(t) = (x_2 - x_1)^{\mathrm{T}}Qx_1 + t(x_2 - x_1)^{\mathrm{T}}Q(x_2 - x_1) + q^{\mathrm{T}}(x_2 - x_1). \tag{7.4}$$

因 $Q(x_1) > Q(x_2)$ 等价于 $\varphi(0) > \varphi(1)$, 由式 (7.3) 得到

$$(x_2 - x_1)^{\mathrm{T}}Qx_1 + \frac{1}{2}(x_2 - x_1)^{\mathrm{T}}Q(x_2 - x_1) + q^{\mathrm{T}}(x_2 - x_1) < 0. \tag{7.5}$$

若 $(x_2 - x_1)^{\mathrm{T}} Q(x_2 - x_1) > 0$, 则由式 (7.3) 知 $\varphi(t)$ 是严格凸函数. 若 $(x_2 - x_1)^{\mathrm{T}} Q(x_2 - x_1) = 0$, 则由式 (7.4) 和式 (7.5) 得到

$$\varphi'(t) = (x_2 - x_1)^{\mathrm{T}} (Qx_1 + q) = (x_2 - x_1)^{\mathrm{T}} Qx_1 + q^{\mathrm{T}} (x_2 - x_1) < 0,$$

因此 $\varphi(t)$ 是严格单调减函数. 最后, 情形 $(x_2 - x_1)^{\mathrm{T}} Q(x_2 - x_1) < 0$ 不可能发生, 否则将导致 $\varphi(t)$ 是严格拟凹函数, 这与 $Q(x)$ 的拟凸性相矛盾.

下面的定理表明, 在 $\mathbb{R}^n$ 中的每个开凸集上, 拟凸性与伪凸性等价. 这是二次函数广义凸性研究中的一个非常重要的结论.

定理 7.2.2 在开凸集 $S \subset \mathbb{R}^n$ 上的二次函数 $Q(x)$ 是拟凸函数当且仅当它在 S 上是伪凸函数.

证明 因可微函数的伪凸性蕴涵拟凸性, 只需再证相反的蕴涵关系. 如果 $Q(x)$ 是凸函数, 则它是伪凸函数. 若 $Q(x)$ 是拟凸但非凸函数, 由注 7.2.1 知 Q 有一个单负特征值 λ_1. 设 w 是与 λ_1 相关联的标准化特征向量. 据定理 3.1.6(ii), 为证 $Q(x)$ 是伪凸函数, 只需证明 $Q(x)$ 的梯度在 S 上非零即可. 反证法: 假设 $\exists x_0 \in S, \nabla Q(x_0) = Qx_0 + q = 0$. 考虑限制 $\varphi(t) = Q(x_0 + tw)$. 使用反证假设 $Qx_0 + q = 0$, 经简单的计算, 得到 $\varphi(t) = \dfrac{1}{2} \lambda_1 t^2 + Q(x_0)$. 于是, 注意到 $\lambda_1 < 0$, 则 $\varphi(t)$ 有严格局部极大点 $t = 0$. 因此, $\varphi(t)$ 不是拟凸函数, 相应地 $Q(x)$ 不是拟凸函数, 这与假设相矛盾. $\square$

对于开凸集上的二次函数, 3.1 节的图 3.1 可以简化为图 7.2.

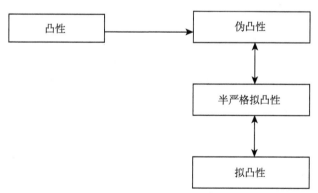

图 7.2 开凸集上的二次函数不同类型凸性间的关系

推论 7.2.1 (i) 在开凸集 S 上仅拟凸 (等价地仅伪凸) 的二次函数不存在稳定点;

(ii) 在凸集 S 上仅拟凸的二次函数至少在 $\mathrm{int} S$ 上是仅伪凸函数;

(iii) 在开凸集 S 上仅伪凸的二次函数在 $\mathrm{cl}S$ 上是仅拟凸函数 (不必是伪凸函数).

证明　由定理 7.2.2 的证明中得知 (i) 成立; 因 $\mathrm{int}S$ 是开凸集, 由定理 7.2.2 得到 (ii); 结合定理 7.2.2 和定理 2.1.15 得到 (iii).　　　　　　　　　　　　□

注 7.2.3　由推论 7.2.1(iii) 提醒我们: 二次函数 $Q(x)$ 在开凸集 S 上的伪凸性的任何刻画, 都可以使我们同时得到 $Q(x)$ 在 $\mathrm{cl}S$ 上的拟凸性的判断准则. 换言之, 为了刻画 $Q(x)$ 在 S 上的拟凸性, 研究它在 S 内部上的伪凸性就够了.

推论 3.3.1 给出了不存在稳定点的二阶连续可微函数伪凸的充要条件, 将其用到二次函数, 立刻得到如下的推论. 这一推论为处理二次函数广义凸性提供了方便.

推论 7.2.2　(i) 开凸集 S 上的二次函数 $Q(x) = \frac{1}{2}x^\mathrm{T}Qx + q^\mathrm{T}x$ 是伪凸函数当且仅当

$$x \in S, \quad w \in \mathbb{R}^n, \quad w^\mathrm{T}(Qx + q) = 0 \Rightarrow w^\mathrm{T}Qw \geqslant 0. \tag{7.6}$$

(ii) 开凸集 S 上的二次型 $Q_0(x) = \frac{1}{2}x^\mathrm{T}Qx$ 是伪凸函数当且仅当

$$x \in S, \quad w \in \mathbb{R}^n, \quad w^\mathrm{T}Qx = 0 \Rightarrow w^\mathrm{T}Qw \geqslant 0. \tag{7.7}$$

7.2.2　二次函数拟凸性及其最大定义域

下面讨论二次型和二次函数拟凸性 (伪凸性) 的最大定义域.

定理 7.2.3　设 Q 是 $n \times n$ 对称矩阵. 若 $v_-(Q) = 1$, 则二次型 $Q_0(x) = \frac{1}{2}x^\mathrm{T}Qx$ 在闭凸锥 T 和 $-T$ 上是仅拟凸函数. 此外, T 和 $-T$ 是 $Q_0(x)$ 拟凸性的最大定义域.

证明　由注 7.2.3 或定理 2.1.15, 为证 $Q_0(x)$ 在 T 和 $-T$ 上是拟凸函数, 只需证明 $Q_0(x)$ 在 $\mathrm{int}T$ 和 $\mathrm{int}(-T)$ 上是伪凸函数. 若其不然, 由推论 7.2.2(ii),

$$\exists x_0 \in \mathrm{int}T, \quad \exists w \in \mathbb{R}^n, \quad \text{满足} \quad w^\mathrm{T}Qx_0 = 0 \text{ 且 } w^\mathrm{T}Qw < 0.$$

由定理 7.1.5(i) 还有 $x_0^\mathrm{T}Qx_0 < 0$. 据此, 由引理 7.1.1, Q 至少有两个负特征值, 这与假设条件 $v_-(Q) = 1$ 相矛盾. 类似地, 得到 $Q_0(x)$ 在 $\mathrm{int}(-T)$ 上是伪凸函数. 此外, 条件 $v_-(Q) = 1$ 蕴涵 Q 不是半正定矩阵, 由定理 1.2.13, $Q_0(x)$ 不是凸函数, 因而它是仅拟凸函数.

最后证明定义域 T 和 $-T$ 的最大性. 为此, 设 $Q_0(x)$ 定义在开集 S 上且是拟凸函数, 由定理 7.2.2, 这等价于 $Q_0(x)$ 在 S 上是伪凸函数. 假设

$$\exists y \in S, \quad \text{满足} \quad y \notin T \cup (-T), \quad \text{即} \quad y \in (T \cup (-T))^c.$$

因此, 由定理 7.1.5(iv) 有 $y^{\mathrm{T}}Qy > 0$; 由引理 7.1.3(iii), 还有 $Qy \in Z \cap (\ker Q)^{\perp} \subset Z$. 由集合 Z 的定义, 这表明 $\exists x_0 \in \mathrm{int}T, x_0^{\mathrm{T}}Qy = 0$. 又据定理 7.1.5(i), $x_0 \in \mathrm{int}T$ 蕴涵 $x_0^{\mathrm{T}}Qx_0 < 0$. 综上, 得到与推论 7.2.2(ii) 相矛盾的结果. 因此, $\forall y \in S$, 必有 $y \in T \cup (-T)$, 即 $S \subset T \cup (-T)$. 由此可见, T 和 $-T$ 是 $Q_0(x)$ 保持其拟凸性的最大定义域. $\square$

根据注 7.2.1 和定理 7.2.3, 立刻得到如下的定理.

定理 7.2.4 二次型 $Q_0(x)$ 在内部非空的凸集 S 上是仅拟凸函数当且仅当

(i) $v_-(Q) = 1$;

(ii) $S \subset T$ 或 $S \subset -T$.

前面得到二次型拟凸性的最大定义域, 后面将证明, 二次函数拟凸性的最大定义域是由锥 T 和 $-T$ 经过适当的变换得到的. 为此, 首先建立如下定理, 该定理给出了二次函数拟凸的必要条件. 与凸的情形不同, 拟凸函数与线性函数之和一般不是拟凸函数.

定理 7.2.5 若二次函数 $Q(x) = \dfrac{1}{2}x^{\mathrm{T}}Qx + q^{\mathrm{T}}x$ 在开集 $S \subset \mathbb{R}^n$ 上是仅拟凸函数, 则 $\mathrm{rank}Q = \mathrm{rank}[Q, q]$.

证明 若 $q = 0$, 结论显然成立, 下面设 $q \neq 0$. 考虑 $\mathrm{Im}Q = \{Qx : x \in \mathbb{R}^n\}$, 如果能证明 $q \in \mathrm{Im}Q$, 则 $\exists x \in \mathbb{R}^n, q = Qx$. 于是, 向量 q 是矩阵 Q 的 n 个列向量按 x 各分量的线性组合, 因而有 $\mathrm{rank}Q = \mathrm{rank}[Q, q]$. 现在假设 $q \notin \mathrm{Im}Q$, 则对任意固定的 $x \in \mathbb{R}^n$, 有 $Qx + q \notin \mathrm{Im}Q$. 由引理 7.1.3(i) 和 (ii) 有

$$T^+ \cup T^- = Q(-T) \cup Q(T) \subset \mathrm{Im}Q,$$

因此有 $Qx + q \notin T^+ \cup T^-$, 据此和定理 7.1.7, 有 $Qx + q \in Z$. 这表明, $\exists w \in \mathrm{int}T$, 使得 $w^{\mathrm{T}}(Qx + q) = 0$. 设 $x_0 \in S$, 考虑限制 $\varphi(t) = Q(x_0 + tw)$. 综上, 并经计算得到

$$\varphi'(t) = tw^{\mathrm{T}}Qw + w^{\mathrm{T}}(Qx_0 + q), \quad \varphi''(t) = w^{\mathrm{T}}Qw,$$

$$\varphi'(0) = w^{\mathrm{T}}(Qx_0 + q) = 0, \quad \varphi''(0) = w^{\mathrm{T}}Qw < 0.$$

因此, $t = 0$ 是 $\varphi(t)$ 的严格局部极大点, 这表明 $Q(x)$ 在 S 上不是拟凸函数, 与假设条件相矛盾, 故 $q \in \mathrm{Im}Q$. $\square$

注 7.2.4 等式 $(\ker Q)^{\perp} = \mathrm{Im}Q$ 是一个重要的关系式. 由此引出一些有用的结果. 例如: $w \in \mathrm{Im}Q$ 当且仅当 $w \in (\ker Q)^{\perp}$; $\mathrm{rank}Q = \mathrm{rank}[Q, q]$ 当且仅当 $q \in (\ker Q)^{\perp}$.

关于二次函数 $Q(x)$ 的拟凸性和最大定义域问题, 当它存在稳定点时, 有如下结果.

定理 7.2.6　若二次函数 $Q(x) = \frac{1}{2}x^{\mathrm{T}}Qx + q^{\mathrm{T}}x$ 存在稳定点, 即 $\exists s \in \mathbb{R}^n$, $\nabla Q(s) = Qs + q = 0$, 则下面的条件成立:

(i) $Q(x)$ 在闭凸锥 $s+T, s-T$ 上是仅拟凸函数当且仅当 $Q_0(x) = \frac{1}{2}x^{\mathrm{T}}Qx$ 在 $T, -T$ 上分别是仅拟凸函数.

(ii) 如果 $v_-(Q) = 1$, 则 $s \pm T$ 是 $Q(x)$ 拟凸性的最大定义域, 且有

$$s+T = \{x \in \mathbb{R}^n : (x-s)^{\mathrm{T}}Q(x-s) \leqslant 0, (x-s)^{\mathrm{T}}v^1 \geqslant 0\}, \tag{7.8}$$

$$s-T = \{x \in \mathbb{R}^n : (x-s)^{\mathrm{T}}Q(x-s) \leqslant 0, (x-s)^{\mathrm{T}}v^1 \leqslant 0\}. \tag{7.9}$$

证明　(i) 由推论 7.2.2(i), $Q(x)$ 在开凸集 $s \pm \mathrm{int}T$ 上是伪凸函数当且仅当蕴涵式 (7.6) 对于 $S = s \pm \mathrm{int}T$ 成立. 因 $x \in s \pm \mathrm{int}T$ 等价于 $x - s = u \in \pm\mathrm{int}T$, 并注意到 $Qx + q = Qx - Qs = Qu$, 则式 (7.6) 等价于式 (7.7)(对于 $S = s \pm \mathrm{int}T$). 因此, $Q(x)$ 在 $s \pm \mathrm{int}T$ 上是仅伪凸函数当且仅当 $Q_0(x)$ 在 $\pm\mathrm{int}T$ 上是仅伪凸函数. 再由定理 7.2.2(在开凸集上伪凸性等价于拟凸性) 知论断成立.

(ii) 由定理 7.2.3 知 T 和 $-T$ 是 $Q_0(x)$ 拟凸性的最大定义域, 于是, 由 (i) 知 $s+T$ 和 $s-T$ 是 $Q(x)$ 拟凸性的最大定义域. 最后, $x \in s \pm T$ 当且仅当 $x - s \in \pm T$, 因此等式 (7.8) 和等式 (7.9) 成立. □

注 7.2.5　若 Q 是奇异矩阵, 则 $Q(x)$ 的稳定点不唯一. 然而, $Q(x)$ 拟凸性的最大定义域的刻画不依赖于所使用的稳定点. 事实上, 设 $s_1 \neq s_2$ 是 $Q(x)$ 的两个不同的稳定点, 即 $\nabla Q(s_1) = \nabla Q(s_2) = 0$, 则 $Qs_1 + q = Qs_2 + q = 0$, 因此 $Qs_1 - Qs_2 = 0$. 记 $u = s_1 - s_2$, 则 $u \in \ker Q \subset T \cup (-T)$ 且 $s_1 = s_2 + u$. 由定理 7.2.6(ii) 的式 (7.8) 和式 (7.9), 有 $x \in u \pm T$ 蕴涵 $0 \geqslant (x-u)^{\mathrm{T}}Q(x-u) = x^{\mathrm{T}}Qx - 2u^{\mathrm{T}}Qx + u^{\mathrm{T}}Qu$. 因 $u \in \ker Q = (\mathrm{Im}Q)^\perp$ 蕴涵 $u^{\mathrm{T}}Qu = 0$ 和 $\forall x \in \mathbb{R}^n, u^{\mathrm{T}}Qx = 0$, 则由上式推出 $x^{\mathrm{T}}Qx \leqslant 0$. 再用定理 7.1.5(iv), 推出 $x \in T \cup (-T)$. 注意到这一推导过程可逆, 因此有 $u \pm T = \pm T$. 进一步得到 $s_1 \pm T = s_2 + u \pm T = s_2 \pm T$.

利用前面的几个结果, 得到二次函数仅拟凸性的刻画.

定理 7.2.7　在内部非空的凸集 S 上的二次函数 $Q(x) = \frac{1}{2}x^{\mathrm{T}}Qx + q^{\mathrm{T}}x$ 是仅拟凸函数当且仅当下列条件成立:

(i) $v_-(Q) = 1$;

(ii) $\exists s \in \mathbb{R}^n$, 使得 $\nabla Q(s) = Qs + q = 0$;

(iii) $S \subset s \pm T$.

证明　如果 $Q(x)$ 在 S 上是仅拟凸函数, 由注 7.2.1 有 $v_-(Q) = 1$. 再由定理 7.2.5, 有 $\mathrm{rank}Q = \mathrm{rank}[Q, q]$, 由注 7.2.4, 这等价于 $q \in \mathrm{Im}Q$. 因此 $\exists s' \in \mathbb{R}^n, q = Qs'$. 令 $s = -s'$ 得到 (ii). 由 (i) 和定理 7.2.6(ii), $s \pm T$ 是 $Q(x)$ 拟凸性的最大定

义域, 故 $S \subset s \pm T$, 即 (iii) 成立. 反过来, 由 (i) 和定理 7.2.3 知, $Q_0(x)$ 在 T 和 $-T$ 上是仅拟凸函数, 再由 (i),(ii) 和定理 7.2.6, $s+T$ 和 $s-T$ 是 $Q(x)$ 拟凸性的最大定义域. 于是, 由 (iii) 推出 $Q(x)$ 在 S 上是仅拟凸函数. $\qquad\square$

推论 7.2.3 如果在内部非空的凸集 S 上的二次函数 $Q(x) = \frac{1}{2}x^{\mathrm{T}}Qx + q^{\mathrm{T}}x$ 是仅拟凸函数, 则 $Q_0(x)$ 在 $S-s$ 是仅拟凸函数, 其中 s 满足 $\nabla Q(s) = Qs + q = 0$.

证明 由定理 7.2.7(i) 有 $v_-(Q) = 1$; 据此, 由定理 7.2.3 知 $Q_0(x)$ 在 T 和 $-T$ 上是仅拟凸函数, 且 $\pm T$ 是 $Q_0(x)$ 拟凸性的最大定义域. 因定理 7.2.7 的条件 (iii) 等价于 $S - s \subset \pm T$, 故 $Q_0(x)$ 在 $S - s$ 上是仅拟凸函数. $\qquad\square$

由定理 7.2.2 知, 在开凸集上, 二次函数的拟凸性和伪凸性等价. 因此, 在前面得到的所有关于二次拟凸函数的刻画, 对于凸集 $S \subset s \pm \mathrm{int}T$ 上的二次伪凸函数也成立.

对于二次函数的严格伪凸性的刻画, 有下面的定理.

定理 7.2.8 在内部非空凸集 $S \subset s \pm \mathrm{int}T$ 上的二次函数 $Q(x) = \frac{1}{2}x^{\mathrm{T}}Qx + q^{\mathrm{T}}x$ 是严格伪凸函数当且仅当下面的条件成立:

(i) $Q(x)$ 是伪凸函数;

(ii) Q 是非奇异矩阵,

其中 s 满足 $\nabla Q(s) = Qs + q = 0$.

证明 若 $Q(x)$ 是严格伪凸函数, 显然它是伪凸函数, 剩下需证 (ii). 假设 Q 是奇异矩阵, 则 $\exists u \neq 0$, 使得 $Qu = 0$. 设 $x_0 \in S$, 对满足 $x_0 + tu \in S$ 的任意 $t \in \mathbb{R}$, 考虑限制 $\varphi(t) = Q(x_0 + tu)$. 注意到 $q = -Qs$, 有

$$\varphi(t) = Q(x_0) + tu^{\mathrm{T}}Qx_0 + \frac{1}{2}t^2 u^{\mathrm{T}}Qu + tq^{\mathrm{T}}u = Q(x_0) = \varphi(0).$$

这表明 $\varphi(t)$ 是常值函数, 这与 $\varphi(t)$, 相应地, $Q(x)$ 的严格伪凸性相矛盾.

反过来, 设条件 (i) 和 (ii) 成立. 假设 $Q(x)$ 不是严格伪凸函数, 则

$$\exists x_1, x_2 \in S, \quad x_1 \neq x_2, \quad \text{使得 } Q(x_1) \geqslant Q(x_2)$$

且

$$\nabla Q(x_1)^{\mathrm{T}}(x_2 - x_1) = (Qx_1 + q)^{\mathrm{T}}(x_2 - x_1) \geqslant 0.$$

由条件 (i), $Q(x)$ 是伪凸函数, 故 $Q(x_1) > Q(x_2)$ 蕴涵 $\nabla Q(x_1)^{\mathrm{T}}(x_2 - x_1) < 0$. 于是, 只有 $Q(x_1) = Q(x_2)$. 为了由 $Q(x)$ 的伪凸性推出 $\nabla Q(x_1)^{\mathrm{T}}(x_2 - x_1) = 0$, 记 $u = x_2 - x_1 \neq 0$, 然后考虑 $Q(x)$ 在线段 $[x_1, x_2]$ 上的限制

$$\varphi(t) = Q(x_1 + tu), \quad t \in [0, 1].$$

经简单的计算得到

$$\varphi(t) = Q(x_1) + t u^{\mathrm{T}} Q x_1 + \frac{1}{2} t^2 u^{\mathrm{T}} Q u + t q^{\mathrm{T}} u.$$

如果 $\nabla Q(x_1)^{\mathrm{T}}(x_2 - x_1) > 0$, 则有 $\varphi'(0) = \nabla Q(x_1)^{\mathrm{T}}(x_2 - x_1) > 0$, 这表明二次函数 $\varphi(t)$ 在 $t = 0$ 处是严格单调增. 注意到 $Q(x_1) = Q(x_2)$ 蕴涵 $\varphi(0) = \varphi(1)$, 则 $\varphi(t)$ 在开区间 $(0, 1)$ 内取到极大值, 这与 $\varphi(t)$ 在 $[0, 1]$ 上是伪凸函数, 因而是拟凸的相矛盾. 于是只有

$$(Q x_1 + q)^{\mathrm{T}} u = \nabla Q(x_1)^{\mathrm{T}}(x_2 - x_1) = 0. \tag{7.10}$$

由 $\varphi(0) = \varphi(1)$, 有

$$Q(x_1) = Q(x_1) + u^{\mathrm{T}} Q x_1 + \frac{1}{2} u^{\mathrm{T}} Q u + q^{\mathrm{T}} u,$$

即 $(Q x_1 + q)^{\mathrm{T}} u + \frac{1}{2} u^{\mathrm{T}} Q u = 0$. 据此和式 (7.10) 得到 $u^{\mathrm{T}} Q u = 0$. 由定理 7.1.5(iv), 这蕴涵 $u \in T \cup (-T)$. 又由引理 7.1.3(iii), 有 $Qu \notin (T^+ \cup T^-)^c$. 再次使用引理 7.1.3(iii), 有 $Qu \notin Z \cap (\ker Q)^{\perp}$. 注意到 $(\ker Q)^{\perp} = \mathrm{Im} Q$, 则 $Qu \in (\ker Q)^{\perp}$, 于是只有 $Qu \notin Z$. 这表明 $\forall w \in \pm \mathrm{int} T, w^{\mathrm{T}} Q u \neq 0$. 由条件 (ii), 矩阵 Q 是非奇异的, 故由 $u \neq 0$, 有 $Qu \neq 0$. 注意到 $S \subset s \pm \mathrm{int} T$ 和 $x_1 \in S$ 蕴涵 $x_1 - s \in \pm \mathrm{int} T$, 有 $(x_1 - s)^{\mathrm{T}} Q u \neq 0$. 另一方面, 由条件 $\nabla Q(s) = Qs + q = 0$ 和式 (7.10), 又有

$$0 = (Q x_1 + q)^{\mathrm{T}} u = (Q x_1 - Q s)^{\mathrm{T}} u = (x_1 - s)^{\mathrm{T}} Q u,$$

这导致矛盾.　□

　　例 7.2.1　考虑二次型 $Q_0(x) = 2 x_1^2 - x_2^2 - x_1 x_2, x = (x_1, x_2)^{\mathrm{T}} \in \mathbb{R}^2$. 有

$$Q = \begin{bmatrix} 4 & -1 \\ -1 & -2 \end{bmatrix}, \quad \lambda_1 = 1 - \sqrt{10} < 0, \quad \lambda_2 = 1 + \sqrt{10} > 0,$$

$$v^1 = v / \|v\|, \quad \text{其中} \quad v = (1, 3 + \sqrt{10})^{\mathrm{T}}.$$

使用定理 7.2.3, $Q_0(x)$ 拟凸性的最大定义域为 $T \cup (-T)$. 经计算得到

$$T = \{x = \alpha(1, 1)^{\mathrm{T}} + \beta(-1, 2)^{\mathrm{T}} : \alpha, \beta \geqslant 0\}.$$

据此, 可以计算得到

$$T^+ = \{x = \alpha_1(-1, 1)^{\mathrm{T}} + \beta_1(2, 1)^{\mathrm{T}} : \alpha_1, \beta_1 \geqslant 0\}$$

和

$$T^- = \{x = \alpha_1(-1,1)^{\mathrm{T}} + \beta_1(2,1)^{\mathrm{T}} : \alpha_1, \beta_1 \leqslant 0\}.$$

现在验证引理 7.1.3(i) 的等式 $Q(T) = T^-$, 即 T 在线性变换 Q 下的像是 T^-. 事实上,

$$Q(T) = \{y = \alpha Q(1,1)^{\mathrm{T}} + \beta Q(-1,2)^{\mathrm{T}} : \alpha, \beta \geqslant 0\}$$

$$= \{y = -3\alpha(-1,1)^{\mathrm{T}} - 3\beta(2,1)^{\mathrm{T}} : \alpha, \beta \geqslant 0\}$$

$$= \{y = \alpha_1(-1,1)^{\mathrm{T}} + \beta_1(2,1)^{\mathrm{T}} : \alpha_1, \beta_1 \leqslant 0\} = T^-.$$

经计算, 还可以得到引理 7.1.3(ii) 的等式 $Q(-T) = T^+$.

锥 $T, -T$ 和支撑超平面 $x^{\mathrm{T}}v = 0$ 如图 7.3 所示.

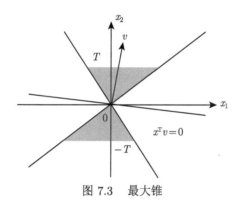

图 7.3 最大锥

在注 7.2.5 中指出, 当矩阵 Q 奇异时, 二次函数 $Q(x)$ 的稳定点不唯一, 但其拟凸性的最大定义域并不依赖于所使用的稳定点. 当矩阵 Q 非奇异时, 二次函数 $Q(x)$ 的拟凸性有什么特点呢? 显然, 在 $\mathbb{R}^n$ 上, 若 s 满足 $\nabla Q(s) = Qs + q = 0$, 则有唯一的稳定点 $s = -Q^{-1}q$. 由定理 7.2.6(i) 知, 对于任何满足 $s = -Q^{-1}q$ 的 $q \in \mathbb{R}^n$, 由二次型 $Q_0(x)$ 诱导出来的二次函数 $Q(x) = Q_0(x) + q^{\mathrm{T}}x$ 在 $s \pm T$ 的拟凸性等价于 $Q_0(x)$ 的拟凸性, 与满足条件的向量 $q \in \mathbb{R}^n$ 无关.

例 7.2.2 考虑二次函数 $Q(x) = -x_1^2 - x_2^2 - 2x_1x_2 + 2x_1 + 2x_2$. 有

$$Q = \begin{bmatrix} -2 & -2 \\ -2 & -2 \end{bmatrix}, \quad q = (2,2)^{\mathrm{T}}, \quad \lambda_1 = -4 < 0, \quad \lambda_2 = 0,$$

$$v^1 = v/\|v\|, \quad \text{其中} \quad v = (1,1)^{\mathrm{T}}.$$

因 $\forall x \in \mathbb{R}^n, Q(x)$ 的 Hessian 矩阵 $H(x) = Q$ 是半负定, 由定理 1.2.18, 它在 $\mathbb{R}^2$ 上是凹函数. 尽管如此, $Q(x)$ 在 $\mathbb{R}^2$ 上还是仅拟凸函数. 事实上, 容易验证这里的

$Q(x)$ 满足定理 7.2.7 的条件 (i) 和 (ii), 且 $s = (s_1, -s_1 + 1)^T, s_1 \in \mathbb{R}$. 因此, $Q(x)$ 在任何内部非空的凸集 $S \subset s \pm T$ 上是仅拟凸的. 注意到 $x^T Q x \leqslant 0, \forall x \in \mathbb{R}^2$, 且经计算得到

$$s + T = \{x \in \mathbb{R}^2 : (x - s)^T v^1 \geqslant 0\} = \{x \in \mathbb{R}^2 : x_1 + x_2 - 1 \geqslant 0\},$$

$$s - T = \{x \in \mathbb{R}^2 : (x - s)^T v^1 \leqslant 0\} = \{x \in \mathbb{R}^2 : x_1 + x_2 - 1 \leqslant 0\}.$$

因而有 $(s + T) \cup (s - T) = \mathbb{R}^2$. 因此 $Q(x)$ 在 $\mathbb{R}^2$ 上是仅拟凸函数.

下面的定理刻画在半空间上二次函数的仅拟凸性.

定理 7.2.9   二次函数 $Q(x) = \dfrac{1}{2} x^T Q x + q^T x$ 在半空间 $H = \{x \in \mathbb{R}^n : h^T x + h_0 \geqslant 0\}$ 上是仅拟凸函数当且仅当下列条件成立:

$$v_-(Q) = 1; \quad \ker Q = h^\perp; \quad \exists \beta \in \mathbb{R}, \quad 使得 q = \beta h \ 且 \ h_0 \leqslant \beta \frac{\|h\|^4}{h^T Q h}. \quad (7.11)$$

证明   假设 $Q(x)$ 在 H 上是仅拟凸函数. 因 H 是内部非空的凸集, 由定理 7.2.7 有 $v_-(Q) = 1; \exists s \in \mathbb{R}^n, Qs + q = 0; H \subset s \pm T$. 为证 $\ker Q = h^\perp$, 先证 h 是 Q 的对应于负特征值 λ_1 的特征向量. 注意到包含关系

$$H \subset s + T \subset \Gamma = \{x \in \mathbb{R}^n : (x - s)^T v^1 \geqslant 0\},$$

或

$$H \subset s - T \subset \Gamma_1 = \{x \in \mathbb{R}^n : (x - s)^T v^1 \leqslant 0\}.$$

因 Γ 和 Γ_1 也是半空间, 故 $H \subset \Gamma$ 或 $H \subset \Gamma_1$ 蕴涵 ∂H 和 $\partial \Gamma$ 或 ∂H 和 $\partial \Gamma_1$ 必是相互平行的超平面. 因此有 $h = k v^1, k \neq 0$, 即 h 也是 Q 的对应于负特征值 λ_1 的一个特征向量. 显然, $k > 0$ 蕴涵 $H \subset \Gamma$, 而 $k < 0$ 蕴涵 $H \subset \Gamma_1$. 下面只就 $k > 0$, 因而 $H \subset \Gamma$ 的情形展开证明, 而 $k < 0$ 的情形可以类似地证明.

因 h 是 Q 的对应于 λ_1 的特征向量, 故 $Qh = \lambda_1 h$. 据此和 $\lambda_1 < 0$, 容易证明 $\ker Q \subset h^\perp$, 下面证明相反的包含关系. 因 H 和 Γ 都是半空间, T 是含有原点的闭凸锥, 则由 $H \subset s + T \subset \Gamma$ 推出集合 $s + T$ 也是半空间, 进而 T 是含有原点的半空间, 于是有 $T \cup (-T) = \mathbb{R}^n$. 再由定理 7.1.5(iv) 知, $x^T Q x \leqslant 0, \forall x \in \mathbb{R}^n$. 设 $x \in h^\perp$, 因 $h = k v^1$, 故 $\exists \alpha_2, \cdots, \alpha_n \in \mathbb{R}, x = \sum_{i=2}^n \alpha_i v^i$. 据此得到 $x^T Q x = \sum_{i=2}^n \alpha_i^2 \lambda_i \geqslant 0$, 进而有 $x^T Q x = 0$. 若 $Qx = 0$, 则 $x \in \ker Q$. 若 $Qx \neq 0$, 则 $x \perp Qx$, 也有 $x \in (\text{Im} Q)^\perp = \ker Q$. 因此有 $h^\perp \subset \ker Q$.

为证式 (7.11) 的其余部分, 先证 $H \subset \Gamma$ 等价于 $h_0 \leqslant -h^T s$. 由 $h = k v^1, k > 0$ 知, 若 $x \notin \Gamma$, 则 $(x - s)^T h = k(x - s)^T v^1 < 0$, 因此有 $h^T x + h_0 < h^T s + h_0$. 于是

$x \notin H$, 从而 $H \subset \Gamma$ 当且仅当 $h^{\mathrm{T}}s + h_0 \leqslant 0$, 即 $h_0 \leqslant -h^{\mathrm{T}}s$. 其次, 由 $\ker Q = h^{\perp}$ 立刻得到 $\operatorname{Im}Q = (\ker Q)^{\perp} = \{kh : k \in \mathbb{R}\}$. 因 $Q(x)$ 在 $\operatorname{int}H$ 上是仅拟凸函数, 由 定理 7.2.5 得到 $\operatorname{rank}Q = \operatorname{rank}[Q, q]$, 故 $\exists \beta \in \mathbb{R}, q = \beta h$. 若 $\beta = 0$, 则 $Qs = -q = -\beta h = 0$, 即 $s \in \ker Q = h^{\perp}$ 或 $h^{\mathrm{T}}s = 0$. 于是由 $H \subset \Gamma$ 有 $h_0 \leqslant -h^{\mathrm{T}}s = 0$. 若 $\beta \neq 0$, 任取 $s \in s_0 + h^{\perp}$, 其中 $Qs_0 = -q$. 于是有 $s - s_0 \in h^{\perp} = \ker Q$, 这表明 $Qs = Qs_0 = -q$. 特别地, 选取 $s \in (s_0 + h^{\perp}) \cap \operatorname{Im}Q$ (因 $\forall k \in \mathbb{R}, kh \in \operatorname{Im}Q$; 取 $k = \dfrac{h^{\mathrm{T}}s_0}{\|h\|^2}$, 容易验证 $kh \in s_0 + h^{\perp}$, 于是有 $(s_0 + h^{\perp}) \cap \operatorname{Im}Q \neq \varnothing$), 则 s 是 Q 的 对应于 λ_1 的一个特征向量, 因此有 $Qs = \lambda_1 s$. 综上推出

$$h_0 \leqslant -h^{\mathrm{T}}s = -\frac{h^{\mathrm{T}}Qs}{\lambda_1} = -\frac{h^{\mathrm{T}}(-q)}{\lambda_1} = \frac{h^{\mathrm{T}}(\beta h)}{\lambda_1} = \beta\frac{\|h\|^2}{\lambda_1} = \beta\frac{\|h\|^4}{h^{\mathrm{T}}Qh},$$

综上, $\exists \beta \in \mathbb{R}$, 使得 $q = \beta h$ 且 $h_0 \leqslant \beta\dfrac{\|h\|^4}{h^{\mathrm{T}}Qh}$.

反过来, 假设条件 (7.11) 成立, 需证 $Q(x)$ 在半空间 H 上是仅拟凸函数. 由 定理 7.2.7, 只需再证 $\exists s \in \mathbb{R}^n$, 满足 $Qs + q = 0$ 和 $H \subset s + T$. 由条件 $\ker Q = h^{\perp}$, 有 $\operatorname{Im}Q = (\ker Q)^{\perp} = \{kh : k \in \mathbb{R}\}$. 因 $v_-(Q) = 1$, 可设 v^1 是 Q 的对应于 $\lambda_1 < 0$ 的特征向量, 因此有 $Qv^1 = \lambda_1 v^1$. 因 $Qv^1 \in \operatorname{Im}Q$, 又有 $\exists k_0 \in \mathbb{R}, Qv^1 = k_0 h$. 于 是 $h = \dfrac{\lambda_1}{k_0}v^1$, 因此 h 是 Q 的对应于 $\lambda_1 < 0$ 的一个特征向量, 有 $Qh = \lambda_1 h$. 令 $s = -\dfrac{\beta}{\lambda_1}h$, 则由条件 $\exists \beta \in \mathbb{R}, q = \beta h$ 有 $Qs + q = -\dfrac{\beta}{\lambda_1}Qh + \beta h = 0$. 由 $v_-(Q) = 1$, 据定理 7.2.3, 二次型 $Q_0(x)$ 在 T 上是仅拟凸函数. 再据定理 7.2.6, 二次函数 $Q(x)$ 在 $s + T$ 上是仅拟凸函数, 且

$$s + T = \{x \in \mathbb{R}^n : (x-s)^{\mathrm{T}}Q(x-s) \leqslant 0, (x-s)^{\mathrm{T}}v^1 \geqslant 0\}.$$

设 $x \notin s + T$, 则由上式得到 $h^{\mathrm{T}}(x-s) < 0$, 即 $h^{\mathrm{T}}x < h^{\mathrm{T}}s$. 注意到

$$Qh = \lambda_1 h \text{ 蕴涵 } h^{\mathrm{T}}Qh = \lambda_1\|h\|^2, \quad s = -\frac{\beta}{\lambda_1}h \text{ 蕴涵 } \beta h = -\lambda_1 s = -Qs$$

和 $Qs + q = 0, h_0 \leqslant \beta\dfrac{\|h\|^4}{h^{\mathrm{T}}Qh}$, 有

$$h_0 \leqslant \beta\frac{\|h\|^4}{h^{\mathrm{T}}Qh} = \beta\frac{\|h\|^2}{\lambda_1} = \frac{h^{\mathrm{T}}(\beta h)}{\lambda_1} = -\frac{h^{\mathrm{T}}(-q)}{\lambda_1}$$

$$= -\frac{h^{\mathrm{T}}Qs}{\lambda_1} = -\frac{h^{\mathrm{T}}\lambda_1 s}{\lambda_1} = -h^{\mathrm{T}}s.$$

因此, $h^\mathrm{T}x < h^\mathrm{T}s \leqslant -h_0$, 即 $h^\mathrm{T}x + h_0 < 0$, 于是 $x \notin H$. 综上有 $H \subset s + T$.　　□

推论 7.2.4　二次函数 $Q(x) = \dfrac{1}{2}x^\mathrm{T}Qx + q^\mathrm{T}x$ 在半空间 $H = \{x \in \mathbb{R}^n :$ $h^\mathrm{T}x + h_0 \geqslant 0\}$ 上是仅拟凸函数当且仅当 $Q = \mu hh^\mathrm{T}, q = \beta h$, 其中 $\mu < 0, h_0 \leqslant \dfrac{\beta}{\mu}$.

证明　只需证明这里的条件等价于条件 (7.11). 一般地, 对于实对称矩阵 Q, 总存在向量 $u \in \mathbb{R}^n$ 和常数 $\mu \in \mathbb{R}$ 满足 $Q = \mu uu^\mathrm{T}$. 由于 $Qu = (\mu uu^\mathrm{T})u = \mu \|u\|^2 u$ 知, $\mu \|u\|^2 \in \mathbb{R}$ 是 Q 的一个特征值, 而 u 是对应的特征向量. 现在, 假设条件 (7.11) 成立, 在定理 7.2.9 充分性的证明中已经知道, 条件 $v_-(Q) = 1$ 和 $\ker Q = h^\perp$ 蕴涵 h 是 Q 的对应于特征值 $\lambda_1 < 0$ 的特征向量, 即 $Qh = \lambda_1 h$, 且有 $Q = \mu hh^\mathrm{T}$, 其中 $\mu = \dfrac{\lambda_1}{\|h\|^2} < 0$. 注意到 $h^\mathrm{T}Qh = \lambda_1 \|h\|^2$, 则 $h_0 \leqslant \beta \dfrac{\|h\|^4}{h^\mathrm{T}Qh} = \beta \dfrac{\|h\|^2}{\lambda_1} = \dfrac{\beta}{\mu}$. 因此, 这里的条件成立.

反过来, 若这里的条件成立, 由 $Q = \mu hh^\mathrm{T}$ 有 $Qh = (\mu hh^\mathrm{T})h = (\mu \|h\|^2)h$. 这表明, $\mu \|h\|^2 < 0$ 是 Q 的一个负特征值, 而 h 是对应的特征向量, 且 $h^\mathrm{T}Qh = h^\mathrm{T}(\mu \|h\|^2)h = \mu \|h\|^4$, 由此得到 $\dfrac{1}{\mu} = \dfrac{\|h\|^4}{h^\mathrm{T}Qh}$. 假设 $\lambda < 0$ 是 Q 的异于 $\mu \|h\|^2$ 的特征值, u 是对应的特征向量. 于是, 由 $Qu = \lambda u$ 得到 $(\mu hh^\mathrm{T})u = \lambda u$. 据此, 并注意到对称矩阵不同的特征值对应的特征向量正交, 则有 $u = 0$. 显然矛盾, 因此必有 $v_-(Q) = 1$. 此外, 还有

$$\ker Q = \{x \in \mathbb{R}^n : Qx = 0\} = \{x \in \mathbb{R}^n : (\mu hh^\mathrm{T})x = 0\}$$

$$= \{x \in \mathbb{R}^n : h^\mathrm{T}x = 0\} = h^\perp$$

和

$$h_0 \leqslant \frac{\beta}{\mu} = \beta \frac{\|h\|^4}{h^\mathrm{T}Qh}.$$

因此, 条件 (7.11) 成立.　　　　　　　　　　　　　　　　　　　　　　　　　□

7.3　特殊情形下的广义凸性

7.3.1　非负变量二次函数的广义凸性

使用前面给出的结果, 可以对非负象限 $\mathbb{R}^n_+$ 上的广义凸二次函数建立若干判断准则. 这些结果最初是由 Martos[76,77] 通过引进次正定矩阵概念得到的, 但我们在这里采用不同的方法来导出它们.

首先刻画非负象限上二次型的拟凸性, 下面的结果给出了非负象限 $\mathbb{R}_+^n$ 与二次型 $Q_0(x)$ 仅拟凸的最大锥 T 之间的关系.

定理 7.3.1 二次型 $Q_0(x)$ 在 $\mathbb{R}_+^n$ 上是仅拟凸函数当且仅当下列条件成立:

(i) $v_-(Q) = 1$;

(ii) $\mathbb{R}_+^n \subset T$.

证明 由定理 7.2.4, $Q_0(x)$ 在 $\mathbb{R}_+^n$ 上是仅拟凸函数当且仅当 (i) 成立且 $\mathbb{R}_+^n \subset T$ 或 $\mathbb{R}_+^n \subset -T$. 若 $\mathbb{R}_+^n \subset -T$, 则 $\forall x \in \mathbb{R}_+^n$, 有 $x^{\mathrm{T}} v^1 \leqslant 0$, 这蕴涵 $v^1 \in \mathbb{R}_-^n$. 因 v^1 的第一个非零分量是正值, 这两者矛盾, 故包含关系 $\mathbb{R}_+^n \subset -T$ 不成立, 因而只有 $\mathbb{R}_+^n \subset T$. $\qquad\square$

下面的定理用矩阵 Q 的元素的符号来刻画非负象限上的二次型的仅拟凸性.

定理 7.3.2 二次型 $Q_0(x)$ 在 $\mathbb{R}_+^n$ 上是仅拟凸函数当且仅当

(i) $v_-(Q) = 1$;

(ii) $Q \leqslant 0$, 即 $q_{ij} \leqslant 0, \forall i, j$.

证明 假设 $Q_0(x)$ 在 $\mathbb{R}_+^n$ 上是仅拟凸函数. 由定理 7.3.1, 这里的 (i) 成立, 且还有 $\mathbb{R}_+^n \subset T$, 因而有 $x^{\mathrm{T}} Q x \leqslant 0, \forall x \in \mathbb{R}_+^n$; 特别地, $\forall i = 1, \cdots, n$, 有 $q_{ii} = (e^i)^{\mathrm{T}} Q e^i \leqslant 0$, 其中 $e^i \in \mathbb{R}_+^n$ 是第 i 个分量为 1、其余分量为 0 的向量. 对于任意固定的 i, j, 考虑 Q 的子阵 $Q_{ij} = \begin{bmatrix} q_{ii} & q_{ij} \\ q_{ij} & q_{jj} \end{bmatrix}$ 和限制 $\varphi(x_i, x_j) = \dfrac{1}{2}(q_{ii} x_i^2 + 2 q_{ij} x_i x_j + q_{jj} x_j^2), (x_i, x_j) \in \mathbb{R}_+^2$. 因为 $\varphi(x_i, x_j) \leqslant 0, \forall (x_i, x_j) \in \mathbb{R}_+^2$, 故当 $q_{ii} = q_{jj} = 0$ 时, 有 $q_{ij} \leqslant 0$. 考虑情形 $q_{ii} \leqslant 0, q_{jj} < 0$ 或情形 $q_{ii} < 0, q_{jj} \leqslant 0$. 不论哪种情形, 都有 $q_{ii} + q_{jj} < 0$. φ 的拟凸性蕴涵 Q_{ij} 最多有一个负特征值, 因此有 $q_{ii} q_{jj} - q_{ij}^2 \leqslant 0$. 事实上, 由特征方程

$$\det(Q_{ij} - \lambda I) = \lambda^2 - (q_{ii} + q_{jj})\lambda + (q_{ii} q_{jj} - q_{ij}^2) = 0,$$

我们有

$$\lambda_{1,2} = \frac{(q_{ii} + q_{jj}) \pm \sqrt{\Delta}}{2}, \quad \text{其中} \quad \Delta = (q_{ii} + q_{jj})^2 - 4(q_{ii} q_{jj} - q_{ij}^2).$$

因 $\Delta = 0$ 导致 Q_{ij} 有二重负特征值 $\lambda_1 = \lambda_2 = \dfrac{q_{ii} + q_{jj}}{2} < 0$, 显然矛盾. 于是只有 $\Delta > 0$, 因而必有 $\lambda_1 > \lambda_2$. 因 $\varphi(x_i, x_j) \leqslant 0, \forall (x_i, x_j) \in \mathbb{R}_+^2$, 故不可能有 $\lambda_2 > 0$. 于是由 $\lambda_2 \leqslant 0$, 则据特征方程解的表达式可以推出 $q_{ii} q_{jj} - q_{ij}^2 \leqslant 0$. 当 $q_{ii} < 0, q_{jj} \leqslant 0$ 时固定 $x_j > 0$, 考虑关于未知量 x_i 的二次方程 $q_{ii} x_i^2 + 2 q_{ij} x_j x_i + q_{jj} x_j^2 = 0$, 则方程有实根, 其根为

$$(x_i)_{1,2} = \frac{-q_{ij} \pm x_j \sqrt{q_{ij}^2 - q_{ii} q_{jj}}}{q_{ii}}.$$

注意到对于刚才固定的 $x_j > 0$ 和任意的 $x_i \geqslant 0$, 有

$$\varphi(x_i, x_j) = q_{ii} x_i^2 + 2 q_{ij} x_j x_i + q_{jj} x_j^2 \leqslant 0,$$

以及 $q_{ii} < 0$, 知道方程的根 (一个或两个) 非正, 因此有

$$\frac{-q_{ij} - x_j \sqrt{q_{ij}^2 - q_{ii} q_{jj}}}{q_{ii}} \leqslant 0,$$

这推出 $q_{ij} \leqslant -\sqrt{q_{ij}^2 - q_{ii} q_{jj}} \leqslant 0$. 当 $q_{ii} \leqslant 0, q_{jj} < 0$ 时固定 $x_i > 0$, 可以类似地推出 $q_{ij} \leqslant 0$.

反过来, 假设 (i) 和 (ii) 成立, 又设 Γ 是由 Q 的与非负特征值相对应的标准化特征向量生成的子空间; 则 $\Gamma = \{x \in \mathbb{R}^n : x^T v^1 = 0\}$. 因

$$\forall x \in \Gamma, \quad x^T Q x \geqslant 0; \quad \forall x \in \mathbb{R}_+^n, \quad x^T Q x \leqslant 0,$$

故 Γ 是 $\mathbb{R}_+^n$ 的过原点的支撑超平面, 因此 $v^1 \in \mathbb{R}_+^n$. 于是, 若 $x \in \mathbb{R}_+^n$, 则 $x^T Q x \leqslant 0$ 且 $x^T v^1 \geqslant 0$, 即 $x \in T$. 因此有 $\mathbb{R}_+^n \subset T$, 由定理 7.3.1, 二次型 $Q_0(x)$ 在 $\mathbb{R}_+^n$ 上是仅拟凸函数. $\qquad \square$

由定理 7.2.2 知, 在开凸集上仅伪凸性和仅拟凸性等价, 于是, 文献 [85] 的一个重要结果其实是定理 7.3.2 的如下的推论.

推论 7.3.1 二次型 $Q_0(x)$ 在 $\mathrm{int} \mathbb{R}_+^n$ 上是仅伪凸函数当且仅当

(i) $v_-(Q) = 1$;

(ii) $Q \leqq 0$.

在非负象限 $\mathbb{R}_+^n$ 上, 二次函数 $Q(x)$ 的仅拟凸性蕴涵二次型 $Q_0(x)$ 的仅拟凸性. 这就是下面的定理 7.3.3.

定理 7.3.3 设 $Q(x)$ 在 $\mathbb{R}_+^n$ 上是仅拟凸函数, 则 $Q_0(x)$ 在 $\mathbb{R}_+^n$ 上是仅拟凸函数.

证明 因 $\mathrm{int} \mathbb{R}_+^n \neq \varnothing$, 由定理 7.2.7(iii) 知, $\mathbb{R}_+^n \subset s + T$ 或 $\mathbb{R}_+^n \subset s - T$ 二者必有一个成立. 按我们在 7.1 节开头的假设, 可以设 $v_1^1 > 0$ 是 v^1 的第一个非零分量. 因 $\forall t > 0, \forall j = 1, \cdots, n$, 有 $te^j \in \mathbb{R}_+^n$, 故对于充分大的 t, 有

$$(te^j - s)^T v^1 = t v_j^1 - s^T v^1 > 0,$$

因而 $te^j - s \notin -T$, 即 $te^j \notin s - T$. 这表明只有 $\mathbb{R}_+^n \subset s + T$. 由定理 7.2.7(i), 已经有 $v_-(Q) = 1$, 因此, 若能证明 $\mathbb{R}_+^n \subset T$, 即 $\forall x \in \mathbb{R}_+^n, x^T Q x \leqslant 0$ 且 $x^T v^1 \geqslant 0$,

则由定理 7.2.4 知 $Q_0(x)$ 在 $\mathbb{R}^n_+$ 上是仅拟凸函数. 反证法. 假设 $\exists \bar{x} \in \mathbb{R}^n_+$, 使得 $\bar{x}^{\mathrm{T}} Q \bar{x} > 0$ 或 $\bar{x}^{\mathrm{T}} v^1 < 0$. 因 $\forall t > 0, t\bar{x} \in \mathbb{R}^n_+$, 故对于充分大的 t, 有

$$(t\bar{x} - s)^{\mathrm{T}} Q(t\bar{x} - s) = t^2 \bar{x}^{\mathrm{T}} Q \bar{x} - 2\bar{x}^{\mathrm{T}} Q s + s^{\mathrm{T}} Q s > 0$$

或

$$(t\bar{x} - s)^{\mathrm{T}} v^1 = t \bar{x}^{\mathrm{T}} v^1 - s^{\mathrm{T}} v^1 < 0,$$

这与 $t\bar{x} - s \in \mathbb{R}^n_+ - s \subset T$ 相矛盾, 故 $\mathbb{R}^n_+ \subset T$. □

后面的例 7.3.1 表明, 定理 7.3.3 的逆命题不成立. 但是, 在下面的定理中增加某些假设条件它可以成立.

定理 7.3.4 二次函数 $Q(x) = \dfrac{1}{2} x^{\mathrm{T}} Q x + q^{\mathrm{T}} x$ 在 $\mathbb{R}^n_+$ 上是仅拟凸函数当且仅当下列条件成立:

(i) $v_-(Q) = 1$;

(ii) $Q \leqq 0$;

(iii) $\exists s \in \mathbb{R}^n$, 使得 $Qs + q = 0$ 且 $q^{\mathrm{T}} s \geqslant 0$;

(iv) $q \leqq 0$.

证明 假设 $Q(x)$ 在 $\mathbb{R}^n_+$ 上是仅拟凸函数. 由定理 7.2.7 知, $v_-(Q) = 1$; $\exists s \in \mathbb{R}^n, Qs + q = 0$; $\mathbb{R}^n_+ \subset s + T$. 又由定理 7.3.3 知 $Q_0(x)$ 在 $\mathbb{R}^n_+$ 上是仅拟凸函数, 因此由定理 7.3.2, 有 $Q \leqq 0$. 此外, 由定理 7.3.3 的证明, 得到 $\mathbb{R}^n_+ \subset T$. 剩下只需证明 $q \leqq 0$ 和 $q^{\mathrm{T}} s \geqslant 0$. 由 $\mathbb{R}^n_+ \subset s + T$ 有 $0 \in s + T$, 故 $s \in -T$, 因此有 $s^{\mathrm{T}} Q s \leqslant 0$. 进一步得到 $q^{\mathrm{T}} s = (-Qs)^{\mathrm{T}} s = -s^{\mathrm{T}} Q s \geqslant 0$. 此外, 由引理 7.1.3(ii) 知 $Q(-T) = T^+$, 而 $s \in -T$, 故 $-q = Qs \in T^+$, 因此有 $q \in T^-$. 这表明, $q^{\mathrm{T}} x \leqslant 0, \forall x \in T$, 特别地, $q^{\mathrm{T}} x \leqslant 0, \forall x \in \mathbb{R}^n_+$, 由此得到 $q \leqq 0$. 综上, 条件 (i)~(iv) 成立.

反过来, 设条件 (i)~(iv) 成立. 为证 $Q(x)$ 在 $\mathbb{R}^n_+$ 上是仅拟凸函数, 由定理 7.2.7, 只需证明

$$\mathbb{R}^n_+ \subset s + T = \{x \in \mathbb{R}^n : (x-s)^{\mathrm{T}} Q(x-s) \leqslant 0, (x-s)^{\mathrm{T}} v^1 \geqslant 0\}.$$

由条件 (iii), 有

$$(x-s)^{\mathrm{T}} Q(x-s) = x^{\mathrm{T}} Q x + 2q^{\mathrm{T}} x - q^{\mathrm{T}} s.$$

据此和条件 (ii)~(iv) 容易推知,

$$(x-s)^{\mathrm{T}} Q(x-s) \leqslant 0, \quad \forall x \in \mathbb{R}^n_+.$$

剩下只需证明 $(x-s)^{\mathrm{T}} v^1 \geqslant 0, \forall x \in \mathbb{R}^n_+$. 由条件 (i) 和 (ii), 用定理 7.3.2 得到 $Q_0(x)$ 在 $\mathbb{R}^n_+$ 上是仅拟凸函数, 再用定理 7.3.1, 有 $\mathbb{R}^n_+ \subset T$. 这表明 $x^{\mathrm{T}} v^1 \geqslant 0, \forall x \in \mathbb{R}^n_+$,

进而有 $v^1 \in (\mathbb{R}_+^n)^+ = \mathbb{R}_+^n$. 据此, 并注意到 $Qv^1 = \lambda_1 v^1$, 条件 (iv) 和 $\lambda_1 < 0$, 有
$$s^{\mathrm{T}} v^1 = \frac{1}{\lambda_1} s^{\mathrm{T}} Q v^1 = -\frac{1}{\lambda_1} q^{\mathrm{T}} v^1 \leqslant 0.$$ 于是得到

$$(x - s)^{\mathrm{T}} v^1 = x^{\mathrm{T}} v^1 - s^{\mathrm{T}} v^1 \geqslant 0, \quad \forall x \in \mathbb{R}_+^n.$$

综上, 有

$$\mathbb{R}_+^n \subset \{x \in \mathbb{R}^n : (x - s)^{\mathrm{T}} Q(x - s) \leqslant 0, (x - s)^{\mathrm{T}} v^1 \geqslant 0\} = s + T. \qquad \square$$

注 7.3.1　在定理 7.3.4 中, 如果 Q 是非奇异矩阵, 则定理的条件 (iii) 可以用条件

$$q^{\mathrm{T}} Q^{-1} q \leqslant 0$$

替代. 事实上, 条件 (iii) 显然蕴涵 $q^{\mathrm{T}} Q^{-1} q \leqslant 0$. 反过来, 若 $q^{\mathrm{T}} Q^{-1} q \leqslant 0$, 由定理 7.3.4 的必要性证明中知, $\exists s \in \mathbb{R}^n, Qs + q = 0$. 于是有

$$q^{\mathrm{T}} s = q^{\mathrm{T}} (Q^{-1} Q) s = q^{\mathrm{T}} Q^{-1} (-q) = -q^{\mathrm{T}} Q^{-1} q \geqslant 0,$$

即条件 (iii) 成立.

注 7.3.2　如果 $Q(x)$ 存在两个稳定点 s_1, s_2, 则 $q^{\mathrm{T}} s_1 = q^{\mathrm{T}} s_2$. 这是因为

$$q^{\mathrm{T}} s_1 = (-Q s_2)^{\mathrm{T}} s_1 = (-Q s_1)^{\mathrm{T}} s_2 = q^{\mathrm{T}} s_2.$$

注 7.3.3　设 $Q(x)$ 存在稳定点 $s \in \mathbb{R}^n$, 即线性方程组 $Qs + q = 0$ 有解. 若 Q 的第 i 行是零行, 则 $q_i = 0$.

据定理 7.2.2 知, 在定理 7.3.4 中, 如果将 $\mathbb{R}_+^n$ 换成开凸集 $\mathrm{int}\mathbb{R}_+^n \subset \mathbb{R}_+^n$, "仅拟凸" 换成 "仅伪凸", 论断依然成立, 即有下面的推论.

推论 7.3.2　二次函数 $Q(x) = \dfrac{1}{2} x^{\mathrm{T}} Q x + q^{\mathrm{T}} x$ 在 $\mathrm{int}\mathbb{R}_+^n$ 上是仅伪凸函数当且仅当下列条件成立:

(i) $v_-(Q) = 1$;

(ii) $Q \leqq 0$;

(iii) $\exists s \in \mathbb{R}^n$, 使得 $Qs + q = 0$ 且 $q^{\mathrm{T}} s \geqslant 0$;

(iv) $q \leqq 0$.

我们指出, 推论 7.3.2 其实就是文献 [85] 的定理 5.1, 只不过 [85] 中的 $\mathbb{R}_+^n$ 定义为

$$\mathbb{R}_+^n = \{x \in \mathbb{R}^n : x_j > 0, j = 1, \cdots, n\},$$

而不是我们通常理解的作为闭凸集的非负象限.

由推论 7.3.2 和推论 7.3.1, 我们有下面的结果 (这一结果其实是定理 7.3.3 的特例).

推论 7.3.3 设 $Q(x)$ 在 ${\rm int}\mathbb{R}_+^n$ 上是仅伪凸函数, 则 $Q_0(x)$ 在 ${\rm int}\mathbb{R}_+^n$ 上是仅伪凸函数.

例 7.3.1 考虑二次函数 $Q(x_1, x_2) = -x_1 x_2 + x_1 - x_2$. 对应的

$$Q = \begin{bmatrix} 0 & -1 \\ -1 & 0 \end{bmatrix} \leqq 0, \quad q = \begin{bmatrix} 1 \\ -1 \end{bmatrix}.$$

显然, Q 的两个特征值为 $\lambda_{1,2} = \pm 1$, 于是, 由定理 7.3.2, 二次型 $Q_0(x_1, x_2) = -x_1 x_2$ 在 $\mathbb{R}_+^2$ 上是仅拟凸函数. 但是, 这里的 q 不满足凸集 $q \leqq 0$, 按定理 7.3.4, 这里的二次函数 $Q(x_1, x_2)$ 在 $\mathbb{R}_+^2$ 上不是拟凸函数. 这一例子说明, 定理 7.3.3 的逆命题不真.

7.3.2 闭集上二次函数的伪凸性

本节探讨非凸二次函数伪凸性 (即仅伪凸性) 的某些性质和它们的最大定义域. 特别地, 着重研究在非负象限 $\mathbb{R}_+^2$ 上二次函数的伪凸性, 这是因为很多涉及二次函数的极值问题, 其可行域往往是包含于 $\mathbb{R}_+^2$ 的而不仅仅是包含于 ${\rm int}\mathbb{R}_+^n$ 的. 因为 $\mathbb{R}_+^2$ 是闭集, 这将借助于 3.4 节中在点处的伪凸性概念.

由定理 7.2.2, 非凸二次函数在内部非空的凸集 S 上是拟凸函数当且仅当它在 ${\rm int}S$ 上是伪凸函数, 所以需要从二次型拟凸性的最大定义域出发, 进一步开展在 S 的边界上的伪凸性研究. 为此, 首先回到函数在点处的广义凸性. 对于二次型在点处的伪凸性, 下面的引理成立.

引理 7.3.1 设二次型 $Q_0(x) = \dfrac{1}{2} x^{\rm T} Q x$ 满足 $v_-(Q) = 1$, 则 $Q_0(x)$ 在 $x_0 \in \pm T$ 处伪凸当且仅当 $\nabla Q_0(x_0) = Q x_0 \neq 0$.

证明 若 $Q_0(x)$ 在 $x_0 \in \pm {\rm int}T$ 处伪凸, 则由 $x_0 \in \pm {\rm int}T$ 蕴涵 $x_0^{\rm T} Q x_0 < 0$, 因而有 $Q x_0 \neq 0$. 反过来, 根据条件 $v_-(Q) = 1$, 使用定理 7.2.3 知 $Q_0(x)$ 在 $\pm T$ 上是仅拟凸函数, 再由定理 7.2.2 知 $Q_0(x)$ 在 $\pm {\rm int}T$ 上是仅伪凸函数. 剩下需证情形 $x_0 \in \pm \partial T$. 我们只证 $x_0 \in \partial T$, 而 $x_0 \in -\partial T$ 的情形类似. 因 T 是闭凸锥, 故 T 在 $x_0 \in \partial T \subset T$ 处是星形集. 由定义 3.4.4(i), $Q_0(x)$ 在点 $x_0 \in \partial T$ 处伪凸当且仅当如下条件成立:

$$x_0 \in \partial T, \quad x \in T, \quad Q_0(x) < Q_0(x_0) \Rightarrow (x - x_0)^{\rm T} Q x_0 < 0. \tag{7.12}$$

因此, 为证明当 $x_0 \in \partial T$ 时论断成立, 只需证明条件 (7.12) 与 $\nabla Q_0(x_0) \neq 0$ 等价. 假设条件 (7.12) 成立, 则显然有 $\nabla Q_0(x_0) = Q x_0 \neq 0$. 现在, 假设 $\nabla Q_0(x_0) \neq 0$

成立. 设 $x_0 \in \partial T$, 则由定理 7.1.5(ii), 有 $Q_0(x_0) = \frac{1}{2}x_0^{\mathrm{T}}Qx_0 = 0$. 因此, 若 $x \in T$ 且 $Q_0(x) < Q_0(x_0)$, 则有 $x^{\mathrm{T}}v^1 > 0$ 且 $Q_0(x) < 0$. 于是, 由定理 7.1.5(i) 知 $x \in \mathrm{int}T$. 注意到 $x_0 \in \partial T \subset T$, 且 $Qx_0 = \nabla Q_0(x_0) \neq 0$, 则由引理 7.1.3(i) 得到 $Qx_0 \in T^{-}\backslash\{0\}$. 据此, 有

$$(x - x_0)^{\mathrm{T}}Qx_0 = x^{\mathrm{T}}Qx_0 - x_0^{\mathrm{T}}Qx_0 = x^{\mathrm{T}}Qx_0 < 0, \quad \forall x \in \mathrm{int}T.$$

注意到已经证明 $x \in T$ 且 $Q_0(x) < Q_0(x_0)$ 蕴涵 $x \in \mathrm{int}T$, 则条件 (7.12) 成立. $\square$

下面转到集合上二次函数的伪凸性. 利用引理 7.3.1, 可以刻画非凸二次型伪凸性的最大定义域, 这就是下面的定理.

定理 7.3.5 设二次型 $Q_0(x)$ 满足 $v_{-}(Q) = 1$. 则下列性质成立:

(i) $Q_0(x)$ 在最大定义域 $T\backslash\ker Q, -T\backslash\ker Q$ 上是仅伪凸函数;

(ii) $Q_0(x)$ 在 $T\backslash\{0\}, -T\backslash\{0\}$ 上是仅伪凸函数当且仅当 Q 是非奇异矩阵.

证明 (i) 由引理 7.3.1, 显然有 $Q_0(x)$ 在集合 $T\backslash\ker Q$ 上是仅伪凸函数, 因此也是仅拟凸函数. 设 $Q_0(x)$ 在内部非空的凸集 S 上也是仅伪凸函数, 因而是仅拟凸函数, 由定理 7.2.3, 它的拟凸性最大定义域为 $\pm T$, 故 $S \subset T \cup (-T)$. 由推论 7.2.1(i), $Q_0(x)$ 在 $\mathrm{int}S$ 上不存在稳定点, 即 $\forall x \in \mathrm{int}S, \nabla Q_0(x) = Qx \neq 0$, 因而 $x \notin \ker Q$. 据此有 $\mathrm{int}S\backslash\ker Q = \mathrm{int}S$. 由定理 7.1.5(v), 有

$$\mathrm{int}S \subset \mathrm{int}(T \cup (-T)) = \mathrm{int}T \cup \mathrm{int}(-T).$$

因此有

$$\mathrm{int}S = \mathrm{int}S\backslash\ker Q \subset (\mathrm{int}T \cup \mathrm{int}(-T))\backslash\ker Q$$

$$= (\mathrm{int}T\backslash\ker Q) \cup (-\mathrm{int}T\backslash\ker Q),$$

注意到 $\ker Q$ 是闭集, 因而 $\mathrm{int}T\backslash\ker Q$ 和 $-\mathrm{int}T\backslash\ker Q$ 都是开集, 于是对上式两端取闭包, 得到 $S \subset (T\backslash\ker Q) \cup (-T\backslash\ker Q)$, 从而 $(T\backslash\ker Q) \cup (-T\backslash\ker Q)$ 是 $Q_0(x)$ 伪凸性的最大定义域.

(ii) 因 Q 非奇异等价于 $\forall x \neq 0, Qx \neq 0$, 而这又等价于 $\ker Q = \{0\}$. 根据 (i) 立刻得到结论. $\square$

定理 7.3.5 还可以陈述为另一种形式, 即有如下定理.

定理 7.3.6 二次型 $Q_0(x)$ 在内部非空的凸集 S 上是仅伪凸函数当且仅当

(i) $v_{-}(Q) = 1$;

(ii) $S \subset T\backslash\ker Q$ 或 $S \subset -T\backslash\ker Q$.

证明 假设 $Q_0(x)$ 在 S 上是仅伪凸函数, 则它是仅拟凸函数, 由定理 7.2.4(i), 有 $v_{-}(Q) = 1$. 据此和由定理 7.3.5(i) 知, $S \subset T\backslash\ker Q$ 或 $S \subset -T\backslash\ker Q$. 反过来, 由定理 7.3.5, 显然有 $Q_0(x)$ 在 S 上是仅伪凸函数. $\square$

使用定理 7.1.4(i), $Q_0(x)$ 的伪凸性的最大定义域 $T\backslash \ker Q$ 和 $-T\backslash \ker Q$ 可以分别地用不等式 $x^T v^1 > 0$ 和 $x^T v^1 < 0$ 刻画, 这就是下面的定理.

定理 7.3.7 设二次型 $Q_0(x) = \dfrac{1}{2}x^T Q x$ 满足 $v_-(Q) = 1$. 则 $Q_0(x)$ 的伪凸性的最大定义域由下面两式给出:

$$T\backslash \ker Q = \{x \in \mathbb{R}^n : x^T Q x \leqslant 0, \ x^T v^1 > 0\},$$

$$-T\backslash \ker Q = \{x \in \mathbb{R}^n : x^T Q x \leqslant 0, \ x^T v^1 < 0\}.$$

证明 由定理 7.1.4(i) 知: $\ker Q = T \cap (-T)$. 因此 $x \in T\backslash \ker Q$ 等价于 $x \in T$ 且 $x \notin -T$. 这表明前一个等式成立. 类似地, 可以证明后一个等式成立. $\square$

下面的定理给出了二次函数的伪凸性与相应的二次型的伪凸性间的关系.

定理 7.3.8 设二次函数 $Q(x) = \dfrac{1}{2}x^T Q x + q^T x$. 假设 $\exists s \in \mathbb{R}^n, Qs + q = 0$. 则 $Q(x)$ 在 $s \pm T$ 上是伪凸函数当且仅当 $Q_0(x) = \dfrac{1}{2}x^T Q x$ 在 $\pm T$ 上是伪凸函数.

证明 设 $Q(x)$ 在点 $x_0 \in s + T$ 处伪凸, 由定义 3.4.4(i) 当且仅当

$$x \in s + T, \quad Q(x) < Q(x_0) \Rightarrow \nabla Q(x_0)^T(x - x_0) < 0. \tag{7.13}$$

记 $y_0 = x_0 - s \in T, y = x - s \in T$. 因此, 并经计算得到

$$Q(x) = \frac{1}{2}(x - s)^T Q(x - s) - \frac{1}{2}s^T Q s = Q_0(y) - \frac{1}{2}s^T Q s,$$

$$Q(x_0) = Q_0(y_0) - \frac{1}{2}s^T Q s.$$

这推出 $Q(x) < Q(x_0)$ 等价于 $Q_0(y) < Q_0(y_0)$. 此外,

$$\nabla Q(x_0) = Q x_0 + q = Q(x_0 - s) = Q y_0 = \nabla Q_0(y_0),$$

因此, 并注意到 $y - y_0 = x - x_0$, 则 $\nabla Q(x_0)^T(x - x_0) < 0$ 等价于 $\nabla Q_0(y_0)^T(y - y_0) < 0$. 因此, 蕴涵关系 (7.13) 等价于

$$y_0, y \in T, \quad Q_0(y) < Q_0(y_0) \Rightarrow \nabla Q_0(y_0)^T(y - y_0) < 0,$$

这表明 $Q(x)$ 在 $s + T$ 上的伪凸性等价于 $Q_0(y)$ 在 T 上的伪凸性.

类似地证明 $Q(x)$ 在 $s - T$ 上的伪凸性等价于 $Q_0(y)$ 在 $-T$ 上的伪凸性. $\square$

几乎逐字逐句重复定理 7.3.8 的证明, 有如下推论.

推论 7.3.4 设二次函数 $Q(x) = \frac{1}{2}x^{\mathrm{T}}Qx + q^{\mathrm{T}}x$. 假设 $\exists s \in \mathbb{R}^n, Qs + q = 0$. 则 $Q(x)$ 在 $s \pm T \backslash \ker Q$ 上是伪凸函数当且仅当 $Q_0(x) = \frac{1}{2}x^{\mathrm{T}}Qx$ 在 $\pm T \backslash \ker Q$ 上是伪凸函数.

下面的引理将引理 7.3.1 从二次型推广到二次函数.

引理 7.3.2 设二次函数 $Q(x) = \frac{1}{2}x^{\mathrm{T}}Qx + q^{\mathrm{T}}x$ 满足 $v_-(Q) = 1$. 假设 $\exists s \in \mathbb{R}^n$, 使得 $Qs + q = 0$. 则 $Q(x)$ 在 $x_0 \in s \pm T$ 处仅伪凸当且仅当 $\nabla Q(x_0) \neq 0$.

证明 记 $y_0 = x_0 - s$, 由定理 7.3.8, $Q(x)$ 在 $x_0 \in s \pm T$ 处仅伪凸, 等价于 $Q_0(x)$ 在 $y_0 = x_0 - s \in \pm T$ 处仅伪凸. 因

$$\nabla Q_0(y_0) = Qy_0 = Q(x_0 - s) = Qx_0 + q = \nabla Q(x_0),$$

由引理 7.3.1 知, $Q_0(x)$ 在 $y_0 \in \pm T$ 处仅伪凸等价于 $\nabla Q(x_0) = \nabla Q_0(y_0) \neq 0$. □

作为前面这些结果的直接推论, 有如下二次函数伪凸性最大定义域的刻画定理.

定理 7.3.9 二次函数 $Q(x) = \frac{1}{2}x^{\mathrm{T}}Qx + q^{\mathrm{T}}x$ 在内部非空的凸集 S 上是仅伪凸函数当且仅当下列条件成立:

(i) $v_-(Q) = 1$;

(ii) $\exists s \in \mathbb{R}^n, Qs + q = 0$;

(iii) 下面两个包含关系有一个成立:

$$S \subset s + T \backslash \ker Q = \{x \in \mathbb{R}^n : (x-s)^{\mathrm{T}}Q(x-s) \leqslant 0, (x-s)^{\mathrm{T}}v^1 > 0\},$$

$$S \subset s - T \backslash \ker Q = \{x \in \mathbb{R}^n : (x-s)^{\mathrm{T}}Q(x-s) \leqslant 0, (x-s)^{\mathrm{T}}v^1 < 0\}.$$

证明 假设 $Q(x)$ 在 S 上是仅伪凸函数, 则它是仅拟凸函数. 由定理 7.2.7, 条件 (i) 和条件 (ii) 成立. 由 (i) 和定理 7.3.7, 二次型 $Q_0(x)$ 的伪凸性最大定义域为

$$T \backslash \ker Q = \{x \in \mathbb{R}^n : x^{\mathrm{T}}Qx \leqslant 0, \ x^{\mathrm{T}}v^1 > 0\},$$

$$-T \backslash \ker Q = \{x \in \mathbb{R}^n : x^{\mathrm{T}}Qx \leqslant 0, \ x^{\mathrm{T}}v^1 < 0\}.$$

据此, 由 (ii) 和定理 7.3.8, $Q(x)$ 在最大定义域 $s \pm (T \backslash \ker Q)$ 上是仅伪凸函数, 于是有 $S \subset s \pm (T \backslash \ker Q)$, 这表明 (iii) 成立. 反过来, 由条件 (i) 和条件 (iii), 据定理 7.3.6, $Q_0(x)$ 在 S 上是仅伪凸函数; 再据定理 7.3.7, $Q_0(x)$ 在最大定义域 $\pm T \backslash \ker Q$ 上是仅伪凸函数. 由条件 (ii) 和推论 7.3.4, $Q(x)$ 在最大定义域 $s \pm T \backslash \ker Q$ 上是伪凸函数. 再次使用条件 (iii), $Q(x)$ 在 S 上是仅伪凸函数. □

特别地, 上面的有关准则在 S 上是非负象限情形时可以表述为如下的定理.

定理 7.3.10　设 $Q_0(x) = \dfrac{1}{2}x^{\mathrm{T}}Qx$ 在 $\mathbb{R}^n_+$ 上是仅拟凸函数. 则 $Q_0(x)$ 在 $\mathbb{R}^n_+ \backslash \{0\}$ 上是仅伪凸函数当且仅当 Q 不含零列 (或行).

证明　由定理 7.3.1 有 $v_-(Q) = 1$ 和 $\mathbb{R}^n_+ \subset T$. 于是, 可以使用引理 7.3.1, $Q_0(x)$ 在 $\mathbb{R}^n_+ \backslash \{0\}$ 上是伪凸函数当且仅当 $Qx \neq 0, \forall x \in \mathbb{R}^n_+ \backslash \{0\}$. 用 q^j 表示 Q 的第 j 列, $j = 1, \cdots, n$, 则有 $Qx = \sum_{j=1}^{n} x_j q^j, x_j \geqslant 0$ 且不全为零. 因 $Q_0(x)$ 在 $\mathbb{R}^n_+$ 上是仅拟凸函数, 由定理 7.3.2, 有 $Q \leqq 0$. 故 $Qx = 0$ 当且仅当 $\exists j, 1 \leqslant j \leqslant n$, 使得 $q^j = 0$, 等价地, $Qx \neq 0, \forall x \in \mathbb{R}^n_+ \backslash \{0\}$ 当且仅当 Q 不含零列. $\qquad\square$

定理 7.3.11　设 $Q(x) = \dfrac{1}{2}x^{\mathrm{T}}Qx + q^{\mathrm{T}}x$ 在 $\mathbb{R}^n_+$ 上是仅拟凸函数. 则 $Q(x)$ 在 $\mathbb{R}^n_+$ 上是仅伪凸函数当且仅当 $q \neq 0$.

证明　由 $Q(x)$ 在 $\mathbb{R}^n_+$ 上的仅拟凸性知, 定理 7.3.4 的条件 (i)∼(iv) 成立; 且据定理 7.2.7 还有 $\mathbb{R}^n_+ \subset s + T$. 由条件 (i) 和 (iii), 使用引理 7.3.2 得知, $Q(x)$ 在 $\mathbb{R}^n_+$ 上是伪凸函数当且仅当 $Qx + q \neq 0, \forall x \in \mathbb{R}^n_+$. 注意到条件 (ii) 和 (iv) 蕴涵 $Qx + q \leqslant 0, \forall x \in \mathbb{R}^n_+$, 故 $Q(x)$ 在 $\mathbb{R}^n_+$ 上是伪凸函数当且仅当 $Qx + q < 0, \forall x \in \mathbb{R}^n_+$. 仍然据条件 (ii) 和 (iv), 这等价于 $q < 0$. 综上, $Q(x)$ 在 $\mathbb{R}^n_+$ 上是仅伪凸函数当且仅当 $q \neq 0$. $\qquad\square$

注 7.3.4　文献 [85] 通过完全不同的方法得到的定理 6.1 和定理 6.2, 分别类似于上面的定理 7.3.10 和定理 7.3.11. 注意到在开凸集上二次函数的拟凸性与伪凸性等价, 则 [85] 的这两个定理实为定理 7.3.10 和定理 7.3.11 的推论.

推论 7.3.5　设 $Q_0(x) = \dfrac{1}{2}x^{\mathrm{T}}Qx$ 在 $\mathrm{int}\mathbb{R}^n_+$ 上是仅伪凸函数. 则 $Q_0(x)$ 在 $\mathbb{R}^n_+ \backslash \{0\}$ 上是仅伪凸函数当且仅当 Q 不含零列 (或行).

推论 7.3.6　设 $Q(x) = \dfrac{1}{2}x^{\mathrm{T}}Qx + q^{\mathrm{T}}x$ 在 $\mathrm{int}\mathbb{R}^n_+$ 上是仅伪凸函数. 则 $Q(x)$ 在 $\mathbb{R}^n_+$ 上是仅伪凸函数当且仅当 $q \neq 0$.

特别地, 对于平面上的第一象限 $\mathbb{R}^2_+$, 使用定理 7.3.2 和定理 7.3.10 到 2×2 矩阵, 得到下面的准则.

定理 7.3.12　考虑矩阵 $Q = \begin{bmatrix} \alpha & \beta \\ \beta & \gamma \end{bmatrix}$. 则二次型 $Q_0(x) = \dfrac{1}{2}x^{\mathrm{T}}Qx$ 在 $\mathbb{R}^2_+$ 上是仅拟凸函数当且仅当下列条件成立:

(i) $\alpha \leqslant 0$, $\beta \leqslant 0$, $\gamma \leqslant 0$, $(\alpha, \beta, \gamma) \neq (0, 0, 0)$;

(ii) $\alpha\gamma - \beta^2 \leqslant 0$.

此外, $Q_0(x)$ 在 $\mathbb{R}^2_+ \backslash \{(0, 0)\}$ 上是伪凸函数当且仅当除条件 (i) 和 (ii) 之外, 增加下面的条件:

(iii) $(\alpha, \beta) \neq (0,0)$ 且 $(\beta, \gamma) \neq (0,0)$.

例 7.3.2 考虑矩阵

$$A = \begin{bmatrix} \alpha & 0 \\ 0 & 0 \end{bmatrix}, \ \alpha < 0; \quad B = \begin{bmatrix} 0 & \beta \\ \beta & 0 \end{bmatrix}, \ \beta < 0;$$

$$C = \begin{bmatrix} 0 & 0 \\ 0 & \gamma \end{bmatrix}, \ \gamma < 0; \quad D = \begin{bmatrix} \alpha & \beta \\ \beta & 0 \end{bmatrix}, \ \alpha < 0, \beta < 0.$$

用定理 7.3.12 容易验证, 与这些矩阵相关联的二次型在 $\mathbb{R}_+^2$ 上都是拟凸函数. 但是, 只有与矩阵 B 和 D 相关联的二次型在 $\mathbb{R}_+^2 \backslash \{(0,0)\}$ 上是伪凸函数.

7.3.3　一类特殊形式的二次函数

一般地, 使用前面建立的必要且充分条件不容易验证一个二次函数的拟凸性 (伪凸性). 然而, 当二次函数 $Q(x)$ 具有某些特殊结构时, 有可能得到容易验证的刻画. 现在, 考虑如下一种具有特殊结构的二次函数类:

$$f(x) = (a^{\mathrm{T}}x + a_0)(b^{\mathrm{T}}x + b_0) + c^{\mathrm{T}}x. \tag{7.14}$$

定理 7.3.13 设二次函数 $f(x)$ 由式 (7.14) 给出, 向量 a 与 b 线性无关, 则 $f(x)$ 在内部非空的凸集 $S \subset \mathbb{R}^n$ 上是仅拟凸函数当且仅当

(i) $\exists \alpha, \beta \in \mathbb{R}, c = \alpha a + \beta b$;

(ii) $S \subset \{x \in \mathbb{R}^n : a^{\mathrm{T}}x + a_0 + \beta \geqslant 0, \ b^{\mathrm{T}}x + b_0 + \alpha \leqslant 0\}$ 或 $S \subset \{x \in \mathbb{R}^n : a^{\mathrm{T}}x + a_0 + \beta \leqslant 0, \ b^{\mathrm{T}}x + b_0 + \alpha \geqslant 0\}$.

证明 简单的计算表明, 函数 $f(x)$ 变形为 $\frac{1}{2}x^{\mathrm{T}}Qx + q^{\mathrm{T}}x + q_0$, 其中

$$Q = ab^{\mathrm{T}} + ba^{\mathrm{T}}, \quad q = b_0 a + a_0 b + c, \quad q_0 = a_0 b_0.$$

我们断言, 向量 a 和 b 的线性无关性蕴涵 $v_-(Q) = 1$. 事实上, 因

$$\dim(\mathrm{Im}Q) = \dim(\{z = \mu_1 a + \mu_2 b : \mu_1, \mu_2 \in \mathbb{R}\}) = 2,$$

故 $\dim(\ker Q) = n - 2$. 据此并注意到二次型 $\frac{1}{2}x^{\mathrm{T}}Qx = a^{\mathrm{T}}x b^{\mathrm{T}}x$ 的符号不恒定, 则矩阵 Q 必有唯一的负特征值, 即 $v_-(Q) = 1$. 因此, 由定理 7.2.7 知 $f(x)$ 在 S 上是拟凸函数当且仅当 $\exists s \in \mathbb{R}^n, Qs + q = 0$ 且 $S \subset s \pm T$. 对于前者, 有 $Qs + q = 0$ 当且仅当 $q \in \mathrm{Im}Q$, 等价地当且仅当 $\exists x \in \mathbb{R}^n, q = Qx$, 即 $c = a(b^{\mathrm{T}}x - b_0) + b(a^{\mathrm{T}}x - a_0)$.

这等价于 $\exists \alpha, \beta \in \mathbb{R}, c = \alpha a + \beta b$, 即等价于条件 (i) 成立. 对于后者, 即 $S - s \in \pm T$, 这等价于 $\forall x \in S, (x-s)^{\mathrm{T}} Q(x-s) \leqslant 0$. 注意到

$$Qs + q = (b^{\mathrm{T}} s + b_0 + \alpha)a + (a^{\mathrm{T}} s + a_0 + \beta)b,$$

于是 $Qs + q = 0$ 当且仅当 $b^{\mathrm{T}} s = -(b_0 + \alpha)$ 且 $a^{\mathrm{T}} s = -(a_0 + \beta)$. 据此, 并经简单计算得到

$$(x-s)^{\mathrm{T}} Q(x-s) = 2(a^{\mathrm{T}} x + a_0 + \beta)(b^{\mathrm{T}} x + b_0 + \alpha).$$

因此, $(x-s)^{\mathrm{T}} Q(x-s) \leqslant 0$ 当且仅当条件 (ii) 成立. $\qquad\square$

推论 7.3.7 设二次函数 $f(x) = (a^{\mathrm{T}} x + a_0)(b^{\mathrm{T}} x + b_0)$, 假设 a 与 b 线性无关. 则 $f(x)$ 在内部非空的凸集 $S \subset \mathbb{R}^n$ 上是仅拟凸函数当且仅当下面的包含关系有一个成立

$$S \subset \{x \in \mathbb{R}^n : a^{\mathrm{T}} x + a_0 \geqslant 0, b^{\mathrm{T}} x + b_0 \leqslant 0\},$$

$$S \subset \{x \in \mathbb{R}^n : a^{\mathrm{T}} x + a_0 \leqslant 0, b^{\mathrm{T}} x + b_0 \geqslant 0\}.$$

证明 这里的 $f(x)$ 是式 (7.14) 所给函数当 $c = 0$ 时的特殊情况. 因 a 与 b 线性无关, 故 $0 = c = \alpha a + \beta b$ 等价于 $\alpha = \beta = 0$. 于是, 定理 7.3.13 中 $f(x)$ 仅拟凸的充要条件 (i) 和 (ii) 转化为这里的一个条件. $\qquad\square$

注 7.3.5 当 a 和 b 线性相关时, 式 (7.14) 所给函数 f 在 $\mathbb{R}^n$ 上是凸函数或凹函数. 事实上, 这时可以设 $b = ka, k \neq 0$. 因

$$\forall x \in \mathbb{R}^n, \quad x^{\mathrm{T}} Q x = x^{\mathrm{T}} (ab^{\mathrm{T}} + ba^{\mathrm{T}}) x = 2k x^{\mathrm{T}} a a^{\mathrm{T}} x = 2k(a^{\mathrm{T}} x)^2,$$

故当 $k > 0$ ($k < 0$) 时, Q 是半正定 (半负定) 的, 由定理 1.2.13, f 在 $\mathbb{R}^n$ 上是凸 (凹) 函数. 在前一种情形, 凸性蕴涵拟凸性; 在后一情形, f 在凸集 S 上的拟凸性需要附加条件. 其中一个充要条件是 $c = \alpha a$ 且 S 包含于与一个超平面相关联的两个半空间之一, 这个超平面由函数的稳定点之集给出. 关于这一点, 按照定理 7.3.13 相同的证明路线, 可以证明下面的定理.

定理 7.3.14 设二次函数 $f(x)$ 由式 (7.14) 给出, 向量 a 与 b 线性相关. 则 $f(x)$ 在内部非空的凸集 $S \subset \mathbb{R}^n$ 上是仅拟凸函数当且仅当 $\exists k < 0, \exists \alpha \in \mathbb{R}$, 使得 $b = ka$ 且 $c = \alpha a$.

作为定理 7.3.13 的推论, 我们可以得到函数 $f(x)$ 仅伪凸性的刻画.

推论 7.3.8 设二次函数 $f(x)$ 由式 (7.14) 给出, 向量 a 与 b 线性无关. 则 $f(x)$ 在内部非空的凸集 $S \subset \mathbb{R}^n$ 上是仅伪凸函数当且仅当

(i) $\exists \alpha, \beta \in \mathbb{R}, c = \alpha a + \beta b$;

(ii) 下面两个包含关系式之一成立:

$$S \subset \{x \in \mathbb{R}^n : a^{\mathrm{T}}x + a_0 + \beta > 0, \ b^{\mathrm{T}}x + b_0 + \alpha \leqslant 0\}$$

$$\cup \{x \in \mathbb{R}^n : a^{\mathrm{T}}x + a_0 + \beta \geqslant 0, \ b^{\mathrm{T}}x + b_0 + \alpha < 0\},$$

$$S \subset \{x \in \mathbb{R}^n : a^{\mathrm{T}}x + a_0 + \beta < 0, b^{\mathrm{T}}x + b_0 + \alpha \geqslant 0\}$$

$$\cup \{x \in \mathbb{R}^n : a^{\mathrm{T}}x + a_0 + \beta \leqslant 0, \ b^{\mathrm{T}}x + b_0 + \alpha > 0\}.$$

证明　注意到 $\nabla f(x_0) = Qx_0 + q = (b^{\mathrm{T}}x_0 + b_0 + \alpha)a + (a^{\mathrm{T}}x_0 + a_0 + \beta)b = 0$ 当且仅当 $x_0 \in \{x \in \mathbb{R}^n : a^{\mathrm{T}}x + a_0 + \beta = 0, \ b^{\mathrm{T}}x + b_0 + \alpha = 0\}$, 则由定理 7.3.13 和引理 7.3.2 不难推出结论.　□

为了刻画 $f(x)$ 在 $\mathbb{R}^n_+$ 上的广义凸性, 需要如下的引理.

引理 7.3.3　考虑矩阵 $Q = ab^{\mathrm{T}} + ba^{\mathrm{T}}$. 则 $Q \leqq 0$ 当且仅当 $a \geqq 0, b \leqq 0$ 或 $a \leqq 0, b \geqq 0$.

证明　显然, $a \geqq 0, b \leqq 0$ 或 $a \leqq 0, b \geqq 0$, 则 $Q \leqq 0$. 反过来, 需证 $Q \leqq 0$ 蕴涵 $a \geqq 0, b \leqq 0$ 或 $a \leqq 0, b \geqq 0$. 因 $a = 0$ 或 $b = 0$, 结论显然, 只考虑 $a \neq 0$ 且 $b \neq 0$ 的情形. 反证法: 假设向量 a 的分量符号不相同, 则存在 $i, j, a_i > 0, a_j < 0$, 考虑子矩阵 $Q_{ij} = \begin{bmatrix} 2a_ib_i & a_ib_j + a_jb_i \\ a_ib_j + a_jb_i & 2a_jb_j \end{bmatrix}$. 对于向量 b 对应的分量 b_i, b_j, 分两种情况导出矛盾. 如果 b_i 和 b_j 都不为零, 即 $b_ib_j \neq 0$, 则因 $Q \leqq 0$ 有 $Q_{ij} \leqq 0$, 这导致 $a_ib_i \leqslant 0$ 和 $a_jb_j \leqslant 0$, 这分别蕴涵 $b_i < 0$ 和 $b_j > 0$. 据此有 $a_ib_j + a_jb_i > 0$, 而这与 $Q_{ij} \leqq 0$ 相矛盾. 如果 $b_i = 0, b_j \neq 0$, 则 $Q_{ij} = \begin{bmatrix} 0 & a_ib_j \\ a_ib_j & 2a_jb_j \end{bmatrix}$, 由 $Q_{ij} \leqq 0$ 导致 $a_ib_j \leqslant 0$ 和 $a_jb_j \leqslant 0$, 这分别蕴涵 $b_j < 0$ 和 $b_j > 0$, 自相矛盾; 而 $b_j = 0, b_i \neq 0$ 与刚才的推导类似. 余下需要考虑的是情形 $b_i = 0, b_j = 0$. 因 $b \neq 0$, 可设对于某个 k, 有 $b_k \neq 0$. 考虑子矩阵 $\begin{bmatrix} a_ib_k + a_kb_i & a_ib_j + a_jb_i \\ 2a_kb_k & a_kb_j + a_jb_k \end{bmatrix} = \begin{bmatrix} a_ib_k & 0 \\ 2a_kb_k & a_jb_k \end{bmatrix} \leqq 0$. 据此, 有 $a_ib_k \leqslant 0$ 和 $a_jb_k \leqslant 0$, 这分别蕴涵 $b_k < 0$ 和 $b_k > 0$, 自相矛盾. 因此向量 a 的分量有相同的符号, 即 $a \geqq 0$ 或 $a \leqq 0$. 对称地, 向量 b 的分量也有相同的符号. 综上, 有 $a \geqq 0, b \leqq 0$ 或 $a \leqq 0, b \geqq 0$.　□

定理 7.3.15　设二次函数 $f(x)$ 由式 (7.14) 给出, 向量 a 与 b 线性无关. 则 $f(x)$ 在 $\mathbb{R}^n_+$ 上是仅拟凸函数当且仅当 $\exists \alpha, \beta \in \mathbb{R}, c = \alpha a + \beta b$, 且下面的条件之一成立:

(i) $a \geqq 0, b \leqq 0, \alpha \leqslant -b_0, \beta \geqslant -a_0$;

(ii) $a \leqq 0, b \geqq 0, \alpha \geqslant -b_0, \beta \leqslant -a_0$.

证明 设 $f(x)$ 在 $\mathbb{R}^n_+$ 上是仅拟凸函数, 则由定理 7.3.13 知, $\exists \alpha, \beta \in \mathbb{R}, c = \alpha a + \beta b$; 且包含关系

$$\mathbb{R}^n_+ \subset \{x \in \mathbb{R}^n, a^{\mathrm{T}}x + a_0 + \beta \geqslant 0, \ b^{\mathrm{T}}x + b_0 + \alpha \leqslant 0\}$$

和

$$\mathbb{R}^n_+ \subset \{x \in \mathbb{R}^n, a^{\mathrm{T}}x + a_0 + \beta \leqslant 0, \ b^{\mathrm{T}}x + b_0 + \alpha \geqslant 0\}$$

有一个成立. 又由定理 7.3.4, 有 $ab^{\mathrm{T}} + ba^{\mathrm{T}} = Q \leqslant 0$. 据此, 由引理 7.3.3, 有 $a \geqslant 0, b \leqslant 0$ 或 $a \leqslant 0, b \geqslant 0$. 注意到 $0 \in \mathbb{R}^n_+$, 若是前者, 则由前一个包含关系式推出 $\alpha \leqslant -b_0, \beta \geqslant -a_0$, 即条件 (i) 成立. 若是后者, 则由后一个包含关系式推出 $\alpha \geqslant -b_0, \beta \leqslant -a_0$, 即条件 (ii) 成立. 反过来, 容易验证: 条件 (i) 蕴涵前一个包含关系成立; 条件 (ii) 蕴涵后一个包含关系成立. 由定理 7.3.13, f 在 $\mathbb{R}^n_+$ 上是仅拟凸函数. □

推论 7.3.9 设二次函数 $f(x)$ 由式 (7.14) 给出, 向量 a 与 b 线性无关. 则 $f(x)$ 在 $\mathbb{R}^n_+$ 上是仅伪凸函数当且仅当 $\exists \alpha, \beta \in \mathbb{R}, c = \alpha a + \beta b$, 且下面的条件之一成立:

(i) $a \geqq 0, b \leqq 0$ 且 $\alpha < -b_0, \beta \geqslant -a_0$ 或 $\alpha \leqslant -b_0, \beta > -a_0$;

(ii) $a \leqq 0, b \geqq 0$ 且 $\alpha > -b_0, \beta \leqslant -a_0$ 或 $\alpha \geqslant -b_0, \beta < -a_0$.

证明 若 $f(x)$ 在 $\mathbb{R}^n_+$ 上是仅伪凸函数, 则它在 $\mathbb{R}^n_+$ 上是仅拟凸函数, 由定理 7.3.15 知, $\exists \alpha, \beta \in \mathbb{R}, c = \alpha a + \beta b$, 且 $a \geqq 0, b \leqq 0, \alpha \leqslant -b_0, \beta \geqslant -a_0$ 或 $a \leqq 0, b \geqq 0, \alpha \geqslant -b_0, \beta \leqslant -a_0$. 又据定理 7.3.11 和 $c = \alpha a + \beta b$ 有

$$(b_0 + \alpha)a + (a_0 + \beta)b = b_0 a + a_0 b + c = q \neq 0. \tag{7.15}$$

这表明 $a_0 + \beta \neq 0$ 或 $b_0 + \alpha \neq 0$. 综上, 条件 (i) 或条件 (ii) 成立. 反过来, 显然满足定理 7.3.14 的条件, 因此 $f(x)$ 在 $\mathbb{R}^n_+$ 上是仅拟凸函数. 此外, 条件 (i) 和 (ii) 均蕴涵式 (7.15), 故使用定理 7.3.11, $f(x)$ 是仅伪凸函数. □

7.4 伪凸二次函数的二阶特征

众所周知, 任何二次函数都是二阶可微的, 因此文献 [86] 等研究了开凸集上二次函数伪凸性的二阶特征. 定理 7.2.2 指出, 开凸集上二次函数的拟凸性等价于伪凸性. 因此, 在开凸集上得到的关于伪凸性的结果, 对于拟凸二次函数也成立.

7.4.1 通过标准形刻画伪凸性

如同二次型可以化为标准形一样, 二次函数

$$Q(x) = \frac{1}{2}x^{\mathrm{T}}Qx + qx \tag{7.16}$$

也可以通过一个适当的变量变换化为标准形 (见文献 [80],[84],[85],[99] 等). 记

$$\bar{P} = (v^1, \cdots, v^n) \tag{7.17}$$

和

$$\Lambda = \mathrm{diag}(\lambda_1, \cdots, \lambda_n).$$

对于 (实) 对称矩阵, 有

$$\bar{P}^{\mathrm{T}} Q \bar{P} = \Lambda.$$

通过正交变换

$$\bar{y} = \bar{P}^{\mathrm{T}} x \quad 或 \quad x = \bar{P} \bar{y}$$

可以得到

$$Q(x) = \frac{1}{2} \sum_{i=1}^{p} \lambda_i \bar{y}_i^2 + \sum_{i=1}^{n} (q^{\mathrm{T}} v^i) \bar{y}_i.$$

进一步使用变换

$$\bar{y} = \bar{\bar{y}} + \bar{v}, \quad 其中 \; \bar{v} = \left(-\frac{q^{\mathrm{T}} v^1}{\lambda_1}, \cdots, -\frac{q^{\mathrm{T}} v^p}{\lambda_p}, 0, \cdots, 0 \right)^{\mathrm{T}}, \tag{7.18}$$

得到

$$Q(x) = \frac{1}{2} \sum_{i=1}^{p} \lambda_i \bar{\bar{y}}_i^2 + \sum_{i=p+1}^{n} (q^{\mathrm{T}} v^i) \bar{\bar{y}}_i + \delta,$$

其中

$$\delta = -\frac{1}{2} \sum_{i=1}^{p} \frac{(q^{\mathrm{T}} v^i)^2}{\lambda_i}. \tag{7.19}$$

最后, 借助于变换

$$\bar{\bar{y}} = \bar{\bar{P}} y,$$

其中

$$\bar{\bar{P}} = \mathrm{diag}\left(\frac{1}{\sqrt{-\lambda_1}}, \cdots, \frac{1}{\sqrt{-\lambda_k}}, \frac{1}{\sqrt{\lambda_{k+1}}}, \cdots, \frac{1}{\sqrt{\lambda_p}}, 1, \cdots, 1 \right), \tag{7.20}$$

得到标准形

$$Q(x) = -\frac{1}{2} \sum_{i=1}^{k} y_i^2 + \frac{1}{2} \sum_{i=k+1}^{p} y_i^2 + \sum_{i=p+1}^{n} (q^{\mathrm{T}} v^i) y_i + \delta. \tag{7.21}$$

综上, 通过下面的仿射变换, 将二次函数 (7.16) 化为它的标准形 (7.21)

$$x = Py + v, \quad \text{其中} \quad P = \bar{P}\bar{\bar{P}}, \quad v = \bar{P}\bar{v}. \tag{7.22}$$

显然, P 是非奇异矩阵, 向量 $v \in \mathbb{R}^n$.

对于标准形 (7.21), 可以分下面两种情形研究.

(i) $q^{\mathrm{T}}v^i = 0$ $(i = p+1, \cdots, n)$:

$$Q(x) = Q_1(y) = -\frac{1}{2}\sum_{i=1}^{k} y_i^2 + \frac{1}{2}\sum_{i=k+1}^{p} y_i^2 + \delta;$$

(ii) $q^{\mathrm{T}}v^i$ $(i = p+1, \cdots, n)$ 不全为零:

$$Q(x) = Q_2(y) = -\frac{1}{2}\sum_{i=1}^{k} y_i^2 + \frac{1}{2}\sum_{i=k+1}^{p} y_i^2 + \sum_{i=p+1}^{n} (q^{\mathrm{T}}v^i)y_i + \delta.$$

由上面的推导可以看到, $Q(x)$ 是标准形 $Q_i(y), i = 1, 2$ 与仿射变换的复合函数. 由定理 2.1.11 或注 3.1.5 知, 仿射变换保持函数的拟凸性 (伪凸性、严格伪凸性), 于是有如下引理.

引理 7.4.1 二次函数 $Q(x)$ 在内部非空的凸集 $S \subset \mathbb{R}^n$ 上是拟凸函数 (伪凸函数、严格伪凸函数) 当且仅当标准形 $Q_i(y), i = 1, 2$ 在

$$D = \{y \in \mathbb{R}^n : x = Py + v \in S\}$$

上是拟凸函数 (伪凸函数、严格伪凸函数).

基于引理 7.4.1, 对二次函数广义凸性的研究, 有许多是通过对其标准形的讨论来展开的.

引理 7.4.2 二次函数 $Q(x) = Q_1(y)$ 当且仅当 $\mathrm{rank}[Q, q] = \mathrm{rank}Q$.

证明 注意到条件 $q^{\mathrm{T}}v^i = 0, \forall i = p+1, \cdots, n$ 意味着 q 同所有的与 Q 的零特征值相对应的特征向量正交, 由 $\bar{P}^{\mathrm{T}}Q\bar{P} = \Lambda$, 这等价于

$$\mathrm{rank}[Q, q] = \mathrm{rank}[\bar{P}^{\mathrm{T}}Q, \bar{P}^{\mathrm{T}}q] = \mathrm{rank}[\Lambda\bar{P}^{\mathrm{T}}, \bar{P}^{\mathrm{T}}q] = p = \mathrm{rank}Q. \qquad \square$$

回顾定理 7.2.5, 这是二次函数 $Q(x)$ 在开凸集上仅拟凸的必要条件.

引理 7.4.3 设 $Q(x)$ 在内部非空的凸集 $S \subset \mathbb{R}^n$ 上是非凸函数. 如果它是拟凸 (伪凸) 函数, 则 $Q(x) = Q_1(y)$ 且 $k = 1$. 而当 $k > 1$ 时的 $Q_1(y)$ 和任何情形下的 $Q_2(y)$ 在 D 上都不是拟凸函数.

证明 由引理 7.4.1, 只需对 $Q(x)$ 的标准形 $Q_i(y)$ $(i = 1, 2)$ 证明论断成立. 由定理 7.1.1 知, $Q_i(y)$ 在内部非空的凸集 D 上是非凸函数, 当且仅当 $k \geqslant 1$. 假

设 $k > 1$, 我们断言, $Q_1(y)$ 当 $k > 1$ 时和 $Q_2(y)$ 在 D 上都不是拟凸函数, 因而只有 $k = 1$. 事实上, 分别考虑这两个函数在 y_1, y_2 和在 $y_1, y_m (m \in \{p+1, \cdots, n\}$ 是使得 $q^{\mathrm{T}} v^m \neq 0$ 的指标) 所张成的子空间上的限制, 即将 $Q_1(y)$ 看成 y_1, y_2 的函数、将 $Q_2(y)$ 看成 y_1, y_m 的函数, 不难看到它们在 D 上的下水平集都不是凸集, 因而它们不是拟凸函数. ☐

基于引理 7.4.3, 对于非凸二次函数的广义凸性研究, 只需考虑标准形 $Q_1(y)$ 当 $k = 1$ 即 $v_-(Q) = 1$ 时的情形. 此时有

$$Q_1(y) = g(y) + \delta, \quad \text{其中} \quad g(y) = -\frac{1}{2}y_1^2 + \frac{1}{2}\sum_{i=2}^{p} y_i^2. \tag{7.23}$$

在前面几节的讨论中, 对于二次函数的广义凸性研究, 条件 $v_-(Q) = 1$ 至关重要.

为了研究式 (7.23) 中的函数 $g(y)$, 首先证明下面的引理.

引理 7.4.4 *函数*

$$F(y) = \left(y_1^2 - \sum_{i=2}^{p} y_i^2\right)^{1/2}$$

在凸锥

$$D_1 = \left\{y \in \mathbb{R}^n : y_1^2 - \sum_{i=2}^{p} y_i^2 \geqslant 0, y_1 \geqslant 0\right\}$$

和

$$D_2 = \left\{y \in \mathbb{R}^n : y_1^2 - \sum_{i=2}^{p} y_i^2 \geqslant 0, y_1 \leqslant 0\right\}$$

上是凹函数.

证明 归纳地定义

$$F_m(y) = \left(y_1^2 - \sum_{i=2}^{m} y_i^2\right)^{1/2},$$

$$D_{1,m} = \left\{y \in \mathbb{R}^n : y_1^2 - \sum_{i=2}^{m} y_i^2 \geqslant 0, y_1 \geqslant 0\right\},$$

$$D_{2,m} = \left\{y \in \mathbb{R}^n : y_1^2 - \sum_{i=2}^{m} y_i^2 \geqslant 0, y_1 \leqslant 0\right\}, \quad 1 \leqslant m \leqslant p.$$

下面, 用归纳法证明, 对于 $m = 1, \cdots, p, F_m(y)$ 在 $D_{1,m}, D_{2,m}$ 上是凹函数. 显然, 当 $m = 1$ 时结论成立. 假设当 $m < p$ 时 $F_m(y)$ 在 $D_{1,m}, D_{2,m}$ 上是凹函数. 注意

到包含关系 $D_{1,m+1} \subset D_{1,m}$ 和 $D_{2,m+1} \subset D_{2,m}$ 显然成立, 于是, 对于 $y \in D_{1,m+1}$ 和 $y \in D_{2,m+1}$ 有

$$(F_{m+1}(y))^2 = (F_m(y) - y_{m+1})(F_m(y) + y_{m+1}). \tag{7.24}$$

因 $F_m(y)$ 在 D_1 和 D_2 上是非负的, 由上式得到

$$D_{1,m+1} = \{y \in D_{1,m} : F_m(y) - y_{m+1} \geqslant 0, F_m(y) + y_{m+1} \geqslant 0, y_1 \geqslant 0\}. \tag{7.25}$$

由归纳假设 $F_m(y)$ 在 $D_{1,m}$ 上是凹函数知, $D_{1,m+1}$ 作为凹函数的上水平集是凸集, 同理, $D_{2,m+1}$ 也是凸集. 此外, 据式 (7.24) 和式 (7.25), 作为非负凹函数乘积的平方根, $F_{m+1}(y)$ 在凸集 $D_{1,m+1}$ 和 $D_{2,m+1}$ 上是凹函数. 因此, $F(y) = F_p(y)$ 在闭凸锥 $D_1 = D_{1,p}$ 和 $D_2 = D_{2,p}$ 上是凹函数. $\qquad\square$

当 $g(y_1, y_2) = -\dfrac{1}{2}y_1^2 + \dfrac{1}{2}y_2^2$, 即 $p = n = 2$ 时, 凸锥 D_1, D_2 如图 7.4 所示. 当 $p > 2$ 时, 这些锥不再是多面体凸锥. 当 $p = n = 3$ 时, 凸锥 D_1, D_2 如图 7.5 所示. 对于这类锥, 在文献 [101] 中有较详细的研究.

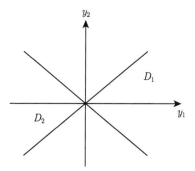

图 7.4　$p = n = 2$ 时的凸锥 D_1, D_2

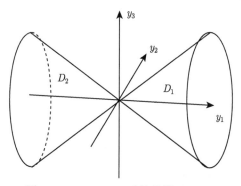

图 7.5　$p = n = 3$ 时的凸锥 D_1, D_2

推论 7.4.1　　函数 $g(y) = -\dfrac{1}{2}y_1^2 + \dfrac{1}{2}\sum_{i=2}^p y_i^2$ 在

$$D_1 = \{y \in \mathbb{R}^n : g(y) \leqslant 0, y_1 \geqslant 0\} \tag{7.26}$$

和

$$D_2 = \{y \in \mathbb{R}^n : g(y) \leqslant 0, y_1 \leqslant 0\} \tag{7.27}$$

上是拟凸函数, 在

$$D_1^0 = \{y \in \mathbb{R}^n : g(y) \leqslant 0, y_1 > 0\} \tag{7.28}$$

和

$$D_2^0 = \{y \in \mathbb{R}^n : g(y) \leqslant 0, y_1 < 0\} \tag{7.29}$$

上是伪凸函数.

此外, 这些集合分别是 $g(y)$ 的拟凸性和伪凸性的最大定义域.

证明　　因 $g(y) = -\dfrac{1}{2}(F(y))^2, y \in D_1, y \in D_2$. 根据引理 7.4.1 和关于复合函数的定理 2.1.10 推出, 函数 $g(y)$ 在 D_1 和 D_2 上是拟凸函数. 类似地, 由引理 7.4.1 和定理 3.1.12, 函数 $g(y)$ 在 D_1^0 和 D_2^0 上是伪凸函数. 推论的前半部分获证.

如果内部非空集合 $S \subset \mathbb{R}^n$ 满足 $S\backslash(D_1 \cup D_2) \neq \varnothing$, 则 $g(y)$ 在 $S\backslash(D_1 \cup D_2)$ 上的下水平集不是凸集 (同前面一样, 考虑 $g(y)$ 在 y_1, y_2 张成子空间上的限制, 可以证明), 因而 $g(y)$ 在 S 上不是拟凸函数, 故 D_1, D_2 是拟凸性的最大定义域. 类似地证明 D_1^0, D_2^0 是 $g(y)$ 的伪凸性的最大定义域. □

综合前面的结论, 可以给出有如下主要结果.

定理 7.4.1　　在内部非空的凸集 $S \subset \mathbb{R}^n$ 上的二次函数 $Q(x) = \dfrac{1}{2}x^{\mathrm{T}}Qx + q^{\mathrm{T}}x$ 是仅拟凸 (仅伪凸) 函数当且仅当

(i) $\mathrm{rank}Q = \mathrm{rank}[Q, q]$;

(ii) $v_-(Q) = 1$;

(iii) $S \subset S_1$ 或 $S \subset S_2$ ($S \subset S_1^0$ 或 $S \subset S_2^0$),

其中

$$S_i = \{x \in \mathbb{R}^n : x = Py + v, y \in D_i\}$$

$$(S_i^0 = \{x \in \mathbb{R}^n : x = Py + v, y \in D_i^0\}), \quad i = 1, 2.$$

证明　　必要性: 由引理 7.4.2 和引理 7.4.3 立刻得知条件 (i) 和条件 (ii) 成立. 由引理 7.4.1 知, $Q(x)$ 在 S 上的拟凸性等价于 $Q_i(y), i = 1, 2$ 在 $D = \{y \in \mathbb{R}^n : x = Py + v \in S\}$ 上的拟凸性. 又据引理 7.4.3 知, $Q(x) = g(y) + \delta$. 再由推论 7.4.1 得知 $g(y)$ 的拟凸性最大定义域为 D_1 和 D_2. 注意到 $g(y)$ 是 $Q(x)$ 经过仿射变换 $x = Py + v$ 得到, 故 $Q(x)$ 的拟凸性最大定义域为 S_1 和 S_2, 因而条件 (iii) 成立.

充分性: 据引理 7.4.2, 条件 (i) 等价于 $Q(x) = Q_1(y)$, 再由条件 (ii) 有 $Q_1(y) = g(y) + \delta$. 据推论 7.4.1, $g(y)$ 在 D_1 和 D_2 上是拟凸函数, 进而据引理 7.4.1 和条件 (iii), $Q(x)$ 在 S 上是拟凸函数.

$Q(x)$ 的伪凸性可以类似地证明. □

根据定理 7.4.1(iii), $Q(x)$ 的拟凸性 (伪凸性) 的最大定义域是凸锥 $D_i(D_i^0)$ 在仿射变换 $x = Py + v$ 下的像. 使用这一变换将 $Q(x)$ 转换为 $Q_1(y) = g(y) + \delta$. 由式 (7.26) 和式 (7.27) 得到

$$S_1 = \{x \in \mathbb{R}^n : Q(x) \leqslant \delta, y_1 \geqslant 0\}, \quad S_2 = \{x \in \mathbb{R}^n : Q(x) \leqslant \delta, y_1 \leqslant 0\}. \quad (7.30)$$

由式 (7.28) 和式 (7.29) 得到

$$S_1^0 = \{x \in \mathbb{R}^n : Q(x) \leqslant \delta, y_1 > 0\}, \quad S_2^0 = \{x \in \mathbb{R}^n : Q(x) \leqslant \delta, y_1 < 0\}. \quad (7.31)$$

由式 (7.30) 和引理 7.4.4, 立刻得到下面的拟凸函数的有趣性质.

定理 7.4.2 如果二次函数 $Q(x) = \dfrac{1}{2}x^{\mathrm{T}}Qx + q^{\mathrm{T}}x$ 在内部非空的凸集 $S \subset \mathbb{R}^n$ 上是仅拟凸函数, 则 $\exists \delta \in \mathbb{R}$, 使得

(i) $Q(x) \leqslant \delta, \forall x \in S$;

(ii) $W(x) = -\sqrt{\delta - Q(x)}$ 在 S 上是凸函数.

由定理 7.4.2 看到: 仅拟凸二次函数在 S 上有上界. 然而, 凸二次函数在它的最大定义域 $\mathbb{R}^n$ 上无界.

二次函数 $Q(x)$ 的拟凸性或伪凸性的最大定义域除了使用式 (7.30) 或式 (7.31) 外, 还可以通过矩阵 Q 的特征值和特征向量以及向量 q 来计算. 下面, 推导这样的表达式. 首先, 由基于式 (7.22) 并注意到式 (7.17)、式 (7.18) 和式 (7.20), 可以得到

$$y_1 = \sqrt{-\lambda_1}\left((v^1)^{\mathrm{T}}x + \frac{q^{\mathrm{T}}v^1}{\lambda_1}\right).$$

据此和式 (7.30) 得到

$$S_1 = \left\{x \in \mathbb{R}^n : Q(x) \leqslant \delta, (v^1)^{\mathrm{T}}x \geqslant -\frac{q^{\mathrm{T}}v^1}{\lambda_1}\right\} \quad (7.32)$$

和

$$S_2 = \left\{x \in \mathbb{R}^n : Q(x) \leqslant \delta, (v^1)^{\mathrm{T}}x \leqslant -\frac{q^{\mathrm{T}}v^1}{\lambda_1}\right\}, \quad (7.33)$$

其中 δ 由式 (7.19) 给出 (也仅仅用到 Q 的特征值和特征向量以及 q). 类似地, 有

$$S_1^0 = \left\{x \in \mathbb{R}^n : Q(x) \leqslant \delta, (v^1)^{\mathrm{T}}x > -\frac{q^{\mathrm{T}}v^1}{\lambda_1}\right\}$$

和

$$S_2^0 = \left\{ x \in \mathbb{R}^n : Q(x) \leqslant \delta, (v^1)^{\mathrm{T}} x < -\frac{q^{\mathrm{T}} v^1}{\lambda_1} \right\}.$$

当 $Q(x)$ 存在稳定点时, 对于其拟凸性的最大定义域, 使用标准形的方法, 可以导出与定理 7.2.6 相同的结果. 设 $Q(x)$ 在某个集合 S 上是仅拟凸函数. 因定理 7.4.1 的条件 (i) 等价于 $q \in \mathrm{Im}Q$, 故 $\exists -s \in \mathbb{R}^n, q = -Qs$, 即 $\nabla Q(s) = Qs + q = 0$. 换言之, 定理 7.4.1 的条件 (i) 保证了稳定点的存在性. 使用变量变换 $x = z + s$, 得到 $Q(x) = \frac{1}{2} z^{\mathrm{T}} Q z + Q(s)$. 仿射变换

$$z = \left(\frac{v^1}{\sqrt{-\lambda_1}}, \frac{v^2}{\sqrt{\lambda_2}}, \cdots, \frac{v^p}{\sqrt{\lambda_p}}, v^{p+1}, \cdots, v^n \right) y \tag{7.34}$$

将 $Q(x)$ 转换为它的标准形 $Q(x) = g(y) + \delta$, 其中 $\delta = Q(s)$. 此外, 由 $x = z + s$ 和式 (7.34) 可以得到 $y_1 = \sqrt{-\lambda_1}(v^1)^{\mathrm{T}}(x - s)$. 因此, 由式 (7.30) 得到

$$S_1 = \left\{ x \in \mathbb{R}^n : Q(x) \leqslant Q(s), (v^1)^{\mathrm{T}} x \geqslant (v^1)^{\mathrm{T}} s \right\} \tag{7.35}$$

和

$$S_2 = \left\{ x \in \mathbb{R}^n : Q(x) \leqslant Q(s), (v^1)^{\mathrm{T}} x \leqslant (v^1)^{\mathrm{T}} s \right\}. \tag{7.36}$$

注意到 $Q(x) = \frac{1}{2} z^{\mathrm{T}} Q z + Q(s), z = x - s$, 由上面两式还得到

$$S_1 = s + \left\{ z \in \mathbb{R}^n : z^{\mathrm{T}} Q z \leqslant 0, (v^1)^{\mathrm{T}} z \geqslant 0 \right\}$$

和

$$S_2 = s + \left\{ z \in \mathbb{R}^n : z^{\mathrm{T}} Q z \leqslant 0, (v^1)^{\mathrm{T}} z \leqslant 0 \right\}.$$

上面两式的右端就是 7.1.2 小节中定义的对顶锥 T 和 $-T$ 的平移.

在注 7.2.5 中已经指出, 当矩阵 Q 奇异时, $Q(x)$ 的稳定点不唯一. 但是, $Q(x)$ 拟凸性的最大定义域的刻画不依赖于所使用的稳定点. 这里, 由另一路径得到同样的结论. 设 $s_1 \neq s_2$ 是 $Q(x)$ 的两个稳定点, 即 $Qs_i = -q, i = 1, 2$, 则有 $Q(s_i) = \frac{1}{2} s_i^{\mathrm{T}} Q s_i + q^{\mathrm{T}} s_i = \frac{1}{2} q^{\mathrm{T}} s_i$. 因此有

$$Q(s_1) = \frac{1}{2} q^{\mathrm{T}} s_1 = \frac{1}{2} (-Q s_2)^{\mathrm{T}} s_1 = \frac{1}{2} (-Q s_1)^{\mathrm{T}} s_2 = \frac{1}{2} q^{\mathrm{T}} s_2 = Q(s_2).$$

注意到 $Q v^1 = \lambda_1 v^1$ 和 $Q s_i = -q$, 有

$$(v^1)^{\mathrm{T}} s_1 - (v^1)^{\mathrm{T}} s_2 = \frac{1}{\lambda_1} (Q v^1)^{\mathrm{T}} (s_1 - s_2) = \frac{1}{\lambda_1} (v^1)^{\mathrm{T}} (Q(s_1 - s_2)) = 0,$$

即 $(v^1)^\mathrm{T} s_1 = (v^1)^\mathrm{T} s_2$. 综上, 分别由式 (7.35) 和式 (7.36) 所刻画的 S_1 和 S_2 不依赖于所使用的稳定点 s.

使用式 (7.19) 计算 δ 比较麻烦, 当 $Q(x)$ 的稳定点 s 已知或矩阵 Q 非奇异时, 分别使用下面两式来计算更简洁.

$$\delta = \frac{1}{2} q^\mathrm{T} s, \tag{7.37}$$

$$\delta = -\frac{1}{2} q^\mathrm{T} Q^{-1} q. \tag{7.38}$$

由刚才的讨论中, 有 $\delta = Q(s)$ 和 $Q(s_i) = \frac{1}{2} s_i^\mathrm{T} Q s_i + q^\mathrm{T} s_i = \frac{1}{2} q^\mathrm{T} s_i, i = 1, 2.$ 由此立刻得到式 (7.37). 当 Q 非奇异时, 由 $\nabla Q(s) = Qs + q = 0$ 有 $s = -Q^{-1}q$, 再由式 (7.37) 得到式 (7.38).

例 7.4.1 考虑函数

$$Q(x) = 5x_1^2 - 8x_1 x_2 - x_2^2 + 6x_1 + 12x_2, \quad x \in \mathbb{R}^2,$$

有

$$Q = \begin{bmatrix} 10 & -8 \\ -8 & -2 \end{bmatrix}, \quad q = \begin{bmatrix} 6 \\ 12 \end{bmatrix}.$$

Q 的特征值和对应的特征向量为

$$\lambda_1 = -6, \ \lambda_2 = 14; \quad v^1 = \frac{1}{\sqrt{5}}(1, 2)^\mathrm{T}, \quad v^2 = \frac{1}{\sqrt{5}}(-2, 1)^\mathrm{T}.$$

现在来确定 $Q(x)$ 的拟凸性的最大定义域 S_1 和 S_2.

依次使用式 (7.17)、式 (7.20) 和式 (7.22) 计算 $\bar{P}, \bar{\bar{P}}$ 和 P; 使用式 (7.18) 和式 (7.22) 计算 $\bar{v}$ 和 v, 变换 $x = Py + v$ 具体化为

$$x = Py + v = \frac{1}{\sqrt{5}} \begin{bmatrix} \dfrac{1}{\sqrt{6}} & \dfrac{-2}{\sqrt{14}} \\ \dfrac{2}{\sqrt{6}} & \dfrac{1}{\sqrt{14}} \end{bmatrix} y + \begin{bmatrix} 1 \\ 2 \end{bmatrix},$$

该变换的逆变换为

$$y = P^{-1}(x - v) = \frac{1}{\sqrt{5}} \begin{bmatrix} \sqrt{6} & 2\sqrt{6} \\ -2\sqrt{14} & \sqrt{14} \end{bmatrix} x - \frac{1}{\sqrt{5}} \begin{bmatrix} 5\sqrt{6} \\ 0 \end{bmatrix}.$$

该变换将 $Q(x)$ 转换为它的标准形 $g_1(y) = -\dfrac{1}{2}y_1^2 + \dfrac{1}{2}y_2^2 + \delta$. 按式 (7.19) 得到 $\delta = 15$. 还有 $(v^1)^{\mathrm{T}}x = \dfrac{1}{\sqrt{5}}(x_1 + 2x_2), -\dfrac{q^{\mathrm{T}}v^1}{\lambda_1} = \sqrt{5}$, 据此, 式 (7.32) 和式 (7.33) 得到

$$S_1 = \{x \in \mathbb{R}^n : Q(x) \leqslant 15, x_1 + 2x_2 \geqslant 5\}$$

和

$$S_2 = \{x \in \mathbb{R}^n : Q(x) \leqslant 15, x_1 + 2x_2 \leqslant 5\}.$$

使用式 (7.30) 也可以得到同样的结果.

使用式 (7.37) 和式 (7.38), 也可以得到 $\delta = 15$. 事实上,

$$Q^{-1} = \frac{1}{42}\begin{bmatrix} 1 & -4 \\ -4 & -5 \end{bmatrix},$$

因此有 $s = -Q^{-1}q = (1,2)^{\mathrm{T}}$, 于是得到 $\delta = \dfrac{1}{2}q^{\mathrm{T}}s = 15$ 以及 $\delta = -\dfrac{1}{2}q^{\mathrm{T}}Q^{-1}q = 15$.

由定理 7.4.1, 有下面的推论 (请对比前面的定理 7.2.2、推论 7.2.1 的 (ii)~(iii) 和定理 7.2.8).

推论 7.4.2　设 $S \subset \mathbb{R}^n$ 是开凸集, 则 $Q(x) = \dfrac{1}{2}x^{\mathrm{T}}Qx + q^{\mathrm{T}}x$ 在 cl$S$ 上是拟凸函数当且仅当它在 S 上是伪凸函数.

因此, 在开凸集上伪凸函数 $Q(x)$ 的任何刻画, 都可以视为在内部非空凸集上关于函数 $Q(x)$ 拟凸性的一个判断准则. 这正是注 7.2.3 的内容.

凸二次函数是严格凸当且仅当矩阵 Q 非奇异. 下面的定理给出伪凸二次函数的一个类似的结果. 为此, 直接引用文献 [80] 中的一个结果.

引理 7.4.5　二次函数 $Q(x)$ 在开凸集 $S \subset \mathbb{R}^n$ 上是仅伪凸函数当且仅当下面的条件成立:

(i) $g(y) = -\dfrac{1}{2}y_1^2 + \dfrac{1}{2}\sum_{i=2}^{p} y_i^2$;

(ii) 在 $D = \{y \in \mathbb{R}^n : x = Py + v \in S\}$ 上有 $g(y) < 0$.

在引理 7.4.5 中, 若 $y_1 = 0$, 则不可能有 $g(y) < 0$. 因此, 非凸二次函数在开凸集 S 上是伪凸函数, 则 S 包含于半空间 $\{y \in \mathbb{R}^n : y_1 > 0\}$ 或 $\{y \in \mathbb{R}^n : y_1 < 0\}$; 特别地, S 不可能是全空间 $\mathbb{R}^n$.

定理 7.4.3　设 $Q(x)$ 在开凸集 $S \subset \mathbb{R}^n$ 上是非凸函数. 则 $Q(x)$ 在 S 上是严格伪凸函数当且仅当 $Q(x)$ 在 S 上是伪凸函数, 且矩阵 Q 非奇异.

证明 只需证明标准形 $g(y) = -\frac{1}{2}y_1^2 + \frac{1}{2}\sum_{i=2}^{p} y_i^2$ 在开凸集 $D \subset \mathbb{R}^n$ 上论断成立. 由定理 3.1.8 知, $g(y)$ 在 D 上是严格伪凸函数当且仅当它在包含于 D 的任何线段上的限制 $h(t) = g(y + tz)$ 是严格拟凸函数, 即 $\forall y \in D, \forall z \in \mathbb{R}^n \backslash \{0\}, h(t)$ 在集合 $T(y,z) = \{t \in \mathbb{R} : y + tz \in D\}$ 上是严格伪凸函数. 此外, 有

$$h(t) = \frac{1}{2}\left(-y_1^2 + \sum_{i=2}^{p} y_i^2\right) + \left(-y_1 z_1 + \sum_{i=2}^{p} y_i z_i\right)t + \frac{1}{2}\left(-z_1^2 + \sum_{i=2}^{p} z_i^2\right)t^2.$$

必要性: 假设 $p < n$. 在上式中取 $z = (0, \cdots, 0, 1)^{\mathrm{T}} \in \mathbb{R}^n \backslash \{0\}$, 则有 $h(t) = h(0), \forall t \in T(y,z)$, 即 $h(t)$ 为常值函数, 故 $h(t)$ 在 $T(y,z)$ 上不是严格伪凸函数, 进而 $g(y)$ 在 D 上不是严格伪凸函数. 换言之, 若 $g(y)$ 在 D 上是严格伪凸函数, 则必有 $p = n$.

充分性: 假设 $p = n$. 如果 $h'(t) \neq 0, \forall t \in T(y,z)$, 则由定义 3.1.2 知 $h(t)$ 是严格伪凸函数. 如果 $\exists t_0 \in T(y,z), h'(t_0) = 0$, 则因 $h(t)$ 是伪凸二次函数, 有 $h''(t_0) \geqslant 0$. 当 $h''(t_0) > 0$ 时, $h(t)$ 在 $T(y,z)$ 上是严格凸函数, 因而是严格伪凸函数. 现在, 设 $h''(t_0) = 0$, 即

$$-z_1^2 + \sum_{i=2}^{n} z_i^2 = 0. \tag{7.39}$$

若能证明 $h(t)$ 不是常值函数, 则导致它的严格伪凸性. 反证法: 假设 $h(t)$ 是常值函数, 则必有 $-y_1 z_1 + \sum_{i=2}^{n} y_i z_i = 0$. 利用 Schwarz 不等式和式 (7.39), 有

$$y_1^2 z_1^2 = \left(\sum_{i=2}^{n} y_i z_i\right)^2 \leqslant \left(\sum_{i=2}^{n} y_i^2\right)\left(\sum_{i=2}^{n} z_i^2\right) = \left(\sum_{i=2}^{n} y_i^2\right) z_1^2.$$

由式 (7.39) 和 $z \in \mathbb{R}^n \backslash \{0\}$ 知 $z_1 \neq 0$. 故由上式推出 $y_1^2 \leqslant \sum_{i=2}^{n} y_i^2$, 这与引理 7.4.5 相矛盾. 综上, $g(y)$ 在 D 上是严格伪凸函数. □

7.4.2 扩张的 Hessian 矩阵

文献 [34],[89],[90] 引进并研究了 r-凸函数的概念, 其中 $r \in \mathbb{R}$. 它们指出, 可微的 r-凸函数是伪凸函数; 二阶可微函数 $F : S \to \mathbb{R}$ 是 r-凸函数当且仅当扩张的 Hessian 矩阵 (extended Hessian matrix)

$$\nabla^2 F(x) + r\nabla F(x)\nabla F(x)^{\mathrm{T}}$$

在 S 上是半正定矩阵.

Avriel 和 Zang 在文献 [91] 中将 r-凸的概念进一步推广为 G-凸. 函数 $F : S \to \mathbb{R}$ 称为 G-凸函数, 如果存在严格单调增 (减) 函数 $G(u)$ 使得 $G(F(x))$ 是凸 (凹) 函数. 可微 G-凸函数是伪凸函数. 二阶可微函数 F 是 G-凸 (G 严格单调增) 函数当且仅当扩张的 Hessian 矩阵

$$\nabla^2 F(x) + \frac{G''(F(x))}{G'(F(x))} \nabla F(x) \nabla F(x)^{\mathrm{T}}$$

在 S 上是半正定矩阵.

Mereau 和 Paquet 在文献 [92] 中使用更一般的扩张的 Hessian 矩阵

$$H(x) = \nabla^2 F(x) + \alpha(x) \nabla F(x) \nabla F(x)^{\mathrm{T}}, \quad \alpha(x) \geqslant 0$$

研究二阶可微伪凸函数. 对于二次函数 $Q(x)$, 他们指出, $Q(x)$ 在 $\mathbb{R}^n$ 的正象限上是伪凸函数当且仅当对于适当的 $\alpha(x)$, 矩阵 $H(x)$ 是半正定矩阵. 但是, 文献 [93] 指出, 它们的必要性证明不完备. 下面采用文献 [12],[90] 的证明方法. 较之文献 [92], 这里考虑任意开凸集 S 而不仅仅是正象限上的二次函数, 并且还得到上式中 $\alpha(x)$ 的显式.

引理 7.4.6 对于二次函数 $Q(x)$, 扩张的 Hessian 矩阵

$$H(x; \alpha) = \nabla^2 Q(x) + \alpha(x) \nabla Q(x) \nabla Q(x)^{\mathrm{T}}$$

在开凸集 $S \subset \mathbb{R}^n$ 上半正定 (正定) 当且仅当矩阵

$$K(y; \beta) = \nabla^2 g(y) + \beta(y) \nabla g(y) \nabla g(y)^{\mathrm{T}}$$

在 $D = \{ y \in \mathbb{R}^n : x = Py + v \in S \}$ 上半正定 (正定), 其中 $\beta(y) = \alpha(Py + v)$.

证明 不难验证 $K(y) = P^{\mathrm{T}} H(x) P, \forall x = Py + v \in S$. 注意到变换 $x = Py + v$ 中, 矩阵 P 是非奇异, 因此, 矩阵 $H(x)$ 与 $K(y)$ 是合同的, 于是, 它们有相同的半正定性 (正定性). $\square$

定理 7.4.4 二次函数 $Q(x)$ 在开凸集 $S \subset \mathbb{R}^n$ 上伪凸当且仅当存在函数 $\alpha : S \to \mathbb{R}$, 使得扩张的 Hessian 矩阵

$$H(x; \alpha) = \nabla^2 Q(x) + \alpha(x) \nabla Q(x) \nabla Q(x)^{\mathrm{T}} \tag{7.40}$$

在 S 上半正定. 如果 $Q(x)$ 在 S 上不是凸函数, 则使得 $H(x; \alpha)$ 在 S 上是半正定的最小可能函数 $\alpha(x)$ 由下式给出

$$\alpha_0(x) = \frac{1}{2(\delta - Q(x))}. \tag{7.41}$$

注意: 因 $\nabla Q(x)\nabla Q(x)^{\mathrm{T}}$ 是半正定矩阵, 故定理的前一个论断对所有的 $\alpha'(x)$ $\geqslant \alpha(x)$ 也成立.

证明 先证明定理的前一部分.

必要性: 设 $Q(x)$ 在 S 上是伪凸函数. 若 $Q(x)$ 在 S 上是凸函数, 则取 $\alpha(x) \equiv 0$, 有 $H(x;\alpha) = \nabla^2 Q(x) = Q$. 由定理 1.2.13 知, $\forall x \in S$, $Q(x)$ 的 Hessian 矩阵 $\nabla^2 Q(x) = Q$ 半正定. 设 $Q(x)$ 是仅伪凸函数. 由定理 7.4.2, 函数 $W(x) = -\sqrt{\delta - Q(x)}$ 在 S 上是凸函数, 显然它还是二阶连续可微函数, 故由定理 1.2.13, $W(x)$ 的 Hessian 矩阵 $\nabla^2 W(x)$ 半正定. 经计算知, 当

$$\alpha(x) = \frac{1}{2(\delta - Q(x))}$$

时, $\nabla^2 W(x)$ 的半正定性蕴涵 $H(x;\alpha)$ 在 S 上半正定.

充分性: 假设对于某个函数 $\alpha: S \to \mathbb{R}$, 扩张的 Hessian 矩阵 $H(x;\alpha)$ 在 S 上是半正定的. 因对于任意的 $\alpha' > \alpha, H(x;\alpha')$ 也是半正定的, 可以假设 $\alpha > 0$. 仿射映射 $x = Py + v$ 将 $Q(x)$ 转换为它的标准形, 即 $Q(x) = Q_1(y)$ 或 $Q(x) = Q_2(y)$. 记

$$K(y;\beta) = \nabla^2 Q_i(y) + \beta(y)\nabla Q_i(y)\nabla Q_i(y)^{\mathrm{T}}, \quad i = 1, 2,$$

其中 $\beta(y) = \alpha(Py + v)$. 由引理 7.4.6, $H(x;\alpha)$ 的半正定性蕴涵 $K(y;\beta)$ 是半正定的. 矩阵 $K(y;\beta)$ 的元素记为 k_{ij}. 假设 $k \geqslant 2$, 由 $K(y;\beta)$ 的半正定性知它的所有主子式非负, 特别, 二阶主子式非负, 即

$$0 \leqslant \det \begin{bmatrix} k_{11} & k_{12} \\ k_{21} & k_{22} \end{bmatrix} = \det \begin{bmatrix} -1 + \beta(y)y_1^2 & \beta(y)y_1 y_2 \\ \beta(y)y_1 y_2 & -1 + \beta(y)y_2^2 \end{bmatrix}$$

$$= 1 - \beta(y)\left(y_1^2 + y_2^2\right).$$

而由一阶主子式非负又有 $k_{ii} = -1 + \beta(y)y_i^2 \geqslant 0, i = 1, 2$. 由此推出 $\beta(y) > 0$, 进而推出 $1 - \beta(y)\left(y_1^2 + y_2^2\right) \leqslant -1 < 0$. 这与上面的不等式相矛盾, 因此只有 $k \leqslant 1$. 如果 $k = 0$, 则 $Q(x)$ 是凸函数, 因而是伪凸函数. 现在, 设 $k - 1$. 假设 $Q(x) = Q_2(y)$, 则存在 $m > P$, 使得 $c = q^{\mathrm{T}} v^m \neq 0$. 注意到 $\beta(y) > 0$, 有

$$\det \begin{bmatrix} k_{11} & k_{1,m} \\ k_{m,1} & k_{m,m} \end{bmatrix} = \det \begin{bmatrix} -1 + \beta(y)y_1^2 & -\beta(y)cy_1 \\ -\beta(y)cy_1 & \beta(y)c^2 \end{bmatrix}$$

$$= -\beta(y)c^2 < 0,$$

这与 $K(y;\beta)$ 的所有主子式非负相矛盾, 于是, 对所有的 $m = p+1, \cdots, n$, 均有 $c = q^{\mathrm{T}} v^m = 0$. 综上, 由式 (7.24), 得到

$$Q(x) = Q_1(y) = -\frac{1}{2}y_1^2 + \frac{1}{2}\sum_{i=2}^{p} y_i^2 + \delta.$$

据定理 7.4.4, 如果 S 在变换 $x = Py + v$ 下的像 $D \subset \{y \in \mathbb{R}^n : -y_1^2 + \sum_{i=2}^{p} y_i^2 < 0\}$, 则 $Q(x)$ 在 S 上是伪凸函数. 对此, 注意到 $\beta(y) > 0$, 由 $K(y; \beta)$ 的半正定性有

$$\det \begin{bmatrix} k_{11} & \cdots & k_{1p} \\ \vdots & & \vdots \\ k_{p1} & \cdots & k_{pp} \end{bmatrix} = -1 + \beta(y)\left(y_1^2 - \sum_{i=2}^{p} y_i^2\right) \geqslant 0, \qquad (7.42)$$

这推出 $-y_1^2 + \sum_{i=2}^{p} y_i^2 < 0$. 因此 $Q(x)$ 在 S 上是伪凸函数.

再证定理的后一部分. 由式 (7.42) 推出 $\beta(y) \geqslant \dfrac{1}{y_1^2 - \sum_{i=2}^{p} y_i^2}, \forall y \in D$. 因此, 有

$$\alpha(x) = \alpha(Py + v) = \beta(y) \geqslant \frac{1}{y_1^2 - \sum_{i=2}^{p} y_i^2} = \frac{1}{2(\delta - Q(x))}, \quad \forall x \in S.$$

此外, 在必要性证明中已经知道, 对于 $\alpha(x) = \dfrac{1}{2(\delta - Q(x))}$, 矩阵 $H(x; \alpha)$ 在 S 上是半正定的. 因此, 对于仅伪凸函数, $\alpha_0(x) = \dfrac{1}{2(\delta - Q(x))}$ 是使矩阵 $H(x; \alpha)$ 半正定的最小可能者. $\qquad\qquad\qquad\qquad\qquad\qquad\qquad\qquad\qquad\qquad\qquad\square$

注 7.4.1 从式 (7.41) 看到, 如果 $\delta = 0$, 即使不知道 $Q(x)$ 的标准形, 也可以直接得到函数 $\alpha_0(x) = -\dfrac{1}{2Q(x)}$. 例如, 二次型 $Q_0(x) = \dfrac{1}{2}x^{\mathrm{T}}Qx$, 由式 (7.19) 和 $q = 0$, 有 $\delta = 0$, 因此 $\alpha_0(x) = -\dfrac{1}{2Q_0(x)} = -\dfrac{1}{x^{\mathrm{T}}Qx}$.

关于二次函数严格伪凸性的刻画, 有下面的结果.

定理 7.4.5 二次函数 $Q(x)$ 在开凸集 $S \subset \mathbb{R}^n$ 上是严格伪凸函数当且仅当 $H(x; \alpha)$ 在 S 上对于充分大的 $\alpha(x)$ 是正定矩阵. 如果 $Q(x)$ 在 S 上不是凸函数, 则任何 $\alpha(x) > \alpha_0(x)$ 都可以选取.

证明 先证定理的前一部分: 设 $Q(x)$ 在 S 上是凸函数, 由定理 7.1.1, 这等价于 $k = 0$ 的情形, 显然论断成立. 设 $Q(x)$ 非凸, 将定义 3.1.2 用于 $Q(x)$ 可以看到, $Q(x)$ 是严格伪凸函数当且仅当 $p = n$ 或 $Q(x) = Q_2(y)$ 时 $p = n - 1$. 这等价于矩阵

$$K(y; \beta) = \nabla^2 Q_i(y) + \beta(y)\nabla Q_i(y)\nabla Q_i(y)^{\mathrm{T}}$$

对于某个 $\beta(y)$ 的正定性. 由引理 7.4.6, 这等价于 $H(x; \alpha)$ 在 S 上对于充分大的 $\alpha(x)$ 是正定的.

再证定理的后一部分: 设 $Q(x)$ 在 S 上是非凸函数, 则它的标准形由式 (7.23) 给出. 设 $p = n$, 则由式 (7.42) 有

$$\det K(y; \beta) = -1 - 2\beta(y)g(y).$$

注意到 $g(y) < 0$ (引理 7.4.5), 对于任何 $\beta(y) > -\dfrac{1}{2g(y)} > 0$, 有 $\det K(y; \beta) > 0$. 此外, 如果 $p < n$, 则有 $\det K(y; \beta) = 0$. 因此, $K(y, \beta)$ 正定当且仅当 $p = n$. 据此和引理 7.4.6, $H(x; \alpha)$ 正定当且仅当 $p = n$. 再据定理 7.4.3, $Q(x)$ 在 S 上对任何

$$\alpha(x) = \alpha(Py + v) = \beta(y) > -\frac{1}{2g(y)} = \frac{1}{2(\delta - Q(x))} = \alpha_0(x)$$

是严格伪凸函数. $\qquad\qquad\square$

例 7.4.2 考虑二次型

$$Q_0(x) = -x_1 x_2, \quad S = \left\{ x \in \mathbb{R}^2 : x_1 > 0, x_2 > 0 \right\}.$$

因 $Q = \begin{bmatrix} 0 & -1 \\ -1 & 0 \end{bmatrix}$, $\lambda_1 = -1, \lambda_2 = 1$, 由推论 7.3.1, $Q(x)$ 在 S 上是伪凸函数. 下面, 使用定理 7.4.4, 通过扩张的 Hessian 矩阵来讨论它的伪凸性. 设函数 $\alpha : S \to \mathbb{R}$, 可以算出

$$H(x; \alpha) = \begin{bmatrix} \alpha x_2^2 & -1 + \alpha x_1 x_2 \\ -1 + \alpha x_1 x_2 & \alpha x_1^2 \end{bmatrix}.$$

由定理 7.4.4, $Q_0(x)$ 在 S 上是伪凸函数当且仅当 $H(x; \alpha)$ 在 S 上是半正定矩阵. 而这等价于 $\det H(x; \alpha) = 2\alpha x_1 x_2 - 1 \geqslant 0$. 由这一不等式可以得到保证 $H(x; \alpha)$ 半正定的最小可能函数为 $\alpha_0(x) = \dfrac{1}{2x_1 x_2}$, 这同用式 (7.41) 和注 7.4.1 计算的结果一致. 由定理 7.4.5, 当 $\alpha(x) > \alpha_0(x) = \dfrac{1}{2x_1 x_2}$ 时, $Q_0(X)$ 甚至是严格伪凸函数.

例 7.4.3 考虑二次函数

$$Q(x) = -\frac{1}{2}x_1^2 - x_1 x_2 - 2x_1 - 3x_2, \quad S = \left\{ x \in \mathbb{R}^2 : x_1 > 0, x_2 > 0 \right\}.$$

因 $Q = \begin{bmatrix} -1 & -1 \\ -1 & 0 \end{bmatrix}$, $\lambda_1 = \dfrac{-1 - \sqrt{5}}{5}, \lambda_2 = \dfrac{-1 + \sqrt{5}}{5}, s = (-3, 1)^{\mathrm{T}}$, 由推论 7.3.2, $Q(x)$ 在 S 上是伪凸函数. 下面仍然使用定理 7.4.4 来讨论它的伪凸性. 容

易得到

$$H(x;\alpha) = \begin{bmatrix} -1 + \alpha\,(x_1 + x_2 + 2)^2 & -1 + \alpha\,(x_1 + 3)\,(x_1 + x_2 + 2) \\ -1 + \alpha\,(x_1 + 3)\,(x_1 + x_2 + 2) & \alpha\,(x_1 + 3)^2 \end{bmatrix}$$

和

$$\det H(x;\alpha) = \alpha\,(x_1 + 3)\,(x_1 + 2x_2 + 1) - 1.$$

因在 S 上 $(x_1 + 3)\,(x_1 + 2x_2 + 1) > 0$, 故由上式知 $\det H(x;\alpha) \geqslant 0$ 当且仅当

$$\alpha(x) \geqslant \frac{1}{(x_1 + 3)\,(x_1 + 2x_2 + 1)}.$$

令 $\alpha_0(x) = \dfrac{1}{(x_1 + 3)\,(x_1 + 2x_2 + 1)}$, 则对任何 $\alpha(x) \geqslant \alpha_0(x)$, 矩阵 $H(x;\alpha)$ 都是半正定矩阵, 据定理 7.4.4, $Q(x)$ 在 S 上是伪凸函数.

其实, 通过变换 $y_1 = x_1 + x_2 + 2, y_2 = x_2 - 1$, 可以得到

$$Q(x) = -\frac{1}{2}y_1^2 + \frac{1}{2}y_2^2 + \frac{3}{2}.$$

据此, 有 $\delta = \dfrac{3}{2}$, 由式 (7.41) 也可以得到 $\alpha_0(x) = \dfrac{1}{(x + 3)\,(x_1 + 2x_2 + 1)}$.

7.4.3　加边行列式

因为二次函数是二阶可微, 同 3.3.3 节类似, 可以用加边 Hessian 矩阵

$$D(x) = \begin{bmatrix} 0 & \nabla Q(x)^{\mathrm{T}} \\ \nabla Q(x) & \nabla^2 Q(x) \end{bmatrix}$$

及其加边行列式来研究二次函数 $Q(x)$ 的伪凸性.

在文献 [14] 中, Arrow 和 Enthoven 曾经证明, 对于非负象限 $\mathbb{R}_+^n$ 上的拟凸函数, 所有加边行列式在 $\mathbb{R}_+^n$ 上非正; 反之, 如果所有的加边行列式是严格负, 则函数是拟凸函数. 从这里看到, 在必要条件和充分条件之间存在 "间隙". 后来, Ferland 在文献 [88] 和文献 [97] 中针对内部非空的凸集上的伪凸函数得到类似结果, 依然存在同样的 "间隙". 然而, 对于二次函数的 (严格) 伪凸性, Schaible 在文献 [86] 中得到同是必要和充分的条件. 下面我们介绍 Schaible 的结果.

考虑式 (7.21) 的二次函数

$$Q(x) = G(y) + \delta = -\frac{1}{2}\sum_{i=1}^{k} y_i^2 + \frac{1}{2}\sum_{i=k+1}^{p} y_i^2 + \sum_{i=p+1}^{n} \left(q^{\mathrm{T}}v^i\right) y_i + \delta, \tag{7.43}$$

它的加边行列式定义为

$$
B_i(y) = \det
\begin{bmatrix}
0 & \dfrac{\partial G}{\partial y_1} & \cdots & \dfrac{\partial G}{\partial y_i} \\[2mm]
\dfrac{\partial G}{\partial y_1} & \dfrac{\partial^2 G}{\partial y_1 \partial y_1} & \cdots & \dfrac{\partial^2 G}{\partial y_1 \partial y_i} \\[2mm]
\vdots & \vdots & & \vdots \\[2mm]
\dfrac{\partial G}{\partial y_i} & \dfrac{\partial^2 G}{\partial y_i \partial y_1} & \cdots & \dfrac{\partial^2 G}{\partial y_i \partial y_i}
\end{bmatrix}, \quad i = 1, \cdots, n.
$$

定理 7.4.6 设开凸集 $S \subset \mathbb{R}^n$ 上的二次函数 $Q(x)$ 的标准形 $G(y)$ 在

$$
D = \{y \in \mathbb{R}^n : x = Py + v \in S\}
$$

上不是凸函数. 则 $G(y)$ 在 D 上是伪凸函数当且仅当 $\forall y \in D$,

$$
B_i(y) < 0, \ \forall i = 1, \cdots, p; \quad B_i(y) = 0, \ \forall i = p+1, \cdots, n.
$$

证明 对于式 (7.43) 给出的 $G(y)$, 经计算得到

$$
B_i(y) =
\begin{cases}
(-1)^i \left(y_1^2 + \cdots + y_i^2 \right), & i = 1, \cdots, k, \\
(-1)^k \left(y_1^2 + \cdots + y_k^2 - y_{k+1}^2 - \cdots - y_i^2 \right), & i = k+1, \cdots, p, \\
(-1)^{k+1} \left(q^{\mathrm{T}} v^i \right)^2, & i = p+1, \\
0, & i = p+2, \cdots, n.
\end{cases}
$$

假设 $G(y)$ 在 D 上是仅伪凸函数. 由引理 7.4.5 知

$$
G(y) = -\frac{1}{2} y_1^2 + \frac{1}{2} \sum_{i=2}^{p} y_i^2 \ \text{且} \ G(y) < 0, \quad \forall y \in D.
$$

这意味着 $k = 1$ 且 $q^{\mathrm{T}} v^i = 0, \forall i = p+1, \cdots, n$. 因 $y_1 = 0$ 蕴涵 $G(y) \geqslant 0$, 故 $y_1 \neq 0$, 进而有 $B_1(y) = -y_1^2 < 0$. 对于 $i = 2, \cdots, p$, 有

$$
B_i(y) = -y_1^2 + \sum_{j=2}^{i} y_j^2 \leqslant -y_1^2 + \sum_{j=2}^{p} y_j^2 = B_p(y) = 2G(y) < 0.
$$

最后, 对于 $i = p+1, \cdots, n, B_i(y) = 0$. 综上, 必要性获证.

反过来, 设关于 $B_i(y)$ 的假设条件成立. 因 $G(y)$ 非凸, 故 $k \neq 0$; 此外, 当 $k \geqslant 2$ 时有 $B_2(y) = y_1^2 + y_2^2$, 这与 $B_2(y) < 0$ 相矛盾. 因此只有 $k = 1$. 由假设

条件有 $B_{p+1}(y) = 0$, 故由 $B_{p+1}(y) = (-1)^{1+1} \left(q^{\mathrm{T}} v^{p+1}\right)^2$ 得到 $q^{\mathrm{T}} v^{p+1} = 0$. 于是, 由式 (7.43) 有

$$G(y) = -\frac{1}{2} y_1^2 + \frac{1}{2} \sum_{i=2}^{p} y_i^2 + \sum_{i=p+2}^{n} \left(q^{\mathrm{T}} v^i\right) y_i.$$

接下来, 将这里的 $G(y)$ 重复上面的推导, 可以推出 $q^{\mathrm{T}} v^i = 0, i = p+2, \cdots, n$. 因此有 $G(y) = -\frac{1}{2} y_1^2 + \frac{1}{2} \sum_{i=2}^{p} y_i^2$, 进而有 $B_p(y) = 2G(y)$. 由假设条件有 $B_p(y) < 0$, 立刻得到 $G(y) < 0$. 据此, 由引理 7.4.5 得到 $G(y)$ 的伪凸性.   □

使用定理 7.4.3 和定理 7.4.6, 立刻得到下面的定理.

定理 7.4.7   设 $g(y)$ 是非凸函数. $g(y)$ 在 D 上是严格伪凸函数当且仅当

$$B_i(y) < 0, \quad \forall i = 1, \cdots, n, \quad \forall y \in D.$$

Avriel 和 Schaible 在文献 [93] 中对于二次函数的二阶特征刻画, 使用不同的方法进行研究, 也得到类似的结果.

第 8 章　几类分式函数的广义凸性

不论是在宏观经济学还是在微观经济学中, 许多量化后的经济指标都体现为某种形式的比值. 这就决定了最优化在经济学中的应用常常是以某种比值的极大化或极小化为其核心模型. 如研究一个经济系统某种意义下的最大效率, 这必然导致目标函数是一个分式的最优化问题. 这样的例子很多, 例如, 劳动生产率的最大化、投资收益率的最大化、利润的最大化、成本和时间的最小化等都是经常需要处理的问题. 此外, 线性分式和一般分式问题可以在不同场合作为数据包络分析见到, 例如, 税收规划、风险与投资组合理论、后勤与企业选址理论等.

半个多世纪以来, 广义凸性的研究与分式规划的研究和应用之间, 有着非常密切的联系. 分式规划的研究通过广义凸性研究的进展而获益, 反之亦然. 因此, 对于分式规划的理论、算法和在经济及工程领域的应用有海量的研究, 其中的专著就有文献 [102]~[104] 等.

本章将刻画最重要的几类分式函数的伪凸性, 包括二次函数与仿射函数之比、线性函数与线性分式函数之和以及两个线性分式函数之和等函数类. 简单介绍 Charnes-Cooper 变换及其在研究某些函数类伪凸性时的应用. 更多的内容可以参见文献 [105]~[112] 等.

8.1　二次函数和仿射函数的比

考虑如下二次分式函数

$$f(x) = \frac{n(x)}{d(x)} = \frac{\frac{1}{2}x^{\mathrm{T}}Qx + q^{\mathrm{T}}x + q_0}{d^{\mathrm{T}}x + d_0}, \tag{8.1}$$

它定义在集合 $D = \{x \in \mathbb{R}^n : d^{\mathrm{T}}x + d_0 > 0\}$ 上, 其中 Q 是 $n \times n$ 对称矩阵, $q, d \in \mathbb{R}^n, d \neq 0, q_0, d_0 \in \mathbb{R}$.

如果 Q 是半正定矩阵, 由定理 1.2.13, $n(x)$ 在 $\mathbb{R}^n$ 上是凸函数, 因而由定理 3.1.11(i) 知 f 在 D 上是伪凸函数; 由于这一原因, 在后面总假设 Q 不是半正定矩阵.

下面的例子表明, 分子 $n(x)$ 在 D 上的伪凸性不能保证 f 在 D 上的伪凸性, 反之亦然.

例 8.1.1　$n(x)$ 伪凸不保证 f 伪凸的例子. 考虑函数

$$f(x_1, x_2) = \frac{n(x_1, x_2)}{d(x_1, x_2)} = \frac{-\frac{1}{2}(x_1 - x_2)^2 - 4x_1 + 4x_2}{x_1 - x_2 - 1}.$$

首先, 经简单的计算得到 $h = (1, -1)^{\mathrm{T}}, \beta = -4, \mu = -1, h_0 = -1 < 4 = \beta/\mu$. 于是, 由推论 7.2.4, $n(x_1, x_2)$ 在开凸集 $D = \{(x_1, x_2) \in \mathbb{R}^2 : x_1 - x_2 - 1 > 0\}$ 上是拟凸函数, 再由定理 7.2.2, 它是伪凸函数. 取 $x_0 = (3, 1)^{\mathrm{T}}, u = (1, 0)^{\mathrm{T}}$, 考虑 f 的限制

$$\varphi(t) = f(x_0 + tu) = \frac{-\frac{1}{2}(2 + t)^2 - 4(2 + t)}{t + 1}, \quad t \geqslant 0,$$

有 $\varphi'(t) = \dfrac{1}{2(t + 1)^2}(9 - (t + 1)^2)$, 因此, $t_0 = 2$ 是 $\varphi(t)$ 的稳定点. 因 $\varphi''(t_0) = -\dfrac{1}{3} < 0$, 由定理 3.3.5 和定理 3.1.8 知, f 不是伪凸函数.

例 8.1.2　f 伪凸不保证 $n(x)$ 伪凸的例子. 考虑函数

$$f(x_1, x_2) = \frac{n(x_1, x_2)}{d(x_1, x_2)} = \frac{\frac{1}{2}(x_1^2 - x_2^2) + 1}{1 - x_2},$$

它的定义域为凸集 $D = \{(x_1, x_2) \in \mathbb{R}^2 : 1 - x_2 > 0\}$. f 的 Hessian 矩阵是

$$\nabla^2 f(x_1, x_2) = \begin{bmatrix} \dfrac{1}{1 - x_2} & \dfrac{x_1}{(1 - x_2)^2} \\ \dfrac{x_1}{(1 - x_2)^2} & \dfrac{x_1^2 + 1}{(1 - x_2)^3} \end{bmatrix}.$$

容易验证 $\nabla^2 f(x_1, x_2)$ 在 D 上是正定矩阵, 故 f 在 D 上的函数是凸函数, 因而 f 是伪凸函数. 此外, 经计算, $n(x_1, x_2)$ 伪凸的最大定义域 $T \cup -T$, 其中

$$T = \{(x_1, x_2) \in \mathbb{R}^2 : x_1^2 - x_2^2 \leqslant 0, x_2 \geqslant 0\},$$

$$-T = \{(x_1, x_2) \in \mathbb{R}^2 : x_1^2 - x_2^2 \leqslant 0, x_2 \leqslant 0\}.$$

于是有 $D \not\subset T$ 且 $D \not\subset -T$, 因而 $n(x_1, x_2)$ 在 D 上不是伪凸函数.

这两个例子表明, 二次函数与仿射函数之比的伪凸性的进一步研究并不是一件简单的事.

下面的定理表明, 对于函数 f, 拟凸性与伪凸性等价.

定理 8.1.1　对于式 (8.1) 的函数 f, 假设 Q 不是半正定矩阵. 则 f 在 D 上是拟凸函数当且仅当 f 在 D 上是伪凸函数.

证明 经简单的计算, 得到

$$\nabla f(x) = \frac{Qx + q - f(x)d}{d^{\mathrm{T}}x + d_0}$$

和

$$(d^{\mathrm{T}}x + d_0)\nabla^2 f(x)$$

$$= Q + \frac{2f(x)dd^{\mathrm{T}} - (Qx+q)d^{\mathrm{T}} - d(Qx+q)^{\mathrm{T}}}{d^{\mathrm{T}}x + d_0}.$$

$\forall h \in \mathbb{R}^n$, 由前一个等式知, 条件 $h^{\mathrm{T}}\nabla f(x) = 0$ 等价于 $h^{\mathrm{T}}(Qx+q) = f(x)h^{\mathrm{T}}d$. 若这一条件成立, 由后一个等式可以得到

$$(d^{\mathrm{T}}x + d_0)h^{\mathrm{T}}\nabla^2 f(x)h$$

$$= h^{\mathrm{T}}Qh + \frac{2d^{\mathrm{T}}h(f(x)(d^{\mathrm{T}}h) - h^{\mathrm{T}}(Qx+q))}{d^{\mathrm{T}}x + d_0} = h^{\mathrm{T}}Qh.$$

特别, 若 $\nabla f(x) = 0$, 这一等式成立. 由 f 的拟凸性并使用定理 3.3.4(i), 有蕴涵关系

$$x \in D, \quad h \in \mathbb{R}^n, \quad h^{\mathrm{T}}\nabla f(x) = 0 \Rightarrow h^{\mathrm{T}}\nabla^2 f(x)h \geqslant 0.$$

据此, 断言 $\nabla f(x) \neq 0, \forall x \in D$. 事实上, 若 $\exists x_0 \in D, \nabla f(x_0) = 0$, 则 $\forall h \in \mathbb{R}^n$, 有 $h^{\mathrm{T}}\nabla f(x_0) = 0$. 由刚才的蕴涵关系, 有 $h^{\mathrm{T}}Qh = (d^{\mathrm{T}}x_0 + d_0)h^{\mathrm{T}}\nabla^2 f(x_0)h \geqslant 0$, $\forall h \in \mathbb{R}^n$. 因此, 矩阵 Q 是半正定的, 这与假设条件相矛盾. 注意到 $D \subset \mathbb{R}^n$ 是开凸集, 使用定理 3.1.6(ii) 知, f 是拟凸函数当且仅当它是伪凸函数. $\square$

下面的定理给出函数 f 是伪凸函数的一个必要条件.

定理 8.1.2 对于函数 f, 假设 Q 不是半正定矩阵. 如果 f 是伪凸函数, 则下列条件成立:

(i) $v_-(Q) = 1$;

(ii) $\mathrm{rank}\,Q = \mathrm{rank}[Q, q] = \mathrm{rank}[Q, d]$.

证明 (i) 因 Q 不是半正定矩阵, 故 $v_-(Q) \geqslant 1$. 假设 (i) 不真, 即 $v_-(Q) > 1$. 设 Q 的与两个负特征值相对应的两个特征向量分别为 v^1 和 v^2. 令 W 是由 v^1 和 v^2 生成的线性子空间. 因 $\dim W = 2$ 和 $\dim d^\perp = n - 1$, 故 $\exists v \in W \cap d^\perp$, 使得 $v \neq 0$. 因 $v \in W \backslash \{0\}$ 蕴涵 v 是 v^1 和 v^2 的线性组合, 故 $v^{\mathrm{T}}Qv < 0$. 考虑直线 $x = x_0 + tv, x_0 \in D, t \in \mathbb{R}$. 注意到 $v \in d^\perp$ 和 $x_0 \in D$, 则 $d^{\mathrm{T}}x + d_0 = d^{\mathrm{T}}x_0 + d_0 > 0$, 因此, 该直线包含于 D. 容易验证 f 在该直线上的限制 $\varphi(t) = f(x_0 + tv)$ 是如下类型的一元二次函数 $\varphi(t) = \alpha t^2 + \beta t + \gamma$, 其中 $\alpha < 0$. 由定理 3.3.5, 这与 φ 的伪凸性相矛盾.

(ii) 若 Q 是非奇异矩阵, 则结论显然成立. 设 Q 是奇异矩阵, 设 $v^i, i = 1, \cdots, p$ 是 Q 的与非零特征值 λ_i 相对应的特征向量, 又设 $v^j, j = p+1, \cdots, n$ 是 Q 与零特征值 λ_i 相对应的特征向量. 由 (i), 即 $v_-(Q) = 1$, 可设 v^1 使得 $Qv^1 = \lambda_1 v^1$, $\lambda_1 < 0$. 对于 $x_0 \in D$, 我们断言, $\nabla f(x_0)^{\mathrm{T}} v^j = 0, \forall j = p+1, \cdots, n$. 事实上, 假设 $\exists j \in \{p+1, \cdots, n\}$, 使得 $\nabla f(x_0)^{\mathrm{T}} v^j \neq 0$. 考虑限制 $\varphi(t) = f(x_0 + tv)$, 其中 $v = v^1 + kv^j, k \in \mathbb{R}$, 有

$$\varphi'(0) = \nabla f(x_0)^{\mathrm{T}} v = \nabla f(x_0)^{\mathrm{T}} v^1 + k \nabla f(x_0)^{\mathrm{T}} v^j.$$

于是, 当 $k = \dfrac{-\nabla f(x_0)^{\mathrm{T}} v^1}{\nabla f(x_0)^{\mathrm{T}} v^j}$ 时, 有 $\varphi'(0) = 0$. 注意到 $\forall j = p+1, \cdots, n, (v^1)^{\mathrm{T}} v^j = 0$, 此时还有

$$\varphi''(0) = \frac{v^{\mathrm{T}} Q v}{d^{\mathrm{T}} x_0 + d_0} = \frac{\lambda_1 \|v^1\|^2}{d^{\mathrm{T}} x_0 + d_0} < 0.$$

由定理 3.3.5, 这推出 $\varphi(t)$ 不是伪凸函数, 这与 f 的伪凸性假设相矛盾. 因 v^j 是与零特征值相对应的特征向量, 故 $v^j \in \ker Q$. 而这连同 $\nabla f(x_0)^{\mathrm{T}} v^j = 0$, 推出 $\nabla f(x_0) \in (\ker Q)^\perp = \mathrm{Im} Q$. 于是,

$$\exists u \in \mathbb{R}^n \backslash \{0\}, \quad Qu = \nabla f(x_0) = \frac{Q x_0 + q - f(x_0) d}{d^{\mathrm{T}} x_0 + d_0}.$$

记 $u^0 = (d^{\mathrm{T}} x_0 + d_0) u - x_0$, 则上式等价于 $\exists u^0, Qu^0 = q - f(x_0) d$. 因 f 在 D 上不是常值, 故 $\exists x^1 \in D, f(x^1) \neq f(x_0)$. 对于 $x^1 \in D$, 可以完全类似地推出,

$$\exists u^1 \in \mathbb{R}^n, \quad Qu^1 = q - f(x^1) d.$$

综上, $Q \dfrac{u^0 - u^1}{f(x^1) - f(x_0)} = d$, 即 $d \in \mathrm{Im} Q$. 因此有 $\mathrm{rank} Q = \mathrm{rank}[Q, d]$. 因

$$q = Qu^0 + f(x_0) d \in \mathrm{Im} Q,$$

又有 $\mathrm{rank} Q = \mathrm{rank}[Q, q]$. □

对于由式 (8.1) 给出的一般形式的函数 f, 其伪凸性的刻画由下面的定理给出. 借助于它, 可以讨论 f 的一类特殊情况. 这里不予证明, 有兴趣的读者可以参见文献 [105].

定理 8.1.3　由式 (8.1) 给出的二次分式函数在 D 上是伪凸函数当且仅当下列条件之一成立:

(i) $v_-(Q) = 0$ (即 Q 是半正定矩阵);

(ii) $v_-(Q) = 1, \exists \bar{x}, \bar{y}, Q\bar{x} = -q, Q\bar{y} = d, d^T\bar{y} = 0, d^T\bar{x} + d_0 = 0, n(\bar{x}) \geqslant 0$;

(iii) $v_-(Q) = 1, \exists \bar{x}, \bar{y}, Q\bar{x} = -q, Q\bar{y} = d, d^T\bar{y} < 0, (d^T\bar{x} + d_0)^2 + 2n(\bar{x})d^T\bar{y} \leqslant 0$.

注 8.1.1 可以证明 (见文献 [106]), f 的伪凸性等价于一个线性函数与一个线性分式函数之和的伪凸性, 这将在 8.2 节看到.

定理 8.1.3 的条件 (i)、条件 (ii) 和条件 (iii) 实际上分为两个部分, 条件 (i) 针对的是 $n(x)$ 为凸函数这一特殊情况 (Q 的半正定性蕴涵 x^TQx 的凸性, 而这导致 $n(x)$ 是凸函数), 条件 (ii) 和条件 (iii) 则针对 $n(x)$ 非凸的情况. 现在, 考虑如下的函数 $g(x)$[107]:

$$g(x) = \frac{(a^Tx + a_0)(b^Tx + b_0) + c^Tx + c_0}{d^Tx + d_0}, \tag{8.2}$$

其中 $a, b, c, d \in \mathbb{R}^n, d \neq 0, a_0, b_0, c_0, d_0 \in \mathbb{R}, x \in D = \{x \in \mathbb{R}^n : d^Tx + d_0 > 0\}$. 显然, $g(x)$ 是式 (8.1) 给出的函数 $f(x)$ 当 $n(x) = (a^Tx + a_0)(b^Tx + b_0) + c^Tx + c_0$ 时的特殊情形. 关于 g 的伪凸性, 当向量 a, b 线性无关时, 有如下刻画.

定理 8.1.4 考虑式 (8.2) 给出的函数 $g(x)$, 假设 a, b 线性无关. 则 $g(x)$ 在 D 上是仅伪凸函数当且仅当 $\exists \gamma_1, \gamma_2 \in \mathbb{R}, c = \gamma_1 a + \gamma_2 b, \exists \delta_1, \delta_2 \in \mathbb{R}, d = \delta_1 a + \delta_2 b$, 且下列条件之一成立:

(i) $d_0 = \delta_1(\gamma_2 + a_0) + \delta_2(\gamma_1 + b_0), \delta_1\delta_2 = 0, c_0 + a_0b_0 \geqslant (\gamma_1 + b_0)(\gamma_2 + a_0)$;

(ii) $(d_0 - \delta_1(\gamma_2 + a_0) - \delta_2(\gamma_1 + b_0))^2 + 4\delta_1\delta_2(c_0 + a_0b_0 - (\gamma_1 + b_0)(\gamma_2 + a_0)) \leqslant 0, \delta_1\delta_2 < 0$.

证明 先将式 (8.2) 给出的 $g(x)$ 变形为式 (8.1) 的形式:

$$g(x) = \frac{\frac{1}{2}x^TQx + q^Tx + q_0}{d^Tx + d_0},$$

其中 $Q = ab^T + ba^T, q = b_0a + a_0b + c, q_0 = a_0b_0 + c_0$. 我们断言, 对称矩阵 Q 不是正定的. 事实上, 设 $a = (a_1, \cdots, a_n)^T, b = (b_1, \cdots, b_n)^T$, 则不难算出 Q 的二阶顺序主子式的值为 $-(a_1b_2 - a_2b_1)^2 \leqslant 0$, 故它不是正定矩阵. 于是, g 在 D 上是伪凸函数当且仅当定理 8.1.3 的条件 (ii) 和条件 (iii) 之一成立.

由 $Qx = (ab^T + ba^T)x = (b^Tx)a + (a^Tx)b$ 和条件 a, b 线性无关知, $\text{Im}Q$ 是由 a 和 b 生成的子空间. 而 $\exists \bar{x}, \bar{y}$, 使得 $Q\bar{x} = -q, Q\bar{y} = d$ 等价于 $q \in \text{Im}Q, d \in \text{Im}Q$. 于是 $c = q - (b_0a + a_0b)$ 和 d 都是 a 和 b 的线性组合. 设 $c = \gamma_1 a + \gamma_2 b$, 由

$$0 = Q\bar{x} + q = (ab^T + ba^T)\bar{x} + b_0a + a_0b + c,$$

得到

$$c = -(b^T\bar{x} + b_0)a - (a^T\bar{x} + a_0)b.$$

故 $\gamma_1 = -(b^{\mathrm{T}}\bar{x} + b_0), \gamma_2 = -(a^{\mathrm{T}}\bar{x} + a_0)$. 设 $d = \delta_1 a + \delta_2 b$, 完全类似地可以得到 $\delta_1 = b^{\mathrm{T}}\bar{y}, \delta_2 = a^{\mathrm{T}}\bar{y}$. 据此, 进一步得到

$$d^{\mathrm{T}}\bar{y} = (\delta_1 a + \delta_2 b)^{\mathrm{T}}\bar{y} = 2\delta_1\delta_2$$

和

$$d^{\mathrm{T}}\bar{x} + d_0 = (\delta_1 a + \delta_2 b)^{\mathrm{T}}\bar{x} + d_0$$
$$= -\delta_1(\gamma_2 + a_0) - \delta_2(\gamma_1 + b_0) + d_0,$$

以及

$$n(\bar{x}) = (a^{\mathrm{T}}\bar{x} + a_0)(b^{\mathrm{T}}\bar{x} + b_0) + c^{\mathrm{T}}\bar{x} + c_0$$
$$= (-\gamma_2)(-\gamma_1) + (\gamma_1 a + \gamma_2 b)^{\mathrm{T}}\bar{x} + c_0$$
$$= c_0 + a_0 b_0 - (\gamma_1 + b_0)(\gamma_2 + a_0).$$

由前面的推导知, 定理 8.1.3 的条件 (ii) 和条件 (iii) 中的公共部分:

$$v_-(Q) = 1, \quad \exists \bar{x}, \bar{y}, \quad Q\bar{x} = -q, \quad Q\bar{y} = d$$

等价于

$$\exists \gamma_1, \gamma_2 \in \mathbb{R}, \ c = \gamma_1 a + \gamma_2 b, \quad \exists \delta_1, \delta_2 \in \mathbb{R}, \ d = \delta_1 a + \delta_2 b.$$

再利用上面这些中间结果, 可以验证定理 8.1.3 的条件 (ii) 和条件 (iii) 的其余部分分别等价于本定理的条件 (i) 和条件 (ii). □

注 8.1.2　对于式 (8.2) 给出的函数 $g(x)$, 若向量 a, b 线性相关, 则 $\exists k \in \mathbb{R}$, $b = ka$. 因此, $g(x)$ 可变形为

$$g(x) = \frac{(a^{\mathrm{T}}x + a_0)(ka^{\mathrm{T}}x + b_0) + c^{\mathrm{T}}x + c_0}{d^{\mathrm{T}}x + d_0}, \quad d \neq 0.$$

类似于定理 8.1.4, 可以证明: $g(x)$ 在 D 上是伪凸函数当且仅当下列条件之一成立:

(i) $k \geqslant 0$;

(ii) $k < 0$, 且 $\exists \gamma, \delta$, 使得 $c = \gamma a, d = \delta a, \delta(d_0\gamma - c_0\delta + (a_0 k - b_0)(a_0\delta - d_0)) \leqslant k(a_0\delta - d_0)$.

8.2　线性函数与线性分式函数之和

考虑一个线性函数与一个线性分式函数之和的函数

$$f(x) = a^{\mathrm{T}}x + \frac{c^{\mathrm{T}}x + c_0}{d^{\mathrm{T}}x + d_0}, \tag{8.3}$$

其中 $a, c, d \in \mathbb{R}^n, d \neq 0, c_0, d_0 \in \mathbb{R}, x \in D = \{x \in \mathbb{R}^n : d^{\mathrm{T}}x + d_0 > 0\}$.

在第 3 章已经看到, 伪凸函数具有局部–全局性质, 即它的局部极小点是全局极小点. 下面的例子表明, 一般地, 式 (8.3) 给出的函数 f 可能有局部而非全局极小点, 因而它不是伪凸函数.

例 8.2.1　考虑函数

$$f(x_1, x_2) = -x_1 + x_2 + \frac{-2x_1 - 7x_2 - 6}{x_1 + x_2 + 1},$$

在定义域

$$S = \{(x_1, x_2) \in \mathbb{R}^2 : x_1 \geqslant 0, 0 \leqslant x_2 \leqslant 4, x_1 - x_2 \leqslant 4\}$$

上. 容易验证 $(0,0)$ 是局部极小点, 而它的全局极小值在 $(8,4)$ 达到; 于是, f 在 S 上不是伪凸函数.

对于式 (8.3) 给出的函数 f, 为了检查它的局部–全局性质, 可以使用定理 8.1.3 给出的用于刻画 f 在 D 上伪凸性的结果. 下面, 将式 (8.3) 给出的 f 看成式 (8.2) 给出的 g 的一种特例, 推导出 f 在 D 上伪凸性的一个刻画.

定理 8.2.1　考虑式 (8.3) 给出的函数 $f(x)$. f 在 D 上是伪凸函数当且仅当下列条件之一成立:

(i) $a = kd, \ k \geqslant 0$;

(ii) $\exists t \in \mathbb{R}$, 使得 $c = td$ 且 $c_0 \geqslant td_0$.

证明　由定理 8.1.4, 式 (8.2) 给出的函数 g 在 D 上伪凸当且仅当定理 8.1.4 的条件 (i) 和 (ii) 之一成立. 而这里的函数 f 是式 (8.2) 的 g 当 $b = d, b_0 = d_0$ 和 $a_0 = 0$ 时的特例.

首先考虑 a 和 d 线性无关的情形. 此时,

$$d = \delta_1 a + \delta_2 d \ \text{成立当且仅当} \ \delta_1 = 0, \delta_2 = 1, \quad \text{即} \ \delta_1 \delta_2 = 0,$$

故定理 8.1.4 的条件 (ii) 不成立. 而定理 8.1.4 的条件 (i) 等价于

$$d_0 = \gamma_1 + d_0, \quad c_0 \geqslant (\gamma_1 + d_0)\gamma_2,$$

于是有

$$\gamma_1 = 0, \quad c_0 \geqslant d_0 \gamma_2, \quad c = \gamma_1 a + \gamma_2 d = \gamma_2 d.$$

取 $t = \gamma_2$, 则与这里的条件 (ii) 等价.

然后考虑 a 和 d 线性相关的情形, 即 $a = kd$. 这时, f 可变形为

$$f(x) = \frac{k(d^\mathrm{T}x)^2 + (kd_0d + c)^\mathrm{T}x + c_0}{d^\mathrm{T}x + d_0}.$$

若这里的条件 (i) 成立, 因而 $k \geqslant 0$, 则分子是凸函数, 由定理 3.1.11 的条件 (i), $f(x)$ 在 D 上是伪凸函数. 设 $k < 0$. 对照定理 8.1.3, 有

$$Q = 2kdd^\mathrm{T}, \quad q = kd_0d + c, \quad q_0 = c_0.$$

因 $2kdd^\mathrm{T}\bar{y} = Q\bar{y} = d$ 当且仅当 $d^\mathrm{T}\bar{y} = \dfrac{1}{2k}$, 注意到 $k < 0$, 定理 8.1.3 的条件 (ii) 不成立. 对照定理 8.1.3 的条件 (iii), 条件 $Q\bar{x} = -q$ 等价于 $c = td$, 其中 $t = -k(d_0 + 2d^\mathrm{T}\bar{x})$, 而条件 $(d^\mathrm{T}\bar{x} + d_0)^2 + 2n(\bar{x})d^\mathrm{T}\bar{y} \leqslant 0$ 等价于 $c_0 \geqslant td_0$. 因此, 定理 8.1.3 的条件 (iii) 与这里的条件 (ii) 等价. 对于后一个等价关系, 推导如下

$$0 \geqslant (d^\mathrm{T}\bar{x} + d_0)^2 + 2n(\bar{x})d^\mathrm{T}\bar{y} = (d^\mathrm{T}\bar{x} + d_0)^2 + \frac{1}{k}n(\bar{x})$$

$$= (d^\mathrm{T}\bar{x} + d_0)^2 + (d^\mathrm{T}\bar{x})^2 + d_0 d^\mathrm{T}\bar{x} + \frac{1}{k}c^\mathrm{T}\bar{x} + \frac{1}{k}c_0 = 2d_0 d^\mathrm{T}\bar{x} + d_0^2 + \frac{1}{k}c_0,$$

上面推导式的第 1 个等于号用到 $d^\mathrm{T}\bar{y} = \dfrac{1}{2k}$, 第 2 个等于号是将 $f(x)$ 的表达式的分子部分取 $x = \bar{x}$, 第 3 个等于号用到 $c = td$, 其中 $t = -k(d_0 + 2d^\mathrm{T}\bar{x})$. 因 $k < 0$, 对上式两端同时乘以 k 得到 $0 \leqslant kd_0^2 + 2kd_0d^\mathrm{T}\bar{x} + c_0$, 这等价于 $c_0 \geqslant -k(d_0 + 2d^\mathrm{T}\bar{x})d_0 = td_0$. □

下面, 介绍几个刻画 f 在任意开凸集 $S \subset D$ 上伪凸性的结果, 这些结果还可以用于 8.4 节研究两个线性分式函数之和的伪凸性.

经计算, f 的梯度向量和 Hessian 矩阵为

$$\nabla f(x) = a + \frac{1}{d^\mathrm{T}x + d_0}\left(c - \frac{c^\mathrm{T}x + c_0}{d^\mathrm{T}x + d_0}d\right), \tag{8.4}$$

$$\nabla^2 f(x) = \frac{1}{(d^\mathrm{T}x + d_0)^2}\left(-(cd^\mathrm{T} + dc^\mathrm{T}) + 2\frac{c^\mathrm{T}x + c_0}{d^\mathrm{T}x + d_0}dd^\mathrm{T}\right). \tag{8.5}$$

下面的定理表明, 若 a, c, d 线性无关, 则对任何开凸集 $S \subset D$, f 在 S 上不是伪凸函数.

定理 8.2.2 设 f 在开凸集 $S \subset D$ 上是伪凸函数. 则向量 a, c, d 线性相关.

证明 若 $n = 2$, 因 $\mathbb{R}^2$ 中任意 3 个向量必定是线性相关, 故结论成立, 因此, 假设 $n \geqslant 3$. 使用反证法: 假设向量 a, c, d 线性无关, 则 $\text{rank}[a, c, d] = 3$. 如果 $\exists x_0 \in S, \nabla f(x_0) = 0$, 则由式 (8.4) 易知 a, c, d 线性相关, 这与反证假设相矛盾, 故 $\nabla f(x) \neq 0, \forall x \in S$. 若 $\gamma_1 \nabla f(x) + \gamma_2 a + \gamma_3 d = 0$, 则由式 (8.4) 和 a, c, d 线性无关可以推出 $\gamma_1 = \gamma_2 = \gamma_3 = 0$, 即向量 $\nabla f(x), a, d$ 线性无关, 故 $\text{rank}[\nabla f(x), a, d] = 3, \forall x \in S$. 因此, 矩阵 $A = \begin{bmatrix} \nabla f(x)^{\mathrm{T}} \\ a^{\mathrm{T}} \\ d^{\mathrm{T}} \end{bmatrix}$ 对任意固定的 $x \in S$, 相应的线性变

换 $A : \mathbb{R}^n \to \mathbb{R}^3$ 是满射, 换言之, $Aw = \begin{bmatrix} \nabla f(x)^{\mathrm{T}} w \\ a^{\mathrm{T}} w \\ d^{\mathrm{T}} w \end{bmatrix}$ 的每个分量可以是任意

实数. 于是, $\exists w_1, w_2 \in \mathbb{R}^n$, 分别满足 $\nabla f(x)^{\mathrm{T}} w_1 = 0, a^{\mathrm{T}} w_1 = 0, d^{\mathrm{T}} w_1 < 0$ 和 $\nabla f(x)^{\mathrm{T}} w_2 = 0, a^{\mathrm{T}} w_2 > 0, d^{\mathrm{T}} w_2 = 0$. 令 $w = w_1 + w_2$, 有 $\nabla f(x)^{\mathrm{T}} w = 0, a^{\mathrm{T}} w > 0, d^{\mathrm{T}} w < 0$.

如果能证明 $\nabla f(x)^{\mathrm{T}} w = 0$ 蕴涵 $w^{\mathrm{T}} \nabla^2 f(x) w < 0, \forall x \in S$, 则由定理 3.3.7(i) 知, f 在 S 上不是伪凸函数, 这与假设相矛盾, 完成证明.

据式 (8.4), 若 $\nabla f(x)^{\mathrm{T}} w = 0$, 则有

$$a^{\mathrm{T}} w + \frac{c^{\mathrm{T}} w}{d^{\mathrm{T}} x + d_0} - \frac{c^{\mathrm{T}} x + c_0}{(d^{\mathrm{T}} x + d_0)^2} d^{\mathrm{T}} w = 0. \tag{8.6}$$

下面分两种情况证明:

(i) 若 $x \in S, c^{\mathrm{T}} x + c_0 = 0$, 由式 (8.6) 有

$$c^{\mathrm{T}} w = -a^{\mathrm{T}} w (d^{\mathrm{T}} x + d_0) < 0,$$

据此得到

$$w^{\mathrm{T}} \nabla^2 f(x) w = -\frac{2}{(d^{\mathrm{T}} x + d_0)^2} w^{\mathrm{T}} c d^{\mathrm{T}} w < 0.$$

(ii) 若 $x \in S, c^{\mathrm{T}} x + c_0 \neq 0$, 如果 $c^{\mathrm{T}} w = 0$, 由式 (8.6) 有

$$\frac{c^{\mathrm{T}} x + c_0}{d^{\mathrm{T}} x + d_0} d^{\mathrm{T}} w = a^{\mathrm{T}} w (d^{\mathrm{T}} x + d_0),$$

据此有

$$w^{\mathrm{T}} \nabla^2 f(x) w = \frac{2}{d^{\mathrm{T}} x + d_0} a^{\mathrm{T}} w d^{\mathrm{T}} w < 0.$$

如果 $c^{\mathrm{T}}w \neq 0$, 由式 (8.6) 有 $c^{\mathrm{T}}w = \dfrac{c^{\mathrm{T}}x + c_0}{d^{\mathrm{T}}x + d_0}d^{\mathrm{T}}w - a^{\mathrm{T}}w(d^{\mathrm{T}}x + d_0)$, 据此有

$$w^{\mathrm{T}}\nabla^2 f(x)w = \frac{2}{d^{\mathrm{T}}x + d_0}a^{\mathrm{T}}w d^{\mathrm{T}}w < 0.$$

综上, 条件 $\nabla f(x)^{\mathrm{T}}w = 0$ 蕴涵 $w^{\mathrm{T}}\nabla^2 f(x)w < 0, \forall x \in S$. 　　　□

定理 8.2.2 指出, f 伪凸的必要条件是向量 a, c, d 线性相关, 例 8.2.1 表明, 这不是充分条件. 下面的定理表明, 向量 a, c, d 的线性相关性加上某些附加条件, 可以成为 f 伪凸的充分条件. 此外, 下面的定理还刻画了函数 f 是伪凸的最大开定义域.

定理 8.2.3　对于函数 f, 下列命题成立:

(i) 若 $a = \alpha d, \alpha \geqslant 0$, 则 f 在 D 上是伪凸函数;

(ii) 若 $c = \gamma d, c_0 - \gamma d_0 \geqslant 0$, 则 f 在 D 上是伪凸函数;

(iii) 若 $a = \alpha d, \alpha < 0$ 且 $c = \gamma d, c_0 - \gamma d_0 < 0$, 则 f 在满足下面的两个包含关系之一的每个开凸集 S 上是伪凸函数:

$$S \subset \{x \in \mathbb{R}^n : d^{\mathrm{T}}x + d_0 > d_0^*\}, \quad S \subset \{x \in \mathbb{R}^n : 0 < d^{\mathrm{T}}x + d_0 < d_0^*\},$$

其中 $d_0^* = \sqrt{\dfrac{c_0 - \gamma d_0}{\alpha}}$;

(iv) 若 $c = \beta a + \gamma d, \beta > 0$ 且 $\mathrm{rank}[a, d] = 2$, 则 f 在满足下面的包含关系的每个开凸集 S 上是伪凸函数:

$$S \subset \{x \in \mathbb{R}^n : \beta a^{\mathrm{T}}x + c_0 - \gamma d_0 > 0, d^{\mathrm{T}}x + d_0 > 0\};$$

(v) 若 $c = \beta a + \gamma d, \beta < 0$ 且 $\mathrm{rank}[a, d] = 2$, 则 f 在满足下面的两个包含关系之一的每个开凸集 S 上是伪凸函数:

$$S \subset \{x \in \mathbb{R}^n : \beta a^{\mathrm{T}}x + c_0 - \gamma d_0 > 0, d^{\mathrm{T}}x + d_0 + \beta > 0\},$$

$$S \subset \{x \in \mathbb{R}^n : \beta a^{\mathrm{T}}x + c_0 - \gamma d_0 < 0, 0 < d^{\mathrm{T}}x + d_0 < -\beta\}.$$

在任何其他情形下, f 在无论什么样的开凸集 $S \subset D$ 上都不是伪凸函数.

证明　受定理 8.2.2 启发, 需要分 $\mathrm{rank}[a, c, d] = 1$ 和 $\mathrm{rank}[a, c, d] = 2$ 两种情形展开讨论.

(i) $\mathrm{rank}[a, c, d] = 1$. 等价地, 这时有 $a = \alpha d, c = \gamma d, \alpha, \gamma \in \mathbb{R}$. 此时, 由式 (8.4) 和式 (8.5) 得到

$$\nabla f(x) = \frac{1}{(d^{\mathrm{T}}x + d_0)^2}(\alpha(d^{\mathrm{T}}x + d_0)^2 - (c_0 - \gamma d_0))d \tag{8.7}$$

和

$$\nabla^2 f(x) = \frac{2}{(d^{\mathrm{T}}x + d_0)^3}(c_0 - \gamma d_0)dd^{\mathrm{T}}. \tag{8.8}$$

由式 (8.8) 和 $x^{\mathrm{T}}dd^{\mathrm{T}}x = (x^{\mathrm{T}}d) \geqslant 0$ 知, 当 $c_0 - \gamma d_0 \geqslant 0$ 时, $\nabla^2 f(x)$ 在 D 上是半正定矩阵, 由定理 1.2.13, f 在 D 上是凸函数, 因而 f 在 D 上是伪凸函数. 现在, 设 $c_0 - \gamma d_0 < 0$. 若 $\alpha \geqslant 0$, 则 $\nabla f(x) \neq 0, \forall x \in D$. 因此有 $\alpha(d^{\mathrm{T}}x + d_0)^2 - (c_0 - \gamma d_0) \neq 0$. 据此和式 (8.7) 知, 条件 $\nabla f(x)^{\mathrm{T}}v = 0$ 蕴涵 $d^{\mathrm{T}}v = 0$, 因此有 $v^{\mathrm{T}}\nabla^2 f(x)v = 0$. 由定理 3.3.7(i) 知, 此时 f 在 D 上是伪凸函数. 若 $\alpha < 0$, 则由式 (8.7) 知 $\nabla f(x) = 0, \forall x \in D^*$, 其中

$$D^* = \left\{ x \in \mathbb{R}^n : d^{\mathrm{T}}x + d_0 = \sqrt{\frac{c_0 - \gamma d_0}{\alpha}} \right\};$$

选取 v, 使得 $d^{\mathrm{T}}v \neq 0$, 由式 (8.8) 知 $v^{\mathrm{T}}\nabla^2 f(x)v < 0, \forall x \in D^*$. 因此, 由定理 3.3.7(i), f 在每个满足 $S \cap D^* \neq \varnothing$ 的开凸集 S 上不是伪凸函数, 而在每个满足 $S \cap D^* = \varnothing$ 的开凸集 S 上是伪凸函数. 这表明, 命题 (iii) 成立.

(ii) $\mathrm{rank}[a, c, d] = 2$. 按向量 a, d 的线性相关和线性无关, 这等价于下面两种情形:

(a) $a = \alpha d, \mathrm{rank}[c, d] = 2$;

(b) $c = \beta a + \gamma d, \mathrm{rank}[a, d] = 2$.

情形 (a) 由式 (8.4) 有

$$\nabla f(x) = \frac{1}{d^{\mathrm{T}}x + d_0}\left(c + \left(\alpha(d^{\mathrm{T}}x + d_0) - \frac{c^{\mathrm{T}}x + c_0}{d^{\mathrm{T}}x + d_0}\right)d\right).$$

由上式知, c 和 d 的线性无关性蕴涵 $\nabla f(x) \neq 0, \forall x \in D$. 对于每个满足 $\nabla f(x)^{\mathrm{T}}v = 0$ 的 $v \in \mathbb{R}^n$, 由式 (8.5) 有 $v^{\mathrm{T}}\nabla^2 f(x)v = \dfrac{2}{d^{\mathrm{T}}x + d_0}\alpha(d^{\mathrm{T}}v)^2$. 因此, 若 $\alpha \geqslant 0$, 则 f 在 D 上是伪凸函数. 在情形 $\alpha < 0$ 下, f 在每个开凸集 $S \subset D$ 上不是伪凸函数, 这是因为可以选取 $v \in \mathbb{R}^n$, 满足 $d^{\mathrm{T}}v \neq 0$.

由上面的推导看到, 当 $a = \alpha d, \alpha \geqslant 0$ 时, 不论 $\mathrm{rank}[a, c, d] = 1$, 还是 $\mathrm{rank}[a, c, d] = 2$, 都有 f 在 D 上是伪凸函数, 因此命题 (i) 成立.

情形 (b) 由式 (8.4) 和式 (8.5), 有

$$\nabla f(x) = \frac{1}{d^{\mathrm{T}}x + d_0}\left((d^{\mathrm{T}}x + d_0 + \beta)a - \frac{\beta a^{\mathrm{T}}x + c_0 - \gamma d_0}{d^{\mathrm{T}}x + d_0}d\right), \tag{8.9}$$

$$\nabla^2 f(x) = \frac{1}{(d^{\mathrm{T}}x + d_0)^2}\left(-\beta(ad^{\mathrm{T}} + da^{\mathrm{T}}) + 2\frac{\beta a^{\mathrm{T}}x + c_0 - \gamma d_0}{d^{\mathrm{T}}x + d_0}dd^{\mathrm{T}}\right). \tag{8.10}$$

(b1) 因 a, d 线性无关, 由式 (8.9) 知 $\nabla f(x) = 0$ 当且仅当 $\beta < 0$ 且 $x \in \Gamma$, 其中

$$\Gamma = \{x \in \mathbb{R}^n : d^{\mathrm{T}}x + d_0 + \beta = 0,\ \beta a^{\mathrm{T}}x + c_0 - \gamma d_0 = 0\}.$$

因 $\mathrm{rank}[a, d] = 2$, 即 a, d 线性无关, 由式 (8.10) 显见: $\forall x \in \Gamma$, Hessian 矩阵 $\nabla^2 f(x)$ 是不定的, 于是, f 在每个满足 $S \cap \Gamma \neq \varnothing$ 的开凸集 S 上不是伪凸函数.

(b2) 设 $\beta \in \mathbb{R}$ 任意. 若 $\nabla f(x) \neq 0, d^{\mathrm{T}}x + d_0 + \beta = 0$, 由式 (8.9) 知 $\nabla f(x)^{\mathrm{T}}v = 0$ 蕴涵 $d^{\mathrm{T}}v = 0$. 据此和式 (8.10) 有 $v^{\mathrm{T}}\nabla^2 f(x)v = 0$.

若 $\nabla f(x) \neq 0, d^{\mathrm{T}}x + d_0 + \beta \neq 0$, 则 $\nabla f(x)^{\mathrm{T}}v = 0$ 蕴涵

$$a^{\mathrm{T}}v = \frac{\beta a^{\mathrm{T}}x + c_0 - \gamma d_0}{(d^{\mathrm{T}}x + d_0 + \beta)(d^{\mathrm{T}}x + d_0)} d^{\mathrm{T}}v,$$

于是有

$$v^{\mathrm{T}}\nabla^2 f(x)v = \frac{2}{(d^{\mathrm{T}}x + d_0)^2} \frac{\beta a^{\mathrm{T}}x + c_0 - \gamma d_0}{d^{\mathrm{T}}x + d_0 + \beta}(d^{\mathrm{T}}v)^2.$$

综上, 若 $\beta > 0$, 则 $\nabla f(x) \neq 0, \forall x \in D$. 由定理 3.3.3, f 在每个开凸集

$$S \subset \{x \in \mathbb{R}^n : \beta a^{\mathrm{T}}x + c_0 - \gamma d_0 > 0\} \cap D$$

$$= \{x \in \mathbb{R}^n : \beta a^{\mathrm{T}}x + c_0 - \gamma d_0 > 0, d^{\mathrm{T}}x + d_0 > 0\}$$

上是伪凸函数, 因而命题 (iv) 成立.

同理, 若 $\beta < 0$, 则 f 在满足下面两个包含关系之一的开凸集 S 上是伪凸函数:

$$S \subset \{x \in \mathbb{R}^n : \beta a^{\mathrm{T}}x + c_0 - \gamma d_0 > 0,\ d^{\mathrm{T}}x + d_0 + \beta > 0\},$$

$$S \subset \{x \in \mathbb{R}^n : \beta a^{\mathrm{T}}x + c_0 - \gamma d_0 < 0,\ d^{\mathrm{T}}x + d_0 + \beta < 0\} \cap D$$

$$= \{x \in \mathbb{R}^n : \beta a^{\mathrm{T}}x + c_0 - \gamma d_0 < 0, 0 < d^{\mathrm{T}}x + d_0 < -\beta\}.$$

因而命题 (v) 成立.

若 $\beta = 0$ 且 $c_0 - \gamma d_0 \geqslant 0$, 则因 $\nabla^2 f(x)$ 的半正定性, f 在 D 上是凸函数, 因而 f 在 D 上是伪凸函数. 注意到在情形 (b) 中, $c = \gamma d$ 蕴涵 $\beta = 0$, 则命题 (ii) 当 $\mathrm{rank}[a, c, d] = 2$ 时成立; 再由 (i) 的开始部分, 命题 (ii) 当 $\mathrm{rank}[a, c, d] = 1$ 时成立.

最后, 由定理 8.2.2 知, f 在开凸集 $S \subset D$ 上的伪凸性蕴涵 a, c, d 线性相关. 而这里的命题 (i)~ 命题 (v) 涵盖了满足这一必要条件的所有可能情况. 因此,

我们断言, 在任何其他情形下, f 在无论什么样的开凸集 $S \subset D$ 上都不是伪凸函数. □

注 8.2.1 由定理 8.2.3 的证明过程 (i) 中知, 当 $a = \alpha d, c = \gamma d$ 时, 有

(i) 若 $\alpha(c_0 - \gamma d_0) < 0$, 则 f 在 D 上是伪凸函数;

(ii) 若 $\alpha(c_0 - \gamma d_0) > 0$, 则 f 在满足下面两个包含关系之一的每个开凸集 S 上是伪凸函数:

$$S \subset \{x \in \mathbb{R}^n : \ d^{\mathrm{T}}x + d_0 > d_0^*\}$$

和

$$S \subset \{x \in \mathbb{R}^n : 0 < d^{\mathrm{T}}x + d_0 < d_0^*\},$$

其中 $d_0^* = \sqrt{\dfrac{c_0 - \gamma d_0}{\alpha}}$.

注意到定理 8.2.3 的命题 (i) 和命题 (ii) 给出了 f 在 D 上伪凸的全部充分条件, 因此有如下的推论.

推论 8.2.1 函数 f 在 D 上是伪凸函数当且仅当它是如下类型之一:

(i) $f(x) = \alpha d^{\mathrm{T}}x + \dfrac{c^{\mathrm{T}}x + c_0}{d^{\mathrm{T}}x + d_0}, \ \alpha \geqslant 0$;

(ii) $f(x) = a^{\mathrm{T}}x + \dfrac{c_0 - \gamma d_0}{d^{\mathrm{T}}x + d_0} + \gamma, \ c_0 - \gamma d_0 \geqslant 0$.

注 8.2.2 由定理 8.2.3 的证明过程可以看到, 在推论 8.2.1(ii) 中, 函数 f 在 D 上还是凸函数.

为了刻画函数 f 的伪线性, 现在给出定理 8.2.3 与伪凹性相对应的结果, 这就是下面的定理 8.2.4.

定理 8.2.4 对于函数 f, 下列命题成立:

(i) 若 $a = \alpha d, \alpha \leqslant 0$, 则 f 在 D 上是伪凹函数;

(ii) 若 $c = \gamma d, c_0 - \gamma d_0 \leqslant 0$, 则 f 在 D 上是伪凹函数;

(iii) 若 $a = \alpha d, \alpha > 0$, 且 $c = \gamma d, c_0 - \gamma d_0 > 0$, 则 f 在满足下面的两个包含关系之一的每个开凸集 S 上是伪凹函数:

$$S \subset \{x \in \mathbb{R}^n : d^{\mathrm{T}}x + d_0 > d_0^*\}$$

和

$$S \subset \{x \in \mathbb{R}^n : 0 < d^{\mathrm{T}}x + d_0 < d_0^*\},$$

其中 $d_0^* = \sqrt{\dfrac{c_0 - \gamma d_0}{\alpha}}$;

(iv) 若 $c = \beta a + \gamma d, \beta > 0$, 且 $\text{rank}[a, d] = 2$, 则 f 在满足下面的包含关系的每个开凸集 S 上是伪凹函数:

$$S \subset \{x \in \mathbb{R}^n : \beta a^{\mathrm{T}} x + c_0 - \gamma d_0 < 0, \ d^{\mathrm{T}} x + d_0 > 0\};$$

(v) 若 $c = \beta a + \gamma d, \beta < 0$, 且 $\text{rank}[a, d] = 2$, 则 f 在满足下面的两个包含关系之一的每个开凸集 S 上是伪凹函数:

$$S \subset \{x \in \mathbb{R}^n : \beta a^{\mathrm{T}} x + c_0 - \gamma d_0 < 0, \ d^{\mathrm{T}} x + d_0 + \beta > 0\}$$

和

$$S \subset \{x \in \mathbb{R}^n : \beta a^{\mathrm{T}} x + c_0 - \gamma d_0 > 0, \ 0 < d^{\mathrm{T}} x + d_0 < -\beta\}.$$

在任何其他情形下, 无论 f 在什么样的开凸集 $S \subset D$ 上都不是伪凹函数.

仔细审查定理 8.2.2 证明过程 (i) 可以发现, 注 8.1.2 中的 "伪凸" 可以改成 "伪凹". 于是, 使用定理 8.2.3、定理 8.2.4 和注 8.1.2, 得到 f 是伪线性函数的充分条件如下.

定理 8.2.5 对于函数 f, 下列命题成立:

(i) 若 $a = 0$, 则 f 在 D 上是伪线性函数;

(ii) 若 $c = \gamma d, c_0 - \gamma d_0 = 0$, 则 f 在 D 上是伪线性函数;

(iii) 若 $a = \alpha d, c = \gamma d$, 且 $\alpha(c_0 - \gamma d_0) < 0$, 则 f 在 D 上是伪线性函数;

(iv) 若 $a = \alpha d, c = \gamma d$, 且 $\alpha(c_0 - \gamma d_0) > 0$, 则 f 在满足下面两个包含关系之一的每个开凸集 S 上是伪线性函数:

$$S \subset \{x \in \mathbb{R}^n : \ d^{\mathrm{T}} x + d_0 > d_0^*\}, \quad S \subset \{x \in \mathbb{R}^n : 0 < d^{\mathrm{T}} x + d_0 < d_0^*\},$$

其中 $d_0^* = \sqrt{\dfrac{c_0 - \gamma d_0}{\alpha}}.$

在任何其他情形下, 无论 f 在什么样的开凸集 $S \subset D$ 上都不是伪线性函数.

前面, 在定义域 $D = \{x \in \mathbb{R}^n : d^{\mathrm{T}} x + d_0 > 0\}$ 上研究了 f 的伪凸性, 所得结果可以容易地转换到 $d^{\mathrm{T}} x + d_0 < 0$ 的情形. 事实上, 这只需要将 f 改写为

$$f(x) = a^{\mathrm{T}} x + \frac{-c^{\mathrm{T}} x - c_0}{-d^{\mathrm{T}} x - d_0}$$

即可. 在下面的例子里, 我们求当分母是正的或负的两者之一时, 函数 f 伪凸性的最大开定义域.

例 8.2.2 考虑函数

$$f(x_1, x_2) = 2x_1 + 32x_2 + \frac{-2x_1 + 3x_2 + 2}{3x_1 + 13x_2 + 1}.$$

显然,

$$a = (2, 32)^{\mathrm{T}}, \quad c = (-2, 3)^{\mathrm{T}}, \quad d = (3, 13)^{\mathrm{T}},$$
$$D = \{(x_1, x_2) \in \mathbb{R}^2 : 3x_1 + 13x_2 + 1 > 0\}.$$

容易验证当 $\beta = \dfrac{1}{2}, \gamma = -1$ 时, 定理 8.2.3 的命题 (iv) 成立. 因此, f 在每个开凸集

$$S \subset D_1^+ = \{(x_1, x_2) \in \mathbb{R}^2 : x_1 + 16x_2 + 3 > 0, \ 3x_1 + 13x_2 + 1 > 0\}$$

上是伪凸函数.

为了研究函数 f 在另一个半空间 $\{(x_1, x_2) \in \mathbb{R}^2 : 3x_1 + 13x_2 + 1 < 0\}$ 上的伪凸性, 可以将 f 改写成 $f(x_1, x_2) = 2x_1 + 32x_2 + \dfrac{2x_1 - 3x_2 - 2}{-3x_1 - 13x_2 - 1}$. 使用定理 8.2.3(v)$\left(\text{这时的 } \beta = \dfrac{1}{2}, \tau = -1\right)$, f 在每个包含于下面两个集合之一的开凸集 S 上是伪凸函数:

$$D_1^- = \{(x_1, x_2) \in \mathbb{R}^2 : x_1 + 16x_2 + 3 < 0, 3x_1 + 13x_2 + 3/2 < 0\}$$

和

$$D_2^- = \{(x_1, x_2) \in \mathbb{R}^2 : x_1 + 16x_2 + 3 > 0, -1/2 < 3x_1 + 13x_2 + 1 < 0\}.$$

所给函数伪凸性的最大定义域如图 8.1 所示.

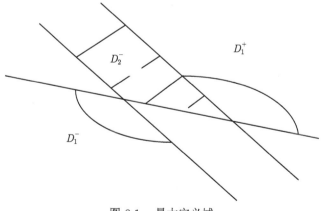

图 8.1 最大定义域

注 8.2.3 在文献 [106] 中, Cambini 和 Carosi 证明了: 由式 (8.1) 给出的一般形式的二次函数与仿射函数之比的函数 $f(x)$, 它是伪线性函数当且仅当它能变换为满足定理 8.2.5(i)~(iii) 的线性函数与线性分式函数之和的函数.

8.3　伪凸性与 Charnes-Cooper 变换

在 6.5 节介绍了一种非线性变量变换, 即广义 Charnes-Cooper 变换. 经过这一变换, 可微函数的梯度映射的伪单调性保持不变, 等价地, 函数的伪凸性保持不变. 当式 (6.16) 中的矩阵 $A = I$ 时, 广义 Charnes-Cooper 变换就成为这里的 Charnes-Cooper 变换. 变量的 Charnes-Cooper 变换最初由 Charnes 和 Cooper 为了将线性分式优化问题转变为等价的线性规划问题时在文献 [108] 中提出. 后来, 这一变换及其推广被广泛地应用于不同背景的问题中 [12],[26],[102]. 最近的研究表明, 因为这一变换保持伪凸性, 它还是研究一些函数类伪凸性的有用工具 [68],[109]. 为 8.4 节研究两个线性分式函数之和的伪凸性, 在本节简要介绍这一变换.

考虑非线性变量变换

$$y = \frac{x}{b^{\mathrm{T}}x + b_0}, \tag{8.11}$$

其中 $b \in \mathbb{R}^n \backslash \{0\}, b_0 \in \mathbb{R} \backslash \{0\}, x \in S = \{x \in \mathbb{R}^n : b^{\mathrm{T}}x + b_0 > 0\}$. 由式 (8.11) 确定的变换称为 Charnes-Cooper 变换.

易知这一变换的逆变换是

$$x = \frac{b_0 y}{1 - b^{\mathrm{T}}y}, \tag{8.12}$$

其中 $y \in S^* = \left\{ y \in \mathbb{R}^n : \dfrac{b_0}{1 - b^{\mathrm{T}}y} > 0 \right\}$.

考虑下面的分式函数

$$f(x) = \frac{\frac{1}{2}x^{\mathrm{T}}Ax + a^{\mathrm{T}}x + a_0}{(b^{\mathrm{T}}x + b_0)^2}, \tag{8.13}$$

其中 A 是 $n \times n$ 对称矩阵, $a, b \in \mathbb{R}^n, b \neq 0, a_0, b_0 \in \mathbb{R}, b_0 \neq 0, x \in S = \{x \in \mathbb{R}^n : b^{\mathrm{T}}x + b_0 > 0\}$.

经过式 (8.12) 的变换 $x = \dfrac{b_0 y}{1 - b^{\mathrm{T}}y}$, 得到如下关于变量 y 的二次函数

$$\psi(y) = f(x(y)) = y^{\mathrm{T}}Qy + q^{\mathrm{T}}y + q_0,$$

其中

$$Q = \frac{1}{2}A - \frac{ab^{\mathrm{T}} + ba^{\mathrm{T}}}{2b_0} + \frac{a_0}{b_0^2}bb^{\mathrm{T}}, \quad q = \frac{1}{b_0}\left(a - 2\frac{a_0}{b_0}b\right), \quad q_0 = \frac{a_0}{b_0^2}, \tag{8.14}$$

$$y \in S^* = \{y \in \mathbb{R}^n : b_0/(1 - b^{\mathrm{T}}y) > 0\}.$$

由推论 6.5.1, 函数 $f(x)$ 在 S 上是伪凸函数当且仅当二次函数 $\psi(y)$ 在半空间 S^* 上是伪凸函数, 或者等价地, $\psi(y)$ 在 $\mathbb{R}^n$ 上是凸函数, 或在 S^* 上是仅伪凸函数. 不管是哪种情况, 问题都归结到与 $\psi(y)$ 的伪凸性相关的结果. 对于函数 $f(x)$ 的伪凸性, 最近, Carosi 和 Martein 在文献 [110] 中按 $\ker A = b^{\perp}$ 和 $\ker A \neq b^{\perp}$ 这两种情形给出了如下结果.

定理 8.3.1 考虑式 (8.13) 给出的函数 $f(x)$, 其中 $A = \delta bb^{\mathrm{T}}, \delta \in \mathbb{R}$. 则 f 在 S 上是伪凸函数当且仅当下列条件之一成立:

(i) $a = \gamma b, \gamma \in \mathbb{R}, \delta b_0^2 - 2\gamma b_0 + 2a_0 \geqslant 0$;

(ii) $a = \gamma b, \gamma \in \mathbb{R}, \delta b_0^2 - 2\gamma b_0 + 2a_0 < 0, \gamma \leqslant \delta b_0$.

定理 8.3.2 若 $\ker A \neq b^{\perp}$, 函数 f 在 S 上是伪凸函数当且仅当 A 在 $b^{\perp}$ 上是半正定矩阵, 且下列条件之一成立:

(i) $\exists \alpha \in \mathbb{R}, Ab - (\|b\|^2/b_0)a = \alpha b$, 且

$$\alpha \geqslant (b_0 b^{\mathrm{T}}a - 2\|b\|^2 a_0)/b_0^2;$$

(ii) $\forall \alpha \in \mathbb{R}, Ab - (\|b\|^2/b_0)a \neq \alpha b, \exists a^*, b^* \in \mathbb{R}^n$, 使得 $Ab^* = b, Aa^* = a$, $b^* \in b^{\perp}, b^{\mathrm{T}}a^* = b_0$, 且

$$a^{*\mathrm{T}}a \leqslant 2a_0;$$

(iii) $\forall \alpha \in \mathbb{R}, Ab - (\|b\|^2/b_0)a \neq \alpha b, \exists a^*, b^* \in \mathbb{R}^n$, 使得 $Ab^* = b, Aa^* = a$, $b^{*\mathrm{T}}b \neq 0$, 且

$$a_0 - \frac{a^{*\mathrm{T}}a}{2} + \frac{1}{2b^{\mathrm{T}}b^*}(b_0 - b^{\mathrm{T}}a^*)^2 \geqslant 0;$$

(iv) $\forall \alpha \in \mathbb{R}, Ab - (\|b\|^2/b_0)a \neq \alpha b, \exists \mu^* \in \mathbb{R}, a^* \in \mathbb{R}^n$, 使得 $a = Aa^* + \mu^* b, b \notin \mathrm{Im}A$, 且

$$a_0 - \mu^* b_0 - \frac{1}{2}a^{*\mathrm{T}}Aa^* \geqslant 0.$$

注 8.3.1 由式 (8.13) 给出的函数 $f(x)$ 在 S 上的伪凸性蕴涵 A 最多只有一个负特征值. 事实上, 假设 $v_-(A) > 1$, 又设 v^1 和 v^2 是 A 的对应于两个负特征值的线性无关的特征向量. 设 W 是 v^1 和 v^2 生成的子空间. 注意到 $\dim(\ker A) \leqslant n - 2$, 于是有 $\ker A \neq b^{\perp}$ 和 $W \cap b^{\perp} \neq \varnothing$. 设 $v \in W \cap b^{\perp}, v \neq 0$. 因 v 是 v^1 和 v^2 的线性组合, 有 $v^{\mathrm{T}}Av < 0$. 任取固定的 $x_0 \in S$, 考虑直线 $x = x_0 + tv, t \in \mathbb{R}$. 因 $v \in b^{\perp}$, 故 $\forall t \in \mathbb{R}$, 都有 $b^{\mathrm{T}}x + b_0 = b^{\mathrm{T}}x_0 + b_0 > 0$, 即该直线包含于 S. 计算表明, f 在该直线上的限制 $\varphi(t) = f(x_0 + tv)$ 是形如

$\varphi(t) = \alpha t^2 + \beta t + \gamma$ 且 $\alpha < 0$ 的一元二次函数, 显然这与 f 因而与 φ 的伪凸性假设相矛盾.

注 8.3.2　如果 $\ker A \neq b^{\perp}$, 则 $f(x)$ 在 S 上是伪凸函数当且仅当二次函数 $\psi(y)$ 在 $\mathbb{R}^n$ 上是凸函数. 事实上, 因 $f(x)$ 在 S 上是伪凸函数当且仅当二次函数 $\psi(y)$ 在 $\mathbb{R}^n$ 上是凸函数或者在 S^* 上是仅伪凸函数. 因此, 假设 $\psi(y)$ 在 $\mathbb{R}^n$ 上不是凸函数, 则它在 S^* 上是仅伪凸函数, 因而是仅拟凸函数. 然后, 对 $\psi(y)$ 使用推论 7.2.4 可以推出与不等式 $\ker A \neq b^{\perp}$ 相矛盾的结果.

然而, 下面的例 8.3.1 表明, $\psi(y)$ 的凸性不能保证 $f(x)$ 的凸性, 换言之, Charnes-Cooper 变换不能保持凸性.

例 8.3.1　考虑函数

$$f(x_1, x_2) = \frac{x_1^2 - x_2^2 + x_1 - x_2 + 1}{(x_2 + 1)^2},$$

$(x_1, x_2) \in S = \{(x_1, x_2) \in \mathbb{R}^2 : x_2 + 1 > 0\}$.

由式 (8.14), 有 $Q = \begin{bmatrix} 1 & -1/2 \\ -1/2 & 1 \end{bmatrix}$. 显然, Q 是正定矩阵, 故 $\psi(y)$ 在 $\mathbb{R}^2$ 上是凸函数; 但 $f(x_1, x_2)$ 在 S 上不是凸函数. 事实上, 考察 $f(x_1, x_2)$ 在射线 $x_2 = \dfrac{1}{2}x_1, x_1 > -2$ 上的限制

$$\varphi(x_1) = f\left(x_1, \frac{1}{2}x_1\right) = \frac{3x_1^2 + 2x_1 + 4}{(x_1 + 2)^2},$$

有

$$\varphi'(x_1) = \frac{2(5x_1 - 2)}{(x_1 + 2)^3}, \quad \varphi''(x_1) = \frac{4(8 - 5x_1)}{(x_1 + 2)^4}.$$

因此, 当 $x_1 > \dfrac{8}{5}$ 时, φ 是凹函数; 当 $-2 < x_1 < \dfrac{8}{5}$ 时, φ 是凸函数.

注 8.3.3　在研究新的广义分式函数类的伪凸性时 Charnes-Cooper 变换可以成为有用的工具, 这是因为经过这一变换, 它们等价于其伪凸性已经被刻画的函数类. Charnes-Cooper 变换还可以用来将某一函数类转换为另一比较容易研究其伪凸性的函数类. 例如, 在文献 [111] 中, 作者将二次型与仿射函数三次方之比变换为二次型与仿射函数三次方的乘积.

8.4　两个线性分式函数之和

在广义凸函数类中, 两个线性分式函数之和因其在诸多领域中的广泛应用, 被许多学者所关注. 我们特别指出, 对于两个或更多个线性分式函数之和, 单个线性

分式函数成立的性质一点也没有保留下来. 例如, 和式中的每个函数可以各自的局部而非全局极小点. 基于这一原因, 这类特殊函数类的伪凸性研究具有重大意义, 也有比较多的研究, 如文献 [68],[105],[109],[112] 等.

本节将集中关注那些可以通过 Charnes-Cooper 变换研究其伪凸性的两个线性分式函数之和.

考虑函数

$$h(x) = \frac{m^{\mathrm{T}}x + m_0}{p^{\mathrm{T}}x + p_0} + \frac{q^{\mathrm{T}}x + q_0}{b^{\mathrm{T}}x + b_0}, \tag{8.15}$$

其中 $x \in S = \{x \in \mathbb{R}^n, p^{\mathrm{T}}x + p_0 > 0,\ b^{\mathrm{T}}x + b_0 > 0\}, m, p, q, b \in \mathbb{R}^n, p, b \neq 0,$ $m_0, p_0, q_0, b_0 \in \mathbb{R}, p_0, b_0 \neq 0.$

按向量 p, b 是否线性相关, 或者按 $\mathrm{rank}[p, b] = 2$ 和 $\mathrm{rank}[p, b] = 1$ 两种情形, 分别讨论函数 $h(x)$ 在 S 上伪凸性的刻画. 这有如下的两个定理.

定理 8.4.1 考虑式 (8.15) 给出的函数 $h(x)$, 假设 $\mathrm{rank}[p, b] = 2$. 则 h 在 S 上是伪凸函数当且仅当下列条件之一成立:

(i) $\exists \alpha \geqslant 0$,

$$p_0 m - m_0 p = \alpha(p_0 b - b_0 p);$$

(ii) $\exists \gamma \in \mathbb{R}$,

$$p_0 q - q_0 p = \gamma(p_0 b - b_0 p), \quad \frac{q_0 - \gamma b_0}{p_0} \geqslant 0;$$

(iii) $\exists \beta > 0,\ \delta \in \mathbb{R},\ \lambda_1 \geqslant 0,\ \lambda_2 \geqslant 0$,

$$p_0 q - q_0 p = \beta(p_0 m - m_0 p) + \delta(p_0 b - b_0 p), \tag{8.16}$$

$$\beta(p_0 m - m_0 p) = \lambda_1(-p) + \lambda_2(p_0 b - b_0 p), \tag{8.17}$$

$$\frac{q_0 - \delta b_0 - (\lambda_1 + \lambda_2 b_0)}{p_0} \geqslant 0. \tag{8.18}$$

证明 使用 Charnes-Cooper 变换 $y = \dfrac{x}{p^{\mathrm{T}}x + p_0}$ 的逆变换 $x = \dfrac{p_0 y}{1 - p^{\mathrm{T}}y}$, 将式 (8.15) 给出的函数 $h(x)$ 转化为式 (8.3) 给出的线性函数与线性分式函数之和的形式:

$$\psi(y) = \frac{(p_0 m - m_0 p)^{\mathrm{T}}y}{p_0} + \frac{(p_0 q - q_0 p)^{\mathrm{T}}y + q_0}{(p_0 b - b_0 p)^{\mathrm{T}}y + b_0} + \frac{m_0}{p_0}, \tag{8.19}$$

其定义域 S 转变为

$$S^* = \left\{ y \in \mathbb{R}^n : \frac{1 - p^{\mathrm{T}}y}{p_0} > 0,\ \frac{(p_0 b - b_0 p)^{\mathrm{T}}y + b_0}{p_0} > 0 \right\}.$$

由推论 6.5.1, $h(x)$ 在 S 上是伪凸函数当且仅当 $\psi(y)$ 在 S^* 上是伪凸函数. 因此, $h(x)$ 伪凸性的研究可以通过对 $\psi(y)$ 使用定理 8.2.3 来进行. 为此将式 (8.19) 给出的 $\psi(y)$ 变形为如下便于比较的形式:

$$\psi(y) = \frac{(p_0 m - m_0 p)^{\mathrm{T}} y}{p_0} + \frac{\left(\dfrac{p_0 q - q_0 p}{p_0}\right)^{\mathrm{T}} y + \dfrac{q_0}{p_0}}{\left(\dfrac{p_0 b - b_0 p}{p_0}\right)^{\mathrm{T}} y + \dfrac{b_0}{p_0}} + \frac{m_0}{p_0}.$$

对比式 (8.3), 有

$$a = \frac{p_0 m - m_0 p}{p_0}, \quad c = \frac{p_0 q - q_0 p}{p_0}, \quad d = \frac{p_0 b - b_0 p}{p_0}, \quad c_0 = \frac{q_0}{p_0}, \quad d_0 = \frac{b_0}{p_0}. \tag{8.20}$$

条件 $\mathrm{rank}[p, b] = 2$ 意味着 p, b 线性无关, 因此 p 和 $p_0 b - b_0 p$ 线性无关, 于是超平面 $1 - p^{\mathrm{T}} y = 0$ 和 $(p_0 b - b_0 p)^{\mathrm{T}} y + b_0 = 0$ 不是平行的. 这表明 $\psi(y)$ 的定义域 S^* 是两个相交超平面所夹的 "角形区域", 于是, 定理 8.2.3 的命题 (iii) 和命题 (v) 不满足. 因此, $\psi(y)$ 在 S^* 上是伪凸函数当且仅当定理 8.2.3 的命题 (i) 或命题 (ii) 或命题 (iv) 满足. 事实上, 若命题 (iii) 满足, 则有

$$S^* \subset \left\{ y \in \mathbb{R}^n : \frac{(p_0 b - b_0 p)^{\mathrm{T}} y + b_0}{p_0} > \sqrt{\frac{q_0 - \gamma b_0}{\beta p_0}} \right\},$$

或

$$S^* \subset \left\{ y \in \mathbb{R}^n : 0 < \frac{(p_0 b - b_0 p)^{\mathrm{T}} y + b_0}{p_0} < \sqrt{\frac{q_0 - \gamma b_0}{\beta p_0}} \right\}.$$

前者因 $\sqrt{\dfrac{q_0 - \gamma b_0}{\beta p_0}} > 0$, 后者因右端的集合为 "条形区域", 两个包含关系都不成立. 类似地可以验证命题 (v) 不满足.

由式 (8.20) 易知, 这里的条件 (i) 和条件 (ii) 分别由定理 8.2.3 的命题 (i) 和命题 (ii) 推出.

对于这里的条件 (iii), 由定理 8.2.3 的命题 (iv), 使用式 (8.20) 得到式 (8.16) 和 $\psi(y)$ 伪凸性的最大定义域

$$D = \left\{ y \in \mathbb{R}^n : \frac{\beta(p_0 m - m_0 p)^{\mathrm{T}} y + q_0 - \gamma b_0}{p_0} > 0, \frac{(p_0 b - b_0 p)^{\mathrm{T}} y + b_0}{p_0} > 0 \right\}.$$

下面证明 $S^* \subset D$ 当且仅当式 (8.17) 和式 (8.18) 成立. 考虑锥

$$C = \left\{ y \in \mathbb{R}^n : -\frac{p^{\mathrm{T}}y}{p_0} \geqslant 0, \ \frac{(p_0 b - b_0 p)^{\mathrm{T}} y}{p_0} \geqslant 0 \right\},$$

又设 $\bar{y}$ 满足 $1 - p^{\mathrm{T}} \bar{y} = 0, (p_0 b - b_0 p)^{\mathrm{T}} \bar{y} + b_0 = 0$. 据此, 有

$$\bar{y} + C = \left\{ \bar{y} + y \in \mathbb{R}^n : -\frac{p^{\mathrm{T}}y}{p_0} \geqslant 0, \frac{(p_0 b - b_0 p)^{\mathrm{T}} y}{p_0} \geqslant 0 \right\}$$

$$= \left\{ \bar{y} + y \in \mathbb{R}^n : \frac{1 - p^{\mathrm{T}}(\bar{y} + y)}{p_0} \geqslant 0, \frac{(p_0 b - b_0 p)^{\mathrm{T}}(\bar{y} + y) + b_0}{p_0} \geqslant 0 \right\}$$

$$= \left\{ u \in \mathbb{R}^n : \frac{1 - p^{\mathrm{T}} u}{p_0} \geqslant 0, \frac{(p_0 b - b_0 p)^{\mathrm{T}} u + b_0}{p_0} \geqslant 0 \right\} = \mathrm{cl} S^*;$$

$$D - \bar{y} = \left\{ y - \bar{y} \in \mathbb{R}^n : \frac{\beta(p_0 m - m_0 p)^{\mathrm{T}} y + q_0 - \gamma b_0}{p_0} > 0, \frac{(p_0 b - b_0 p)^{\mathrm{T}}(y - \bar{y})}{p_0} > 0 \right\}.$$

综上, $S^* \subset D$, 等价地, $C \subset D - \bar{y}$ 当且仅当半空间 $\dfrac{\beta(p_0 m - m_0 p)^{\mathrm{T}} y}{p_0} \geqslant 0$ 在原点

支撑锥 C, 且 $\dfrac{\beta(p_0 m - m_0 p)^{\mathrm{T}} \bar{y} + q_0 - \delta b_0}{p_0} \geqslant 0$. 前者等价于式 (8.17), 后者等价于

式 (8.18). 因为由前者, 超平面 $\dfrac{\beta(p_0 m - m_0 p)^{\mathrm{T}} y}{p_0} = 0$ 的法向量 $\beta(p_0 m - m_0 p)$ 是

锥 C 的两个支撑超平面的法向量 $-p$ 和 $p_0 b - b_0 p$ 的线性组合, 于是有式 (8.17);

而由后者有

$$0 \leqslant \frac{\beta(p_0 m - m_0 p)^{\mathrm{T}} \bar{y} + q_0 - \delta b_0}{p_0}$$

$$= \frac{\lambda_1(1 - p^{\mathrm{T}} \bar{y}) + \lambda_2((p_0 b - b_0 p)^{\mathrm{T}} \bar{y} + b_0) - (\lambda_1 + \lambda_2 b_0) + q_0 - \delta b_0}{p_0}$$

$$= \frac{q_0 - \delta b_0 - (\lambda_1 + \lambda_2 b_0)}{p_0}.$$

因此有式 (8.18). 在上式的推导中, 第一个等式用到式 (8.17); 第二个等式用到 $\bar{y}$ 满足条件 $1 - p^{\mathrm{T}} \bar{y} = 0$ 和 $(p_0 b - b_0 p)^{\mathrm{T}} \bar{y} + b_0 = 0$. □

当 $\mathrm{rank}[p, b] = 1$ 时, $\exists k \in \mathbb{R}, b = kp$, 于是, 函数 $h(x)$ 可以简化为

$$h_1(x) = \frac{m^{\mathrm{T}} x + m_0}{p^{\mathrm{T}} x + p_0} + \frac{q^{\mathrm{T}} x + q_0}{k p^{\mathrm{T}} x + b_0}. \tag{8.21}$$

当 $k = 0$ 时, $h_1(x)$ 退化为线性函数与线性分式函数之和, 其伪凸性的刻画可以使用 8.2 节中的结果. 当 $k = \dfrac{b_0}{p_0}$ 时, $h_1(x)$ 退化为线性分式函数, 由定理 8.2.5(i), 它是伪线性的. 因此, 下面假设 $k > 0$ 或 $k < 0$ 且 $p_0 k - b_0 \neq 0$. 这时, 下面的定理 8.4.2 成立.

定理 8.4.2 考虑式 (8.15) 给出的函数 $h(x)$. 假设 $b = kp, k \neq 0, S \neq \varnothing$. 则 $h(x)$ 在 S 上是伪凸函数当且仅当下列条件之一成立:

(i) $\exists \alpha \geqslant 0$,

$$p_0 m - m_0 p = \alpha(k p_0 - b_0)p;$$

(ii) $\exists \gamma \in \mathbb{R}$,

$$p_0 q - q_0 p = \gamma(k p_0 - b_0)p, \quad \frac{q_0 - \gamma b_0}{p_0} \geqslant 0;$$

(iii) $\exists \alpha < 0, \gamma \in \mathbb{R}, p_0 m - m_0 p = \alpha(k p_0 - b_0)p, p_0 q - q_0 p = \gamma(k p_0 - b_0)p$, $\dfrac{q_0 - \gamma b_0}{p_0} < 0$. 此外, 若 $p_0 k - b_0 < 0$, 则 $k \geqslant \sqrt{\dfrac{q_0 - \gamma b_0}{p_0 \alpha}}$, 或者若 $p_0 k - b_0 > 0$, 则 $k \leqslant \sqrt{\dfrac{q_0 - \gamma b_0}{p_0 \alpha}}$.

证明 同定理 8.4.1 一样, 使用 Charnes-Cooper 变换的逆变换, 将函数 $h(x)$ 转化为式 (8.3) 给出的线性函数与线性分式函数之和的形式:

$$\psi(y) = \frac{(p_0 m - m_0 p)^{\mathrm{T}} y}{p_0} + \frac{(p_0 q - q_0 p)^{\mathrm{T}} y + q_0}{(p_0 k - b_0)p^{\mathrm{T}} y + b_0} + \frac{m_0}{p_0},$$

其定义域 S 转换为

$$S^* = \left\{ y \in \mathbb{R}^n : \frac{1 - p^{\mathrm{T}} y}{p_0} > 0, \frac{(p_0 k - b_0)p^{\mathrm{T}} y + b_0}{p_0} > 0 \right\}.$$

由推论 6.5.1, $h(x)$ 在 S 上是伪凸函数当且仅当 $\psi(y)$ 在 S^* 上是伪凸函数. 因此, $h(x)$ 伪凸性的研究可以通过对 $\psi(y)$ 使用定理 8.2.3 来进行. 为此, 将式 (8.19) 给出的 $\psi(y)$ 变形为如下便于比较的形式:

$$\psi(y) = \frac{(p_0 m - m_0 p)^{\mathrm{T}} y}{p_0} + \frac{\left(\dfrac{p_0 q - q_0 p}{p_0}\right)^{\mathrm{T}} y + \dfrac{q_0}{p_0}}{\left(\dfrac{p_0 k - b_0}{p_0}\right) p^{\mathrm{T}} y + \dfrac{b_0}{p_0}} + \frac{m_0}{p_0}.$$

对比式 (8.3), 有

$$a = \frac{p_0 m - m_0 p}{p_0}, \quad c = \frac{p_0 q - q_0 p}{p_0}, \quad d = \frac{p_0 k - b_0}{p_0} p, \quad c_0 = \frac{q_0}{p_0}, \quad d_0 = \frac{b_0}{p_0}.$$
(8.22)

因超平面 $1 - p^{\mathrm{T}} y = 0$ 和 $(p_0 k - b_0) p^{\mathrm{T}} y + b_0 = 0$ 相互平行, 故 S^* 是开半空间, 这导致定理 8.2.3 的命题 (iv) 和命题 (v) 不满足. 事实上, 若命题 (iv) 和命题 (v) 满足, 则条件 $\mathrm{rank}[a, d] = 2$, 即 a, d 线性无关等价于向量 $p_0 m - m_0 p$ 和 $(p_0 k - b_0) p$ 线性无关; 而 S^* 包含于命题 (iv) 和命题 (v) 给出的 $\psi(y)$ 伪凸性的最大定义域蕴涵最大定义域必为半空间, 进而可以推出向量 $p_0 m - m_0 p$ 和 $(p_0 k - b_0) p$ 线性相关, 导致矛盾. 于是, ψ 在 S^* 上是伪凸函数当且仅当定理 8.2.3 的命题 (i) 或命题 (ii) 或命题 (iii) 满足.

显然, 这里的命题 (i) 和命题 (ii) 分别由定理 8.2.3 的命题 (i) 和命题 (ii) 推出. 对比式 (8.22), 定理 8.2.3 的命题 (iii) 成为: $\exists \alpha < 0$, 使得 $p_0 m - m_0 p = \alpha(k p_0 - b_0) p$; $\exists \gamma \in \mathbb{R}, \frac{q_0 - \gamma b_0}{p_0} < 0$, 使得 $p_0 q - q_0 p = \gamma(k p_0 - b_0) p$; $\psi(y)$ 在满足下面的两个包含关系之一的每个开凸集 S^* 上是伪凸函数:

$$S^* \subset \left\{ y \in \mathbb{R}^n : \frac{(p_0 k - b_0) p^{\mathrm{T}} y + b_0}{p_0} > \sqrt{\frac{q_0 - \gamma b_0}{p_0 \alpha}} \right\},$$

$$S^* \subset \left\{ y \in \mathbb{R}^n : 0 < \frac{(p_0 k - b_0) p^{\mathrm{T}} y + b_0}{p_0} < \sqrt{\frac{q_0 - \gamma b_0}{p_0 \alpha}} \right\},$$

第一个包含关系等价于 $p_0 k - b_0 < 0$ 且 $k \geqslant \sqrt{\frac{q_0 - \gamma b_0}{p_0 \alpha}}$, 第二个包含关系等价于 $p_0 k - b_0 > 0$ 且 $k \leqslant \sqrt{\frac{q_0 - \gamma b_0}{p_0 \alpha}}$. 这就得到这里的 (iii). $\qquad \square$

注 8.4.1 就定理 8.4.1 和定理 8.4.2 给出的伪凸性的刻画而论, 使用变换 $y = \frac{x}{p^{\mathrm{T}} x + p_0}$ 或者 $y = \frac{x}{b^{\mathrm{T}} x + b_0}$ 没有区别.

就伪凹性而言, 我们有与定理 8.4.1 和定理 8.4.2 相对应的两个结果.

定理 8.4.3 考虑式 (8.15) 给出的函数 $h(x)$, 假设 $\mathrm{rank}[p, b] = 2$. 则 h 在 S 上是伪凹函数当且仅当下列条件之一成立:

(i) $\exists \alpha \leqslant 0$,

$$p_0 m - m_0 p = \alpha(p_0 b - b_0 p);$$

(ii) $\exists \gamma \in \mathbb{R}$,

$$p_0 q - q_0 p = \gamma(p_0 b - b_0 p), \quad \frac{q_0 - \gamma b_0}{p_0} \leqslant 0;$$

(iii) $\exists \beta > 0, \delta \in \mathbb{R}, \lambda_1 \leqslant 0, \lambda_2 \leqslant 0$,

$$p_0 q - q_0 p = \beta(p_0 m - m_0 p) + \delta(p_0 b - b_0 p),$$

$$\beta(p_0 m - m_0 p) = \lambda_1(-p) + \lambda_2(p_0 b - b_0 p),$$

$$\frac{q_0 - \delta b_0 - (\lambda_1 + \lambda_2 b_0)}{p_0} \leqslant 0.$$

定理 8.4.4　考虑式 (8.15) 给出的函数 $h(x)$. 假设 $b = kp, k \neq 0, S \neq \varnothing$. 则 h 在 S 上是伪凹函数当且仅当下列条件之一成立:

(i) $\exists \alpha \leqslant 0$,

$$p_0 m - m_0 p = \alpha(k p_0 - b_0) p;$$

(ii) $\exists \gamma \in \mathbb{R}$,

$$p_0 q - q_0 p = \gamma(k p_0 - b_0) p, \quad (q_0 - \gamma b_0)/p_0 \leqslant 0;$$

(iii) $\exists \alpha > 0, \gamma \in \mathbb{R}, p_0 m - m_0 p = \alpha(k p_0 - b_0) p, p_0 q - q_0 p = \gamma(k p_0 - b_0) p, \frac{q_0 - \gamma b_0}{p_0} > 0$. 此外, 若 $p_0 k - b_0 < 0$, 则 $k \geqslant \sqrt{\dfrac{q_0 - \gamma b_0}{p_0 \alpha}}$, 或者若 $p_0 k - b_0 > 0$, 则 $k \leqslant \sqrt{\dfrac{q_0 - \gamma b_0}{p_0 \alpha}}$.

综合函数 h 的伪凸性和伪凹性的刻画, 得到下面的关于伪线性的刻画结果.

定理 8.4.5　函数 h 在 S 上是伪线性函数当且仅当下列条件之一成立:

(i) $p_0 m - m_0 p = 0$;

(ii) $\exists \gamma \in \mathbb{R}, p_0 q - q_0 p = \gamma(p_0 b - b_0 p), q_0 - \gamma b_0 = 0$;

(iii) $\exists \alpha, \gamma \in \mathbb{R}, p_0 m - m_0 p = \alpha(p_0 b - b_0 p), p_0 q - q_0 p = \gamma(p_0 b - b_0 p), \dfrac{\alpha(q_0 - \gamma b_0)}{p_0} > 0$, 此外, 若 $p_0 k - b_0 < 0$, 则 $k \geqslant \sqrt{\dfrac{q_0 - \gamma b_0}{p_0 \alpha}}$, 或者若 $p_0 k - b_0 > 0$, 则 $k \leqslant \sqrt{\dfrac{q_0 - \gamma b_0}{p_0 \alpha}}$.

证明　注意到定理 8.4.1 和定理 8.4.2 给出的关于伪凸性的结果以及定理 8.4.3 和定理 8.4.4 给出的关于伪凹性的结果, 证明即可给出.　　　　□

例 8.4.1 考虑函数

$$h(x_1, x_2) = \frac{2x_1 + 4x_2 + 4}{2x_1 - 3x_2 + 5} + \frac{(2/5)x_1 - (3/5)x_2 + 2}{x_1 + 2x_2 + 1},$$

$$S = \{(x_1, x_2) \in \mathbb{R}^2 : 2x_1 - 3x_2 + 5 > 0, \ x_1 + 2x_2 + 1 > 0\}.$$

对比式 (8.15) 得到

$$p_0 q - q_0 p = (-2, 3)^{\mathrm{T}}, \quad p_0 m - m_0 p = (2, 32)^{\mathrm{T}}, \quad p_0 b - b_0 p = (3, 13)^{\mathrm{T}},$$

于是, 对于 $\beta = 1/2$, $\gamma = -1$, $\lambda_1 = \lambda_2 = 1$, 定理 8.4.1 的条件 (iii) 成立, 因此, 函数 h 在 S 上是伪凸函数.

上面得到的结果还可以通过使用 Charnes-Cooper 变换 (式 (8.11))

$$z_1 = \frac{x_1}{2x_1 - 3x_2 + 5}, \quad z_2 = \frac{x_2}{2x_1 - 3x_2 + 5}$$

和它的逆变换 (式 (8.12))

$$x_1 = \frac{5z_1}{1 - 2z_1 + 3z_2}, \quad x_2 = \frac{5z_2}{1 - 2z_1 + 3z_2}$$

得到. 转换成的函数为

$$f(z_1, z_2) = 2z_1 + 3z_2 + (-2z_1 + 3z_2 + 2)/(3z_1 + 13z_2 + 1) + 4.$$

集合 S 转换为

$$S^* = \{(z_1, z_2) \in \mathbb{R}^2 : 1 - 2z_1 + 3z_2 > 0, \ 3z_1 + 13z_2 + 1 > 0\}.$$

于是, S^* 是开集, 因 $(x_1, x_2) \in S^*$ 蕴涵 $z_1 + 16z_2 + 3 > 0$, 故有

$$S^* \subset D_1^+ = \{(z_1, z_2) \in \mathbb{R}^2 : z_1 + 16z_2 + 3 > 0, \ 3z_1 + 13z_2 + 1 > 0\}.$$

类似于例 8.2.2 的讨论知, f 在 S^* 上是伪凸函数, 从而 h 在 S 上是伪凸函数.

参 考 文 献

[1] 史树中. 凸性. 长沙: 湖南教育出版社, 1991.

[2] Cambini A, Martein L. Generalized Convexity and Optimization: Theory and Applications. Berlin: Springer-Verlag, 2008.

[3] Rockafellar R. T. Convex Analysis. New York: Princeton University Press, 1970.

[4] 冯德兴. 凸分析基础. 北京: 科学出版社, 1995.

[5] Yang X M, Teo K L, Yang X Q. A characterization of convex function. Appl. Math. Lett., 2000, 13(1): 27-30.

[6] Yang X M. Convexity of semi-continuous functions. Opsearch, 1994, 31(4): 309-317.

[7] 史树中. 凸分析. 上海: 上海科学技术出版社, 1990.

[8] Yang X M. Semistrictly convex function. Opsearch, 1994, 31(1): 15-27.

[9] Yang X M. A note on convexity of upper semi-continuous functions. Opsearch, 2001, 38(2): 235-237.

[10] 杨新民, 邓群. 严格凸函数的一个特征性质. 重庆师范学院学报 (自然科学版), 1995, 12(4): 12.

[11] Avriel M, Diewert W E, Schaible S, et al. Introduction to concave and generalized concave functions//Schaible S, Ziemba W T. Generalized Gncavity in Otimization and Eonomics. New York: Academic Press, 1981.

[12] Avriel M, Diewert W E, Schaible S, et al. Generalized Concavity. New York: Plenum Press, 1988.

[13] Mishra S K, Wang S Y, Lai K K. Generalized Convexity and Vector Optimization. Berlin: Springer-Verlag, 2009.

[14] Arrow K J, Enthoven A C. Quasi-concave programming. Econometrica, 1961, 29: 779-800.

[15] Ullah S Z, Khan M A, Chu Y M. Majorization theorems for strongly convex functions. Journal of Inequalities and Applications, 2019, 2019(1): 1-13.

[16] Mangasarian O L. A simple characterization of solution sets of convex programs. Operations Research Letters, 1988, 7(1): 21-26.

[17] De Finetti B. Sulle stratificazioni convesse. Ann. Math. Pura Appl., 1949, 30(1): 173-183.

[18] Fenchel W. Convex cones, sets and functions. Mimeographed Lecture Notes, Princeton University, Princeton, New Jersey, 1951.

[19] Diewert W E, Avriel M, Zang I. Nine kinds of quasiconcavity and concavity. J. Econ. Theory, 1981, 25(3): 397-420.

[20] Bereanu B. Quasi-convexity, strictly quasi-convexity and pseudo-convexity of composite objective functions. Revue Française D'automatique Informatique Recherche Opérationnelle. Mathématique, 1972, 6(R1): 15-26.

[21] 杨新民. 上半连续函数的拟凸性. 运筹学学报, 1999, 3(1): 48-51.

[22] Yang X M. A note on criteria of quasiconvex functions. OR Transactions, 2001, 5(2): 55-56.

[23] Yang X M, Liu S Y. Three kinds of generalized convexity. J. Optim. Theory Appl., 1995, 86(2): 501-513.

[24] Yang X M. Generalized convexity in optimization. The Hong Kong Polytechnic University, PhD Thesis, 2002.

[25] Jeyakumar V, Gwinner J. Inequality systems and optimization. J. Math. Anal. Appl., 1991, 159: 51-71.

[26] Schaible S, Ziemba W T. Generalized Concavity in Optimization and Economics. New York: Academic Press, 1981.

[27] Luc D T, Schaible S. Efficiency and generalized concavity. J. Optim. Theory Appl., 1997, 94(1): 147-153.

[28] 颜丽佳. 显拟凹函数的一个新性质. 重庆师范大学学报 (自然科学版), 2013, 30(5): 18-20.

[29] 杨新民. 凸函数的一个新特征性质. 重庆师范学院学报 (自然科学版), 2000, 17(1): 9-11.

[30] Ortega J M, Rheinboldt W C. Iterative Solution of Nonlinear Equations in Several Variables. New York: Academic Press, 1970.

[31] Thompson W A Jr, Parke D W. Some properties of generalized concave functions. Operations Research, 1973, 21(1): 305-313.

[32] Crouzeix J P, Ferland J A. Criteria for quasi-convexity and pseudo-convexity: Relationships and comparisons. Mathematical Programming, 1982, 23(1): 193-205.

[33] Crouzeix J P. Criteria for generalized convexity and generalized monotonicity in the differentiable case//Hadjisavvas N, et al., ed. Handbook of Generalized Convexity and Generalized Monotonicity. New York: Springer, Nonconvex Optimization its Applications, 2005, 76: 89-119.

[34] Martos B. Nonlinear programming Theory and Methods. Amsterdam: North-Holland Publishing Company, 1975.

[35] Otani K. A characterization of quasi-concave functions. Journal of Economic Theory, 1983, 31(1): 194-196.

[36] Crouzeix J P. On second order conditions for quasiconvexity. Mathematical Programming, 1980, 18(1): 349-352.

[37] Debreu G. Definite and semi-definite quadratic form. Econometrica, 1952, 20: 285-300.

[38] Finsler W. Über das Vorkommen definiter Formen and Scharen quadratischer Formen. Commentarii Math. Helvet. 1937, 9(1): 188-192.

[39] Eichberger J. Game theory for economists. Journal of Economic Theory, 1981, 25: 397-420.

[40] Fudenberg D, Tirole J. Game Theory. Massachussetts Institute of Technology, 1991.

[41]　Berge C. Espaces Topologiques. Fonctions Multivoques. Paris: Dunod, 1966.

[42]　Bazaraa M S, Sherali H D, Shetty C M. Nonlinear Programming, Theory and Algorithms. New York: Jonh Wiley and Sons, 1993.

[43]　Hanson M A. On sufficiency of the Kuhn-Tucker conditions. J. Math. Anal. Appl., 1981, 80(2): 545-550.

[44]　Craven B D. Duality for generalized convex fractional programs//Schaible S, et al. Generalized Concavity in Optimization and Economics. New York: Academic Press, 1981.

[45]　Pini R. Invexity and generalized convexity. Optimization, 1991, 22(4): 513-525.

[46]　Mohan S R, Neogy S K. On invex sets and preinvex functions. J. Math. Anal. Appl., 1995, 189(3): 901-908.

[47]　Chudziak J, Tabor J. Characterization of a condition related to a class of preinvex functions. Nonlinear Analysis, 2011, 74(16): 5572-5577.

[48]　Yang X M, Yang X Q, Teo K L. On properties of semipreinvex functions. Bull. Austral. Math. Soc. 2003, 68(3): 449-459.

[49]　Yang X M, Yang X Q, Teo K L. Some properties of prequasiinvex functions. Indian J. Pure Appl. Math. 2003, 34(12): 1689-1696.

[50]　Yang X M, Yang X Q, Teo K L. Explicitly B-preinnex functions. J. Comput. Appl. Math., 2002, 146(1): 25-36.

[51]　Yang X M, Yang X Q, Teo K L. Two properties of semistrictly preinvex functions. Indian J. Pure Appl. Math., 2004, 35(11): 1285-1292.

[52]　Yang X M, Yang X Q, Teo K L. Characterizations and applications of prequasi-invex functions. J. Optim. Theory Appl. 2001, 110(3): 645-668.

[53]　Yang X M. A note on preinvexity. Journal of Industrial and Management Optimization, 2014, 10(4): 1319-1321.

[54]　Yang X M, Li D. On preinvex functions. J. Math. Anal. Appl. 2001, 256: 229-241.

[55]　Yang X M, Li D. Semistrictly preinvex functions. J. Math. Anal. Appl., 2001, 258: 287-308.

[56]　Weir T, Mond B. Pre-invex functions in multiple objective optimization. J. Math. Anal. Appl., 1988, 136: 29-38.

[57]　Weir T, Jeyakumar V. A class of nonconvex functions and mathematical programming. Bull. Austral. Math. Soc., 1988, 38 : 177-189.

[58]　Roberts A W, Varberg D E. Convex Functions. New York: Academic Press, 1973.

[59]　Nikodem K. On some class of midconvex functions. Ann. Pol. Math., 1989, 50: 145-151.

[60]　Wang S Y, Li Z F, Craven S D. Global efficiency in multiobjective programming. Optimization, 1999, 45(1-4): 385-396.

[61]　Yang X Q, Chen G Y. A class of nonconvex functions and pre-variational inequalities. J. Math. Anal. Appl. 1992, 169(2): 359-373.

[62]　Noor M A. Nonconvex functions and variational inequalities. J. Optim. Theory Appl., 1995, 87(3): 615-630.

[63] Khan Z A, Hanson M A. On ratio invexity in mathematical programming. J. Math. Anal. Appl. 1997, 205: 330-336.

[64] Bector C R, Chandra S, Bector M K. Generalized fractional programming duality: A parametric approach. J. Optim. Theory Appl., 1986, 60(2): 243-260.

[65] Kaul R N, Lyall V. A noteon nonlinearfractional vector maximization. Opsearch, 1989, 26: 108-121.

[66] Geoffrion A M. Proper efficiency and the theory of vector maximization. J. Math. Anal. Appl., 1968, 22: 618-630.

[67] Yang X M. On characterizing the solution sets of pseudoinvex extremum problems. J. Optim. Theory and Appl., 2009, 140(3): 537-542.

[68] Cambini A, Martein L, Schaible S. Pseudoconvexity, pseudomonotonicity and the generalized Charnes-Cooper transformation. Pacific Journal of Optimization, 2005, 1: 265-275.

[69] Schaible S. Generalized monotonicity. Technical Report N. 61, Department of Statistics and Applied Mathematics, 1992.

[70] Schaible S. Generalized monotone maps //Giannessi F. Nonsmooth Optimization. Amsterdam: Gordon and Breach Science Publishers, 1992: 392-408.

[71] Karamardian S. Complementarity problems over cones with monotone and pseudo-monotone maps. J. Optim. Theory Appl. 1976, 18(4): 445-454.

[72] Hassouni A. Sous-differentiels des Fonctions Quasi-Convexes. These de Troisieme Cicle, Université Paul Sabatier, Toulouse, 1983.

[73] Karamardian S, Schaible S. Seven kinds of monotone maps. J. Optim. Theory Appl. 1990, 66: 37-46.

[74] Hadjisavvas N, Schaible S. On strong pseudomonotonicity and (semi)strict quasimonotonicity. J. Optim. Theory Appl., 1993, 79(1): 139-155.

[75] Hadjisavvas N, Schaible S. Generalized monotone maps// Hadjisavvas N, et al. Handbook of Generalized Convexity and Generalized Monotonicity. Nonconvex Optimization and its Applications, Vol. 76. New York: Springer, 2005: 389-420.

[76] Martos B. Subdefinite matrices and quadratic forms. SIAM Journal on Applied. Mathematics, 1969, 17(6): 1215-1223.

[77] Martos B. Quadratic programming with a quasiconvex objective function. Operations Research, 1971, 19(1): 87-97.

[78] Ferland J A. Maximal domains of quasi-convexity and pseudo-convexity for quadratic functions. Mathematical Programming, 1972, 3: 178-192.

[79] Cottle R W, Ferland J A. Matrix-theoretic criteria for the quasi-convexity and pseudo-convexity of quadratic functions. Linear Algebra and its Applications, 1972, 5(2): 123-136.

[80] Schaible S. Beiträge zur Quasi-convexen Programmierung. Doctoral Dissertation, Köln, Germany, 1971.

[81] Schaible S. Generalized convexity of quadratic functions// Schaible S, et al. Generalized Concavity in Optimization and Economics. New York: Academic Press, 1981, 183-197.

[82] Schaible S, Cottle R W. On pseudoconvex quadratic forms // Beckenbach E F, ed. General Inequalities II. Basel: Birkhäuser-Verlag, 1980.

[83] Cottle R W. On the convexity of quadratic forms over convex sets. Operations Research, 1967, 15(1): 170-172.

[84] Gantmacher F R. The Theory of Matrices. Vol. 2. New York: Chelsea Publishing Company, 1959.

[85] Schaible S. Quasiconvex, pseudoconvex, and strictly pseudoconvex quadratic functions. J. Optim. Theory Appl. 1981, 35(3): 303-338.

[86] Schaible S. Second-order characterizations of pseudoconvex quadratic functions. J. Optim. Theory Appl. 1977, 21(1): 15-26.

[87] Schaible S. Quasi-concavity and pseudo-concavity of cubic functions. Mathematical Programming, 1973, 5: 243-247.

[88] Ferland J A. Quasi-convex and pseudo-convex functions on solid convex sets. Stanford University, PhD Thesis, 1971.

[89] Martos B. Nem-Linéaris Programozási Módszerek Hatóköre (Power of Nonlinear Programming Methods). A Magyar Tudomanyos Akadémia Közgazdaságtudományi Intézetének Közleményei, No. 20, Budapest, Hungary, 1966.

[90] Avriel M. r-convex functions. Mathematical Programming, 1972, 2(1): 309-323.

[91] Avriel M, Zang I. Generalized convex functions with applications to nonlinear programming//Van Moeseke. Mathematical Programs for Activity Analysis. New York: North-Holland Publishing Company, 1974, 23-33.

[92] Mereau P, Paquet J G. Second-order conditions for pseudo-convex functions. SIAM Journal on Applied Mathematics, 1974, 27(1): 131-137.

[93] Avriel M, Schaible S. Second-order characterizations of pseudoconvex C2-functions. Stanford University, Department of Operations Research, Technical Report No. TR-76-12, 1976.

[94] Mangasarian O L. Nonlinear Programming. New York: McGraw-Hill Book Company, 1969.

[95] Schaible S. Quasiconvex optimization in real linear spaces. Zeitschrift für Operations Research, 1972, 16: 205-213.

[96] Cottle R W, Ferland J A. On pseudo-convex functions of nonnegative variables. Mathematical Programming, 1971, 3(1): 95-101.

[97] Ferland J A. Mathematical programming problems with quasi-convex objective functions. Mathematical Programming, 1972, 3: 296-301.

[98] Mangasarian O L. Convexity, pseudo-convexity and quasi-convexity of composite functions. Cahiers du Centre d'Etudes de Recherche Opérationelle, 1970, 12: 114-122.

[99] Schaible S. Quasi-concave, strictly quasi-concave and pseudo-concave functions //Henn R, et al. Operations Research Verfahren (Methods of Operations Research). Meisen-

heim, 1973.

[100] Mangasarian O L. Pseudo-convex functions. SIAM Journal on Control, 1965, 3: 281-290.

[101] Greub W H. Linear Algebra. New York: Springer-Verlag, 1967.

[102] Schaible S. Fractional programming//Horst R, et al. Handbook of Global Optimization. Dordrecht: Kluwer Acadermic Publishers, 1995: 495-608.

[103] Frenk J, Schaible S. Fractional programming//Hadjisavvas N, et al. Handbook of Generalized Convexity and Generalized Monotonicity. Komlosi Optimization and its Applications, Vol. 76. New York: Springer, 2005: 335-386.

[104] Craven B D. Fractional programming. Sigma Series of Applied Mathematics. Berlin: Heldermann Verlag, 1988.

[105] Cambini A, Crouzeix J P, Martein L. On the pseudoconvexity of a quadratic fractional function. Optimization, 2002, 51: 677-687.

[106] Cambini R, Carosi L. On generalized linearity of quadratic fractional functions. Journal of Global Optimization, 2004, 30(2/3): 235-251.

[107] Cambini R, Carosi L. On generalized convexity of quadratic fractional functions // Rendiconti del Circolo Matematico di Palermo, Serie II, Suppl., 2002, 70: 155-176.

[108] Charnes A, Cooper W W. Programming with linear fractional functionals. Naval Research Logistic Quarterly, 1962, 9(3/4): 181-186.

[109] Cambini A, Martein L, Schaible S. On the pseudoconvexity of the sum of two linear fraction-al functions//Eberhard A, et al. Generalized Convexity, Generalized Monotonicity and Applications. Series: Non- convex Optimization and its Applications, Vol. 77. Berlin: Springer, 2005: 161-172.

[110] Carosi L, Martein L. On the pseudoconvexity and pseudolinearity of some classes of fractional functions. Optimization, 2007, 56(3): 385-398.

[111] Carosi L, Martein L. Some classes of pseudoconvex fractional functions via the Charnes-Cooper transformation. Lectures Notes in Economics and Mathematical Systems, Vol. 583. Berlin: Springer, 2007: 177-188.

[112] Bykadorov I A. On quasiconvexity in fractional programming // Komlósi S, et al. Generalized Convexity. Lecture Notes in Economics and Mathematical Systems, Vol. 405. New York: Springer-Verlag, 1994: 281-293.

"运筹与管理科学丛书" 已出版书目